21世纪高等学校计算机规划教材

21st Century University Planned Textbooks of Computer Science

大学计算机基础

（Windows 7+Office 2010）

刘永娟 彭勇 主编 吴卫龙 王春霞 韦忠庆 副主编

University Computer Foundation

（Windows 7+Office 2010）

人民邮电出版社

北 京

图书在版编目（CIP）数据

大学计算机基础：Windows 7+Office 2010 / 刘永
娟，彭勇主编. -- 北京 : 人民邮电出版社，2015.4（2020.8重印）
21世纪高等学校计算机规划教材. 高校系列
ISBN 978-7-115-38525-3

Ⅰ．①大… Ⅱ．①刘… ②彭… Ⅲ．①Windows操作系
统－高等学校－教材②办公自动化－应用软件－高等学校
－教材 Ⅳ．①TP316.7②TP317.1

中国版本图书馆CIP数据核字(2015)第040085号

内 容 提 要

　　本书共分9章。首先就计算机思维、计算机发展状况、计算机特点及应用领域和计算机系统等方面做了详细描述，然后就操作系统、计算机应用、计算机网络及应用、信息安全等基本理论、基本方法和基本技术方面做了全面深入的介绍，以求使读者更多地了解一些相关知识。本书的特点一是知识面比较广、内容非常丰富，二是在应用方面强调了"案例"教学，三是知识内容比较新。

　　本书可作为高等院校计算机基础课程的入门教材，也可供相关技术人员参考学习。

◆ 主　　编　刘永娟　彭　勇
　　副 主 编　吴卫龙　王春霞　韦忠庆
　　责任编辑　桑　珊
　　责任印制　杨林杰

◆ 人民邮电出版社出版发行　　北京市丰台区成寿寺路 11 号
　　邮编　100164　电子邮件　315@ptpress.com.cn
　　网址　http://www.ptpress.com.cn
　　大厂回族自治县聚鑫印刷有限责任公司印刷

◆ 开本：787×1092　1/16
　　印张：20.25　　　　　　　2015 年 4 月第 1 版
　　字数：535 千字　　　　　2020 年 8 月河北第 5 次印刷

定价：42.00 元
读者服务热线：(010)81055256　印装质量热线：(010)81055316
反盗版热线：(010)81055315

前　言

近年来，大学计算机基础教育面临新的发展机遇和挑战，构建多元化、多层次的阶梯式实践教学体系是当今高校计算机基础教学面临的新课题和首要任务，也是培养大学生综合素质的重要环节。2012 年 5 月，教育部高等教育司组织的"大学生计算机课程改革"研讨会明确指出：合理地定位大学计算机教学的内容，形成科学的知识体系、稳定的知识结构，使之成为重要的通识类课程之一，是大学计算机教学改革的重要方向。

本书就是基于上述教育理念，以计算思维为导向，以突出"应用"和强化"能力"为目标，结合教育教学改革的新理念、新思想、新要求，以及多年教学改革实践和建设成果编写而成的。

本书以 Windows 7 操作系统为平台，以 Microsoft Office 2010 为基本教学软件，包括 7 个模块，主要内容包括计算机基础概述、简单数据的表示、Windows 7 操作系统、Office 2010 套件使用、数据库技术基础、计算机网络与应用、信息安全。全书内容组织方式深入浅出、循序渐进，对基本概念、基本技术与方法的阐述准确清晰、通俗易懂，其中实践性较强的内容采用任务驱动的方式，精心设计了多种类型且内容丰富的应用案例，注重实用性和可操作性，方便教与学。本书具有以下特点。

◇　充分体现知识内容的基础性、系统性和应用性，突出"重基础、强能力、学以致用"的思想，有利于养成科学处理问题的良好思维方式。

◇　广融先进成果与技术，对知识的传达具有先进性和实用性。

◇　知识内容进行模块化组织，具有较宽的适用面和灵活的选择余地，可满足各类学校不同层次、不同对象的教与学。

◇　知识内容的深度和广度符合最新的全国计算机等级考试和相关考试要求。

本书配有融实验和测试练习为一体的实践指导书《大学计算机基础实践指导与学习指南（Windows 7+Office 2010）》，该书具有以下特点。

◇　操作步骤以容易理解的操作图表示，学生容易掌握和进行上机实践。

◇　配备相应的实例，使理论与实践紧密结合，突出对学生的动手能力、应用能力和技能的培养。

◇　配有丰富的，难易程度不同的测试练习题及参考答案，供教师和学生进行测试和练习使用。

本书由广西科技大学的刘永娟、彭勇、王春霞、吴卫龙、韦忠庆等联合编写。刘永娟、彭勇任主编，吴卫龙、王春霞、韦忠庆任副主编。其中，第 1 章由刘永娟编写；第 2 章、第 4 章由彭勇编写，第3章、第8章由韦忠庆编写，第5章、第7章由王春霞编写，第6章、第9章由吴卫龙编写。彭勇完成全书策划，刘永娟完成全书修改统稿。本书的出版得到了广西科技大学的大力支持，在此表示衷心的感谢。同时也感谢有关专家、领导和教师对本书的关心指导。

　　由于作者水平有限，书中难免有错误和疏漏之处，欢迎广大读者提出宝贵意见。

编　者

2015 年 1 月

目 录 CONTENTS

第 9 章 信息安全 294

PART 1

第 1 章
计算机基础概论

　　人类已经迈入了新的世纪。有人说，当今的经济是"知识经济"，当今的时代是"信息时代"，信息已成为引人注目的亮点。作为信息存储和处理重要工具的计算机，也正飞速发展并吸引着人们的视线。随着计算机自身的发展及应用领域的拓宽，改变了人类处理信息的方式和范围，并影响了人类生活的方方面面。

1.1　计算思维概述

　　实证思维、逻辑思维和计算思维是人类认识世界和改造世界的三大思维。计算机，这种能够按照事先存储的程序进行大量数值计算和信息处理的现代电子设备的出现，为人类认识世界和改造世界提供了一种更有效的手段，而以计算机技术和计算机科学为基础的计算思维必将深刻影响人类的思维方式。

1.1.1　人类认识改造世界的基本思维

　　认识世界和改造世界是人类创造历史的两种基本活动。认识世界是为了改造世界，要有效地改造世界，就必须正确地认识世界。而在认识世界和改造世界过程中，思维和思维过程占有重要位置。

1. 思维与思维过程

　　思维是通过一系列比较复杂的操作来实现的。人们在头脑中运用存储在长期记忆中的知识经验，对外界输入的信息进行分析、综合、比较、抽象和概括的过程就是思维过程（或称思维操作）。思维过程主要包括以下几个环节。

　　（1）分析与综合

　　分析是指在头脑中把事物的整体分解为各个部分或各个属性，事物分析往往是从分析事物的特征和属性开始的。综合是指在头脑中把事物的各个部分、各个特征、各种属性通过它们之间的联系结合起来，形成一个整体。综合是思维的重要特征，通过综合能够把握事物及其联系，抓住事物的本质。

　　（2）比较

　　比较是指在头脑中把事物或现象的个别部分、个别方面或个别特征加以对比，确定它们之间的异同和关系。比较可以在同类事物和现象之间进行，也可以在类型不同但具有某种联系的事物和现象之间进行。当事物或现象之间存在着性质上的异同、数量上的多少、形式上的美丑、质量上的好坏时，常运用比较的方法来认识这些事物和现象。

　　比较是在分析与综合的基础上进行的。为了比较某些事物，首先要对这些事物进行分析，分解出它们的各个部分、个别属性和各个方面；其次，再把它们相应的部分、相应的属性和相应的方面联系起来加以比较（实际上就是综合）；最后，找出并确定事物的相同点和差异点。所以说，比较离不开分析综合，分析综合又是比较的组成部分。

（3）抽象与概括

抽象是指在头脑中抽取同类事物或现象的共同的、本质的属性或特征，并舍弃其个别的、非本质特征的思维过程。概括是指在头脑中把抽象出来的事物或现象的共同的、本质属性或特征综合起来并推广到同类事物或现象中去的思维过程。通过这种概括，人们可以认识同类事物的本质特征。

2．3 种基本思维

实证思维、逻辑思维、计算思维是人类认识世界和改造世界的 3 种基本思维。

实证思维是指以观察和总结自然规律为特征，以具体的实际证据支持自己的论点。实证思维以物理学科为代表，是认识世界的基础。实证思维的结论要符合 3 点：可以解释以往的实验现象，逻辑上自洽，能够预见新的现象。

逻辑思维是指人们在认识过程中借助于概念、判断、推理等思维形式能动地反映客观现实的理性认识过程，又称理论思维。只有经过逻辑思维，人们才能把握具体对象的本质，进而认识客观世界。逻辑思维以数学学科为代表，是认识的高级阶段。逻辑思维结论要符合以下原则：有作为推理基础的公理集合；有一个可靠和协调的推演系统（推演规则）；结论只能从公理集合出发，经过推演系统的合法推理，达到结论。

计算思维就是运用计算机科学的基础概念，通过约简、嵌入、转化和仿真的方法，把一个看似困难的问题重新阐述成一个知道怎样解的问题。计算思维以计算机学科为代表，是改造世界的有力支撑。计算思维结论要符合以下原则：运用计算机科学的基础概念进行问题求解和系统设计，涵盖了计算机科学一系列思维活动。

1.1.2 理解计算思维

计算思维代表着一种普遍认识和基本技能，涉及运用计算机科学的基础概念去求解问题、设计系统和理解人类的行为，涵盖了反映计算机科学之广泛性的一系列思维活动。计算思维将如计算机一样，渗入每个人的生活之中，诸如"算法"和"前提条件"等计算机专业名词也将成为日常词汇的一部分。所以，计算思维不仅属于计算机专业人员，更是每个人应掌握的基本技能。

计算思维具有以下基本特点。

（1）概念化

计算机科学不是计算机编程，计算机编程仅是实现环节的一个基本组成部分。像计算机科学家那样去思维也非计算机编程，它要求人们能够在多个层次上抽象思维。

（2）基础技能

构建于计算机技术基础上的现代社会要求人们必须具备计算思维，它是每个人为了在现代社会中发挥职能所必须掌握的基础技能。生搬硬套的机械技能意味着机械地重复，不能为创新性需求提供支持。

（3）人的思维

计算思维是建立在计算过程的能力和限制之上的人类求解复杂问题的基本途径，绝非试图使人类像计算机那样思考。计算方法和模型的使用使得处理那些原本无法由个人独立完成的问题求解和系统设计成为可能，从而使人类就能解决那些计算时代之前不敢尝试的规模问题和复杂问题，就能建造那些其功能仅受制于自身想象力的系统。

（4）本质是抽象和自动化

计算思维吸取了解决问题所采用的一般数学思维方法，复杂系统设计与评估的一般工程思维方法，以及复杂性、智能、心理、人类行为的理解等的一般科学思维方法。与数学和物理科学相比，计算思维中的抽象显得更为丰富，也更为复杂。数学抽象的最大特点是抛开现实事物的物理、化学和生物学等特性，而仅保留其量的关系和空间的形式。计算思维中的抽象却不仅仅如此，它完全超越物理的时空观，并完全用符号来表示，其中，数字抽象只是一类特例。

计算机科学在本质上源自数学思维和工程思维，计算设备的空间限制（计算机的存储空间有限）和时间限制（计算机的运算速度有限）使得计算机科学家必须计算性地思考，不能只是数学性地思考。

1.2 计算机的发展史简介

在人类发展的历史长河中，人们一直在研发高效的计算工具来满足实际的计算需求，因此从下面的内容可以看出，计算机的诞生不是一个孤立事件，而是人类文明的必然产物，是长期客观需求和技术准备的结果。

1.2.1 计算工具的发展

1．最早的计算装置

计算的概念与文明本身一样古老，其历史可能更悠久。计算装置、计算机器在计算机出现前，就已经被用于计算了。

最早的计算装置非常简单，也许只是表示动物数目的一堆石头，这可以演算两个畜群合并后动物的总数。随着人类文明的发展，人们发明了各种各样的计算工具。例如，早在我国古代出现的、今天仍在使用的算盘，用木制的框架支撑串有珠子的木棍，求解数学问题时，只要遵循有关的规则就可以了。"内皮尔斯骨"是苏格兰数学家约翰·内皮尔斯在 17 世纪发明的一种计算装置，"骨"是一块块写有数字的象牙，当其正确排列时，能够读出相邻列的数字以找出乘法操作的答案。

2．计算器

如果遵循一组简单的规则解决问题（像利用算盘一样），人就可以制造自动计算答案的机器。

目前所知的第一台自动计算器是 1642 年由法国年仅 19 岁的布莱斯·帕斯卡发明的。帕斯卡发明的计算器是一种使用时钟齿轮和杠杆的机械式计算器，在进行加法和减法运算时，驱动齿轮计数，并利用杠杆完成进位操作。

计算器的下一个重大改进是在 1673 年由戈弗里德·威廉·冯·莱布尼兹完成的。莱布尼兹发明了一种能够精确地进行加减乘除运算的计算器。这种计算器还可以进行平方根运算，不过其结果并不总是正确的。

第一部具有商业用途的计算器是"四则运算器"。它是由法国人查尔斯·译维尔·汤姆斯开发的，并在 1862 年伦敦的"国际展览会"上获得金奖。这种计算器可以进行加减乘除运算，并能以一定的精度计算平方根。

3．数据表示

试图改进机械式计算器的发明家所需要的是比设置时钟计算器更好的数据输入方式。

19 世纪初期，法国纺织工人维瑟夫·玛丽·雅卡尔研制了一种可编程的织布机，利用打有小孔的大卡片来自动控制编织的图案。直到今天，人们仍在生产这种雅卡尔图案布料。雅卡尔织布机上所使用的穿孔卡片被改进后，成为计算机输入的最初形式。一直到大约 20 年前，穿孔卡片都被用来输入数据和程序。

19 世纪早期，英格兰的查尔斯·巴贝奇完成了第一台现代计算机的设计。巴贝奇设计的"分析机"使用穿孔卡片进行数据的输入，这种装置原本可以成为具有明显 IPOS 循环（输入、处理、输出和存储）的完整的现代计算机，但遗憾的是，巴贝奇所处时代的技术尚不能制造所需要的部件。

然而巴贝奇的事业经过后人的努力获得了成功。后人按照巴贝奇的设计于 1991 年制造了能够运行的分析机，目前陈列在明尼苏达州的查尔斯·巴贝奇研究所。查尔斯·巴贝奇被公认为"计算机之父"。

计算机历史上的另一个重要人物是赫尔曼·霍勒里斯博士，他是一位统计师，设想在穿孔卡片上对人口普查问题的结果进行编码。他研制了一种打孔装置，这一种手动进纸的电子阅读机，可以在一分钟内处理 50 张卡片。这项革新使得 1890 年的人口普查在两年半的时间内完成了，比 1880 年的人口普查（花了 7 年时间）效率有了极大进步。

这次人口统计结束后，霍勒里斯决定完善他的穿孔卡片设备并推向市场。他在 1896 年创立了表格制作机器公司；1911 年，该公司和其他两家公司合并组建了计算—制表—记录公司；1924 年，为适应时代发展的需要，计算—制表—记录公司更名为国际商业机器公司（即 IBM 公司）。

4．现代计算机

巴贝奇的工作可以看成是采用机械方式实现计算过程的最高成就，但是由于计算工作的复杂性，这项工作没有真正取得成功。随着 19 世纪到 20 世纪电子学的发展，人们看到了另一条实现自动计算过程的途径。

20 世纪 30 年代末期，英国数学家艾伦·图灵的一篇论文描述了一种假想的通用机器所具有的全部功能和局限，这种机器称为"图灵机"。这个结论告诉人们，只要能制造一种具有与"通用图灵机"功能等价的机器，所有计算问题的运行基础就迎刃而解了。1950 年，图灵发表了题为《计算机器与智能》的论文，提出了对人工智能的"图灵测试"。直至今日，科学家仍使用这种测试作为标准。简而言之，图灵测试要求计算机能够与人保持对话（利用键盘或屏幕），但人不会明显感到与之对话的是机器。

1946 年，美国宾夕法尼亚大学成功研制了专门用于火炮弹道计算的大型电子数字积分计算机"埃尼阿克"ENIAC（如图 1-1 和图 1-2 所示）。"埃尼阿克"完全采用电子线路执行算术运算、逻辑运算和信息存储。"埃尼阿克"共由 18 800 个电子管、1 500 个继电器、70 000 只电阻、10 000 个电容和 6 000 个开关组成。ENIAC 每秒可进行 5 000 次加减运算或 400 次乘法运算，是继电器计算机的 1 000 倍、手工计算的 20 万倍。但是，ENIAC 体积庞大，约 3 000 立方英尺，重达 30 吨，占地约 170m^2；运行时耗电量很大，功耗 150kW；存储

图 1-1　世界上第一台电子计算机

容量小，只能存 20 个字长为 10 位的二进制数；靠外部开关、继电器和接线来设置程序，插拔连线烦琐，容易出错，每次解题时的准备时间大大超过实际计算时间。ENIAC 还有一个缺点是电子管容易烧坏，平均每 7 分钟换一个，工作可靠性差。ENIAC 仅运行了 10 年，就于 1956 年被送进了博物馆。

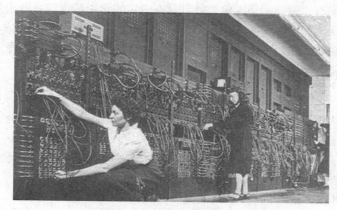

图 1-2　工作人员在操作 ENIAC

　　电子计算机在短短的 50 多年里经过了电子管、晶体管、集成电路（IC）和超大规模集成电路（VLSI）4 个阶段的发展，其计算机的体积越来越小，功能越来越强，价格越来越低，应用越来越广泛，目前正朝智能化（第五代）计算机方向发展。

　　（1）第一代电子计算机

　　第一代电子计算机是指从 1946 年至 1958 年发明的计算机。它们体积较大，运算速度较低，存储容量不大，而且价格昂贵，使用也不方便，为了解决一个问题，所编制程序的复杂程度难以表述。这一代计算机主要用于科学计算，只在重要部门或科学研究部门使用。

　　（2）第二代电子计算机

　　第二代计算机是指从 1958 年到 1965 年发明的计算机，它们全部采用晶体管作为电子器件，其运算速度比第一代计算机的速度提高了近百倍，体积为原来的几十分之一。在软件方面，开始使用计算机算法语言。这一代计算机不仅用于科学计算，还用于数据处理和事务处理及工业控制。

　　（3）第三代电子计算机

　　第三代计算机是指从 1965 年到 1970 年发明的计算机。这一时期的主要特征是以中、小规模集成电路为电子器件，并且出现操作系统，使计算机的功能越来越强，应用范围越来越广。它们不仅用于科学计算，还用于文字处理、企业管理、自动控制等领域，出现了计算机技术与通信技术相结合的信息管理系统，可用于生产管理、交通管理、情报检索等领域。

　　（4）第四代电子计算机

　　第四代计算机是指从 1970 年以后采用大规模集成电路（LSI）和超大规模集成电路（VLSI）为主要电子器件制成的计算机。例如，80386 微处理器，在面积约为 10mm × 10mm 的单个芯片上，可以集成大约 32 万个晶体管。

　　第四代计算机的另一个重要分支是以大规模、超大规模集成电路为基础发展起来的微处理器和微型计算机。

（5）第五代计算机

第五代计算机始于 1990 年，由日本首先提出了第五代计算机的研制计划，但其发展相当缓慢。

根据专家们的看法，下一代（第五代）计算机的标志是人工智能。人工智能的计算机具有人类的某些智能，如听、说、识别对象，并且具有一定的学习和推理并做出判断以及识别感官输入的能力。

目前科学家正在研究的新一代计算机有神经网络计算机和生物计算机等。

1.2.2　现代计算机的分类

20 世纪中期以来，计算机一直处于高速发展时期，计算机种类也不断分化，计算机的分类有多种方法。按其内部逻辑结构进行分类，可分为单处理机和多处理机（并行机）、16 位机、32 位机和 64 位计算机等。根据计算机的演变过程来分，可分为超级计算机、大型机、小型机和微型计算机等，以下将介绍几种常用类型并介绍越来越广泛应用的掌上计算机、嵌入式计算机。

1．超级计算机

超级计算机是计算机中功能最强、运算速度最快、存储容量最大的一类计算机，其基本组成组件与微机的概念无太大差异，但规格与性能则强大许多，是一种超大型电子计算机。超级计算机具有很强的计算和处理数据的能力，主要特点表现为高速度和大容量，配有多种外部和外围设备及丰富的、高功能的软件系统。现有的超级计算机运算速度大都可以达到每秒一太（Trillion，万亿）次以上。

超级计算机多用于国家高科技领域和尖端技术研究，是一个国家科研实力的体现，它对国家安全、经济和社会发展具有举足轻重的意义。是国家科技发展水平和综合国力的重要标志。

2．大型计算机

大型计算机（简称"大型机"，见图 1-3）作为大型商业服务器，在今天仍具有很大活力。它们一般被用于大型事务处理系统，特别是在过去完成的且不值得重新编写的数据库应用系统方面，其应用软件通常是硬件本身成本的好几倍，因此大型机仍有一定地位。

大型机是用来处理大容量数据的机器。欧盟委员会称，目前全球绝大多数企业数据依然存储在大型机上，2009 年新大型机硬件销售额便达到了 85 亿欧元，其中仅在欧洲经济区销售额就达到 30 亿欧元。

图 1-3　IBM Mainframe Z10 大型机

大型机体系结构的最大好处是无与伦比的 I/O 处理能力。虽然大型机处理器并不总拥有领先优势，但是 I/O 体系结构使它们能处理好几个个人计算机服务器放一起才能处理的数据。大型机的另一些特点还有它们的大尺寸和使用液体冷却处理器阵列。在使用大量中心化处理的组织中，大型计算机仍有重要的地位。

由于小型计算机的发展，新型大型机的销售已经明显放慢。在电子商务系统中，如果数据库服务器或电子商务服务器需要高性能、高 I/O 处理能力，可以采用大型机。据估计，IBM 公司仍占有大型机市场 2/3 的份额。

3. 小型计算机

小型机与大型机的主要区别是规模。小型计算机能够完成与大型机相同类型的任务，只是速度稍微慢一些；与大型机相似，小型计算机也能连接远程用户，只是数目少一些；小型计算机的输入、输出和存储设备看起来也与大型机上的相似，只是存储容量少一些，打印机的速度慢一些。随着时间的推移，计算机类型之间的区别正在变得越来越模糊。

4. 工作站与微型计算机

（1）工作站

工作站也被称为"超级微机"，是用来满足工程师、建筑师和其他要求详尽图形显示的专业人员需要的计算机。工作站常用于计算机辅助设计（CAD），帮助设计人员设计、制作设备的图纸。为了有效地处理这些复杂的图形，计算机必须具有强大的处理功能和很大的存储器。工作站还经常被用作局域网的服务器。

工作站看起来与台式计算机十分相似，只是内部的芯片不同。大多数工作站采用精简指令集的计算机（RISC）微处理器，该处理器对速度要求较高的专用程序（如图形程序）极为有用。工作站在市场上主要的竞争者有 DEC、HP、SUN 和 Silicon Graphics 公司。

（2）微型计算机

微型计算机是指使用微处理器的计算机。术语"微型计算机"起源于 20 世纪 70 年代末，由于当时只有个人计算机采用微处理器，故人们将个人计算机（PC）称为微型计算机。但是如今各种类型的计算机都采用了微处理器。按照此定义，当今绝大多数的计算机，包括某些超级计算机，都是微型计算机。不过，人们在使用微型计算机这一术语时，通常仍指的是 PC。

计算机行业中的微型计算机是复杂多样的，最常见的类型是台式计算机，这是一种适合放在桌子上的个人计算机。市场上的台式微型计算机可以分为两类：Apple 微型计算机和 IBM PC 及其兼容机。

苹果计算机公司、IBM 公司和摩托罗拉公司共同开发了 Power PC 芯片，使 Apple 计算机能够运行 IBM 计算机上的应用程序。大部分 Apple Macintosh 计算机及其兼容机都是采用 Power PC 芯片。

IBM PC 及其兼容机大都采用 Intel 公司生产的芯片。Apple 系列中的 Pentium Pro、Pentium Ⅱ、Pentium Ⅲ、Pentium Ⅳ芯片都是 64 位系统。

工作站与个人计算机之间的界限正在变得模糊。现在最好的个人计算机与不久之前的工作站相比，功能更强，而且可以提供精度更高的显示画面。此外，由于工作站功能的增强，工作站与小型计算机之间的区别也变得模糊起来。通过对工作站进行配置，多个人可以同时使用工作站，在效果上就如同小型计算机。

5. 移动的计算机

笔记本计算机的出现开创了便携计算机时代。

最初这些计算机的功能不强，也没有足够的存储容量，但如今的新机型已经可以提供与微型计算机，甚至是工作站相同的处理功能与存储容量。笔记本计算机还可以放在一般的包中，重量只有几千克，现在已经十分流行。

掌上计算机具有缩小的体积和精简的功能。尽管有些掌上计算机是通用的，但多数是专用的个人信息管理器，即 PIM。保存电话簿和日历并提供计算器功能的专用掌上计算机，被称为个人数字助手（PDA）。人们利用它可以安排约会时间，检索常用的电话号码。国内的 PDA 产品一般都具有翻译功能，可以在汉语和英语之间转换；大多数 PDA 允许手写输入，再将输入转换成字符。

6. 嵌入式计算机

你知道在你家里有十多个计算机吗？这些计算机就是嵌入式计算机。它们嵌入在视频游戏机、微波炉、"智能"烤箱、"智能"冰箱、数字电视、录像机、手表等专用设备的内部；甚至在儿童的玩具里，也有计算机。在这些设备中，计算机只承担单一的任务，如在星期一早晨 6 点叫你起床。

2000 年中芯微系统技术有限公司经过 3 年的努力，开发并研制成功了国内第一颗具有自主知识产权的 0.25 微米、32 位的 CPU 产品，被命名为"方舟 1 号"。继"方舟 1 号"改写我国无"芯"历史之后，性能更强大的"方舟 2 号"32 位嵌入式微处理器于 2002 年 12 月在北京问世。这款拥有自主知识产权的高端信息产品，使我国成为世界上掌握这项核心技术的少数国家之一。"方舟 2 号"将 CPU、网卡、声卡、智能卡等关键部件集成在一块 2cm 见方的芯片上，与"方舟 1 号"相比，它的主频由 166MHz 提升到 400MHz，功耗却下降了近 3/4，有很强的市场竞争力，并且具备工业化批量生产的能力，可广泛用于网络计算机、宽带智能终端、数字电视、汽车工业等领域。

1.2.3 计算机发展方向

计算机的发展方向是微型化、巨型化、网络化、智能化和多媒体化。

1. 高性能计算：无所不能的计算

发展高速度、大容量、功能强大的超级计算机，对于保卫国家安全、进行科学研究、提高经济竞争力具有非常重要的意义。诸如气象预报、航天工程、石油勘测、人类遗传基因检测、机械仿真等现代科学技术，以及开发先进的武器、谋划和执行军事作战、处理图像及破译密码等，都离不开高性能计算机。研制超级计算机的技术水平体现了一个国家的综合国力，因此，超级计算机的研制是各国在高技术领域竞争的热点。

高性能计算需要实现更快的计算速度、更大负载能力和更高的可靠性。实现高性能计算的途径包括两方面，一方面是提高单一处理器的计算性能，另一方面是把这些处理器集成，由多个 CPU 构成一个计算机系统，这就需要研究多 CPU 协同分布式计算、并行计算、计算机体系结构等技术。图 1-4 所示为高性能计算发展示意图。

2010 年 11 月，超级计算机 500 强的第 1 名为中国天河一号 A。14 336 颗 Intel Xeon X5670 2.93GHz 六核心处理器，2 048 颗我国自主研发的飞腾 FT-l000 八核心处理器，7 168 块 NVIDIA Tesla M2050 高性能计算卡，总计 186 368 个核心，224TB 内存。实测运算速度可以达到每秒 2 570 万亿次（这意味着，它计算 1 天相当于 1 台家用计算机计算 800 年）。

2011 年 6 月，超级计算机 500 强的第 1 名为日本的 K Computer,运行速度为每秒 8.16 千万亿次浮点计算(Petaflops)，它由 68 544 个 Sparc64 Ⅷ fx 处理器组成，每个处理器均内置 8 个内核，总内核数量为 548 352 个。投资超过 12.5 亿美元。

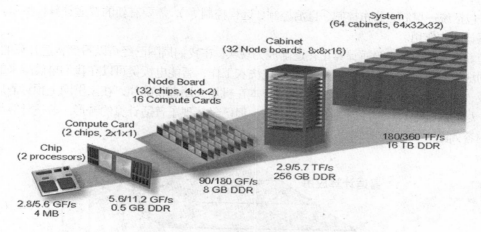

图 1-4　高性能计算机发展示意图

　　在 2014 年世界最新超级计算机排名中，中国国防科技大学开发的超级计算机中心的天河二号计算机（如图 1-5 所示），已经连续四次成为了世界第一的计算机系统。根据 Linpack 测试软件的测试，天河二号在第 43 次，每年两次的"世界最强超级计算机排名"中，其运算速度达到了 33.86PFLOPS(百万的四次方每秒，1 千万亿）。资料显示，"天河二号"的系统存储总容量相当于 600 亿册、每册 10 万字的图书。假设每人每秒钟进行一次运算，"天河二号"运算 1 小时，相当于 13 亿人同时用计算器算上 1 000 年。

图 1-5　"天河二号"超级计算机

2. 普适计算：无所不在的计算

　　普适计算（Pervasive Computing）是 IBM 公司在 1999 年发明的，意指在任何时间、任何地点都可以计算，也称无处不在的计算（Ubiquitous Computing），即计算机无时不在、无处不在，以至于就像没有计算机一样。

　　普适计算的实现需要研究和解决的问题包括：① 随时随地的计算联网问题，需要研究移动互联网技术和 3G/4G 网络；② 各种设备、设施本身的计算控制问题，需要研究嵌入式技术，即将各种设备均嵌入计算芯片，使其本身具有计算能力（或使其能够被计算设备感知）和控制能力；③ 普适计算模型问题，当众多的设施设备可以随时随地联网后，需要研究如何对其进行控制（包括统一控制、分布控制、自治控制、远程控制等），需要有新的普适计算模型以真正发挥普适计算的作用。

随着技术的发展，普适计算正在逐渐成为现实。在我们周围已经可以看到普适计算的影子，如自动洗衣机可以按照设定的模式自动完成洗衣工作，智能电饭煲可以在我们早晨醒来的时候做好饭，在大街上拿着手机上网，捧着笔记本在机场大厅查收邮件，在家里网上预订酒店、机票等。尽管目前还没有达到十足的普适计算，但已经体现了普适计算的雏形。普适计算的主要研究内容如图1-6所示。

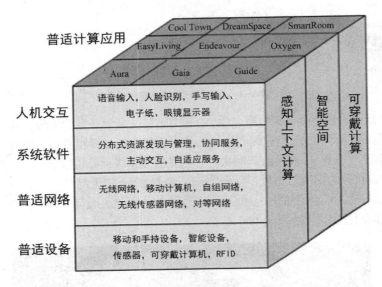

图1-6 普适计算的主要研究内容

未来，通过将普适计算设备嵌入人们生活的各种环境，把计算从桌面上解脱出来，让用户能以各种灵活的方式享受计算能力和系统资源。那时，在我们的周围到处都是计算机，这些计算机将依据不同的计算要求而呈现不同的模样、不同的名称，以至于使我们忘记了它们其实就是计算机。

例如，数字家庭通过家庭网关将宽带网络接入家庭，在家庭内部，手持设备、PC或者家用电器通过有线或者无线的方式连接到网络，从而提供了一个无缝、交互和普适计算的环境。人们能在任何地点、任何时候访问社区服务网络，例如，在社区里预定一场比赛的门票。电子家庭解决方案通过高级的设备与电器诊断、自动定时、集中和远程控制等功能，令生活更方便舒适；通过远程监控器监控家庭的情况，使生活更安全。

3.服务计算与云计算：万事皆服务的计算

服务属于商业范畴，计算属于技术范畴，服务计算是商业与技术的融合，通俗地讲，就是把计算当成一种服务提供给用户。传统的计算模式通常需要购置必要的计算设备和软件，这种计算往往不会持续太长的时间，或者偶尔为之。不进行计算的时候，这些设备和软件就处于闲置状态。算一下世界上该有多少这样的设备和软件？如果能够把所有这些设备和软件集中起来，供需要的用户使用，只需要支付少许的租金就可以，这样一来，一方面用户节省了成本，另一方面，设备和软件的利用率达到了最大化。这就是服务计算的理念。

将计算资源，如计算节点、存储节点等以服务的方式，以可扩展、可组合的方式提供给客户，客户可按需定制、按需使用计算资源，类似于这种计算能力被称作云计算。按照计算资源的划分，可分为将硬件部分，如计算节点、存储节点等按服务提供，即基础设施作为服务（Infrastructure as a Service，IaaS），将操作系统、中间件等按服务提供，即平台作为服务（Platform as a Service，PaaS），将应用软件等按服务提供，即软件作为服务（Software as a Service，SaaS）3类。按服务提供，即让用户不追求所有，但追求所用，按使用时间和使用量支付费用。

进一步，将计算资源推广到现实世界的各种各样的资源，如车辆资源、仓储资源等，能否以服务的方式提供呢？现实世界的资源外包服务已经普遍化了，即不求所有但求所用。将这种服务以互联网的形式进行资源的聚集、资源的租赁、资源的使用监控等是资源外包服务的新模式，被称为"云服务"。设想，一家婚庆公司，有客户需要数十辆高级婚车服务而其自身又没有这么多高级轿车时怎么办？如果能够将整个城市、甚至若干城市的高级轿车拥有者通过互联网联结起来，而婚庆公司可通过互联网与高级轿车拥有者实现沟通，是否可以解决这个问题呢？

再举另一个服务计算的例子。航空器中最关键的是航空发动机，而航空发动机状态的监控与维护对于飞行安全是至关重要的。那么，航空公司在购买航空器时能否不购买发动机，而只购买发动机的安全飞行小时数呢？若是这样，发动机制造公司也会改变产品售后服务方式，如其可全程监控天空飞行的每一架飞行器、监测其是否存在隐患，如果发现隐患，可提前运送一台正常发动机到飞行器降落地，并及时更换之以保证不耽搁飞行器的正常飞行，而替换下来的发动机因得到及时维护可使其保持常新状态，这样是否实现了多赢呢？

服务计算的核心技术包括Web服务、面向服务的体系结构(Service Oriented Architecture，SOA)与企业服务总线(Enterprise Service Bus，ESB)、云计算(Cloud Computing)、工作流(Work Flow)和虚拟化(Virtualization)、分布式计算与并行计算、群体服务网络计算与社会服务网络计算等。

4. 智能计算

使计算机具有类似人的智能，一直是计算机科学家不断追求的目标。所谓类似人的智能，是指使计算机能像人一样思考和判断，让计算机去做过去只有人才能做的智能的工作。几个典型的智能计算的成果：1997年，IBM的"深蓝"计算机以3.5∶2.5的比分战胜了国际象棋特级大师卡斯帕罗夫；2003年，"小深"替换上场，以3∶3的比分与卡斯帕罗夫"握手言和"。2011年，IBM的"沃森"计算机在美国的一次智力竞猜电视节目中，成功击败该节目历史上两位最成功的人类选手，该计算机能够理解人类主持人以英语提出的如"哪位酒店大亨的肘子戳坏了他自己的毕加索的画，之前这幅画值139亿美元，之后只值8500万美元"等抽象的问题。

大家都用过搜索引擎（如"百度"或"谷歌"）来进行搜索，输入我们想要的特征关键词后，它的检索结果是否是我们想要的呢？从你第一天使用搜索引擎开始，到今天为止，你是否发现它的检索结果越来越符合我们的期望呢？这是否有智能计算的影子呢？

还有一类问题，如典型的资源配置决策优化问题，计算机在求解此类问题时可能需要较长的时间，甚至做不出来。例如，"现在有 n 个作业任务，有 m 种资源，如何配置资源，才能使多个作业任务完成的同时资源利用率最高呢？"当规模很小时，计算机的求解结果可能不如人；当规模很大时，计算机虽能求解但可能消耗更多的时间。有没有更好的办法呢？目前的一些仿生智能算法—— 一种从自然界得到启发，模仿其结构和工作原理所设计的问题求解算法，如遗传算法、粒子群算法、蚁群算法等便是解决此类问题的一种尝试。

另一方面，智能性研究也在研究人脑结构并将其应用于问题求解机器的设计中。

例如，IBM研究认知型计算机可以利用神经系统科学所掌握的简单基础的大脑运行生物过程，超级计算机使科技与大脑错综复杂的状态相匹配，可以利用纳米技术创建模拟的神经键（大脑可以说是一个神经键网络）。

再有一类智能计算的例子就是模式识别。指纹识别技术已经得到广泛应用，在机器翻译方面也取得了一些进展，计算机辅助翻译极大提高了翻译效率。在输入方面，手写输入技术已经在手机上得到应用，语音输入也在不断完善中。这一切都在向智能人机交互方面发展，即让计算机能够听懂我们的话，看懂我们的表情，能够像人一样具有自我学习与提高的能力，能够吸收不同的知识并能灵活运用知识，能够进行如人一样的思维和推理。

5. 生物计算

生物计算是指利用计算机技术研究生命体的特性和利用生命体的特性研究计算机的结构、算法与芯片等技术的统称。生物计算包含两方面：一方面，晶体管的密度已经接近当前所用技术的极限，要继续提高计算机的性能，就要寻找新的计算机结构和新的元器件，生物计算机成为一种选择；另一方面，随着分子生物学的突飞猛进，它已经成为数据量最大的一门学问，借助计算机进行分子生物信息研究，可以通过数量分析的途径获取突破性的成果。

20 世纪 70 年代，人们发现脱氧核糖核酸（DNA）处在不同的状态下，可产生有信息和无信息的变化，这个发现引发了人们对生物元件的研究和开发。科学家们发现，蛋白质有开关特性，用蛋白质分子作元件可以制成集成电路，称为生物芯片（如图 1-7 所示）。生物体元件和生物芯片研究的本质是不断发现可重复的稳定的新型元器件及其线路，以制作新型计算机；此外，还要研究不同于目前计算机基于二进制的算法实现技术，即研究将自然界的智能计算模式融入新型计算模式中，使计算机具有更高的性能。

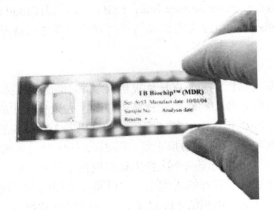

图 1-7　蛋白质分子制成的生物芯片

生物计算更重要的方面是利用计算机进行基因组研究，运用大规模高效的理论和数值计算，归纳、整理基因组的信息和特征，模拟生命体内的信息流过程，进而揭示代谢、发育、分化、进化的规律，探究人类健康和疾病的根源，并进一步转化为医学领域的进步，从而为人类的健康服务。目前，这方面的研究包括以下内容：基因组序列分析、基因组注释、生物多样性的度量、蛋白质结构预测、蛋白质表达分析、比较基因组学、基因表达分析、生物系统模拟、在药物研发方面的应用等。

6. 未来互联网与智慧地球

尽管"电"的发明（1831 年，爱迪生）是很伟大的，但直到 1882 年出现的第一个电站和电网才改变了人们的生活，使所有的家庭和工厂都用上了电。我们说，"电子计算机"的发明(1946年，ENIAC)也是很伟大的，但也是在 1983 年 TCP/IP 成为计算机网络的工业标准后，尤其是20 世纪 90 年代出现了 Internet 后，才使得所有人都可以享用计算机及其网络所带来的工作和生活上的快乐与方便，如电子邮件、社交网络、在线游戏、网上购物等，计算机及 Internet 已经改变了人们的工作和生活习惯。

    未来，计算机学科向何处去？欧盟在其科学研究框架中提出了"未来互联网(Future Internet)"技术，IBM 提出了"智慧地球(SmartPlanet)"技术（如图1-8所示），为我们指明了方向。

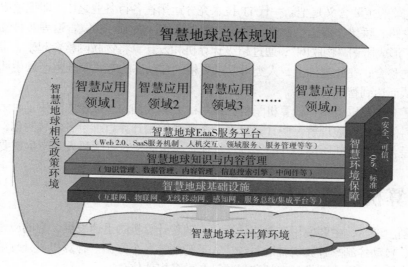

图 1-8　智慧地球

    欧盟科学家认为，互联网将具有更多的用户(More Users)、更多的内容(More Contents)、更复杂的结构(More Complexity)和更多的互动参与特性(More Participation)，互联网将会实现用户产生内容(User Generated Content)、无处不在的访问方式(From the Desktop to Anywhere Access)以及物理世界与数字世界更好的集成（Integration of Physical into Digital World）、基于互联网的社会网络交互性(Social Networking Interactivity)，提出未来互联网将是由物联网(Internet of Things)、内容与知识网(Internet of Contents and Knowledge)、服务互联网(Internet of Service)和社会网络(Internet by and for People)等构成。

    所谓物联网，就是"物物相联的互联网"，是指通过射频识别(RFID)、红外感应器、全球定位系统、激光扫描器等信息传感设备，按约定的协议，把任何物品与互联网联接起来，进行信息交换和通信，以实现智能化识别、定位、跟踪、监控和管理的一种网络，是一种实现"人物互联、物物互联、人人互联"的高效能、智能化网络。内容与知识网是由各种模型、知识和数据构成的互联网络，这些模型、数据和知识可能由用户产生，也可能由物联网产生并经智能化处理，模型、数据和知识是实现智能的重要基础；而服务互联网是指将全球各地不同提供者提供的服务互联连起来为所有用户使用，是一种 EaaS（Everything as a Service，万物皆服务)的网络，各种资源均是通过服务方式由提供者提供给用户所使用的；社会网络是指由参与互联网的用户、提供者及其相关关系等形成的网络，包括虚拟世界用户网络和现实世界用户网络以及相互之间的作用网络。

    IBM 科学家提出智慧地球，从一个总体产业或社会生态系统出发，针对某产业或社会领域的长远目标，调动其相关生态系统中的各个角色以创新的方法做出更大、更有效的贡献，充分发挥先进信息技术的潜力，以促进整个生态系统的互动，以此推动整个产业和整个公共服务领域的变革，形成新的世界运行模型。智慧地球理念强调更透彻的感知(Instrumented)，利用任何可以随时随地感知、测量、捕获和传递信息的设备、系统或流程；强调更全面的互联互通

(Interconnected)，先进的系统可按新的方式系统工作；强调更深入的智能化(Intelligence)，利用先进技术获取更智能的洞察力并付诸实践，进而创造新的价值。智慧地球在 3I (Instrumented，Interconnected，Intelligence)的支持下，将以一种更智慧的方法和技术来改变政府、公司和人们交互运行的方式，提高交互的明确性、效率、灵活性和响应速度，改变社会生活各方面的运行模式。智慧地球的主要含义是把新一代 IT 技术充分运用在各行各业之中，即把感应器嵌入和装备到电网、铁路、桥梁、隧道、公路、建筑、供水系统、大坝、油气管道等各种物体中，并且被普遍连接，形成所谓"物联网"；通过超级计算机和云计算将物联网整合起来，实现人类社会与物理系统的整合；在此基础上，人类可以以更精细和动态的方式管理生产和生活，获取更多种的服务，从而达到智慧的状态。

通过前述介绍可以看出，计算机学科已经对社会和人们的思维模式产生了巨大的影响，无论是哪一学科的人员都应理解一些计算思维，都应能运用计算思维于各学科的创新活动中。而计算思维也是各学科创新所离不开的一种思维模式，也必将对各学科人才产生重要的影响。

1.3 计算机的特点与应用

计算机刚出现时，主要使用在数值计算中。随着计算机的迅速发展，它的应用范围已扩展到数据处理、自动控制、计算机辅助系统、人工智能等各个方面。计算机可处理的信息包括数字、文字、表格、图形、图像、音频和视频等各种多媒体信息。

1.3.1 计算机的特点

计算机的主要特点有以下几个方面。

1. 运算速度快、计算精度高

计算机的运算速度是以每秒钟可执行多少百万条指令（MIPS）来衡量的。现代计算机的运算速度为数万 MIPS，因此，计算速度相当快。如在天气预报中，求解一个包含几百个未知数的代数方程若用人工计算的话，需要几十年的时间，而使用计算机只需要几秒钟，并且使用计算机计算可以得到很高的计算精度。

2. 记忆能力强

计算机的存储器类似于人的大脑，可以"记忆"（存储）大量的数据，以备随时调用。存储器不但能存储大量的信息，而且可以快速、准确地存入和取出这些信息。如一本 750 万字的图书可以保存在 U 盘中，并且可以对其进行快速地查找、排序、编辑等操作。

3. 可靠的逻辑判断能力

计算机可以对字母、符号、汉字和数字的大小和异同进行判断、比较，从而确定如何处理这些信息。另外，计算机还可以根据已知的条件进行判断和分析，确定要进行的工作。因此，计算机可以被广泛地应用到非数值数据处理领域，如信息检索、图形识别及各种多媒体应用领域。

4. 工作自动化

计算机的内部操作是根据人们事先编制好的程序自动执行的，无需人工干涉。只要将程序设计好，并输入计算机中，计算机就会依次取出指令、执行指令规定的动作，直到得出需要的结果为止。

另外，计算机还具有可靠性高、通用性强的特点。

1.3.2　计算机的应用

1．计算机的基本应用领域

计算机应用已深入科学、技术、社会的各个领域，按其处理应用问题信息的形态不同，大体上可以分为科学计算领域和非科学计算领域两个层面。

（1）科学计算领域

科学计算是计算机应用的一个重要领域，如高能物理、工程设计、地震预测、气象预报、航天技术等。同时，由于计算机具有很高的运算速度和精度及逻辑判断能力，因此又出现了计算力学、计算物理、计算化学、生物控制论等新学科。

① 生物学领域

计算生物学主要用于海量生物数据的处理、存储、检索，其中最富挑战性和影响力的任务就是从其中的各类数据中发现复杂的生物规律并建立有效的计算模型。利用这样的模型，人们可以快速模拟和预测生物活动过程，指导生物学实验、辅助药物设计、改良物种等。数据挖掘与聚类分析技术广泛应用于蛋白质的结构预测，有助于从分子层次认识生命的本质和进化规律。生物计算机是以生物芯片取代在半导体硅片上集成数以万计的晶体管制成的计算机，是计算机学科中最年轻的一个分支。

② 化学领域

计算化学作为理论化学的一个分支，主要目标是利用有效的数学近似以及电脑程序计算分子的性质（如总能量、偶极矩、四极矩、振动频率、反应活性等）并用于解释一些具体的化学问题。

③ 物理学领域

现代的计算机实验在理论和实验之间建立了很好的桥梁。一个理论是否正确可以通过计算机模拟并与实验结果进行定量比较加以验证，而实验中的物理过程也可通过模拟加以理解。实验物理学、理论物理学和计算物理学以不同的研究方式逼近自然规律。纯理论不能完全描述自然界可能产生的复杂现象，很多现象不是那么容易就能通过理论方程加以预见的。计算物理学在借助各种数值计算方法的基础上，结合实验物理和理论物理学的成果，可以很好地解决这个问题。

例如，粒子穿过固体时的通道效应就是通过计算机模拟而偶然发现的。

④ 经济学领域

博弈论（也称为"对策论"、"赛局理论"）目前已经成为经济学的标准分析工具之一，其在揭示经济行为相互制约的性质方面得到广泛运用。如针对经济问题的种类、结构，构建出相应的博弈模型，用于描述、反映经济问题参与人的策略选择动机，以便寻找到己方的问题最优解。

⑤ 艺术领域

由于计算机数字处理技术的发展和应用空间的不断扩大，很多新型的艺术样式也随之涌现，数字媒体艺术成为文化传播的重要方式之一，如"电子书籍""电子杂志""电子报纸"等。在数字媒体艺术设计领域最活跃的是计算机美术，既可利用计算机进行纯艺术类绘画创作，如利用计算机绘制传统国画、模拟油画、版画，利用计算机控制的活动雕塑等，还可利用计算机进行应用类美术设计，如辅助平面设计、广告创意、服装设计等。

（2）非科学计算领域

非科学计算领域一般包括过程控制、数据处理、计算机辅助技术、人工智能、网络应用等方面。

① 过程控制

过程控制被广泛地应用于工业生产领域，利用计算机对工业生产过程中的某些信号自动进行检测，并把检测到的数据存入计算机，再根据需要对这些数据进行处理。特别是引进计算机技术后所构成的智能化仪器仪表，将工业自动化推向了一个更高的水平。

② 数据处理

数据处理是计算机应用最广泛的一个领域。通过利用计算机加工、管理和操作各种数据资料，可以提高管理效率。近年来，国内许多机构纷纷建设自己的管理信息系统（MIS），生产企业也开始采用制造资源规划软件（MRP），商业流通领域则逐步使用电子商务系统（EC）。

③ 计算机辅助技术

计算机辅助技术包括 CAD、CAM 和 CAI 等。

● 计算机辅助设计。

计算机辅助设计（Computer Aided Design，CAD）是利用计算机及其图形设备辅助设计人员进行工程或产品设计，以实现最佳设计效果的一种技术。它已被广泛应用于飞机、汽车、机械、电子、建筑和轻工等领域。例如，利用 CAD 技术进行体系结构模拟、逻辑模拟、插件划分、自动布线等，从而大大提高设计工作的自动化程度。

● 计算机辅助制造。

计算机辅助制造（Computer Aided Manufacturing，CAM）是利用计算机系统进行生产设备的管理、控制和操作的过程。例如，在产品的制造过程中，用计算机控制机器的运行，处理生产过程中所需的数据，控制和处理材料的流动及对产品进行检测等。CAM 技术可以提高产品质量，降低成本，缩短生产周期，提高生产率和改善劳动条件。如果将 CAD 和 CAM 技术集成，则可实现设计生产自动化，这种技术被称为计算机集成制造系统（CIMS），它是无人化工厂的基础。

● 计算机辅助教学。

计算机辅助教学（Computer Aided Instruction，CAI）是在计算机辅助下进行的各种教学活动，能引导学生循序渐进地学习，使学生轻松自如地从课件中学到所需要的知识。

④ 人工智能

人工智能（Artificial Intelligence，AI）就是用计算机模拟人类的智能活动，如感知、判断、理解、学习、问题求解和图像识别等。人工智能的研究成果有些已开始走向实用阶段。例如，能模拟高水平医学专家进行疾病诊疗的专家系统、具有一定思维能力的智能机器人等。

⑤ 网络应用

计算机网络是计算机技术与现代通信技术相结合的产物。计算机网络不仅解决了一个单位、一个地区、一个国家中计算机与计算机之间的数据通信、资源共享，也大大促进了国家间的文字、图像、视频和声音等各类数据的传输与共享。网络信息资源的深层次利用和网络应用的日趋大众化正在改变着我们的工作方式和生活方式。

2. 计算思维的计算机实现

计算思维是可实现的，计算机的引入使得计算思维的深度和广度均发生重大变化，不但极大地提高了计算思维实现的效率，而且将计算机思维扩展到前所未有的领域。也就是说，计算思维的对象已不再仅仅局限于现存的客观事物，可以是人们想象或者臆造的任何对象，虚拟现实就是其中的一种典型的形式。下面介绍计算机实现的常见问题的计算思维。

（1）简单数据和问题的处理

简单数据和问题与人们的日常工作、生活息息相关。在计算机没有产生之前，人们一直寻求好的解决方法，但未曾有质的变化。计算机的产生给人们解决问题提供了一种新型手段，人们发现从计算思维角度通过计算机解决问题变得简单而高效。图 1-9 描述了简单数据和问题的计算机处理过程。

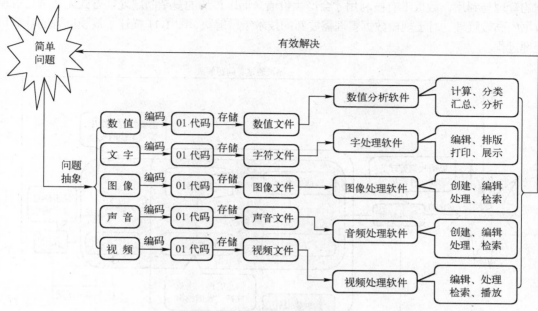

图 1-9　简单数据和问题的处理

（2）复杂问题的处理

对于复杂问题而言，问题的规模和复杂程度明显增加。这时，不仅要考虑问题的解决方法，而且必须能够在当前计算机软件、硬件技术限制下高效解决。这就需要使用更复杂的数据结构、算法以及先进的程序设计思想来实现，图 1-10 描述了复杂问题的计算机处理过程。

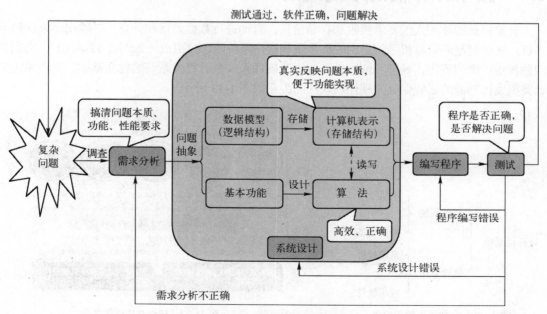

图 1-10　复杂问题的处理

（3）规模数据的高效管理

除了复杂问题之外，在实际中还有一类和日常工作、生活密切相关的问题，那就是大量数据的管理与利用，数据唯有被利用才会产生价值。而以传统的复杂问题处理方式无法满足规模数据的高效管理，对于规模数据管理需要新的技术予以解决，图1-11描述了规模问题的计算机处理过程。

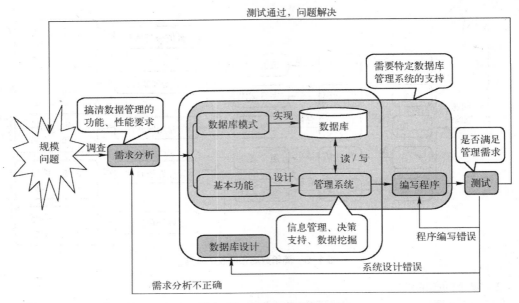

图1-11　规模问题的处理

1.4　微型计算机的系统组成

计算机是能按照人的要求接收和存储信息，自动进行数据处理和计算，并输出结果的机器系统。一个完整的计算机系统是由硬件系统和软件系统两部分组成（如图1-12所示），它们共同协作运行应用程序，处理和解决实际问题。硬件系统是计算机系统的物质基础，软件系统是计算机发挥功能的必要保证。硬件和软件的关系如图1-13所示。

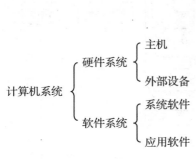

图1-12　计算机系统的组成

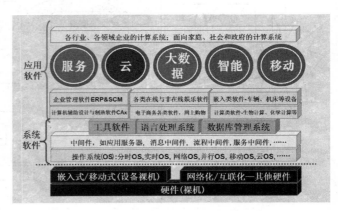

图1-13　硬件与软件的关系

1.4.1 指令和程序

1. 指令

计算机是按照人们编制好的程序完成一项工作的。如两个数相加的计算机解题过程，可分解为下面的步骤（假定要运算的数据已存在存储器中）。

第1步：把第1个数从它的存储单元中取出来，送到运算器中。

第2步：把第2个数从它的存储单元中取出来，送到运算器中。

第3步：两数相加。

第4步：将计算结果送到存储器指定的单元中。

第5步：停机。

上面的取数、相加、存数等操作都是计算机中的基本操作，将这些基本操作用命令的形式写出来就是计算机的指令（Instruction）。也就是说，指令是人们对计算机发出的工作命令，告诉计算机要进行的操作。通常一条指令对应一种基本操作。

指令通常由一串二进制数组成，也称机器指令。一条指令通常包括操作码和地址码两部分。

操作码：指出机器要执行的操作。

地址码：指出要操作的数据（操作对象）在存储器中的存放地址以及操作结果要存放的地址。

一台计算机可以有许多指令，所有指令的集合称为它的指令集（Instruction Set），又称为指令系统。各种类型的计算机的指令系统都不尽相同，不同的指令系统中的指令数目和功能存在着很大的差异。指令系统的内核是硬件，随着硬件成本的下降，人们为提高计算机的适用范围，不断地增加指令系统中的指令，以求尽可能缩小指令系统与高级语言的语义差异，而在增加新的指令系统时仍然保留了老机器指令系统中的所有指令，使用这些指令的计算机称为"复杂指令计算机"（CISC）。测试结果表明，计算机常用的是仅占20%的一些简单指令。因此，1975年IBM公司提出精简指令系统的设想，选择使用频率较高、长度固定、格式种类和指令寻址方式少的指令构造了"精简指令计算机"（RISC）。

2. 程序

程序（Program）是由一系列指令组成的，为解决某一具体问题而设计的一系列排列有序的指令的集合。设计及书写程序的过程称为程序设计。

程序存入计算机，计算机就能按照程序进行工作。

1.4.2 存储程序原理

计算机要执行程序中每一条指令才能完成任务。计算机要完成自动连续运算，必须在开始工作后自动地按程序中规定的顺序取出要执行的指令，然后执行其操作。

计算机可以自动完成运算或处理过程的基础是存储程序原理，它是由冯·诺依曼于1946年提出来的，因此称为冯·诺依曼原理，现在的计算机仍然遵循着这个原理。

存储程序原理的要点有：为解决某个问题，要事先编制程序（可以用高级语言或机器语言编写）；程序输入计算机，存储在内部存储器中（存储原理）；运行时，控制器按地址顺序取出存放在内部存储器中的指令，然后分析指令、执行指令，若遇到转移指令，则转移到指定的地址，再按地址顺序访问指令（程序控制）。

计算机的工作都是在控制器的控制下进行工作。计算机的工作过程由以下几步组成。

第1步：控制器控制输入设备将数据和程序输入内存。

第2步：在控制器的指挥下，从存储器中取出指令到控制器。

第 3 步：控制器分析指令，指挥运算器、存储器执行规定的操作。

第 4 步：运算结果由控制器控制送到存储器保存或送到输出设备输出。

第 5 步：返回第 2 步，继续取下一条指令，然后执行，直到程序结束。

1.4.3 微型计算机的硬件系统

无论是大型机还是微型机，目前都是按照冯·诺依曼提出的计算机体系结构设计制造的。冯·诺依曼体系结构计算机由 5 大功能部件组成，即运算器、控制器、存储器、输入及输出设备。略去接口电路和其他细节，它们之间的相互关系如图 1-14 所示。

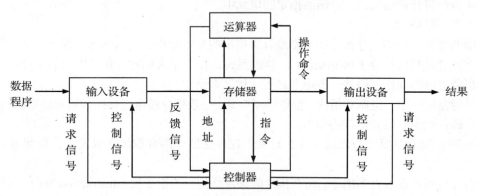

图 1-14　计算机功能部件及其相互关系

1．运算器

运算器（Arithmetic Unit，AU）是计算机执行算术运算和逻辑运算的主要部件。它受控制器的控制，对存储器送来的数据进行指定的运算，将运算结果送回存储器。

运算器的性能指标是衡量整个计算机性能的重要指标之一，与运算器相关的性能指标包括计算机的字长和运算速度。

字长是指计算机的运算器能同时处理的二进制数据的位数，它确定了计算机的运算精度，字长越长，计算机的运算精度就越高，其运算速度也越快。另外，字长也决定了计算机指令的直接寻址能力，字长越长，计算机的处理能力就越强。目前 CPU 字长可达 64 位。

运算速度是一项综合的性能指标，用 MIPS（每秒处理百万条指令）表示，计算机的主频和存取周期对运算速度的影响最大。

2．控制器

根据程序的指令，控制器（Control Unit，CU）向各个部件发出控制信息，以达到控制整个计算机运行的目的，因此，控制器是计算机的心脏。

控制器在主频时钟的协调下，使计算机各部件按照指令的要求有条不紊地工作。它不断地从存储器中取出指令，分析指令的含义，根据指令的要求发出控制信号，进而使计算机各部件协调地工作。

运算器与控制器组成中央处理器，中央处理器简称 CPU（Central Processing Unit）。CPU 负责解释计算机指令，执行各种控制操作与运算，是计算机的核心部件。从某种意义上说，CPU 的性能决定了计算机的性能。

目前市场上计算机的 CPU 芯片主要由 Intel、AMD 及 CYRIX 公司提供。Intel 公司的系列芯片有 8086、80286、80386、80486、Pentium（也叫"奔腾"）、Pentium II、Pentium III、Pentium IV、Celeron、Core 2、i3、i5、i7 等。

龙芯是中国科学院计算所自主研发的通用 CPU，采用简单指令集，类似于 MIPS 指令集。龙芯 1 号的频率为 266MHz，最早在 2002 年开始使用。龙芯 2 号的频率最高为 1GHz。龙芯 3A 是首款国产商用 4 核处理器，其工作频率为 900MHz～1GHz。龙芯 3A 的峰值计算能力达到 16GFLOPS（FLOPS 指每秒所执行的浮点运算次数）。龙芯 3B 是首款国产商用 8 核处理器，主频达到 1GHz，支持向量运算加速，峰值计算能力达到 128GFLOPS，具有很高的性能功耗比。

衡量 CPU 性能的主要指标是主频，即由时钟发生与控制器产生的时钟脉冲的频率，其单位为 GHz。计算机的运算速度主要是由主频确定的，主频越高，其运算速度也就越快。

早期的微处理器仅仅以定点数运算为基础，但进行浮点数运算时速度较慢，为此开发了单独的协处理器进行浮点数运算，一台计算机上安装两个处理器；随后的发展便将微处理器和协处理器集成为一个芯片，形成新的微处理器；为提高图形的处理速度，又开发了图形处理单元 GPU，随后又将图形处理单元与微处理器集成，形成新的多核处理器，再进一步集成了多媒体处理器、3D 多媒体处理器，形成了现在的多核处理器，目前 Intel 公司已开发出了八核、十核及更多核心的处理器，规模越来越大。

正是由于微处理器不断集成更多的处理单元，使其内部集成的晶体管由早期的几万只发展为几十万只、几百万只、几千万只、几亿只，目前已达到 14 亿只以上。

3．存储器

存储器（Memory）是用来存储程序和数据的记忆部件，用于存放原始数据和程序。它的功能与录音机类似，使用时可以取出原记录的内容而不破坏其信息（存储器的"读"操作）；也可以将原来保存的内容抹去，重新记录新的内容（存储器的"写"操作）。

存储器分为内部存储器和外部存储器。通常把控制器、运算器和内部存储器称为主机。

（1）内部存储器

内部存储器也称内存，由大规模集成电路存储器芯片组成，用来存储计算机运行中的各种数据，包括数据、程序、指令等。内存分为 RAM、ROM 及 Cache。

RAM 为 Random Access Memory 的缩写，中文名为"随机读写存储器"。通常说的计算机内存容量就是指的 RAM 的大小，即计算机的内存。既可从 RAM 中读取信息，也可向其中写入信息。在开机之前，RAM 中没有信息，开机后操作系统对其使用进行管理，关机后其中存储的信息都会消失。RAM 中的信息可随时改变。

ROM 为 Read Only Memory 的缩写，中文名为"只读存储器"，即只能从其中读取信息，不可向其中写入信息。在开机之前，ROM 中已经存有信息，关机后其中的信息不会消失，ROM 中的信息一成不变。因此，ROM 中一般存放计算机系统管理程序，如监控程序、基本输入/输出系统 BIOS 等。

Cache 中文名叫做"高速缓冲存储器"，在不同速度的设备之间交换信息时起缓冲作用。相比 RAM 和 ROM，其读取速度最快。

内存中可存储信息的多少称为存储器的容量，其基本单位为字节（Byte，记作 B）。一个字节由 8 个二进制位组成。"位"是计算机中最小的信息单位。

存储器的容量单位还有千字节（KB）、兆字节（MB）、吉字节（GB）、太字节（TB）等。

1 B = 8 bit	1 KB = 1024 B	1 MB = 1024 KB
1 GB = 1024 MB	1TB = 1024GB	

① 计算机中的存储地址

所有的存储单元都按顺序排列，每个单元都有一个编号，单元的编号称为"单元地址"。通过单元地址寻找在存储器中数据单元的过程称为"寻址"。显然，存储器地址的范围决定了二进制数的位数。若存储器有 1 024 个（1KB）单元，那么它的地址编码为 0 ~ 1 023，对应的二进制数为 0000000000 ~ 1111111111，这表明需要用 10 位二进制数来表示，也就是需要 10 根地址线，或者说 10 位地址码可寻址 1KB 的存储空间。存储器中的所有存储单元的总和称为这个存储器的存储容量，其单位是 KB、MB、GB 或 TB。图 1-15 所示为存储单元的地址和存储内容的示意图。

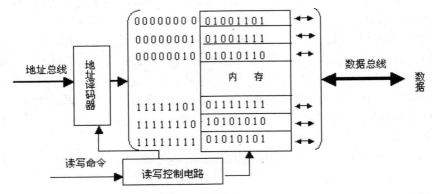

图 1-15 存储单元的地址和存储内容示意图

② 地址和容量的计算

● 根据地址总线的数量，计算寻址空间。

若地址总线有 n 根，则其寻址空间为 2^n。

如 $n = 32$，则其寻址空间为 $2^{32} = 4GB$

● 根据起始地址和末地址计算存储空间。

计算方法：末地址−起始地址+1

若地址范围为 4000H ~ 4FFFH，则存储空间为

4FFFH − 4000H + 1 = 1000H = 2^{12}B = 4KB

根据存储器的容量和起始地址，计算末地址的计算方法为起始地址+存储容量−1

若存储器的容量为 32KB，用十六进制对它的地址进行编码，起始编号为 0000H，则末地址为

$$0000H + 32KB - 1 = 32KB - 1 = 32 \times 2^{10} - 1 = 25 \times 2^{10} - 1 = 2^{15} - 1$$
$$= 1000\ 0000\ 0000\ 0000B - 1 = 8000H - 1 = 7FFFH$$

内部存储器的性能指标有两个：内存容量和存取周期。

内部存储器中可以存储的信息总数称为内存容量。内存容量越大，处理数据的范围就越广，运算速度一般也越快。目前计算机的内存容量一般为 2GB 或 4GB。

把信息存入存储器的过程称为"写"，把信息从存储器取出的过程称为"读"。存储器的访问时间（读写时间）是指存储器进行一次读或写操作所需的时间；存取周期是指连续启动两次独立的读或写操作所需的最短时间。目前，计算机的存取周期约为几十纳秒（ns）到一百纳秒。

（2）外部存储器

外部存储器也叫辅助存储器或外存，用作内存的后备与补充。其特点是容量大、价格低、可长期保存信息。常用的外存有硬盘、U 盘及光盘等。

外存储器是计算机中的外部设备，用来存放大量的暂时不参加运算或处理的数据和程序，计算机若要运行存储在外存中的某个程序，须将它从外存读到内存中才能执行。

外存按存储介质分为磁存储器、光存储器和半导体集成电路存储器。

① 硬盘

硬盘不能像 U 盘、光盘那样能从主机中方便地取出来，而是一直在主机中。所以，硬盘也叫"不可移动的磁盘"。硬盘具有容量大、存取速度快等优点，操作系统、常用的应用程序、用户的数据文件一般都保存在硬盘上。

买来硬盘后，人们会发现标称容量与实际容量不符，这是由于硬盘厂商对容量的计算方法与计算机上所用的计算方法不同引起的，前者以 1 000 进位、后者以 1 024 进位。

硬盘容量由以下几个参数决定：磁头数 H（Heads）或称盘面数、柱面数 C（Cylinders，一个柱面等于所有盘面相同编号的磁道）、扇区数 S（Sector，每个磁道的扇区数）、扇区大小（每扇区字节数）。

硬盘总容量 =磁头数（H）×柱面数（C）×扇区数（S）×扇区大小（B）

目前硬盘的存储容量从 160GB～4TB 不等。

硬盘转速是指硬盘电机主轴的旋转速度，通常硬盘片在主轴带动下以 5400~7200r/min 的速度旋转。转速是硬盘的重要参数之一，在很大程度上直接影响硬盘的传输速度。

② 光盘

光盘（Optical Disk）存储器简称光盘，是一种新型的信息存储设备。光盘具有存储容量大、可长期保存等优点。

光盘有只读型光盘（Compact Disk-Read Only Memory，CD-ROM），用户只能读出光盘上录制好的信息，而不能写入信息；只写一次型光盘（Write Once Only，WORM），用户只能向光盘中写入一次信息，且只能读取光盘上的内容；可重写型光盘（Rewriteable），简称 CD-RW，与 U 盘、硬盘一样可以不断地读写光盘上的内容。

新一代数字多功能光盘（Digital Versatile Disc，DVD），它的大小与 CD-ROM 光盘的大小相同，但这种光盘容量更大，单面单层的 DVD 可存储 4.7GB 的信息，双面双层的 DVD 最高可存储 17.8GB 的信息。DVD 有 3 种格式，即只读数字光盘、一次写入光盘和可重复写入的光盘。

蓝光光盘（Blue-ray Disc，BD）是 DVD 之后的下一代光盘格式之一，它采用蓝色激光进行读写操作，蓝光光盘单面单层存储容量为 25GB，双面的为 50GB。

世界上第一种光驱的速度为 150KB/s，后来数据传输速率成倍提高，于是就将 150KB/s 称为单倍速，记为 1X，并以此为基数，以其倍数描述光驱的速度。如 2X 光驱的速度为 300KB/s。目前光驱有 36X、48X、52X 等规格，分别为 36 倍速、48 倍速和 52 倍速。

③ 移动存储设备

常见的移动存储设备是 U 盘（如图 1-16 所示）和移动硬盘（如图 1-17 所示），它们都通过 USB 接口与主机连接。

U 盘是一种可读、写的半导体存储器，与传统的存储设备相比，U 盘的主要特点有：体积小、质量轻，容量可达 1～64GB，可擦写 100 万次，数据可以保存 10 年以上。USB 接口的传输速率有：USB1.1 为 12Mbit/s，USB2.0 为 480Mbit/s，USB3.0 为 5.0Gbit/s。

图 1-16　U 盘　　　　图 1-17　移动硬盘

移动硬盘采用固定硬盘技术，其存储实体是硬盘片，存储容量可达到几百吉字节，通过 USB 接口的数据线与主机相连，可以即插即用，适合需要复制海量数据的场合。

USB（Universal Serial Bus）接口的中文全名是通用串行总线接口。USB 是一种新型的外设连接技术，USB 接口可以连接各种有 USB 插头的外部设备，如 U 盘、数码相机、MP3 播放器、鼠标器、键盘、摄像头、打印机等。一般计算机有 2～6 个 USB 接口，还可以通过扩展卡扩展。

（3）完整的分层存储系统

按照冯·诺依曼存储程序思想设计的计算机执行程序时，CPU 要不断地跟主存储器（内存）"打交道"，因为每一条指令都要从主存储器中读取，被处理的数据也要从主存储器中读取，计算后的结果还要存放到主存储器中。于是存在 3 个问题：一是 CPU 的工作频率比主存储器高得多，也就是说，CPU 比主存储器速度快，二者在速度上很不匹配；二是主存储器因价格昂贵，容量非常有限（当然也与寻址空间有关）；三是主存储器中的程序和数据不能永久保存。

就第 1 个问题而言，快速而强大的 CPU 需要快速轻松地存取大量数据才能实现最优性能。如果 CPU 无法及时获得所需要的指令和数据，则只能不断地停下来等待指令和数据。

这将浪费宝贵的 CPU 资源。如何解决整个问题呢？聪明的设计者在 CPU 和主存储器之间增设一级高速缓冲存储器(Cache)，较好地解决了这个问题。

针对第 2 个和第 3 个问题，解决的办法是增设辅助存储器，也就是外部存储器，简称外存。

外存可以永久保存程序和数据，而且容量比主存储器大得多、价格也便宜得多。可以把暂时不用的程序和数据存放在外存之中，主存储器中只需存放当前正在运行的程序和正在处理的数据即可。这样也就解决了主存储器容量非常有限的问题。

因此，计算机系统的存储结构呈现出了非常明显的层次结构，如图 1-18 所示。

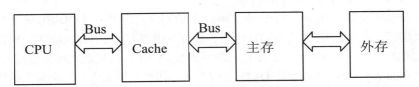

图 1-18　存储器分级示意图

另外，如果外存的容量还不够大，还可以利用 Internet，把数据和程序存放于容量巨大的网络之中，如网格存储、云存储。这样，就形成了一个分层次的、完整的存储系统，如图 1-19 所示。

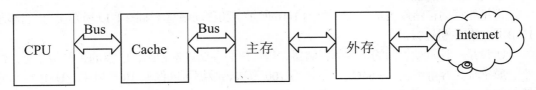

图 1-19　完整的分层存储系统

（4）内存和外存的区别与联系

内存和外存的相互联系、相互协作、相互弥补，共建了一个和谐、高效的存储系统。

它们之间的主要区别如下。

● 从 CPU 存取的角度来说，CPU 可以直接读写内存的程序与数据，却不能直接存取外存中的程序与数据。外存中的程序和数据必须先加载进内存，才能被 CPU 读取。

- 从存储容量来说，内存的容量是非常有限的，这种限制取决于内存的价格以及 CPU 的寻址空间的大小（与 CPU 地址线的数目有关）；而外存的容量是非常大的，甚至可以说是"海量"的。在不考虑价格的前提下，容量可以任意增大，不受任何限制。
- 从存取速度来说，内存和外存不在一个数量级上，内存的读写速度比外存的存取速度快得多。可以这么说，内存的读写速度是"电子级的"，而外存的速度基本上是"机械级的"。
- 从物理实现的角度来说，内存是电子设备，实现形式为大规模集成电路(RAM 和 ROM)；而外存多半是机械设备，利用磁记录、光学原理等做成磁盘、磁带、硬盘、光盘等。
- 从成本或费用的角度来说，内存的单位存储容量比外存高很多。
- 从数据存储的持久性来说，存放在内存中的程序或数据，一旦断电就不存在了，所以只能临时存放程序或数据；而外存就不同了，它可以永久存放程序和数据。

可以看到，内存和外存的差异确实很大。非常有意思的是，这两个速度、容量和价格等方面都不一样的存储器用硬件、软件或软件与硬件相结合的方法连接起来形成了一个存储系统，这个存储系统对应用人员来说是透明的、一体的、完整的。从哲学的角度来说，该存储系统具有如下几个特点。

- 内存与外存既相互独立，又相互联系。内存由 RAM 和 ROM 组成，其中存放着操作系统、应用程序和数据等，构建了程序运行所需的基本环境。外存以一种独立的文件系统来管理程序和数据。我们可以把一个存放着大量程序和数据的硬盘从一台计算机移到另一台计算机。内存和外存又时刻保持着联系，交换着程序和数据。
- 内存与外存相互作用，组成和谐的存储系统。内存和外存就像一对矛盾，一个容量小，一个容量大；一个速度快，一个速度慢；一个价格高，一个价格低。但这对矛盾"既对立，又统一"，相互协作，取长补短，形成了一个有机的存储系统。例如，外存容量很大，很好地弥补了内存的不足；内存中的数据不能长久保存，就转存到外存之中；外存里面的程序和数据不能被 CPU 直接存取，就先加载进内存，然后交给 CPU 执行，等等。
- 在一定的技术条件下，内存与外存还可以相互转化。利用虚拟化技术，人们可以把外存虚拟成内存，以获取更大的内存空间；反过来也一样，也可以把内存虚拟成外存。人们可以通过软件在内存中虚拟一个光盘驱动器，以便在没有安装光盘驱动器的机器上读取光盘里的文件和数据。

4．输入/输出设备

输入/输出（Input/Output，I/O）设备用来交换计算机与其外部的信息。常见的 I/O 设备有显示器、键盘、鼠标、打印机、扫描仪和绘图机等。其中键盘、鼠标和显示器是每一台计算机必备的 I/O 设备，其他的可以根据需要有选择地配置。

I/O 设备属于外部设备。除常见的设备外，外部设备还包括存储器设备、通信设备和外部设备处理机等。下面简要介绍常见的 I/O 设备。

（1）显示器

显示器属于输出设备，用于显示主机的运行结果。它以可见光的形式传递和处理信息。

显示器按所采用的显示器件可分为阴极射线管（Cathode Ray Tube，CRT）显示器、液晶显示器（Liquid Crystal Display，LCD）和等离子显示器等。目前微型计算机上所配备的显示器大多数为 CRT 和 LCD 显示器，液晶显示器和等离子显示器主要用在笔记本电脑上。

显示器按所显示的信息内容可分为字符显示器、图形显示器和图像显示器等。

显示器的分辨率表示为水平分辨率（一个扫描行中像素的数目）和垂直分辨率（扫描行的数目）的乘积，如 1024×768。分辨率越高，图像就越清晰，分辨率是显示器的一项重要指标。

屏幕上的分辨率或清晰度取决于屏幕上独立显示点的直径，这种独立显示的点称为像素。点距是 CRT 显示器的另一项重要的技术指标，它指的是屏幕上相邻两个颜色相同的像素之间的最小距离。点距越小，显示器的分辨率就越高。点距的单位为 mm。目前显示器的点距为 0.20 ~ 0.28mm。

微型计算机的显示系统由显示器和显示卡（Display Adapter，显卡）组成，显示器通过显卡与主机相连接。显卡的作用是在显示驱动程序的控制下，负责接收 CPU 输出的显示数据、按照显示格式进行变换并存储在显示存储器（显存）中，再把显存中的数据以显示器所要求的方式输出到显示器。

显存与系统内存一样，显存越大，可以存储的图像数据就越多，支持的分辨率与颜色数就越高。

根据采用的总线标准不同，显卡有 ISA、VESA、PCI、VGA、SVAG、AGP 等接口类型。

（2）打印机

打印机属于输出设备，用于打印主机发送的文字或图形。打印机分为两大类：击打式与非击打式。击打式的有针式打印机；非击打式的有激光打印机、喷墨打印机、热敏打印机及静电打印机。

针式打印机靠打印头上的打印针撞击色带而在纸上留下字迹。其优点是造价低、耐用，可以打在蜡纸和多层压感纸上等。其缺点是精度低、噪声大，体积也较大而不易携带。针式打印机有 9 针、24 针之分，后者打印出的文字质量较高。

喷墨打印机的打印头没有打印针，而是一些打印孔。从这些孔中喷出墨水到纸上从而印上字迹。喷墨打印机的优点是可以彩色打印，安静无噪声，精度比针式打印机高，有些型号的喷墨打印机的体积很小，便于携带，价格介于针式打印机与激光打印机之间。其缺点是不能打印在蜡纸和压感纸上。

激光打印机把电信号转换成光信号，然后把字迹印在复印纸上，其工作原理与复印机相似。不同之处在于：复印机从原稿上用感光来获得信息，而激光打印机从计算机接收信息。激光打印机的优点是印字精度很高。现在的许多报纸、图书的出版稿都是由激光打印机打印的；另一个优点是安静，打印时只发出很小的声音。激光打印机的缺点是设备价格高、耗材贵、打印成本高。

（3）绘图机

绘图机可以绘制计算机处理好的图纸。其绘制速度快、绘制质量高，因而常被使用在计算机辅助设计（CAD）等领域中。绘图机有平板的和滚筒的两类。

（4）键盘

键盘属于输入设备，专门用于向主机发送信息。按其结构可分为机械式、薄膜式、电容式、无线键盘等。目前常用的键盘有 3 种：标准键盘（有 83 个按键）、增强键盘（有 101 个按键）和微软自然键盘（有 104 个按键）。

键盘按键包括数字键、字母键、符号键、功能键和控制键。

键盘上的字符分布是根据字符的使用频率决定的。人的 10 根手指的灵活程度是不一样的，灵活一点的手指分管使用频率较高的键位，反之分管使用频率较低的键位。将键盘一分为二，左右手分管两边，可分别先按在基本键位上。

（5）鼠标

鼠标是一种光标移动及定位设备。从外形上看，鼠标是一个可以握在手掌中的小盒子，通过一条电缆线与计算机连接，就像老鼠拖着一条长尾巴。在某些软件中，使用鼠标比键盘更方便。

鼠标可以分为机械式、光电式、光学机械鼠标、无线鼠标等。

（6）扫描仪

扫描仪可以把图形图像信息输入计算机，形成数据文件。扫描仪通常采用 USB 接口，支持热插拔，使用方便。

5．计算机总线

计算机硬件系统的 5 大部件并不是孤立存在的，它们在处理信息的过程中需要相互连接和传输。计算机的结构反映了计算机各个组成部件之间的连接方式。

现代计算机普遍采用总线（Bus）结构。

为了节省计算机硬件连接的信号线，简化电路结构，计算机各部件之间采用公共通道进行信息传送和控制。计算机部件之间分时地占用着公共通道进行数据的控制和传送，这样的通道简称总线。总线经常被比喻为"高速公路"，它包含了运算器、控制器、存储器和 I/O 设备之间进行信息交换和控制传递所需要的全部信号。按照传输信号的性质划分，总线有下面 3 类。

① 数据总线

数据总线（DB）用来传输数据信息，它是双向传输的总线，CPU 既可以通过数据总线从内存或输入设备读入数据，又可以通过数据总线将内部数据送至内存或输出设备。数据总线的位数是计算机的一个重要指标，它体现了传输数据的能力，通常与 CPU 的位数相对应。

② 地址总线

地址总线（AB）用来传送 CPU 发出的地址信号，是一条单向传输线，目的是指明与 CPU 交换信息的内存单元或输入/输出设备的地址。由于地址总线传输地址信息，所以地址总线的位数决定了 CPU 可以直接寻址的内存范围。

③ 控制总线

控制总线（CB）用来传送控制信号、时序信号和状态信息等。其中，有的是 CPU 向内存和外部设备发出的控制信号，有的则是内存或外部设备向 CPU 传送的状态信息。

总线在发展过程中已逐步标准化，常见的总线标准有 ISA 总线、PCI 总线、AGP 总线和 EISA 总线等。

- ISA（Industrial Standard Architecture，工业标准结构）总线是 16 位的总线结构，适用范围广，但对 CPU 资源占用太高，数据传输带宽太小。

- EISA（Extended Industry Standard Architecture，扩展工业标准结构）总线是对 ISA 总线的扩展。

- PCI（Peripheral Component Interconnect，外设部件互连标准）总线是 32 位的高性能总线，它是目前个人电脑中使用最广泛的总线，与 ISA 总线兼容。该总线具有性能先进、成本低、可扩充性好的特点。

- AGP 总线在显卡与内存之间提供了一条直接访问的途径。

- SCSI（Small Computer System Interface，小型计算机系统接口）是一种用于计算机和智能设备之间（硬盘、软驱、光驱、打印机、扫描仪等）系统级接口的独立处理器标准，具有支持多个设备、CPU 占用极低、智能化等特点。

- USB（Universal Serial BUS，通用串行总线）是一个外部总线标准，它基于通用连接技术，实现外设的简单快速连接，达到方便用户、降低成本、扩展 PC 连接外设范围的目的。

总线结构是当今计算机普遍采用的结构，其特点是结构简单、清晰、易于扩展，尤其是在I/O 接口的扩展能力上，由于采用了总线结构和 I/O 接口标准，用户几乎可以随心所欲地在计算机中加入新的 I/O 接口卡。

为什么外设一定要通过设备接口与 CPU 相连，而不是像内存那样直接挂在总线上？其主要原因有：CPU 处理的信号只能是数字的，而外设的输入/输出信号有数字的，也有模拟的，对于模拟信号需要接口设备进行转换；CPU 只能接收/发送并行数据，而外设的数据有并行的，也有串行的，因此存在串/并信息转换的问题，这需要接口来实现；外设的工作速度远低于 CPU 的速度，需要接口在 CPU 和外设之间起到缓冲和联络的作用。

总线体现在硬件上就是计算机主板（Main Board）上配有插 CPU、内存条、显卡、声卡、鼠标、键盘等各类扩展槽或接口，而光盘驱动器和硬盘驱动器则是与主板相连。

6．计算机硬件的发展与演变过程

计算机硬件的发展与演变过程如图 1-20 所示。

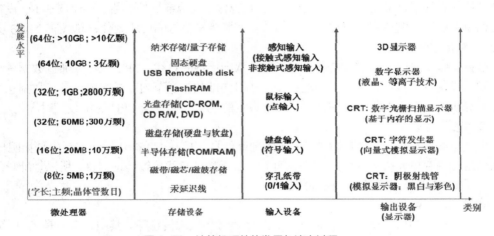

图 1-20　计算机硬件的发展与演变过程

1.4.4　微型计算机的软件系统

软件是计算机系统重要的组成部分，没有软件计算机就无法工作。有人把硬件比做钢琴，把软件比做钢琴家。没有钢琴家，再好的钢琴也发不出悦耳的音乐。

1．基本人机交互方式

人机交互主要研究系统与用户之间的交互关系。系统可以是各种各样的机器，也可以是计算机化的系统和软件。

人机交互部分的主要作用是控制相关设备的运行和解读，执行通过人机交互设备传来的各种命令和要求。用户通过可见的人机交互界面与系统交流并进行操作。常见的人机交互方式有3 种：命令方式、菜单方式和图形方式。

（1）命令交互方式

命令交互方式的基本实现思想是，定义一种简单的语言结构，通过这种简单的语言与计算机交互，每交互一次完成一个特定的任务或任务中的某一步，通过不断地交互完成所需的操作。

① 命令行

命令交互方式是一种最简单的人机交互界面，以前的 DOS，现在的 Windows cmd，Linux/UNIX shell 都是这种交互方式的代表。

例如：

C:\> cd   c:\windows

表示将当前目录改变为 c:\windows。其中，**cd** 是命令名，表示改变驱动器的当前目录或改变当前驱动器。

② 快捷键

快捷键指通过键盘上某些特定的按键、按键顺序或按键组合来完成一个操作命令。快捷键有一定的有效范围。系统级快捷键可以全局响应，不论当前焦点在哪里、运行什么程序，按下时都能起作用；应用程序级热键只能在当前活动的程序中起作用；控件级的热键则仅在当前控件中起作用。

例如，Windows 操作系统的系统级常见快捷键有：

Ctrl+C 复制；

Ctrl+X 剪切；

Ctrl+V 粘贴；

Ctrl+S 保存。

（2）菜单交互方式

菜单方式采用一种集成式和层次化结构，将上下文语义联系在一个集成平面中呈现出来，再辅助以图标进行直观表意。在计算机应用中，下拉式菜单是菜单的常见表现形式。下拉式菜单通常应用于把一些具有相同分类的功能放在同一个菜单中，并把这个下拉式菜单置于主菜单的一个选项下。

下拉菜单内的项目可以据需要设置为多选或单选，可以用来替代一组复选框（设置为多选）或单选按钮（设置为单选）。这样比复选框组或单选框组的占用位置小，但不如它们直观。图1-21 所示是 Windows 7 资源管理器里的"查看"下拉菜单。

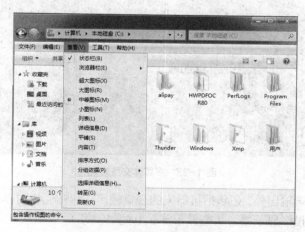

图 1-21　菜单交互方式界面

（3）图形交互方式

图形用户接口将以往的命令模拟为一个图标来表示，比较直观和直接。图形用户接口的广泛应用极大地方便了非专业用户的使用。图 1-22 展示了 Windows 7 的图形用户界面。

图形界面主要由桌面、窗口、单一文件界面、多文件界面、标签、菜单、对话框、图标、按钮等基本图形对象组成，提供的向导式交互方式的使用更为方便。

图 1-22　Windows 7 图形用户界面

（4）多媒体人机交互技术

多媒体人机交互技术是多媒体技术和人机交互技术的结合。

信息表示的多样化和如何通过多种输入/输出设备与计算机进行交互是多媒体人机交互技术的重要内容。

多媒体人机交互是基于视线跟踪、语音识别、手势输入、感觉反馈等的新交互技术。

输入包括键盘输入、鼠标输入、手写输入、语音输入、触摸屏输入、数字化仪器输入、扫描输入、三维输入（数据手套、三维鼠标、力矩球等）、视觉输入（摄像设备），如图 1-23 所示。

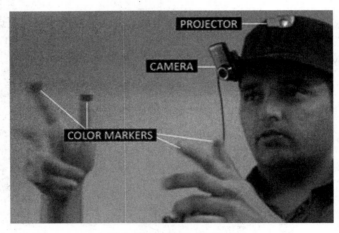

图 1-23　多媒体交互方式

输出除了显示终端输出外，还包括机器人的视觉输出、声响输出、打印输出和三维输出（产生三维输出的设备有投影显示器、头盔显示器、电视眼镜等）。

（5）未来的人机交互方式

自然人机交互模式是以直接操纵为主的、与命令语言特别是自然语言共存的人机交互形式。未来理想的人机交互模式就是"用户自由"。

人们期盼着能拥有并使用更为人性化和智能化的计算机。在人机交互中，从人操作计算机，变为计算机辅助人；从人围着计算机转，变为计算机围着人转；计算机从认知型，变为直觉型。显然，为实现这些转变，人机交互中的计算机应具有情感能力。情感计算研究就是试图创建一种能感知、识别和理解人的情感，并能针对人的情感做出智能、灵敏、友好反应的计算系统。

2. 计算机软件概述

通常把不装配任何软件的计算机称为裸机。计算机系统是在裸机之上配置若干软件后形成的。

（1）计算机软件的定义

计算机软件是指在计算机硬件上运行的各种程序和有关的文档资料。这里所说的程序是指用某种特定的符号系统（语言）对被处理的数据和实现算法的过程进行的描述，也就是用于指挥计算机执行各种动作以便完成指定任务的指令的集合。在程序的编制和维护中，必须对程序做必要的说明，整理出有关的资料。在运行程序时，有时需要输入必要的数据。因此，计算机软件就是可以指挥计算机进行工作的程序和程序运行时所需要的数据，以及与这些程序和数据有关的文字说明和图表资料，其中的文字说明和图表资料就是文档。

在计算机技术的发展过程中，计算机软件随硬件技术的发展而发展，反过来，软件的不断发展与完善，又促进了硬件的发展。实际上，计算机某些硬件的功能可以由软件来实现（如内置 Modern），而某些软件的功能也可以由硬件来实现（如 DOS 时代的各种汉卡）。

计算机软件系统分为系统软件和应用软件两大类，如图 1-24 所示。

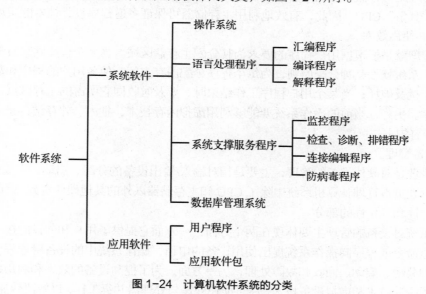

图 1-24　计算机软件系统的分类

（2）系统软件

系统软件是计算机系统必备的软件，它的主要功能是管理、监控和维护计算机资源（包括硬件资源和软件资源）及开发应用软件。系统软件可以看做是用户与硬件系统的接口，为用户和应用软件提供了控制和访问硬件的手段。系统软件包括操作系统、语言处理程序、系统支撑服务程序和数据库管理系统。

① 操作系统

操作系统（Operating System）是用户使用计算机的界面，是位于底层的系统软件，其他系统软件和应用软件都是在操作系统上运行的。操作系统主要用来对计算机系统中的各种软硬件资源进行统一的管理和调度。因此，可以说操作系统是计算机软件系统中最重要、最基本的系统软件。

计算机系统的系统资源包括 CPU、内存、输入/输出设备及存储在外存中的信息。因此，操作系统由以下 4 部分组成：

- 对 CPU 的使用进行管理的进程调度程序；
- 对内存分配进行管理的内存管理程序；
- 对输入/输出设备进行管理的设备驱动程序；
- 对外存中信息进行管理的文件系统。

操作系统的主要功能有如下 5 个部分。

- 处理机管理

由于 CPU 的工作速度要比其他硬件快得多，而且任何程序只有占用了 CPU 才能运行。因此，CPU 是计算机系统中最重要、最宝贵、竞争最激烈的硬件资源。处理机管理就是对处理机的"时间"进行动态管理，以便能将 CPU 真正合理地分配给每个需要占用 CPU 的任务。

采用多道程序设计技术（Multiprogramming）可以提高 CPU 的利用率。当多道程序并发运行时，便引入了进程的概念（将一个程序分为多个处理模块，进程是程序运行的动态过程）。通过对进程进行管理，协调多道程序之间的 CPU 分配调度、冲突处理及资源回收等关系。

- 存储管理。

存储管理是对存储"空间"的管理，主要指对内存的管理。只有被装入主存储器的程序才有可能去"竞争"CPU。因此，有效地利用主存储器可保证多道程序设计技术的实现，也就保证了 CPU 的使用效率。

存储管理就是要根据用户程序的要求为其分配主存储区域。当多个程序共享有限的内存资源时，操作系统就按某种分配原则，为每个程序分配内存空间，使各用户的程序和数据彼此隔离，互不干扰及破坏；当某个用户程序工作结束时，要及时收回它所占的主存区域，以便再装入其他程序。另外，当前的操作系统要能够利用虚拟内存技术，把内、外存结合起来，以达到"扩大"内存的目的。

- 设备管理。

设备管理是对硬件设备的管理，主要是指对输入/输出设备的分配、启动、完成和回收。

设备管理负责管理计算机系统中除了 CPU 和主存储器以外的其他硬件资源，因此是系统中最具有多样性和变化性的部分。

操作系统对设备的管理主要体现在两个方面：一方面它提供了用户和外设的接口，用户只需通过键盘命令或程序向操作系统提出使用设备的申请，操作系统中的设备管理程序就能实现外部设备的分配、启动、回收和故障处理；另一方面，为了提高设备的效率和利用率，操作系统还采取了缓冲技术和虚拟设备技术，尽可能使外设与处理器并行工作，以解决快速 CPU 与慢速外设的矛盾。

- 文件管理。

将逻辑上有完整意义的信息资源（程序和数据）存放在外存储器（磁盘、磁带）上，赋予一个名字，就成为一个文件。

文件管理是操作系统对计算机系统中软件资源的管理，通常由操作系统中的文件系统来完成这一功能。文件系统由文件、管理文件的软件和相应的数据结构及有关的文档组成。

文件管理能有效地支持文件的存储、检索和修改等操作，解决文件的共享、保密和保护问题，并提供方便的用户使用界面，使用户能实现按名存取，而且完全不必考虑文件保存方法及存放的位置。

- 作业管理。

作业管理包括任务管理、界面管理、人机交互、图形界面、语音控制和虚拟现实等。

前述 4 种管理功能建立起了操作系统与计算机系统的联系。为了能使用户通过操作系统来使用计算机系统，完成自己的任务，操作系统还必须提供自身与用户间的接口，这部分工作就由作业管理来承担。

作业管理的任务是为用户使用系统提供一个良好的环境，使用户能有效地组织自己的工作流程。用户要求计算机处理某项工作称为一个作业，一个作业包括程序、数据及解题的控制步骤。用户一方面使用作业管理提供的"作业控制语言"来书写控制作业执行的操作说明书；另一方面使用作业管理提供的"命令语言"与计算机资源进行交互活动，请求系统服务。

操作系统有多种分类方法，如表 1-1 所示。

表 1-1　操作系统的分类

分类方法	操作系统类型		
系统功能	批处理操作系统	单道（程序）批处理	
		多道（程序）批处理	
	分时操作系统		
	实时操作系统		
计算机配置	单机配置	大型机操作系统	
		小型机操作系统	
		微型机操作系统	
	多机配置	网络操作系统	
		分布式操作系统	
用户数目	单用户操作系统		
	多用户操作系统		
任务数量	单任务操作系统		
	多任务操作系统		

微型计算机的操作系统具有微型化、简单化、以磁盘管理和文件管理为主等特点。下面对计算机中常用的操作系统进行简单的说明。

● UNIX 操作系统。UNIX 操作系统是多用户、多任务、交互式的分时操作系统，具有结构紧凑、功能强、效率高、使用方便及移植性好的特点，因此它可广泛地使用在微型机、工作站、中小型机、大型机和巨型机上。

● Windows 操作系统。Windows 操作系统是 Microsoft 公司开发的用于个人计算机和服务器的操作系统，具有多任务处理、大内存管理、统一的用户界面和一致的操作方式等特点。Windows 操作系统有适用于个人的，也有适用于网络的。

Windows 采用了 GUI 图形化操作模式，是目前世界上使用最广泛的操作系统。随着电脑硬件和软件系统的不断升级，微软的 Windows 操作系统也在不断升级，从 16 位、32 位到 64 位操作系统。从最初的 Windows 1.0 和 Windows 3.2 到大家熟知的 Windows 95、Windows 98、Windows 2000、Windows Me、Windows XP、Windows Server、Windows Vista、Windows 7、Windows 8 各种版本的持续更新，微软一直在致力于 Windows 操作的开发和完善。

● 苹果 iOS 系统。iOS 是由苹果公司开发的移动操作系统。苹果公司最早于 2007 年 1 月 9 日的 Macworld 大会上公布这个系统，最初是设计给 iPhone 使用的，后来陆续套用到 iPod touch、iPad 及 Apple TV 等产品上。iOS 与苹果的 Mac OS X 操作系统一样，它也是以 Darwin 为基础的，因此同样属于类 UNIX 的商业操作系统。

● Android 系统。Android 是一种基于 Linux 的自由及开放源代码的操作系统，主要使用于移动设备，如智能手机和平板电脑，由 Google 公司和开放手机联盟领导及开发。尚未有统一中文名称，中国大陆地区较多人使用"安卓"或"安致"。Android 操作系统最初由 Andy Rubin 开发，主要支持手机。2005 年 8 月由 Google 收购注资。2007 年 11 月，Google 与 84 家硬件制造商、软件开发商及电信营运商组建开放手机联盟，共同研发改良 Android 系统。随后 Google 以 Apache 开源许可证的授权方式，发布了 Android 的源代码。第一部 Android 智能手机发布于 2008 年 10 月。Android 逐渐扩展到平板电脑及其他领域上，如电视、数码相机、游戏机等。

② 语言处理程序

使用各种高级语言（如汇编语言、FORTRAN、Pascal、C、C++、C#、Java 等）开发的程序，计算机是不能直接执行的，必须经过翻译（对汇编语言源程序是汇编，对高级语言源程序则是编译或解释），将它们翻译成机器可执行的二进制语言程序（也就是机器语言程序）才可以执行。这些完成翻译工作的翻译程序就是语言处理程序，包括汇编程序（Assembler）、编译程序和解释程序。

③ 系统支撑服务程序

系统支撑服务程序又称实用程序，如系统诊断程序、调试程序、排错程序、编辑程序及查杀病毒程序等。这些程序都是用来维护计算机系统的正常运行或进行系统开发的。

④ 数据库管理系统

数据库管理系统用来建立存储各种数据资料的数据库，并对其进行操作和维护。在微型计算机上使用的关系型数据库管理系统有 Access、SQL Server 和 Oracle 等。

（3）应用软件

为解决各种计算机应用问题而编制的应用程序称为应用软件，它具有很强的实用性。如工资管理程序、图书资料检索程序、办公自动化软件等。应用软件又分为用户程序和应用软件包两种。

① 用户程序

用户为解决自己的问题而开发的软件称为用户程序，如各种计算程序、数据处理程序、工程设计程序、自动控制程序、企业管理程序和情报检索程序等。

② 应用软件包

应用软件包是为实现某种特殊功能或特殊计算而设计的软件系统，可以满足同类应用的许多用户。一般来讲，各种行业都有适合自己使用的应用软件包。如用于办公自动化的 Office，它包含有字处理软件 Word、电子表格软件 Excel、文稿演示软件 PowerPoint、数据库软件 Access 和电子邮件管理程序 Outlook 等。

3. 计算机语言知识

（1）程序设计语言

使用计算机解决问题就需要编写程序，编写计算机程序就必须掌握计算机的程序设计语言。程序设计语言分为 3 类：机器语言、汇编语言和高级语言。

① 机器语言

一台计算机中所有指令的集合称为该计算机的指令系统，这些指令就是机器语言，它是一种二进制语言。

由于计算机的机器指令和计算机的硬件密切相关，所以用机器语言编写的程序不仅能直接在计算机上运行，而且具有能充分发挥硬件功能的特点，程序简洁，运行速度快。但用机器语言编写的程序不直观，难懂、难记、难写、难以修改和维护。另外，机器语言是每一种计算机所固有的语言，不同类型的计算机其指令系统和指令格式不同，因此机器语言程序没有通用性，是"面向机器"的语言。

② 汇编语言

鉴于机器语言的难记缺点，人们用符号（称为助记符）来代替机器语言中的二进制代码，设计了"汇编语言"。汇编语言与机器语言基本上是一一对应的，由于它采用助记符来代替操作码，用符号来表示操作数地址（地址码），因此便于记忆。如用 Add 表示加法、Move 表示传送等。

用汇编语言编写的程序具有质量高、执行速度快、占用内存少的特点，因此目前常用来编写系统软件、实时控制程序等。

汇编语言同样是"面向机器"的语言，机器语言所具有的缺点，汇编语言也都有，只不过程度上不同而已。

③ 高级语言

高级语言与汇编语言相比，具有以下优点：接近于自然语言（一般采用英语单词表达语句），便于理解、记忆和掌握；语句与机器指令不存在一一对应的关系，一条语句通常对应多个机器指令；通用性强，基本上与具体的计算机无关，编程者无需了解具体的机器指令。

高级语言的种类非常多，如结构化程序设计语言 Fortran、Algol、Cobol、C、PASCAL、Basic、LISP、LOGO、PROLOG、FoxBASE 等，面向对象的程序设计语言 Visual Basic、Visual C++、Visual FoxPro、Delphi、PowerBuild、C#、Java 等。

（2）语言处理程序

计算机只能执行机器语言程序，因此用汇编或高级语言编写的程序（称为源程序）必须使用语言处理程序将其翻译成计算机可以执行的机器语言后，程序才能得以执行。语言处理程序包括汇编程序、解释程序和编译程序。

① 汇编程序（Assemble）

把汇编语言编写的源程序翻译成机器可执行的目标程序，是由汇编程序来完成翻译的，这种翻译过程称为汇编。

汇编语言源程序的执行过程如图 1-25 所示。

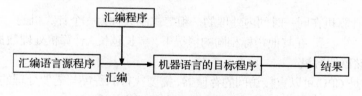

图 1-25　汇编语言源程序的执行过程

② 解释程序（Interpreter）

解释程序接收到源程序后对源程序的每条语句逐句进行解释并执行，最后得出结果。也就是说，解释程序对源程序一边翻译一边执行，因此不产生目标程序。与编译程序相比，解释程序的速度要慢得多，但它占用的内存少，对源程序的修改比较方便。

高级语言源程序的解释执行方式如图 1-26（a）所示。

③ 编译程序（Compiler）

编译程序将高级语言源程序全部翻译成与之等价的用机器指令表示的目标程序，然后执行目标程序，得出运算结果。

高级语言源程序的编译执行方式如图 1-26（b）所示。

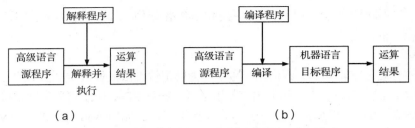

$$(a) \qquad\qquad\qquad\qquad (b)$$

图 1-26　高级语言源程序的解释执行和编译执行方式

解释方式和编译方式各有优缺点。解释方式的优点是占用内存少、灵活，但与编译方式相比要占用更多的机器时间，并且执行过程也离不开翻译程序。编译方式的优点是执行速度快，但占用较多的内存，并且不灵活，若源程序有错的话，必须修改后重新编译，从头执行。

尽管计算机硬件功能很强，但真正控制计算机运行的还是软件，计算机技术的发展也是伴随着软件技术的发展而发展的。软件可看成是程序系统或者程序集合，是计算机系统中与硬件相互依存的另一部分。程序是可按事先设计好的功能和性能要求进行执行的指令序列。硬件一旦设计好，其功能就确定了，而其功能的扩展和延伸是通过软件来实现的。当程序系统稳定后，人们可将固定不变的程序再做成硬件，扩大硬件功能，进而在新的硬件基础上再设计功能更强大的软件，如此相互促进，计算机功能就越来越强大。

1.5　计算机的性能指标

计算机的性能指标可以从运算器的性能指标、CPU 的性能指标、内部存储器的性能指标来衡量。

1．CPU 主频

主频是描述计算机运算速度最重要的一个指标。通常所说的计算机运算速度是指计算机在每秒钟所能执行的指令条数，即 CPU 在单位时间内平均"运行"的次数，其速度单位为 MHz 或 GHz。

2．字长

一般来说，计算机在同一时间内处理的一组二进制数称为一个计算机的"字"，而这组二进制数的位数就是"字长"。在其他指标相同的情况下，字长越长，计算机处理数据的速度就越快。

3．内部存储器的容量

内部存储器是 CPU 可以直接访问的存储器，需要执行的程序与需要处理的数据就是存放在主存中的。内存的性能指标主要包括存储容量和存取速度。

4．外存储器

通常是指硬盘容量。外存储器容量越大，可存储的信息就越多，可安装的应用软件就越丰富。

5．可靠性

计算机的可靠性使用平均无故障工作时间来表示，即计算机硬件运行时不发生故障的平均时间。

除上面提到的这些因素外，衡量一台计算机的性能指标还要考虑机器的兼容性、系统的可维护性、机器可以配置的外部设备的最大数目、计算机系统处理汉字的能力、数据库管理系统及网络功能等。性能/价格比可以作为一项综合性评价指标以衡量计算机的性能。

PART 2

第 2 章
简单数据的表示

现代计算机中的基本元器件是晶体管，由于晶体管具有两个完全不一样的状态（截止与导通），而且状态很稳定，很容易转换，采用这样的器件很容易构成具有两个稳定状态的二值电路：低电位和高电位来表示信息。我们可以理解为如同电灯的开关一样，按下去表示高电位，灯亮，代表"1"；弹起来表示低电位，灯灭，代表"0"。灯光按照一定的规律不断地亮或灭，即形成了一串由"1"或"0"构成的数据，即一组信息。这些由"0"或者"1"的组成形式即是我们本章将要阐述的二进制。现代计算机系统都是二进制计算机系统，在它们的内部都是用二进制表示数据的。但是这并不意味着能表示任意的二进制值，它们只能有效地表示具有某个给定范围的二进制值。计算机执行的每一项任务，在某种程度上都是数据处理，因此离开了数据，计算机将无用武之地。

2.1　数据与信息

平时人们所说的"数据"，是指可比较其大小的一些数值。但在信息处理领域中，数据的概念的外延要大得多。世界上的一切事物和现象都可以通过一组特征"数据"去描述它。不管计算机要处理的对象是什么事物或现象，都必须通过某种方式获取其"特征描述数据"，才能在计算机中进行处理。

从计算机的外部功能来看，计算机可以进行数值处理与非数值处理两类运算。从用户角度来看，计算机能够处理数值、文字、声音、图形和图像等。但是，在计算机内部，数字、文字、声音、图形和图像等都不能直接由计算机进行处理和存储，它们必须采取"特殊的表达形式"才能被计算机进行转换和加工处理。这种特殊的表达形式就是二进制编码，即采用二进制编码表示的数值、文字、图形、声音和活动图像才能由计算机进行处理（包括通信、转换及存储）。所以，在计算机系统中所指的数据均是以二进制编码形式出现的。

什么是信息？狭义的信息可以理解为消息、情报、资料、指令、信号、数据等；广义的信息指的是事物存在的方式、运动状态以及这些方式、状态及其变化的直接和间接的表达。其表达形式除了语言、文字、声音、图形和符号之外，还有动作、表情，以及各种声、光、电等模拟量或数字量，等等。

信息处理又称为信息加工（Information Technology），指的是信息的获取、存储、变换（再生）、传输、检测、使用的技术。通常认为信息技术包括微电子技术、感测技术（传感和测量）、计算机技术、通信技术、控制技术、智能技术等。其核心是计算机技术、通信技术和控制技术，国外称为 3C（Computer、Communication and Control）。

计算机处理信息的前提是表示信息。这种表示方法必须容易用物理器件来实现，便于进行信息处理。所幸的是，人们经过长时间的摸索，找到了只用 0、1 两个符号组成的代码串来表示数值，进而表示文字符号、图形、声音的方法。0、1 两个符号很容易用物理器件的两种状态（如电压的高、低；开关的通、断；晶体管的导通和截止；磁场的正、反两个方向等）来实现，而且便于存储、变换和传输。用 0、1 代码串表示的信息称为"编码"。这种由计算机率先使用的信息表示方法被称为"数字化"方法，或数码（数字编码）方法，现在已经推广到通信、影视、广播等领域。

计算机中的信息可分为两类，一类是数值信息，另一类是非数值信息。数值信息对应的是自然数、整数和实数在计算机中的表示，非数值信息对应的是文字、图形图像、音频和视频数据在计算机中的表示。对采用二进制进行编码的信息进行存储、表示和运算是计算机的基本功能，外部信息在进入计算机时需要进行某种方式的编码，对于不同编码的信息有不同的处理方法。

虽然信息在计算机内存中都是用 0、1 代码串来表示的，但是不同信息编码的规则是不同的。下面将讨论数值型数据、计算机基本的运算规则、字符型数据的编码以及多媒体数据的表示。

2.2　数制及其特点

日常生活中人们使用十进制数，计算机采用二进制数，由于二进制不便于书写和记忆，程序员在交流时使用八进制和十六进制。

2.2.1　数

数是一个无形的、抽象的概念，它是人类用来表示数量的一个智力产物。由人类智慧所创造的数，可用来数各种集合中的对象的个数，它和对象所特有的性质无关。例如，数"一百"是从所包含一百个东西的实际集合中抽象出来的；它不依赖这些对象的任何特殊性质，也不依赖表示它所采用的符号。只有在智力发展到一个比较高级的阶段，数字概念的抽象性才变得清楚。对儿童来说，数通常是和实际的对象连在一起的，如手指或珠子。

数的表示通常是一些符号的序列。例如，读者可能把"100"当做一百，实质上它不是一百，只不过是 3 个符号而已，是一百的一种表示而已。像"100"这样的符号的序列是数的一种表示，它们本身不是数。即使是组成"100"的单个的数字也不是数，只不过是数值化的数字，是我们用以表示数的工具而已。

2.2.2　数制

下面介绍数制的基本概念。

各种进位计数值都可统一表示为下面的形式：

$$\sum_{i=n}^{m} a_i R^i$$

式中，R 表示进位计数制的基数，在十进制、二进制、八进制、十六进制中 R 的值分别为 10、2、8、16；

i 表示位序号，个位为 0，向高位（左边）依次加 1，向低位（右边）依次减 1；

a_i 表示第 i 位上的一个数符，其取值范围为 $0 \sim R-1$；

R^i 表示第 i 位上的权；

m 和 n 表示最低位和最高位的位序号。

一切进位计数制都有两个基本特点：按基数进、借位，用位权值来计数。

所谓按基数进、借位，就是在执行加法或减法时，要遵循"逢 R 进一，借一当 R"的规则。因此，R 进制的最大数符为 $R-1$，而不是 R，每个数符只能用一个字符表示。

表示数值使用进位制计数法，为此，规定符号所代表的数值与其所在的位置有关。在计算机内表示数值涉及的问题有：数字符号的表示、数值表示法则及其运算法则、与十进制等其他进位制表示法的转换等。

1．十进制（Decimal System）

十进制的基数为 10，逢十进一，使用 10 个符号（0、1、2、3、4、5、6、7、8、9）表示数。各位的权是以 10 为底的幂，书写时数字用括号括起来，再加上下标 10。对十进制，下标通常省略不写。也可以在数字后加字母 D 表示（通常省略不写）。

【例】

$976.56=(976.56)_{10}=9\times10^2+7\times10^1+6\times10^0+5\times10^{-1}+6\times10^{-2}$

2．二进制（Binary System）

二进制的基数为 2，逢二进一，使用两个符号（0 和 1）表示数。各位的权是以 2 为底的幂，书写时数字用括号括起来，再加上下标 2。也可以在数字后加字母 B 表示。

【例】$(10110)_2=(1\times2^4+0\times2^3+1\times2^2+1\times2^1+0\times2^0)_{10}$

3．八进制（Octare System）

八进制的基数为 8，逢八进一，使用 8 个数码（0、1、2、3、4、5、6、7）表示数。八进制数各位的权是以 8 为底的幂，书写时数字用括号括起来，再加上下标 8。也可以在数字后加字母 O 表示。

【例】$(753.65)_8=(7\times8^2+5\times8^1+3\times8^0+6\times8^{-1}+5\times8^{-2})_{10}$

4．十六进制（Hexadecimal System）

十六进制的基数为 16，逢十六进一，使用 16 个数码（0、1、2、3、4、5、6、7、8、9、A、B、C、D、E、F）表示数。各位的权是以 16 为底的幂，书写时数字用括号括起来，再加上下标 16。也可以在数字后加字母 H 表示。

遵循每个数符只能用一个字符表示的原则，在十六进制中对值大于 9 的 6 个数（即 10～15）分别借用 A～F 6 个字母来表示。

【例】$(3A4F)_{16}=(3\times16^3+10\times16^2+4\times16^1+15\times16^0)_{10}$

八进制或十六进制经常用在汇编语言程序或显示存储单元的内容显示中。

以上列出了几种进位制下整数的表示法。小数的表示方法与整数类似，只是权值是基数的负方幂。

2.2.3　不同数制之间的转换

人们习惯使用的是十进制，而计算机使用二进制。因此，数值输入计算机后要转变为二进制数，输出时又要转换为十进制数。当比较不同进位制的数的大小时，也需要将它们转换为相同数制的数。

1．二进制、八进制、十六进制转换为十进制

若要将二进制、八进制、十六进制数转换为十进制数，只要写出其展开式，按照求和的形式计算出相应的十进制数。

【例】

$(11011)_2=1\times2^4+1\times2^3+0\times2^2+1\times2^1+1\times2^0=(27)_{10}$

$(517)_8 = 5 \times 8^2 + 1 \times 8^1 + 7 \times 8^0 = (335)_{10}$

$(8CF)_{16} = 8 \times 16^2 + 12 \times 16^1 + 15 \times 16^0 = (2255)_{10}$

2．十进制转换为二进制、八进制、十六进制

十进制数转换为其他进制数时，要注意分别转换整数部分和小数部分。

整数部分：用除 R（基数）取余法则（规则：先余为低，后余为高）。

小数部分：用乘 R（基数）取整法则（规则：先整为高，后整为低）。

【例】 将 $(29.625)_{10}$ 转换为二进制表示。

a.用"除 2 取余"法先求出整数 29 对应的二进制数。

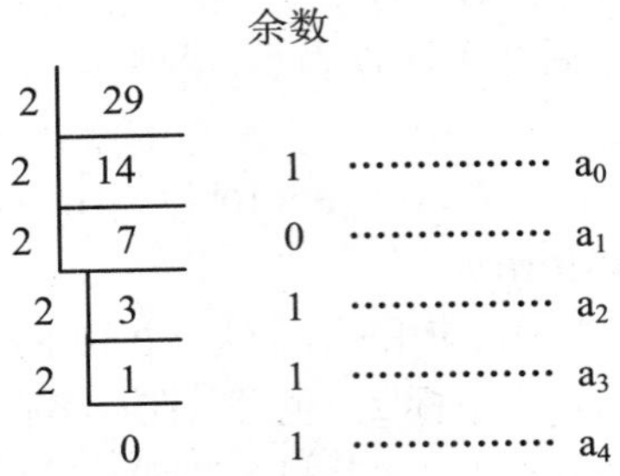

b.用"乘 2 取整"法求出小数 0.625 对应的二进制数。

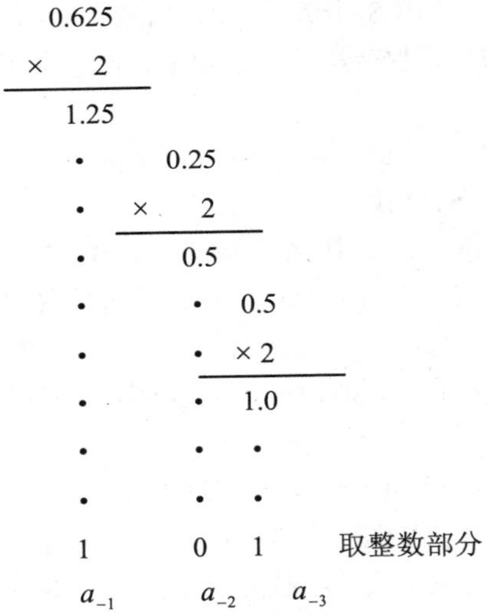

由此可得 $(29.625)_{10} = (11101.101)_2$

3．二进制与八进制、十六进制之间的转换

从 $2^3 = 8$、$2^4 = 16$ 可以看出，每位八进制数可用 3 位二进制数表示，每位十六进制数可用 4 位二进制数表示，如表 2-1 和表 2-2 所示。

表 2-1 二进制与八进制之间的转换

八进制数	0	1	2	3	4	5	6	7
二进制数	000	001	010	011	100	101	110	111

表 2-2　二进制与十六进制之间的转换

十六进制	0	1	2	3	4	5	6	7
二进制	0000	0001	0010	0011	0100	0101	0110	0111
十六进制	8	9	A	B	C	D	E	F
二进制	1000	1001	1010	1011	1100	1101	1110	1111

（1）八进制、十六进制转换为二进制。

八进制数转换为二进制数，用"一分为三法"。即以小数点为基点，按表 2-1 所示的对应关系，向左右两个方向将每一位八进制数展开为 3 位二进制数，去掉整数首部的 0 或小数尾部的 0 即可。

十六进制数转换为二进制数，用"一分为四法"。即以小数点为基点，按表 2-2 所示的对应关系，向左右两个方向将每一位十六进制数展开为 4 位二进制数，去掉整数首部的 0 或小数尾部的 0 即可。

【例】

$(753.65)_8 = 111\ 101\ 011.110\ 101$　　　　将每位展开为 3 位二进制数

$= (111101011.110101)_2$　　　　转换后的二进制数

$(A85.76)_{16} = 1010\ 1000\ 0101.0111\ 0110$　　将每位展开为 4 位二进制数

$= (101010000101.0111011)_2$　　　去掉尾部的"0"

（2）二进制转换为八进制、十六进制。

二进制数转换为八进制数，用"三位一并法"。即以小数点为基点，向左右两个方向将每 3 位二进制数并为一组，不足 3 位的用 0 补齐，然后按表 2-1 所示的对应关系用八进制数表示。

二进制数转换为十六进制数，用"四位一并法"。即以小数点为基点，向左右两个方向将每四位二进制数并为一组，不足 4 位的用 0 补齐，然后按表 2-2 所示的对应关系用十六进制数来表示。

【例】

$(11101.101)_2 = 011\ 101.101$　　　　　每 3 位分成一组

$= (35.5)_8$　　　　　　转换后的结果

$(11101.101)_2 = 0001\ 1101.1010$　　　每 4 位分成一组

$= (1D.A)_{16}$　　　　　转换后的结果

2.3　计算机如何实现计算

计算机的"计算（Computing）"（或者称为"运算"）可以分为数值计算（如函数计算、方程求解、微分、积分、概率统计等）和非数值计算（如逻辑推理、比较、排序、查找等）两大类。无论哪一种计算，也无论计算如何复杂，都可以通过一些基本运算来实现。只要在计算机的指令系统编写基本指令实现这些基本运算，就可以完成复杂的计算任务。下面从原理上讨论计算机如何实现重要的基本数值运算和基本逻辑运算，以便对计算机的计算有一个初步的认识。

2.3.1　计算机如何实现数值计算

所有复杂的数值计算都可以用四则运算来实现。在二进制数的四则运算中，乘法可以由加法实现，除法可以由减法实现。这样一来，计算机只要能实现加法和减法，就可以实现所有复杂的数值计算。其实，在计算机中减法也是由加法实现的，方法是使用补码。既然如此，除法自然也可以由加法实现。因此，从原理上说，计算机只要做加法即可完成各种数值计算。

下面是二进制数算术运算的规则。

加法：0+0=0　　　1+0=0+1=1　　　1+1=10

减法：0-0=0　　　10-1=1　　　1-0=1　　　1-1=0

乘法：0×0=0　　　0×1=1×0=0　　　1×1=1

除法：0÷1=0　　　1÷1=1

【例】

$(11001)_2+(11110)_2=(110111)_2$

$(110111)_2-(11001)_2=(11110)_2$

$(11001)_2×(11110)_2=(1011101110)_2$

$(1011101110)_2÷(11001)_2=(11110)_2$

2.3.2　知识拓展

1．减法如何用加法实现

下面通过一个直观的例子说明减法如何通过补码用加法来实现。假设现在时钟的时针指到7。想将时针拨到3点，可以逆时针倒拨4格，也可以顺时针正拨8格。分别用数学式子表示：

7-4=3

$Mod_{12}(7+8)=mod_{12}(15)=3$

Mod_{12}：表示取12为模的余数。15以12为模的余数是3。

8和4之间有什么关系？8=12-4，8就是4以12为模的补码。也就是说，减一个数可以通过加这个数的补码来实现。在不同的进位制中，求补码要使用不同的模，这个模就是进位制的基数的方幂。

2．计算机中如何求补码

可能有人问，求补码时不是还要用到减法吗？没错。在二进制中，可以将这个数的每一位取反，然后在最低位加1，就得到这个数的补码。逐位取反（将0变为1，1变为0）在计算机上是很容易实现的。

计算机中使用二进制数，所有的符号、数的正负号都是用二进制数值代码表示的。在数值的最高位用"0"和"1"分别表示数的正、负号。一个数（包括符号）在计算机中的表示形式称为机器数。机器数有3种表示法：原码、补码和反码。机器数将符号位和数值位一起编码，机器数对应的原来数值称为真值。

（1）原码表示法

原码也称符号数值表示法，最高有效位作为符号位，其他位是数值位。如果符号位为1，则表示负数；该位为0，则表示正数。在原码表示方法中，数值用绝对值表示，在数值的最左边用"0"和"1"分别表示正数和负数，写作$[X]_原$。

【例】在8位二进制数中，十进制数+22和-22的原码表示为

$[+22]_原=00010110$

$[-22]_原=10010110$

应注意，0的原码有两种表示，分别是"00……0"和"10……0"，都作0处理。

（2）反码表示法

反码是另一种表示带符号数的方法。正整数的反码与原码相同，负整数的反码是将相应的

原码的最高有效位（符号位）保持不变，其他位取反。引入反码的唯一原因是帮助理解补码。

原码求相反数只需把符号位变反，而反码求相反数则是对所有位取反。正数的反码等于这个数本身，负数的反码等于其绝对值各位求反（符号位除外）。

【例】

[+12]$_反$=00001100   [-12]$_反$=11110011

（3）补码表示法

补码是计算机上表示带符号数的一种编码方法，即对所声明的整型变量，计算机将以补码的形式存储。补码看上去很奇怪，人理解起来有困难，为什么还是选用补码呢？因为补码具备了其他两种编码没有的重要属性：一是零的表示唯一；二是补码加法和无符号加法可以使用同一硬件电路，在没有溢出的情况下，结果完全正确。

求一个二进制数补码的方法：正数的补码与其原码相同；负数的补码是把其原码除符号位外的各位先求其反码，然后在最低位加 1。通常用[X]$_补$表示 X 的补码，+4 和-4 的补码表示为

[+4]$_补$=00000100

[-4]$_补$=11111100

总结以上规律，可得到如下公式：X-Y=X+（Y 的补码）=X+（Y 的反码+1）

【例】设计算机字长为 8，请给出计算机中 24 - 17 的计算过程。

解：（+24）+（-17）=+7

```
    0001 1000
+   1110 1111
——————————
    0000 0111
```

先把 24 和-17 表示为补码形式，然后相加，加的过程中最高位的进位超过了计算机字长，丢弃。

3．定点数和浮点数

在计算机中，一个数如果小数点的位置是固定的，则称为定点数，否则称为浮点数。

（1）定点数

定点数一般把小数点固定在数值部分的最高位之前，即在符号位与数值部分之间，或把小数点固定在数值部分的最后面。前者将数表示成纯小数，后者把数表示成整数。

（2）浮点数

浮点数是指在数的表示中，其小数点的位置是浮动的。任意一个二进制数 N 可以表示为 $N=M \times 2^e$

其中，e 是一个二进制整数，M 是二进制小数，这里称 e 为数 N 的阶码，M 称为数 N 的尾数，M 表示了数 N 的全部有效数字，阶码 e 指明了小数点的位置。

在计算机中，一个浮点数的表示分为阶码和尾数两个部分，格式如下：

M_S	E_S	E	M
尾符	阶符	阶码	尾数

其中，阶码确定了小数点的位置，表示数的范围；尾数则表示数的精度；尾符也称数符。浮点数的表示范围比定点数大得多，精度也高。

从以上介绍中可知，计算机是采用二进制数存储数据和进行计算的，引入补码可以把减法

转换为加法，简化了运算；使用浮点数扩大了数的表示范围，提高了数的精度。

2.3.3　计算机如何实现逻辑运算

在形式逻辑中，任何复杂的逻辑运算都可以由 3 种基本逻辑运算来实现，即逻辑"与"（AND）、逻辑"或"（OR）、逻辑"非"（NOT），简称与、或、非。因为是二值逻辑，逻辑变量的取值和运算的结果只有"真（True）""假（False）"两个值。在计算机中，可用 0 表示"假"，用 1 表示"真"。这样，逻辑推理就可以通过逻辑运算来实现。

下面是逻辑运算的规则。

1．或运算："∨"、"+"

规则：$0 \vee 0=0$　　　$0 \vee 1=1$　　　$1 \vee 0=1$　　　$1 \vee 1=1$

在或运算中，当两个逻辑值有一个为 1 时，结果就为 1，否则为 0。

【例】要得到成绩 X 不及格（小于 60 分）或者 Y 优秀（大于 90 分）的分数段人数，可用或运算表示为

$(X<60) \vee (Y>90)$

2．与运算："∧"、"·"

规则：$0 \wedge 0=0$　　　$0 \wedge 1=0$　　　$1 \wedge 0=0$　　　$1 \wedge 1=1$

在与运算中，当两个逻辑值都为 1 时，结果才为 1，否则为 0。

【例】若合格产品的标准需控制在 200～300，要判断某一产品质量参数 X 是否合格，可用与运算表示为

$(X>200) \wedge (X<300)$

3．非运算："NOT"、"‾"

在非运算中，对每位的逻辑值取反，即 1 取反后为 0，0 取反后为 1。

规则：$\overline{0}=1$　　　$\overline{1}=0$

【例】$\overline{1011}=0100$

2.4　计算机中字符的表示方法

字符包括英文字符（字母、数字、各种符号）和中文字符，由于计算机采用二进制，因此字符也必须按特定的规则进行二进制编码才能进入计算机。进行字符编码时首先要确定编码的字符总数，然后将每一个字符按顺序确定序号（序号的大小无意义，仅作为识别与使用这些字符的依据）。字符的多少涉及编码的位数。中英文采用不同的编码。

2.4.1　ASCII 码

ASCII（American Standard Code for Information Interchange，美国标准信息交换码）是被国际标准化组织所采用的计算机在相互通信时共同遵守的标准。ASCII 有两种：7 位 ASCII 码和 8 位 ASCII 码，前者称为标准 ASCII 码，后者称为扩展 ASCII 码。7 位 ASCII 码如表 2-3 所示。

表 2-3　7 位 ASCII 编码表

$B_4B_3B_2B_1$ ＼ $B_7B_6B_5$	000	001	010	011	100	101	110	111
0000	NUL	DLE	空格	0	@	P	`	p
0001	SOH	DC1	!	1	A	Q	a	q

$B_4B_3B_2B_1$ \ $B_7B_6B_5$	000	001	010	011	100	101	110	111
0010	STX	DC2	"	2	B	R	b	r
0011	ETX	DC3	#	3	C	S	c	s
0100	EOT	DC4	$	4	D	T	d	t
0101	ENQ	NAK	%	5	E	U	e	u
0110	ACK	SYN	&	6	F	V	f	v
0111	BEL	ETB	'	7	G	W	g	w
1000	BS	CAN	(	8	H	X	h	x
1001	HT	EM	)	9	I	Y	i	y
1010	LF	SUB	*	:	J	Z	j	z
1011	VT	ESC	+	;	K	[	k	{
1100	FF	FS	,	<	L	\	l	|
1101	CR	GS	−	=	M	]	m	}
1110	SO	RS	.	>	N	^	n	~
1111	SI	US	/	?	O	_	o	DEL

从表 2-3 可以看出，ASCII 码共包含 2^7=128 个不同的编码，也就是 128 个不同的字符。其中，前 32 个和最后一个为控制码，是不可显示或打印的，主要用于控制计算机某些外围设备的工作特性和某些计算机软件的运行情况。例如，CR（Carriage Return）称为回车字符，是换行控制符；BEL（Bell Character）称为报警字符，是通信用的控制字符，可以作为报警装置或类似的装置发出报警的信号。其余 95 个为可打印/显示字符（但空格也是看不见的，因此实际可打印/显示的字符为 94 个），包括英文大小写字母 52 个，0 ~ 9 共 10 个数字，标点符号、运算符号和其他符号共 33 个。

ASCII 码表中的可打印字符在键盘上都可以找到。在按键时，一方面，显示器上显示出相应的字符；另一方面，该字符的 ASCII 码将输入存储器中等待用户的处理。

计算机中字符的处理实际上是对字符 ASCII 码进行的处理。例如，比较字符"B"和"G"的大小实际上是对"B"和"G"的 ASCII 码 66 和 71 进行比较。输入字符时，该键所对应的 ASCII 码即存入计算机。将一篇文章输入完成后，计算机中实际存放的是一串 ASCII 码。

2.4.2 汉字的编码

汉字为非拼音文字，不可能像英文那样一字一码，显然汉字编码比英文编码要复杂得多。

（1）汉字交换码

1981 年我国颁布实施了 GB2312—80《信息交换用汉字编码字符集基本集》。该标准规定用 16 位二进制表示一个汉字，每个字节只使用低 7 位（与 ASCII 码相同），即有 128×128=16384 种状态。由于 ASCII 码中的 34 个控制码在汉字系统中也要使用，为不致发生冲突，不能作为汉字编码，也就剩下了 94 种，所以汉字编码表的大小是 94×94=8836，用来表示国标中规定的 7 445 个汉字和图形符号（该标准收录 6 763 个常用汉字，包括一级汉字 3 755 个，按汉语拼音排序；二级汉字 3 008 个，按偏旁部首排序；以及英、俄、日文字母与其他符号 682 个）。

每个汉字或图形符号分别用两位的十进制区码（行码）和两位的十进制位码（列码）表示，不足的地方用 0 补上，组合起来就是区位码。区码或位码的范围都为 1 ~ 94，这与基本 ASCII

码相冲突（基本 ASCII 码使用的是 33～126），因此把区码和位码都加上 20H（也就是 32）。这样转换成的二进制代码称为信息交换码（简称国标码），即：

国标码高位字节=区码+20H

国标码低位字节=位码+20H

也就是每个汉字或符号都用两个字节表示，其中每个字节的编码从 20H～7EH，即十进制的 33～126。

国标码字符集的划分如表 2-4 所示。

表 2-4　国标码字符集的划分

00～20		区 位	21	22	23	…	7C	7D	7E
00～20			1	2	3	…	92	93	94
21～2F	01～15		非汉字图形符号（常用符号，数字序号，俄、法、希腊字母，日文假名等）						
30～57	16～55		一级汉字（3755 个）						
58～77	56～87		二级汉字（3008 个）						
78～7E	88～94		空白区						
7F									

随着 Internet 的发展，国家信息标准化委员会于 2000 年 3 月 17 日公布了 GB18030—2000《信息技术、信息交换用汉字编码字符集基本基的扩充》。该标准共收录了 27 000 多个汉字，可以满足人们对信息处理的需要。

（2）汉字机内码

计算机既要处理中文，又要处理西文，因此通常利用字节的最高位区分某个码值代表汉字（最高位为 1）还是代表 ASCII 码（最高位为 0）。汉字的机内码在国标码的基础上，把两个字节的最高位一律由"0"改为"1"，也就是汉字机内码与国标码的关系为

汉字机内码高位字节=国标区位码高位字节+80H；

汉字机内码低位字节=国标区位码低位字节+80H。

（3）汉字外码（输入码）

英文的输入码与机内码是一致的，而汉字输入码是指直接从键盘输入的各种汉字输入法的编码，如区位码、拼音码、五笔字型码等，它与机内码是不同的。不同的汉字输入方法其输入编码是不同的，但存入计算机中的必须是它的机内码，与采用的输入法无关。各种输入法的编码称为外码。

（4）汉字字型码

汉字字型码又称字模，用于汉字在显示器显示或打印机输出。汉字字型码通常有两种表示方式：点阵和矢量表示方法。

用点阵表示字型时，汉字字型码指的是这个汉字字型点阵的代码。根据输出汉字的要求不同，点阵的多少也不同。简易型汉字为 16×16 点阵，提高型汉字为 24×24 点阵、32×32 点阵、48×48 点阵等。点阵规模越大，字型越清晰美观，所占存储空间也越大。例如，一个 16×16 点阵占用的存储空间为 32 字节（2×16×8=32×8），一个 24×24 点阵占用的存储空间

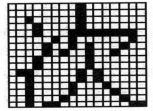

图 2-1　16×16 点阵表示"次"字

为 72 字节（3×24×8=72×8）。图 2-1 所示为 16×16 点阵表示"次"字。

矢量表示方式存储的是描述汉字字型的轮廓特征，当要输出汉字时，通过计算机的计算，由汉字字型描述生成所需大小和形状的汉字点阵。矢量化字型描述与最终文字显示的大小及分辨率无关，因此可以产生高质量的汉字输出。Windows 中使用的 TrueType 技术就是汉字的矢量表示方式。

2.5 多媒体数据表示

具有多媒体功能的计算机除了可以处理数值和字符信息外，还可以处理图像、声音和视频信息。在计算机中，图像、声音和视频的使用能够增强信息的表现能力。

2.5.1 图形图像

1. 图形

图形与位图（图像）从各自不同的角度来表现物体的特性。图形是对物体形象的几何抽象，反映了物体的几何特性，是客观物体的模型化；而位图则是对物体形象的影像描绘，反映了物体的光影与色彩的特性，是客观物体的视觉再现。图形与位图可以相互转换。利用渲染技术可以把图形转换成位图，而边缘检测技术则可以从位图中提取几何数据，把位图转换成图形。

（1）图形的概念

图形也称为矢量图，是指由数学方法描述的、只记录图形生成算法和图形特征的数据文件。其格式是一组描述点、线、面等几何图形的大小、形状及其位置、维数的指令集合。如 Line（$x1$，$y1$，$x2$，$y2$，color）表示以（$x1$，$y1$）为起点，（$x2$，$y2$）为终点画一条 color 色的直线，绘图程序负责读取这些指令并将其转换为屏幕上的图形。若是封闭图形，还可用着色算法进行颜色填充。图 2-2 和图 2-3 所示就是两个矢量图的显示结果。

图 2-2 简单的矢量图　　　　　图 2-3 较为复杂的矢量图

（2）矢量图特点

矢量图最大特点在于可以对图中的各个部分进行移动、旋转、缩放、扭曲等变换而不会失真。此外，不同的物体还可以在屏幕上重叠并保持各自的特征，必要时还可以分离。由于矢量图只保存了算法和特征，其占用的存储空间小。显示时需要重新计算，所以，显示速度取决于算法的复杂程度。

（3）矢量图和位图的区别

矢量图和位图相比，它们之间的区别主要表现在以下 4 个方面。

① 存储容量不同

矢量图只保存了算法和特征，数据量少，存储空间也较小；而位图由大量像素点信息组成，容量取决于颜色种类、亮度变化以及图像的尺寸等，数据量大，存储空间也较大，经常需要进行压缩存储。

② 处理方式不同

矢量图一般是通过画图的方法得到的，其处理侧重于绘制和创建；而位图一般是通过数码相机实拍或对照片通过扫描得到，处理侧重于获取和复制。

③ 显示速度不同

矢量图显示时需要重新运算和变换，速度较慢；而位图显示时只是将图像对应的像素点影射到屏幕上，显示速度较快。

④ 控制方式不同

矢量图的放大只是改变计算的数据，可任意放大而不会失真，显示及打印时质量较好；而位图的尺寸取决于像素的个数，放大时需进行插值，数次放大就会明显失真。

2．图像

（1）模拟图像与数字图像

真实世界是模拟的，用胶卷拍出的相片就是模拟图像，它的特点是空间连续。模拟图像含有无穷多的信息，理论上，可以对模拟图像进行无穷放大而不会失真。

模拟图像只有在空间上数字化后才是数字图像，它的特点是空间离散，如 1000×1000 的图片，包含 100 万个像素点，数字图像所包含的信息量有限，对其进行的放大次数有限，否则会出现失真。图 2-4 和图 2-5 展示了两种不同类型的数字图像。

图 2-4　自然风景图像　　　　图 2-5　通过软件设计的发动机图像

数字图像和模拟图像相比，主要有 3 个方面的优点。

● 再现性好，不会因存储、输出、复制等过程而产生图像质量的退化。

● 精度高，精度一般用分辨率来表示。从原理上来讲，可实现任意高的精度。

● 灵活性大，模拟的图像只能实现线性运算，而数字处理可以实现非线性运算。凡可用数学公式或逻辑表达式来表达的一切运算都可以实现。

（2）图像的数字化

图像的数字化包括采样、量化和编码 3 个步骤，如图 2-6 所示。

图 2-6　图像的数字化过程

① 采样

采样就是计算机按照一定的规律，对模拟图像所呈现出的表象特性，用数据的方式记录其特征点。这个过程的核心在于决定在一定的面积内取多少个点（即有多少个像素），即图像的分辨率是多少（单位是 dpi）。

② 量化

通过采样获取了大量特征点，现在需要得到每个特征点的二进制数据，这个过程叫量化。量化过程中有一个很重要的概念——颜色精度。颜色精度是指图像中的每个像素的颜色（或亮度）信息所占的二进制数位数，它决定了构成图像的每个像素可能出现的最大颜色数。颜色精度值越高，显示的图像色彩越丰富。

③ 编码

编码是指在满足一定质量（信噪比的要求或主观评价要求）的条件下，以较少的位数表示图像。

显然，无论从平面的取点还是从记录数据的精度来讲，采样形成的数字图像与模拟图像之间都存在着一定的差距。但这个差距通常控制得相当小，以至于人的肉眼难以分辨，所以，可以将数字化图像等同于模拟图像。

（3）数字图像常见文件格式

对数字图像处理必须采用一定的图像格式，图像格式决定在文件中存放何种类型的信息，对信息采用何种方式进行组织和存储，文件如何与应用软件兼容，文件如何与其他文件交换数据等内容。

① BMP 格式

BMP（位图格式）文件格式与硬件设备无关，是 DOS 和 Windows 兼容计算机系统的标准图像格式，扩展名为.BMP。Windows 环境下运行的所有图像处理软件都支持 BMP 文件格式。BMP 格式支持 RGB、索引颜色、灰度和位图颜色模式，使用非常广。它采用位映射存储格式，除了图像深度可选以外，不采用其他任何压缩，因此，BMP 文件所占用的空间很大。BMP 文件存储数据时，图像的扫描方式按从左到右、从下到上的顺序。BMP 文件的图像深度可选 1b、4b、8b 及 24b。

② TIFF 格式

TIFF（Tag Image File Format，标志图像文件格式）格式是一种非失真的压缩格式（最高 2～3 倍的压缩比），扩展名为.TIFF。这种压缩是对文件本身的压缩，即把文件中某些重复的信息采用一种特殊的方式记录，文件可完全还原，能保持原有图像的颜色和层次。TIFF 格式是桌面出版系统中使用最多的格式之一，它不仅在排版软件中普遍使用，也可以用来直接输出。TIFF 格式主要的优点是适用于广泛的应用程序，它与计算机的结构、操作系统和图形硬件无关，支持256 色、24 位真彩色、32 位色、48 位色等多种色彩位。因此，大多数扫描仪都能输出 TIFF 格式的图像文件。将图像存储为 TIFF 格式时，需注意选择所存储的文件是由 Macintosh 还是由Windows 读取。因为，虽然这两个平台都使用 TIFF 格式，但它们在数据排列和描述上有一些差别。

③ GIF 格式

GIF（Graphics Interchange Format，图像互换格式）格式是由 CompuServe 公司在 1987 年开发的图像文件格式，扩展名为.GIF。GIF 图像文件的数据采用可变长度压缩算法压缩，其压缩率一般在 50%左右，目前几乎所有相关软件都支持它。GIF 格式的另一个特点是其在一个 GIF文件中可以存储多幅彩色图像，如果把存于一个文件中的多幅图像数据逐幅读出并显示到屏幕上，就可以构成一种最简单的动画。但 GIF 只能显示 256 色，另外，GIF 动画图片失真较大，一般经过羽化等效果处理的透明背景图都会出现杂边。

④ JPEG 格式

JPEG（Joint Photographic Experts Group，联合图像专家组）是最常用的图像文件格式，扩展名为.JPG 或.JPEG，是一种有损压缩格式。通过选择性地去掉数据来压缩文件，图像中重复或不重要的资料会被丢弃，因此容易造成图像数据的损伤。

目前，大多数彩色和灰度图像都使用 JPEG 格式压缩，其压缩比很大而且支持多种压缩级别的格式。当对图像的精度要求不高而存储空间又有限时，JPEG 是一种理想的压缩方式。JPEG 支持 CMYK、RGB 和灰度颜色模式，JPEG 格式保留 RGB 图像中的所有颜色信息。

⑤ PDF 格式

PDF（Portable Document Format，便携式文件格式）是由 Adobe Systems 在 1993 年提出的用于文件交换所推出的文件格式。它的优点在于跨平台、能保留文件原有格式、开放标准等。PDF 可以包含矢量和位图图形，还可以包含电子文档的查找和导航功能。

2.5.2　声音

声音是通过空气的振动发出的，通常用模拟波的方式表示。振幅反映声音的音量，频率反映音调。

1．声音的数字化

音频是连续变化的模拟信号，要使计算机能处理音频信号，必须进行音频的数字化。将模拟信号通过音频设备（如声卡）数字化时，会涉及采样、量化及编码等多种技术。图 2-7 所示是模拟声音数字化示意图。

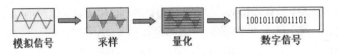

图 2-7　模拟声音数字化示意图

2．量化性能指标

在模拟声音的数字化过程中，有两个重要的指标。

（1）采样频率

每秒钟的采样样本数叫做采样频率，采样频率越高，数字化后声波就越接近于原来的波形，即声音的保真度越高，但量化后声音信息量的存储量也越大。根据采样定理，只有当采样频率高于声音信号最高频率的两倍时，才能把离散声音信号唯一地还原成原来的声音。

目前，多媒体系统中捕获声音的标准采样频率有 44.1 kHz、22.05 kHz 和 11.025 kH 3 种。人耳所能接收声音的频率范围为 20 Hz～20 kHz，但在不同的实际应用中，音频的频率范围是不同的。例如，根据 CCITT 公布的声音编码标准，把声音根据使用范围分为 3 级：电话语音级 300 Hz～3.4 kHz；调幅广播级 50Hz～7 kHz；高保真立体声级 20 Hz～20 kHz。因而采样频率 11.025 kHz、22.05 kHz、44.1 kHz 正好与电话语音、调幅广播和高保真立体声（CD 音质）三级相对应。DVD 标准的采样频率是 96 kHz。

（2）采样精度

采样精度可以理解为采集卡处理声音的解析度。这个数值越大，解析度就越高，录制和回放的声音就越真实。一段相同的音乐信息，16 位声卡能把它分为 64 K 精度单位进行处理，而 8 位声卡只能处理 256 个精度单位，造成了较大的信号损失。目前市面上所有的主流产品都是 16

位的声卡，16 位声卡的采样精度对于计算机多媒体音频而言已经绰绰有余了。

3．声音文件格式

常见的数字音频格式有以下 6 种。

（1）WAV 格式

WAV 格式是微软公司开发的一种声音文件格式，也叫波形声音文件，是最早的数字音频格式，被 Windows 平台及其应用程序广泛支持。WAV 格式支持许多压缩算法，支持多种音频位数、采样频率和声道。

在对 WAV 音频文件进行编解码的过程中，包括采样点和采样帧的处理和转换。一个采样点的值代表了给定时间内的音频信号，一个采样帧由一定数量的采样点组成并能构成音频信号的多个通道。对于立体声信号，一个采样帧有两个采样点，一个采样点对应一个声道。一个采样帧作为单一的单元传送到数/模转换器，以确保正确的信号能同时发送到各自的通道中。

（2）MIDI 格式

MIDI（Musical Instrument Digital Interface，乐器数字接口）定义了计算机音乐程序、数字合成器及其他电子设备交换音乐信号的方式，规定了不同厂家的电子乐器与计算机连接的电缆和硬件及设备间数据传输的协议，可以模拟多种乐器的声音。MIDI 文件本身并不包含波形数据，在 MIDI 文件中存储的是一些指令，把这些指令发送给声卡，由声卡按照指令将声音合成出来，所以 MIDI 文件非常小巧。

MIDI 要形成计算机音乐必须通过合成，现在的声卡大都采用的是波表合成，它先将各种真实乐器所能发出的所有声音（包括各个音域、声调）进行取样，存储为一个波表文件。播放时，再根据 MIDI 文件记录的乐曲信息向波表发出指令，从波表格中逐一找出对应的声音信息，最后经过合成、加工后播放出来。由于它采用的是真实乐器的采样，所以效果好于 FM。一般波表的乐器声音信息都以 44.1kHz、16 位精度录制，以达到最真实的回放效果。理论上，波表容量越大，合成效果越好。

（3）CDA 格式

CDA 格式就是 CD 音乐格式，其取样频率为 44.1kHz，16 位量化位数，CD 存储采用音轨形式，记录的是波形流，是一种近似无损的格式。CD 光盘可以在 CD 唱机中播放，也能用计算机里的各种播放软件来重放。一个 CD 音频文件是一个以.CDA 为后缀文件，但这只是一个索引信息，并不是真正的声音信息，所以无论 CD 音乐的长短如何，在计算机上看到的.CDA 文件都是 44 字节长。

注意　不能直接复制 CD 格式的.CDA 文件到硬盘上播放，需要使用类似 EAC 这样的抓音轨软件把 CD 格式的文件转换成 WAV 格式文件才可以。

（4）MP3 格式

MP3 是利用 MPEG Audio Layer 3 技术将音乐以 1:10 甚至 1:12 的压缩率压缩成容量较小的文件，MP3 能够在音质丢失很小的情况下把文件压缩到更小的程度。正是因为 MP3 体积小、音质高的特点，使得 MP3 格式几乎成为网上音乐的代名词。

每分钟音乐的 MP3 格式只有 1 MB 左右大小，这样每首歌的大小只有 3～4 MB。

使用 MP3 播放器对 MP3 文件进行实时解压缩，这样，高品质的 MP3 音乐就播放出来了。MP3 格式缺点是压缩破坏了音乐的质量，不过一般听众几乎觉察不到。

（5）WMA 格式

WMA 是微软在互联网音频、视频领域定义的文件格式。WMA 格式通过在保持音质基础上减少数据流量方式达到压缩目的,其压缩率一般可以达到 1:18。此外,WMA 还可以通过 DRM（Digital Rights Management）方案加入防止复制,或者加入限制播放时间和播放次数,甚至是播放机器的限制,有力地防止盗版。

（6）DVD Audio 格式

DVD Audio 是新一代的数字音频格式,采样频率率有 44.1 kHz、48 kHz、88.2 kHz、96 kHz、176.4 kHz 和 192 kHz 等,能以 16 位、20 位、24 位精度量化,当 DVD Audio 采用最大取样频率为 192 kHz、24 位精度量化时,可完美再现演奏现场的真实感。由于频带扩大使得再生频率接近 100 kHz（约 CD 的 4.4 倍）,因此能够逼真再现各种乐器层次分明、精细微妙的音色成分。

2.5.3　视频

视频由一幅幅单独的画面（称为帧）序列组成,这些画面以一定的速率（帧率,即每秒显示帧的数目）连续地透射在屏幕上,利用人眼的视觉暂留原理,使观察者产生图像连续运动的感觉。

1．模拟视频数字化

计算机只能处理数字化信号,普通的 NTSC 制式和 PAL 制式的模拟视频必须经过模／数转换和色彩空间变换等过程进行数字化。模拟视频的数字化包括很多技术问题,如电视信号具有不同的制式而且采用复合的 YUV 信号方式,而计算机工作在 RGB 空间;电视机是隔行扫描的,计算机显示器大多逐行扫描;电视图像的分辨率与显示器的分辨率也不尽相同等。因此,模拟视频的数字化主要包括色彩空间的转换、光栅扫描的转换及分辨率的统一。

模拟视频一般采用分量数字化方式:先把复合视频信号中的亮度和色度分离,得到 YUV 或 YIQ 分量,然后用 3 个模／数转换器对 3 个分量分别数字化,最后再转换到 RGB 空间。

2．视频压缩技术

视频信号数字化后数据带宽很高,通常在 20 Mbit/s 以上,因此计算机很难对其进行保存和处理。采用压缩技术以后,通常数据带宽可以降到 1～10 Mbit/s,这样就可以将视频信号保存到计算机中并进行相应的处理。常用的压缩算法是 MPEG 算法。MPEG 算法适用于动态视频的压缩,它主要利用具有运动补偿的帧间压缩编码技术以减小时间冗余度,采用 DCT 技术以减小图像的空间冗余度,使用熵编码以减小信息表示方法的统计冗余度。这几种技术的综合运用,大大增强了压缩性能。

3．视频文件格式

（1）AVI 格式

AVI（Audio Video Interleaved,音频视频交错格式）是将语音和影像同步组合在一起的文件格式。它对视频文件采用了一种有损压缩方式,压缩比较高,画面质量不太好,但其应用范围仍然非常广泛。AVI 主要应用在多媒体光盘上,用来保存电视、电影等各种影像信息。

AVI 最直接的优点就是兼容好、调用方便。但它的缺点也十分明显:文件大。根据不同的应用要求,AVI 的分辨率可以随意调整。窗口越大,文件的数据量也就越大。降低分辨率可以大幅减低它的数据量,但图像质量必然受损。在与 MPEG-2 格式文件大小相近的情况下,AVI 格式的视频质量相对要差得多,但其制作简单,对计算机的配置要求不高,所以,人们经常先录制好 AVI 格式的视频,再转换为其他格式。

（2）MPEG 格式

MPEG（Moving Picture Experts Group,动态图像专家组）是国际标准组织（ISO）认可的

媒体封装形式，受大部分机器的支持。其储存方式多样，可以适应不同的应用环境。MPEG 的控制功能丰富，可以有多个视频（即角度）、音轨、字幕（位图字幕）等。

（3）RM 格式

RM（RealMedia，实时媒体）格式是 Real Networks 公司开发的一种流媒体视频文件格式，主要包含 RealAudio、RealVideo 和 RealFlash 三部分。它的特点是文件小，画质相对良好，适用于在线播放。用户可以使用 RealPlayer 对符合 RM 技术规范的网络音频／视频资源进行实况转播。RM 还可以根据不同的网络传输速率制定出不同的压缩比率，从而实现在低速率的网络上进行影像数据实时传送和播放。另外，RM 作为目前主流网络视频格式，它还可以通过其 RealServer 服务器将其他格式的视频转换成 RM 格式的视频并由 RealServer 服务器负责对外发布和播放。

RM 格式最大的特点是边传边播，即先从服务器上下载一部分视频文件，形成视频流缓冲区后实时播放，同时继续下载，为接下来的播放做好准备。这种方法避免了用户必须等待整个文件从 Internet 上全部下载完毕才能观看的缺点，因而特别适合在线观看影视文件。RM 文件的大小完全取决于制作时选择的压缩率，压缩率不同，影像大小也不同。这就是为什么同样看到 1 小时的影像有的只有 200 MB，而有的却有 500 MB 之多。

（4）ASF 格式

ASF（Advanced Streaming Format，高级流格式）是一个开放标准，它能依靠多种协议在多种网络环境下支持数据的传送。ASF 是 Microsoft 为了和 RealPlayer 竞争而发展出来的一种可以直接在网上观看视频节目的文件压缩格式。它是专为在 IP 网上传送有同步关系的多媒体数据而设计的，所以 ASF 格式的信息特别适合在网上传输。

音频、视频、图像及控制命令脚本等多媒体信息通过 ASF 格式以网络数据包的形式传输，实现流式多媒体内容发布。ASF 使用 MPEG-4 的压缩算法，可以边传边播，它的图像质量比 VCD 差一些，但比 RM 格式要好。

（5）WMV 格式

WMV（Windows Media Video）是微软推出的一种流媒体格式，它是 ASF 格式的升级延伸。在同等视频质量下，WMV 格式的文件非常小，很适合在网上播放和传输。WMV 文件一般同时包含视频和音频部分。视频部分使用 Windows Media Video 编码，音频部分使用 Windows Media Audio 编码。

第 3 章
Windows 7 操作系统

Windows 7 是由微软（Microsoft）公司开发的操作系统，核心版本号为 Windows NT 6.1。Windows 7 可供家庭及商业工作环境、笔记本电脑、平板电脑、多媒体中心等使用。

3.1　Windows 7 用户界面及基本操作

3.1.1　Windows 7 基础

1．安装 Windows 7 对计算机硬件的要求

CPU：1 GHz 及以上 32 位或 64 位处理器。

内存：1 GB 内存（基于 32 位）或 2 GB 内存（基于 64 位）。

硬盘：16 GB 可用硬盘空间（基于 32 位）或 20 GB 可用硬盘空间（基于 64 位）。

显卡：支持 WDDM 1.0 或以上的 DirectX 9 显卡。

2．Windows 7 的版本

Windows 7 入门版（Starter）：入门版是 Windows 7 功能最少的版本；不包含 Windows Aero 主题、不能更换桌面背景且不支持 64 位核心架构，系统存储器最大支持 2GB。

Windows 7 家庭普通版（Home Basic）：这个版本主要针对中、低级的家庭电脑，所以 Windows Aero 功能不会在这个版本中开放。

Windows 7 家庭高级版（Home Premium）：家庭高级版主要是针对家用主流电脑市场而开发的版本，是微软在零售市场中的主力产品，包含各种 Windows Aero 功能、Windows Media Center 媒体中心还有触控屏幕的控制功能。

Windows 7 专业版（Professional）：专业版向电脑热爱者以及小企业用户靠齐，包含了家庭高级版的所有功能，同时还加入了可成为 Windows Server domain 成员的功能，新增的功能还包括远程桌面服务器、位置识别打印、加密的文件系统、展示模式、软件限制方针及 Windows XP 模式。

Windows 7 企业版（Enterprise）：这个版本主要对象是企业用户及其市场，它提供的功能包含多国语言用户界面包、BitLocker 设备加密及 UNIX 应用程序的支持。

Windows 7 旗舰版（Ultimate）：旗舰版与企业版的功能几乎完全相同。

3．Windows 7 的安装方式

Windows 7 提供两种安装方式：升级安装、自定义安装。

（1）升级安装

这种安装可以将用户当前使用的 Windows 版本替换为 Windows7，同时保留系统中的文件、设置和程序。

（2）自定义安装

该方式将用户当前使用的 Windows 版本替换为 Windows7 后不保留系统中的文件、设置和程序，也叫做清理安装。

4．Windows7 的启动与退出

（1） Windows 的启动

打开计算机的显示器和主机开关后，待显示器上出现欢迎界面，单击屏幕上要登录的用户名，输入密码后就可以登录到 Windows 7 系统中。

（2）Windows 的退出

单击 Windows 7 "开始" → "关机" 按钮就可以退出 Windows。

3.1.2　桌面

Windows 7 启动后，用户首先看到是桌面，桌面的组成包括桌面背景、"开始" 按钮、图标和任务栏，如图 3-1 所示。

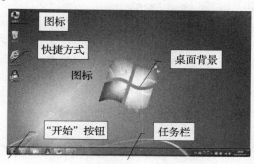

图 3-1　桌面

1．桌面背景

桌面背景可以是个人收集的图片，Windows7 提供的图片，也可以显示幻灯片图片。

2．图标

双击桌面上的图标，可以快速地打开相应的文件、文件夹或相应的应用程序。

Windows 操作系统中，所有文件、文件夹和应用程序都由相应的图标来表示。桌面图标一般由文字和图片组成的，文字说明图标的名称或功能，图片是它的标识符。桌面图标包括图标和快捷方式图标（图片左下角有符号）。

快捷方式是访问某个常用对象的捷径，它是快速打开文件的指针。它没有改变文件的位置，因此删除快捷方式时，不会删除原文件。

若要在桌面上添加应用程序的快捷方式图标，采用下面的操作过程：

第 1 步：在 "开始" 按钮中找到程序的位置。

第 2 步：右键单击该菜单命令，在弹出的快捷菜单中选择 "发送到" → "桌面快捷方式" 菜单命令即可。

若要在桌面上添加文件或文件夹的快捷方式图标，在 "计算机" 窗口中找到文件或文件夹后，右键单击，在弹出的快捷菜单中选择 "发送到" → "桌面快捷方式" 菜单命令即可。

Windows 7 桌面上一般有以下图标。

（1）"计算机" 图标

"计算机"图标是系统预先设置的一个系统文件夹,在该文件夹中包含有电脑中所有资源(各个部件)的可视标志,如硬盘驱动器、光盘驱动器、U 盘、桌面、家庭组、库等。利用它可以实现对计算机磁盘的内容浏览、对磁盘进行格式化及进行文件管理等。

(2)"回收站"图标

"回收站"是系统预先设置的一个系统文件夹,该文件夹为 Windows 的回收站。工作过程中删除的磁盘文件、文件夹等内容,Windows 先将其放在"回收站"里临时存放,就像办公室中的纸篓一样。若要恢复删除的东西,只要从"回收站"中"拣回来"就可以了。

"回收站"实际上是系统在硬盘中开辟的专门存放被删除文件和文件夹的区域,它的容量一般占磁盘空间的 10%左右。如果"回收站"满了,则最先放入"回收站"的文件将被永久删除。若要更改"回收站"的容量,可右键单击"回收站"图标,在弹出的快捷菜单中选择"属性"菜单命令,出现"回收站属性"对话框,如图 3-2 所示。该对话框可用于更改回收站的容量。

图 3-2　"回收站属性"对话框

3."开始"按钮

"开始"按钮是使用 Windows 进行工作的起点,控制着通往 Windows 几乎所有部件的各个通路,在这里不仅可以使用 Windows 提供的附件程序及各种实用程序,而且可用来安装各种应用程序,如图 3-3 所示。

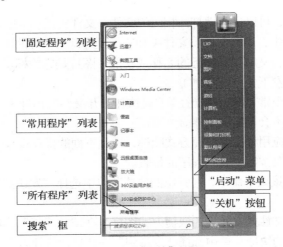

图 3-3　"开始"按钮

(1)"固定程序"列表

该列表显示"开始"菜单中的固定程序,如截图工具。

（2）"常用程序"列表

该列表中主要存放系统常用程序，如"计算器"、"便签"等。该列表随着时间动态分布，若超过十个，它们会按照时间的先后顺序依次替换。

对不需要显示在"常用程序"列表中的程序，单击"开始"按钮，在"常用"程序列表中选择要删除的程序，右键单击，在弹出的快捷菜单中选择"从列表中删除"菜单命令即可。对要添加到"常用程序"列表中的程序，在"开始"按钮的相应位置找到其后，右键单击，在弹出的快捷菜单中选择"附到开始菜单"菜单命令即可。

（3）"所有程序"列表

该列表中包括系统中安装的所有程序，包括 Windows 安装的程序和用户自己安装的应用程序。单击所有程序列表中的文件夹图标，可以展开相应的程序；单击"返回"按钮，即可隐藏所有程序列表。

（4）"搜索"框

"搜索"框主要用来搜索电脑上的程序和文件等资源，在该框中输入要查询的资源，按【回车】键或单击 🔍 按钮即可进行搜索。

（5）"启动"菜单

"开始"按钮右侧窗格是"启动"菜单，其中包含有 Windows 常用的程序，如"文档"、"计算机"、"控制面板"等。

对启动菜单中的项目，用户可以自行添加或删除，也就是个性化处理，其操作过程如下。

第 1 步：右键单击"开始"按钮，在弹出的快捷菜单中选择"属性"菜单命令。

第 2 步：在弹出"任务栏和开始菜单属性"对话框，选择"开始菜单"选项卡，在该对话框中单击"自定义"按钮。

第 3 步：在弹出的"自定义开始菜单"对话框中，选择需要添加或不添加到"启动"菜单中的选项。

（6）"关机"按钮

"关机"按钮用来退出 Windows，其选项包括以下几项。

- 关机：使用完计算机退出系统且关闭计算机时进行。

- 切换用户：指在电脑用户账户中同时存在两个及以上的用户时，通过该选项切换用户，可以回到欢迎界面，保留原用户的操作，进入到其他用户中去的方式。

- 注销：注销与切换用户都可以回到欢迎界面，不同之处是前者关闭当前用户所有的工作，计算机处于没有任务的状态，等待用户的重新进入；后者可以在保留当前用户工作的同时，迅速地切换到另外一个用户。

- 锁定：当用户只是短时间不使用计算机，又不希望别人以自己的身份使用计算机时，可以锁定计算机。这时，系统保持当前的一切会话，数据仍然保存在内存中，只是计算机进入低耗电状态运行。当用户需要使用计算机时，只需移动鼠标即可使系统停止锁定状态，打开"输入密码"对话框，在其中输入密码即可迅速恢复到锁定前的会话状态。

- 重新启动：关闭当前运行的 Windows 系统，重新启动到 Windows 欢迎界面。

- 睡眠/休眠：Windows7 提供了休眠和睡眠两种待机模式，其相同点是进入休眠或睡眠状态的计算机电源都是打开的，当前系统的状态会保存下来，但显示器和硬盘都停止工作，当需要使用计算机按主机电源键唤醒后就可以进入刚才的使用状态，这样可以在暂时不使用系统时起到省电的效果；其不同点在于休眠模式系统的状态保存在硬盘里，而休眠模式是保存在内存里。

4．任务栏

桌面底部的长条就是任务栏（见图 3-4）。任务栏中包含左边的"开始"按钮、"程序"区域、"通知"区域和"显示桌面"按钮（最右侧的按钮）。

"程序"区域　　　　　　　　　　　　　　　　**"通知"区域**

图 3-4　任务栏

（1）"程序"区域

任务栏的"程序"区域显示的是正在运行的应用程序或锁定到任务栏上的应用程序。对正在运行的应用程序，当鼠标停留在任务栏上的图标时，可查看已打开文件或程序的缩略图，将鼠标指针移动到缩略图上，即可全屏预览其内容，可以切换到该窗口，甚至直接关闭该窗口。

右键单击任务栏上的程序图标，可以显示打开程序的当前或历史浏览记录，单击它就可以快速打开相应的对象。

要将自己常用的程序锁定到任务栏上，可以用鼠标拖动或快捷菜单进行操作。

在"开始"按钮上找到需要锁定到任务栏上的对象，用鼠标拖动到任务栏上，提示"附到任务栏上"，松开鼠标即可；对于已经在运行的对象，右键单击任务栏上的相应图标，选择"将此程序锁定到任务栏"菜单即可。

对在任务上不再需要锁定的对象，右键单击该对象，选择"将此程序从任务栏解锁"即可。

（2）"通知"区域

"通知"区域在任务栏的右侧，包括语言栏，系统提示区。系统提示区通过显示图标来表示电脑目前正在进行的工作。如音量调节图标、网络访问图标、电源图标等。

（3）"显示桌面"按钮

任务栏的最右侧是"显示桌面"按钮，当桌面上打开了多个窗口，将鼠标指针移动到该按钮上可以快速查看桌面内容，或单击在打开的窗口与桌面之间进行切换。

3.1.3　桌面小工具

与 Windows XP 相比，Windows 7 新增了时钟、天气、日历等一些实用的桌面小工具。

1．添加小工具

添加小工具的操作过程如下。

第 1 步：在桌面的空白处右键单击，从弹出的快捷菜单中选择"小工具"菜单命令。

第 2 步：在弹出的小工具管理面板（见图 3-5）中，选定需要的小工具，拖动到桌面上；或双击小工具；或右键单击，在弹出的快捷菜单中选择"添加"菜单命令。

图 3-5　小工具控制面板

选定的小工具就被添加到桌面上。

除了 Windows 自带的小工具外，也可以在小工具管理面板中单击右下角的"联机获取更多小工具"超链接，在打开的网页中选定需要的小工具，下载并安装即可。

2．设置小工具

桌面上的小工具要移动位置的话，拖动就可以了；若要展开小工具，可以单击小工具右侧的"较大尺寸"按钮 ; 若要小工具置顶显示，在小工具上右键单击，在弹出的快捷菜单中选择"前端显示"菜单命令；若要设置小工具的透明度，在小工具上右键单击，在弹出的快捷菜单中选择"不透明度"菜单中相应的百分比即可。

3．关闭和卸载小工具

对桌面上不需要的小工具，将鼠标指针放在小工具上，单击右侧的关闭按钮即可。

若要将小工具从系统中删除，在小工具控制面板中，右键单击选定的小工具，在弹出的快捷菜单中选择"卸载"菜单命令即可。

3.1.4　Windows 基本操作

应用程序启动后的矩形区域称为窗口，窗口是 Windows 各种应用程序操作（工作）的地方。每个窗口的组成是类似的。

1．窗口的操作

（1）窗口的类型

Windows 的窗口有 3 种类型：应用程序窗口、文档窗口和对话框窗口。

● 应用程序窗口。应用程序窗口表示一个正在运行的应用程序，它可以放在桌面上的任意位置。

● 文档窗口。在应用程序窗口中出现的窗口称为文档窗口，用来显示文档或数据文件。文档窗口的顶部有自己的名字，但没有自己的菜单栏，它共享应用程序窗口的菜单栏。文档窗口只能在它的应用程序窗口内任意放置，因此当文档窗口最大化后，文档窗口的名字就不再存在，而共享使用应用程序的名字。

● 对话框窗口。对话框窗口是供人机对话时使用的窗口。

（2）窗口的组成

下面以双击桌面上的"计算机"图标打开"计算机"窗口（见图 3-6）为例，对窗口的组成元素进行说明。

● 系统菜单。系统菜单位于每一个窗口的左上角，其图标为该应用程序的图标。系统菜单用于控制窗口的缩放、移动和退出等。

● 标题栏。标题栏位于窗口的顶部，单独占一行，其中显示的是当前文档和/或应用程序的名称。若在应用程序中打开文档，则标题栏显示的是当前文档和应用程序的名称，两者之间用短横线分开。

● 菜单栏。菜单栏位于标题栏的下面，列出了该应用程序可用的菜单。每个菜单项都包含一系列的菜单命令，通过这些菜单命令，用户可完成各种操作。

● 工具栏。工具栏位于菜单栏的下面，其上有一系列的小图标，单击它们可以完成一些常用的操作。工具栏的功能与菜单栏中的菜单命令的功能是相同的，工具栏只是为用户提供更为快速的操作。

● 导航（后退或前进）按钮。使用"后退"按钮和"前进"按钮可以导航至已打开的其他文件夹或库，而无需关闭当前窗口。这些按钮可与地址栏一起使用。

- 地址栏。用地址栏可以导航至不同的文件夹或库，或返回上一文件夹或库。
- 导航窗格。图 3-6 中左上方为导航窗格。使用导航窗格可以访问库、文件夹、保存的搜索结果，甚至可以访问整个硬盘。

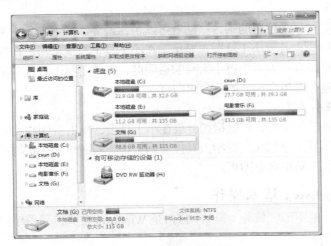

图 3-6   "计算机"窗口

- 库窗格。仅当在某个库（如文档库）中时，库窗格才会出现，出现在图 3-6 右上窗格。
- 细节窗格。使用细节窗格可以查看与选定文件关联的最常见属性，图 3-6 中左下窗格。
- 预览窗格。用预览窗格可以查看大多数文件的内容，出现在图 3-6 右窗格。
- 滚动条。当窗口内无法显示出所有的内容时，在窗口的右边框或下边框处就会出现垂直的或水平的滚动条，以便查看窗口中未显示的其他内容。垂直滚动条使窗口中的内容上下滚动，水平滚动条使窗口中的内容左右滚动。
- 最小化按钮 ▬。最小化按钮位于标题栏的右边，其含义是将本窗口缩小成图标，放在任务栏上。
- 最大化按钮 ▢/恢复按钮 ▣。最大化按钮 ▢/恢复按钮 ▣ 位于标题栏的右边。对应用程序窗口来说，最大化会使窗口充满整个屏幕；对文档窗口来说，会使窗口充满应用程序的整个工作空间。在窗口最大化后，最大化按钮 ▢ 就会变成恢复按钮 ▣，其作用是将窗口还原成原来的大小。
- 关闭按钮 ✖。关闭按钮 ✖ 位于标题栏的右边，可用来关闭窗口。
- 窗口边框和窗口角。窗口边框指窗口的四周边界，使用窗口边框可以改变窗口边框所在方向窗口的大小。

窗口角指窗口的 4 个角，在窗口上具有明显的分界标志。使用窗口角可以改变这个角所在的两个边框的大小，从而改变窗口的大小。

- 用户工作区。窗口内部的区域称为用户工作区，是用来进行工作的地方。对不同的应用程序，工作区中的显示也有较大的差别。
- 状态栏。状态栏位于窗口的底部，它显示当前文档和应用程序目前状态的信息。

在 Windows7 中的"计算机"窗口中新增加了导航按钮、导航窗格、细节窗格、预览区等。

（3）窗口的操作

① 打开窗口

在桌面上使用鼠标打开窗口有两种方法：第一种方法是双击要打开的图标，就可直接打开相应的窗口，这是最常用的方法；第二种方法是用右键单击要打开的窗口的图标，从弹出的快捷菜单中选择"打开"命令。

② 活动窗口

虽然桌面上有许多的窗口，但每个时刻，只能在一个窗口上工作。这个正在进行工作的窗口就是活动窗口，其他窗口都为非活动窗口。也就是说，无论桌面上当前打开多少个窗口，用户使用的只有一个，它不受其他窗口的影响。

在桌面上同时打开多个窗口，则活动窗口是排列在最前面的，且标题栏亮色显示，而非活动窗口的标题栏是浅色的，光标的插入点在活动的窗口中闪烁。从这几个方面就可以判断哪一个窗口为活动窗口。

要对窗口进行操作，必须先激活它，可使用下列方法之一激活窗口。

● 在任务栏上单击相应的应用程序按钮。

● 单击该程序窗口中任意可见的地方。

● 按【Alt】+【Tab】快捷键，正在运行的应用程序图标会循环显示，出现所需的程序后，放开【Alt】键。

● 按【Alt】+【Esc】快捷键，打开的应用程序窗口会循环显示，出现所需的窗口后，放开【Alt】键。

对文档窗口来说，激活是在其菜单栏上的"窗口"菜单里选择相应的文档名就可以了。

③ 窗口的移动

首先激活要移动的窗口，然后拖动标题栏到所需的位置。不能移动最大化或最小化的窗口。

④ 改变窗口的大小

首先激活要改变大小的窗口，将鼠标指针移动到窗口的一边或一角，这时鼠标指针变为水平改变大小状态↔（对窗口的左右边框来说）、垂直改变大小状态↕（对窗口的上下边框来说）或对角线方向改变大小状态↖↘（对窗口的角来说），然后单击并拖动鼠标到需要的大小位置松开即可。

⑤ 排列窗口

窗口排列有层叠、堆叠显示和并排显示这 3 种方式。操作方法为用右键单击任务栏的空白区域，在弹出的快捷菜单中进行选择。

层叠是指各窗口层层相叠，叠在后面的窗口基本上只显示标题栏；堆叠显示和并排显示是指各窗口不相叠（以横向或纵向的方式排列所有窗口），且铺满整个桌面。

要将窗口恢复到原来状态，可用右键单击任务栏上的空白区域，在弹出的快捷菜单中选择"撤销层叠"或"撤销堆叠"菜单命令即可。

⑥ 复制窗口或整个桌面图像

复制当前活动窗口的图像到剪贴板可按【Alt】+【PrintScreen】快捷键，复制整个屏幕的图像到剪贴板可按【PrintScreen】键。或使用 Windows 7 提供的截图工具。

Windows 7 提供的截图工具其操作过程如下。

第 1 步：选择"开始"→"截图工具"命令，启动截图工具，如图 3-7 所示。

图 3-7　"截图工具"窗口

第 2 步：设置截图模式并开始截图。

选择"新建"按钮旁的 ，在下拉菜单中选择：任意格式截图、矩形截图、窗口截图和全屏截图四种，根据截图的实际需要选择一种即可。

选择好截图模式，就可以开始截图了。如果选择了"全屏截图"，系统会自动截取当前屏幕全屏图像；如果选择"窗口截图"，单击需要截取的窗口，就可以将窗口图像截取下来；如果选择"任意格式截图"或"矩形截图"，则需要按住鼠标左键，通过拖动鼠标选取合适的区域，然后放开鼠标左键完成截图。

截取的图像自动放入截图工具窗口及剪贴板中，若需要在图片上添加标注，进行下一步的操作。

第 3 步：利用常用工具栏上的"笔"和"荧光笔"可以在图片上添加标注；用"橡皮擦"可以擦去错误的标注；单击"保存截图"按钮，可以将截图保存到本地硬盘；单击"复制"按钮，将编辑的图片复制到剪贴板；单击"发送截图"按钮，则可以将截取的屏幕图像通过电子邮件发送出去。

第 4 步：打开需要截取图片的应用程序，按【Ctrl】+【V】快捷键进行粘贴。

（4）对话框的操作

在执行一个命令需要用户提供更进一步的信息时，就会出现对话框。如在执行"打印"命令时，程序就会要求用户指定所需打印的范围和文档份数等。

对话框中除包含有要求用户输入的信息外，还包含有执行或取消命令的按钮（这些功能部件称为控件），有些对话框中还会显示一些相关信息、警告信息或错误信息。对话框可以移动，但不能改变大小。

① 对话框中控件之间的移动

进入对话框后，光标会在一个控件上（该控件用选定光标表示，即有一条虚线的矩形框或高亮或两者都有）。

从一个控件移动到另一个控件，单击要移动到的控件或按【Tab】/【Shift】+【Tab】键就可移动到下一个/上一个控件。

② 选项卡式对话框

在 Windows 中将所有相关的对话框合并成为一个多功能的对话框，这种对话框就是选项卡式对话框。选择不同的选项卡，就可以进入到不同的对话框中。要选择选项卡，只需用鼠标单击选项卡名，或按【Ctrl】+【Tab】/【Ctrl】+【Shift】+【Tab】快捷键，从左/右到右/左选择选项卡。

③ 对话框中控件的类型

对话框中的控件有命令按钮、文本框、列表框、下拉列表框、单选按钮、复选框等。

● 命令按钮。单击命令按钮可以执行一个动作，如执行或取消命令。一般对话框中常用的按钮有"确定"、"取消"和"帮助"按钮（对话框标题栏上的"？"按钮）。

"确定"按钮可用来保存当前对话框的设置，并关闭对话框；"取消"按钮用来取消当前对话框的设置，并关闭对话框；"帮助"按钮可获得对话框操作的帮助。有的对话框还有"应用"按钮，它可用来在不关闭对话框的情况下，使对话框中的设置生效。

命令按钮后含有"…"，表示单击这个命令按钮时将弹出另一个新的对话框；命令按钮后含有"》"，表示单击这个命令按钮时将扩展当前的对话框。在对话框中不能使用的命令是灰色显示的。

在对话框中选择命令按钮的方法是单击该按钮，或用【Tab】键选定要用的按钮，然后按【回车】键。

● 单选按钮。单选按钮就像考试中的单选题一样，由一组互相排斥的选项组成，也就是说，在这一组选项中一次只能选定一项。选定的按钮前有一个"●"标记。

单击要选定的单选按钮，或按【Tab】键，直到选项组中的一个单选按钮被选定，然后按方向键可以选定需要的单选项。

● 复选框。复选框表示不互相排斥的选项，可以根据需要任意选定。选定的选项前面有一个"√"标记，否则没有。

单击要选定的复选框，或按【Tab】键激活要选定的复选框，按【空格】键选定。若已选定，再次选择将取消选定。

● 文本框。文本框可用来输入文本信息（如文件名或说明之类的信息）。选定的文本框若没有文本，则出现一个文本编辑状态的指针，可以直接输入文本；若选定的文本框含有文本，则文本高亮显示，输入的文本将代替原来的文本，也可按【Delete】键或【退格】键删除原来的文本，或按箭头键编辑已有的文本。若整个文本都不想要了，按【Alt】+【退格】键可恢复初始文本，然后重新开始编辑。

选定文本框可用鼠标单击或按【Tab】键选定。

● 列表框。复选框有开、关两种选择，单选按钮可以从几种选项中选一，但若选项很多，则使用列表框来表示比较方便。在 Windows 中，有 3 种列表框：列表框（见图3-8）、下拉列表框和组合框（见图3-9）。

图 3-8　列表框

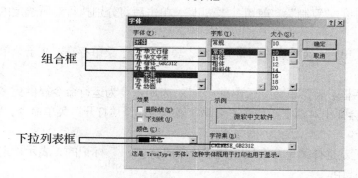

图 3-9　组合框和下拉列表框

列表框用于显示一系列选项，若选项过多，列表框中会出现一个滚动条。

通常只允许在列表框中选一项，有时允许选定多项，选定多项时，先按住【Ctrl】键，然后依次选择所需的各项。

若列表框中的选项是可见的，选定的操作方法为单击它；若看不到，先用滚动条使选项可见，然后单击。

组合框是列表框与文本框的组合（这也就是其名称的来源）既可以在文本框中输入所需要的内容，也可以在列表框中选定选项。

下拉列表框为一个矩形框，显示当前选定的选项，矩形框右边为一个向下箭头按钮 ▼ 。当用鼠标单击该按钮时，就会打开该列表框，从显示的选项中进行选择。

用键盘打开下拉列表框的方法为先用【Tab】键激活下拉列表框，然后按【Alt】+【↓】键。

● 加减器。加减器可选择几个数字中的一个，方便用户的输入。

加减器由两部分组成：左边的文本框（可用来输入需要的数值）和右边的一对上下箭头按钮。这对上下箭头按钮分别称之为增加按钮和减少按钮。单击增加按钮可增加文本框中的数值，单击减少按钮则减小文本框中的数值。

● 滑杆。滑杆由一个滑动块与滑动导轨组成。滑动块可以在导轨中来回移动。

对不需要精确数值输入的场合，可以使用滑杆进行操作，通过滑块的位置来估计数值的相对大小。

使用鼠标操作滑杆的方法有两种：单击滑块与滑杆一端之间的部分，可以移动滑块；拖动滑块，可将其移动到指定位置。

使用键盘的操作方法是用【Tab】键激活滑杆，然后使用方向键移动滑块（移动一格），或使用【PgUp】、【PgDn】键向左、右移动一大格，或使用【Home】、【End】键移动到滑动条的首、尾。

2．菜单操作

菜单栏中的菜单都是下拉式菜单，其中的菜单命令代表各种操作。

（1）打开菜单

单击菜单栏上要用的菜单项名就可以打开菜单。使用键盘的操作为【Alt】+菜单名上高亮的字母（热键），如"文件"里的【F】、"编辑"里的【E】等。

（2）菜单中的菜单命令

菜单中的菜单命令包括下列几种情况。

● 可运行的命令。这是最简单的情形，单击后可立即执行菜单命令，而不提示任何信息。如"编辑"菜单中的"复制"、"剪切"、"粘贴"，单击后将分别执行对所选定内容的复制、剪切及粘贴任务。

● 出现子菜单。若菜单命令后带有"▶"，表明它有子菜单存在，在子菜单中可以选择要执行的菜单命令。

● 出现对话框。若菜单命令后带有"…"，表明需要为运行命令提供更多的信息，选择该菜单命令后，就会弹出对话框。如在"文件"菜单中选择"打开"菜单命令，就会出现"打开"对话框。

● 选项标记。选择菜单命令后，菜单命令前有"·"标记的，表示被选中，再次选择该菜单命令将取消选中。

● 选中标记。选择菜单命令后，菜单命令前有"√"标记的，表示选择程序的某个功能，再选择一次该菜单命令将取消"√"标记，表示不选程序的该功能。

● 分组线。菜单中常用分组线将菜单项分成几组。

● 灰色菜单项。因不满足操作条件，目前不能使用的命令。

● 快捷键标记。表示该菜单命令可以通过使用提示的键盘按键来执行。

（3）取消选定的菜单

若打开一个菜单后，发现没有可使用的菜单命令，这时就要退出菜单，为此可单击程序窗口任意非菜单区域或单击别的菜单或按【Esc】键。

（4）系统菜单

除了菜单栏中的下拉式菜单外，每个 Windows 程序还有自己的系统菜单（标题栏最左边的应用程序图标）。用鼠标单击系统菜单图标（或按【Alt】+【空格】快捷键），就可以打开系统菜单。

系统菜单命令包括最大化、最小化、还原、移动和关闭窗口等。

（5）快捷菜单

快捷菜单为常用菜单命令的快速使用方法。

使用快捷菜单可以方便地访问常用的菜单。打开快捷菜单的方法：选定需要操作的对象后右键单击，这时屏幕上就会弹出快捷菜单。

（6）"开始"菜单

单击"开始"按钮将弹出"开始"菜单。

3．工具栏

工具栏是一种常用菜单命令的快速使用方法。

使用下拉菜单、对话框和快捷菜单可以加快应用程序的使用，但还是要在大量的窗口和菜单之间找来找去，查找所需要的命令。

工具栏是一系列图标的组合，只要单击其中的图标，就可以访问常用的命令和功能，而不必记忆复杂的快捷键，或在菜单中翻来翻去。选定的工具栏按钮是带有颜色的。

若窗口中没有工具栏，可以选择"查看"（或"视图"）菜单中的"工具栏"菜单命令显示它。

4．Windows 向导的使用

有许多的任务需要经过若干个步骤才能完成，并且这些步骤有一定的顺序。在 Windows 中为了更好地完成这些步骤，特别制作了向导（Wizard），帮助用户通过一个一个的对话框来完成任务。

向导是一系列的对话框，用户可以在对话框中提供必要的信息。对话框中除包含前面介绍的标准控件外，还包括下列的切换向导对话框的命令按钮。

下一步：将控制转移到下一个对话框。

上一步：将控制转移到上一个对话框。

取消：退出向导。

完成：完成任务（通常在向导的最后一个对话框中）。

5．Windows 的帮助系统

Windows 7 提供了功能强大、内容丰富、形式多样的帮助系统，使得它更加易学、易用。用户可以随时获取所需的帮助，根据不同情况，用户可以使用以下 3 种方式获取帮助。

（1）系统帮助窗口

单击"开始"→"帮助和支持"命令（或在显示桌面时按【F1】键），可以打开图 3-10 所示的"Windows 帮助和支持"窗口。

在该窗口中单击帮助链接，或在搜索框中输入要

图 3-10 "Windows 帮助和支持"窗口

帮助的字词，进行搜索。

单击"浏览帮助"按钮，来到 Windows 帮助目录，选择需要的帮助。

在浏览帮助时，可以使用导航按钮前进或倒退。

（2）获取对话框帮助

有些对话框和窗口还包含有关其特定功能的帮助主题的链接，若看到圆形或正方形内有一个问号，或者带下划线的彩色帮助文本链接，单击它可以打开帮助主题。

（3）获取程序帮助

Windows 中的应用程序都带有"帮助"菜单，使用此菜单可以得到有关该应用程序的帮助信息。

6. 功能区（Ribbon）简介

传统的 Windows 及其应用程序，采用"文件"、"编辑"、"视图"等的菜单模式，俨然成为标准。但是这样做隐藏部分功能。现实情况是，下拉菜单越来越长，用户根本不清楚菜单底部的选项。有些功能记不清应该是从哪个菜单或工具栏上选择。

微软从 Office2007 开始，将用户界面改进为功能区（Ribbon），还将其作为 Windows 7 的图形界面的一部分。功能区由不同的内容组成，包括对话框、库、一些熟悉的工具栏按钮。在每个 Office 应用程序中，Ribbon 有不同的内容，但都位于应用程序顶部且由类似的组件组成。

选项卡：位于 Ribbon 的顶部，并具有默认的选项卡，如 Word 2010 中的"文件"选项卡。

组：位于每个选项卡内部。如 Word 2010 中"开始"选项卡中包括"剪贴板"、"字体"、"段落"等组，相关的命令组合在一起来完成各种任务。

命令：其表现形式有框、菜单或按钮，被安排在组内。

将在 Word 2010 一章详细介绍功能区及其使用。

3.2　电脑资源的管理

3.2.1　文件的存放位置

1.计算机

理论上来说，文件可以存放在"计算机"的任意位置，但为了便于管理，文件一般存放在磁盘的文件夹下。

在计算机中，一般情况下硬盘划分为三个分区（驱动器 C、D、E）。通常 C 盘用来存放系统文件，包括 Windows 的系统文件和应用软件中的系统文件；在 D、E 盘存放用户自己的各种文件。

2．我的文档

"我的文档"是系统预先设置的一个系统文件夹，是用户自己保存各种文档的文件夹，可方便地存取经常使用的文件。

默认情况下，桌面上没有显示"我的文档"图标，若要显示的话，选择"开始"→"用户名"命令，打开"我的文档"窗口。

在 Windows 7 中，有用户的"我的文档"和公用的"我的文档"两种类型。后者选择"开始"→"文档"命令打开。

默认情况下，"我的文档"文件夹的路径为"C：\Users\用户名\"。可以根据自己的需要改变这个文件夹下的子文件的路径，方法是用右键单击"我的文档"窗口中相应类型文件夹的图标（如"下载"），在弹出的快捷菜单中选择"属性"菜单命令，在打开的"××属性"对话框的"位置"选项卡中输入新的路径或单击"移动"按钮找到新的路径。

3.2.2 文件夹和文件

1．文件夹

对磁盘驱动器可划分为多个文件夹，用来保存相关的信息。如一般电脑中所具有的 Windows 和 Programs File 文件夹。

一个文件夹里可以包含文档、应用程序、打印机及其他的文件夹。包含另一个文件夹的文件夹称为父文件夹，父文件夹中的文件夹称为子文件夹。

2．文件

文件夹中所包含的相关信息，在电脑中称为文件，文件夹中可以包含各种各样的文件，文件类型是根据它们的信息类型的不同而分类的，不同类型的文件要用不同的应用程序打开。同时，不同类型的文件在屏幕上的图标也是不同的。文件大致可以分为以下 3 类。

（1）程序文件

程序文件是由二进制代码组成的，是可执行的文件，这类文件的扩展名一般为.exe、.com、.dll。

（2）数据文件

数据文件是存放各种类型数据的文件，它可以是可见的 ASCII 字符或汉字组成的文本文件，也可以是二进制数组成的图片、声音、数值等各种文件。如图像文件、声音和影像文件、字体文件等。因此，数据文件是应用程序所使用的文件。

（3）文档

文档是应用程序所生成的文件。

在 Windows 中，设备（包括磁盘）是当做文件来操作的。因此在本节的讲解中，如不特别说明，则文件是指文档、应用程序、设备及显示的任何文件。

3．文件名的命名规则

为了存取保存在磁盘中的文件，每个文件都必须有一个文件名，才能做到按名存取。

文件名是由主名和扩展名（又称副名）两部分组成的，中间用"．"作为分隔。主名给出文件的名称，扩展名指出文件的类型。扩展名也称为文件的后缀或属性名，它由 0 ～ 3 个字符组成。扩展名是由生成文件的软件自动产生的一种格式标识符。文件生成后，一般不能通过改变其扩展名来改变文件的类型，但可以通过相应的软件进行适当的变换。

Windows 允许文件名长达 256 个字符，可以使用除下列字符外的任意字符（英文字母、数字、常用符号、汉字等）：/、\、:、*、?、"、<、>、|。另外，忽略文件名首尾的空白字符。

Windows 保留用户指定名字的大小写格式，但不能使用大小写区别来搜索文件名，也就是说，Windows 对文件名不区分大小写。

引用文件名时，其主文件名不能省略，但扩展名可以省略。

"*"和"?"是文件通配符。"?"字符代替文件名某位置上的任意一个合法字符，"*"代表从"*"所在位置开始的任意长度的合法字符串的组合。

4．设备文件名

计算机配置的一些设备也被赋予一个文件名，称为设备名。设备名具有和文件名同样的作用，可用于命令中，但是用户不能用它作为自己的文件名或文件夹名，否则会发生混乱。常用设备名如表 3-1 所示。

表 3-1　常用设备名及对应的设备

设　备　名	对应的设备
CON	控制台（键盘/显示器）。输入时，CON 代表键盘；输出时，CON 代表显示器
LPT1（或 PRN）～LPT3	并行口
A:～Z:	驱动器号（软盘用 A:或 B:，硬盘、光盘、U 盘、虚拟盘等，从 C:开始）
COM1（或 AUX）～COM2	串行口
NUL	作为测试用的虚拟设备（空设备，不产生输入/输出），空文件名

5．文件目录的组织形式和文件路径

目录（文件夹）是一个层次式的树型结构，目录可以包含子目录，最高层的目录通常称为根目录。根目录是在磁盘初始化时由系统建立的，也就是驱动器号。用户可以删除子目录，但不能删除根目录。

在同一个文件夹中的同一级中不允许出现同名的子文件夹或文件，但在同一个磁盘的不同文件夹中可以出现同名的子文件夹或文件。

从"计算机"窗口来看，最高层的文件夹就是桌面。文件都是存放在文件夹中，若要对某个文件进行操作，就应指明被操作文件所在的位置，这就是文件路径，把从根目录（最高层文件夹）开始到达指定的文件所经历的各级子目录（子文件夹）的这一系列目录名（文件夹名）称为目录的路径（或文件夹路径）。

路径的一般表达方式如下。

驱动器号:\子目录 1\子目录 2\……\子目录 *n*

或驱动器号:\子文件夹 1\子文件夹 2\……\子文件夹 *n*

在使用文件的过程中经常需要给出文件的路径来确定文件的位置。常常通过浏览的方式查找文件，路径会自动生成。

3.2.3　文件和文件夹操作

文件和文件夹操作在"计算机"窗口、"回收站"等窗口中进行。下面的操作对文件和文件夹是相同的，描述中只写文件。

1．查看磁盘驱动器和文件夹

在"计算机"窗口的导航窗格中单击"计算机"下的驱动器图标，就可以查看磁盘驱动器的内容，其中包含各种文档及文件夹。

当前文件夹所在的路径显示在地址栏中。

在不同的文件夹、子文件夹之间切换，单击导航窗格中的文件夹就可以了。

可以在地址栏中输入本地硬盘的地址或网络地址，直接打开相应内容。

在 Win7 的地址栏中，增加了"按钮"的概念，如在窗口中打开某一文件夹：C:\WINDOWS\SYSTEM32,在地址栏中，可以在地址栏中看到 计算机 ▸ Win764+Office2010 (C:) ▸ Windows ▸ System32 ▸ ，路径很清晰地表现出来,若在地址栏右侧的空白处单击,地址栏显示"C:\WINDOWS\SYSTEM32"的形式,鼠标在工作区的空白处单击,地址栏又恢复原来的显示方式。

但鼠标移动到这个路径上之后会发现，其实整个路径中每一个步骤都可以单独单击选中，

其后的黑色右箭头点击后都可以打开一个子菜单，显示当前步骤按钮对应的文件夹内保存的所有子文件夹，如图 3-11 所示。

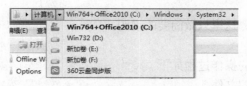

图 3-11　"地址栏"操作

单击了计算机后的黑色右箭头，显示当前的计算机中默认是在本地磁盘 C 盘加黑表示，但还可以访问其他本地磁盘。例如当前在 C:\WINDOWS\SYSTEM32 这个文件夹下，而这时想直接去 D 盘，那么就可以直接点击计算机后的黑色右箭头，在下列菜单中直接选中本地磁盘（D: ）就可以直接跳转到 D 盘下了。而不用和以前的 Windows 版本那样，关闭本窗口然后到计算机下找到 D 盘再次单击或后退键退回到计算机下再次打开 D 盘。

2．设置文件的显示方式

Windows 7 提供了 8 种文件的显示方式："超大图标"、"大图标"、"中等图标"、"小图标"、"列表"、"详细信息"、"平铺"和"内容"等。

设置方法为在"计算机"窗口中选择"查看"菜单中相应的菜单命令，或在该窗口右侧的文件列表窗格的空白处右键单击，选择快捷菜单"查看"中的相应菜单命令；或单击"计算机"窗口工具栏上的"更多选项"按钮右侧的下箭头，在弹出的菜单命令中进行相应的选择。

3．选定文件

在对文件进行操作之前，必须先选定它，选定单个文件的方法是用鼠标单击要选定的文件。若要选定多个文件进行处理，要选定的文件分为相邻的和不相邻的两种情况。

若要选定的文件是相邻的（即在文件列表中是相邻显示的），可以单击要选定的第一个文件，按住【Shift】键，然后单击最后一个要选定的文件；也可以用鼠标将它们都围住，具体的操作是将鼠标指针移动到第一个文件旁（注意，必须离开文件名或图标），然后向另一对角线方向拖动，拖动时，Windows 将显示一个虚线框，所有包含在框中的文件都被选定。

若要选定的文件是不相邻的（即在文件列表中不是相邻显示的），可以按住【Ctrl】键，然后单击每个要选定的文件。

若要选定当前文件夹中的所有文件，可以选择"编辑"→"全选"菜单命令，或按【Ctrl】+【A】快捷键就可以了，或单击工具栏中"组织"按钮旁的，在弹出的菜单命令中选择"全选"。

有时在一个文件夹中要选定的文件很多，而只有几个不选时，可以先选定不需要的文件，然后选择"编辑"→"反向选择"菜单命令。

也可使用复选框选定文件，其操作过程如下。

第 1 步：选择"计算机"窗口的"工具"→"文件夹选项"菜单命令。

第 2 步：在打开的"文件夹选项"对话框中选择"查看"选项卡。

第 3 步：在该对话框的列表中选定"使用复选框以选择项"复选框。

这时，在"计算机"窗口右侧的文件列表窗格中选定文件夹时就会出现复选框，采用这种方法选定文件。

若对选定的文件要撤销，可先按住【Ctrl】键，然后单击要撤销的文件即可；若要撤销所有选定，则单击未选定的任何区域即可。

采用【Ctrl】键和【Shift】键来选择对象的方法在 Windows 的其他应用程序中也可以使用，如在 Word 中就可以使用【Ctrl】键来选择不连续的对象，用【Shift】键来选择连续的对象。

4．复制文件

文件复制有多种方法，这里只做简要的说明。

（1）使用剪贴板

使用剪贴板复制文件的操作过程如下。

第 1 步：选定要复制的文件。

第 2 步：选择"编辑"→"复制"菜单命令，或单击工具栏中"组织"按钮旁的，在弹出的菜单命令中选择"复制"菜单命令，或按【Ctrl】+【C】快捷键。将要复制的文件内容复制到剪贴板中。

第 3 步：选定文件要复制到的文件夹或磁盘驱动器。

第 4 步：选择"编辑"→"粘贴"菜单命令，或单击工具栏中"组织"按钮旁的，在弹出的菜单命令中选择"粘贴""菜单命令，或按【Ctrl】+【V】快捷键。

（2）用拖动的方法复制文件

复制文件的最简便方法是将要复制的文件从源文件夹上拖放到目的文件夹。

复制时，将鼠标指针指向要复制的文件，按住【Ctrl】键，将文件拖动到目的文件夹。在拖动的过程中，鼠标指针将显示文件名及一个带"+"号的小方框，提示用户正在复制的文件。拖动到目的文件夹后，放开鼠标键，然后再放开【Ctrl】键，就完成了文件的复制任务。

也可用鼠标右键拖动文件到目标文件夹后，系统将弹出快捷菜单，选择"复制到当前位置"菜单命令即可。

5．移动文件

移动文件也可使用剪贴板、拖动的方法。其操作过程与复制文件的操作过程是类似的，只是用剪贴板时选择的是"剪切"菜单命令，或【Ctrl】+【X】快捷键、拖动时按的是【Shift】键而已。

使用拖放的方法复制或移动文件，需要记住是按【Ctrl】键还是【Shift】键；使用鼠标的时候，还要配合使用键盘；而使用快捷菜单，则只使用鼠标就可以完成复制与移动操作。

使用快捷菜单完成复制或移动文件是用鼠标右键将文件拖动到目的文件夹，这时出现快捷菜单，根据要求在其中选择复制或移动命令即可。

若文件被拖放到另一个驱动器，默认为复制文件，因此向另一个驱动器复制文件时，不必按【Ctrl】键。但对移动文件来说，必须按住【Shift】键。

若文件被拖放到同一个驱动器的不同文件夹，默认为移动文件，因此向同一个驱动器移动文件时，不必按【Shift】键。但对复制文件来说，必须按住【Ctrl】键。

6．文件重命名

选定要重新命名的文件，使用下列方法之一，使之出现"文件名"文本框：选择"文件"→"重命名"菜单命令；选择快捷菜单中的"重命名"菜单命令；单击工具栏中"组织"按钮旁的，在弹出的菜单命令中选择"重命名"菜单命令；单击要修改的文件名，再按【F2】键。

不要随便更改文件的扩展名，更改文件扩展名可能会导致该文件不可使用。

7．文件的删除与恢复

删除文件的操作过程为首先选定要删除的文件，然后选择"文件"→"删除"菜单命令；或直接按【Delete】键；或单击工具栏中"组织"按钮旁的，在弹出的菜单命令中选择"删除"菜单命令；或选择快捷菜单中的"删除"菜单命令，这时出现"删除文件"确认对话框，单击"是"按钮即可。

也可以将要删除的文件直接拖动到回收站。

Windows 对删除的文件首先要求用户确认，先确认要删除的文件，再从所在的文件夹中删除。实际上这里删除的文件，Windows 将它们放在回收站里。因此，对误删除的文件，还可以从回收站里来恢复。

在误删除文件后，可以选择"编辑"→"撤销删除"菜单命令，恢复误删除的文件。

从回收站中恢复文件的操作：双击"回收站"图标，在"回收站"窗口中选定要恢复的文件，然后选择"文件"→"还原"菜单命令，就可以将文件恢复到原来所在的文件夹中。

对要真正从磁盘上删除的文件，可在"回收站"窗口中选定它，然后选择"文件"→"删除"菜单命令或按【Delete】键。

若要对"回收站"中的文件全部真正删除，直接选择"文件"→"清空回收站"菜单命令即可。

若在删除文件时按住【Shift】键，会将文件直接删除而不是将文件移到"回收站"中。

8．搜索文件

打开"计算机"窗口，在地址栏中单击计算机，确保当前打开的位置为整个计算机资源，在搜索框中输入要查找的文件名，或通配符，按【回车】键，系统就会查找指定的文件。

若要指定搜索文件的条件，如修改日期、文件大小等，可单击搜索框下的筛选器进行选择。而搜索库文件的筛选器则包括种类、类型、名称、修改日期和标记等多个选项。

除了筛选器外，还可以通过运算符（包括空格、AND、NOT、OR、<或>）组合出任意的搜索条件。

在"开始"菜单的搜索框也可以查找文件和程序，它只对建了索引的文件进行查找。

库和索引机制的应用，使得检索更快、更准。在对库里资源进行检索时，系统是对数据库进行检索，而非直接扫描硬盘上的文件位置，从而大幅提升了搜索效率。

9．创建文件

在"计算机"窗口中找到要创建文件的位置，选择"文件"→"新建"菜单中相应的菜单命令；或在文件列表空白处右键单击，在弹出的快捷菜单中"新建"菜单中相应的菜单命令，然后输入文件名，就可以先创建文件。

对创建文件夹，还可以使用工具栏中的"新建文件夹"按钮。

有时，在保存新建的文件时，才发现应将它保存在一个新的文件夹中。在"另存为"对话框中的操作与"计算机"窗口中是完全相同的。

10．文件夹选项

选择"工具"→"文件夹选项"菜单命令，将弹出"文件夹选项"对话框。

该对话框可用来设置查看方式，它有 3 个选项卡。

● "常规"选项卡可以用来选择浏览文件夹的方式、打开项目的方式及导航窗格的显示方式，如图 3-12 所示。

● "查看"选项卡可用来设置是否显示隐藏文件及是否隐藏已知文件类型的扩展名等，如图 3-13 所示。

图 3-12 "文件夹选项"对话框（1）

图 3-13 "文件夹选项"对话框（2）

● "搜索"选项卡用于搜索内容、搜索方式、在搜索没有索引的位置时的操作方式，如图 3-14 所示。

11．设置文件和文件夹的属性

选定文件后右键单击，选择"属性"菜单命令，将出现"属性"对话框。在该对话框的"常规"选项卡中可以对文件属性进行设置。文件的属性有 2 个：只读、隐藏。只读表示文件或文件夹不能被更改或意外删除；隐藏意味着除非知道其名称，否则就无法查看或使用它们。

隐藏的文件在文件夹列表中是否显示，可以用"文件夹选项"对话框的"查看"选项卡里的选项进行控制。

若要对文件进行压缩，在文件"属性"对话框的"常规"选项卡中单击"高级"按钮，在弹出的"高级属性"对话框中，选定"压缩内容以便节省磁盘空间"复选框，对选定的文件进行压缩。

图 3-14 "文件夹选项"对话框（3）

若要对文件进行加密，在文件"属性"对话框的"常规"选项卡中单击"高级"按钮，在弹出的"高级属性"对话框中，选定"加密内容以便保护数据"复选框，对选定的文件进行加密。加密完成后的文件名显示为绿色。对加密的文件，在"高级属性"对话框中，取消"加密内容以便保护数据"复选框的选定，可以解密文件。

3.2.4 认识库

Windows 7 中的库是一个新的概念，也是一个文件夹，但与普通文件夹的区别在于库文件夹只提供一个管理文件的索引，文件并不需要保存在库中。也就是说，库为用户访问文件资源提供了统一的查看视图，只要把文件添加到库中，就可以直接访问，而不用到具体的保存文件的位置去查找。

1．新建库文件夹

在"计算机"窗口的导航窗格中单击库，或选择"开始"→"所有程序"→"附件"→"Windows 资源管理器"菜单命令就可以打开库文件夹。默认的库文件有四个：视频、图片、文档、音乐。若要新建库文件夹，选择"文件"→"新建"→"库"菜单命令，或单击工具栏中的"新建库"按钮，输入库的名称，然后按【回车】键。

2．将文件夹添加到库中

在"计算机"窗口中定位到要添加到库的文件夹（可以是本地的文件夹，也可以是外部硬盘上的文件夹或网络文件夹），然后选择"文件"→"包含到库中"菜单中相应的库名即可；也可单击工具栏中的"包含到库中"按钮右侧▪符号中相应的库名即可。

无法将可移动设备（如 CD 、DVD）和某些 U 盘上的文件夹包含到库中。

3．从库中删除文件夹

不再需要库中的文件夹时，可以将其删除。从库中删除文件夹时，不会从原始位置中删除该文件夹及其内容。删除的操作过程为在"计算机"窗口的导航窗格中，选定要从库中删除的文件夹，右键单击，在弹出的快捷菜单中选择"从库中删除位置"菜单命令，或直接按【Delete】键。

3.3 个性化工作环境

使用控制面板窗口可以根据自己的操作习惯和工作需要，对工作环境的各个方面进行灵活的设置，如系统属性、Internet、电源管理、用户和密码、键盘、鼠标、网络、声音和多媒体设置等。更改后的信息保存在 Windows 注册表中，以后每次启动系统时，都将按更改后的设置进行。

选择"开始"→"控制面板"菜单命令，就可以打开"控制面板"窗口，如图 3-15 所示。

与以前 Windows 版本中的控制面板相比，Windows 7 的控制面板有了很大的变化，系统将多种多样的设置内容分为几个类别，如"外观和个性化"、"程序"等，单击后则会列出相关的具体设置任务和相关的控制面板图标。

图 3-15 "控制面板"窗口

如果用户习惯于以前版本的控制面板的样式，可在"控制面板"窗口中"查看方式类别"右侧的▪，选择"大图标"或"小图标"切换到传统方式显示各个控制选项的图标。

3.3.1 外观个性化

1．设置主题

在控制面板的"外观和个性化"中单击"更改主题"链接，即可打开"个性化"窗口，如图 3-16 所示。也可右键单击桌面的空白处，然后选择快捷菜单中的"个性化"菜单命令，打开该窗口。

主题是计算机上的图片、颜色和声音的组合。它包括桌面背景、屏幕保护程序、窗口边框颜色和声音方案。某些主题也可能包括桌面图标和鼠标指针。

Windows 提供了多个主题，可以选择 Aero 主题使计算机个性化；如果计算机运行缓慢，可以选择 Windows 7 基本主题；如果希望屏幕更易于查看，可以选择高对比度主题。

在列表框中单击要应用的主题。也可单击列表框中的"联机获取更多主题"超链接，到微软公司的网站上下载更多的主题。

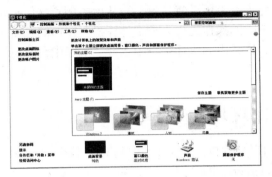

图 3-16　"个性化"窗口

2．设置桌面背景

单击"个性化"窗口中的"桌面背景"超链接，出现"桌面背景"窗口，如图 3-17 所示。

在"图片位置"（列表框上）下拉式列表框中选择桌面背景图片的位置，或单击"浏览"按钮搜索计算机上的图片。

在图片列表框中选定要作为桌面背景的图片，在"图片位置"（列表框下）下拉列表框中可以选择图片的显示方式：填充、适应、拉伸、平铺、居中等。

设置完成后，单击"保存修改"按钮。

图 3-17　"桌面背景"窗口

3．设置屏幕保护程序

当电脑闲置几分钟后（没有使用键盘或鼠标等输入设备），就可以运行屏幕保护程序。屏幕保护程序使屏幕上不停地显示一些移动的图形、动画、图片和图案等。当再次触动键盘或鼠标等输入设备时，就会终止屏幕保护程序的运行，恢复原来应用程序的状态。

要设置屏幕保护程序，单击"个性化"窗口中的"屏幕保护程序"超链接，出现"屏幕保护程序设置"窗口，如图 3-18 所示。

在该对话框的"屏幕保护程序"下拉列表框中选择需要的屏幕保护程序，"等待"加减器可用来设置控制屏幕保护程序启动前屏幕闲置的时间。使用"预览"按钮可预览屏幕保护程序的运行效果。使用"设置"按钮可以在弹出的对话框中设置屏幕保护程序的属性。选定"在恢复时显示登录屏幕"复选框后，若要恢复必须输入登录时的口令，否则是无法恢复的。

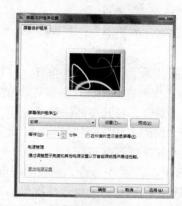

图 3-18 "屏幕保护程序设置"对话框

4．设置显示器的分辨率

在控制面板的"外观和个性化"中单击"调整屏幕分辨率"超链接，也可右键单击桌面的空白处，在弹出的快捷菜单中选择"屏幕分辨率"菜单命令，即可打开"屏幕分辨率"窗口，如图 3-19 所示。

在"显示器"下拉式列表框中选择要设置分辨率的显示器，在"分辨率"下拉式列表框中选择分辨率的大小，在"方向"下拉式列表框中选择屏幕显示的方向。

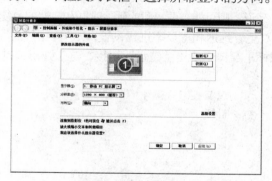

图 3-19 "屏幕分辨率"窗口

3.3.2 管理桌面图标

1．定制桌面上的图标

系统安装初始使用时，桌面上只有"回收站"图标，若要定制桌面上的图标，采用下面的操作过程。

第1步：在桌面的空白处右键单击，在弹出的快捷菜单中选择"个性化"菜单命令。

第2步：在弹出的"个性化"窗口中，单击"更改桌面图标"链接。

第3步：在弹出的"桌面图标设置"对话框中进行设置。

2．增加桌面图标

除了系统自动创建的图标外，用户可以根据自己的需要，为常用的文件夹或应用程序创建桌面图标，以便快速打开。

增加桌面图标有两种方法：在"计算机"窗口中找到要创建桌面图标的对象，右键单击，在弹出的快捷菜单中选择"发送到"→"桌面快捷方式"菜单命令；对要添加到桌面的应用程序图标，在"开始"→"所有程序"菜单中找到该程序，右键单击，在弹出的快捷菜单中选择"发送到"→"桌面快捷方式"菜单命令。

对不需要的图标，删除方法与文件的删除方法是相同的。

3．排列桌面图标

当桌面上创建了很多图标以后，为了保持桌面的整齐，并且能够快速找到某个桌面图标，可以利用 Windows 的管理工具组织排列这些图标。其操作步骤如下。

第 1 步：在桌面的空白处单击右键，打开桌面快捷菜单。

第 2 步：选择快捷菜单中的"排列方式"→"名称"、"大小"、"类型"或"修改日期"菜单命令，则桌面图标将按照不同的顺序排列在桌面上。

若选择"查看"→"自动排列图标"菜单命令，则会出现选定标记"√"，这时系统将会把桌面上的所有图标按照系统内部规定的网格结构纵向依次排列在桌面的左侧，用户可以通过选择"名称"、"大小"、"类型"或"修改时间"菜单命令改变图标的前后顺序，但不能通过鼠标拖动把图标放在桌面的任意位置。

3.3.3 设置鼠标和键盘

1．设置键盘

使用键盘会有这样的感觉：当按下某个字母键且在屏幕上出现字母后，需要经历一个短暂的延迟时间才会出现第二个相同的字母（这称为重复延迟）；随后以某种连续、均匀的速度重复字母（称为重复率）。对键盘使用不熟练的用户来说，可能需要较长的延迟时间和较慢的重复率；而对键盘使用熟练的用户来说，则可能需要短暂的延迟时间和快速的重复率，从而加快输入速度。

在 Windows 中可以对重复延迟和重复率进行设置，以适应用户的需要。设置方法是单击"控制面板"（大图标或小图标）窗口中双击"键盘"链接，这时弹出"键盘 属性"对话框，如图 3-20 所示。

图 3-20 "键盘 属性"对话框

可以使用"字符重复"选项组中的"重复延迟"和"重复速率"滑杆来进行设置。

若要测试定制的效果，可单击"字符重复"选项组中的文本框，然后随便按下一个字母或数字键，文本框中就会出现重复的字母或数字，测试满意后，单击"确定"按钮即可。

另外，在"键盘属性"对话框中还有一个"光标闪烁频率"选项组，使用其中的滑杆可以设置光标的闪烁速度。一般可将闪烁速度设置为一个中等速度，太慢的速度不利于在编辑文档时查找光标的位置，太快的速度容易产生视觉疲劳。

2．设置鼠标

单击"个性化"窗口中左侧的"更改鼠标指针"超链接，打开"鼠标属性"对话框，如图3-21所示。

对鼠标的设置包括左右手习惯、双击速度、选择鼠标指针、指针速度与轨迹等。

（1）设置鼠标键

鼠标一般是用右手来操作的，若习惯用左手操作鼠标，可以将鼠标的左右键调换过来，使右鼠标键作为主鼠标键。

调换后，就可以用左手进行操作了。这些操作包括：用鼠标右键进行单击与双击操作、用鼠标右键进行拖放、用鼠标左键单击弹出快捷菜单等。

在"鼠标属性"对话框中选择"鼠标键"选项卡（这时的对话框见图3-21），然后在"鼠标键配置"选项组中选中"切换主要和次要的按钮"复选框。

单击与双击之间的区分是以双击速度来区分的，高于这个速度的称为双击，低于这个速度的就称为两次单击。在图3-21所示的对话框中，拖动"双击速度"选项组中的滑块，就可以调整双击速度。

若要测试调整后的双击速度，可以双击"双击速度"选项组中的文件夹图标，如果此时Windows可以识别出双击，文件夹就会打开，表示双击成功。

图3-21　"鼠标 属性"-"鼠标键"

（2）设置指针

Windows中的鼠标指针形状可由用户改变。在"鼠标属性"对话框中选择"指针"选项卡，这时的对话框如图3-22所示。

若要选择一种Windows提供的指针方案，可选择"方案"下拉列表框中的一个选项，系统会自动在"自定义"列表框中列出这种方案对应的一组系统事件的指针外观，以供用户预览与选择。用户可以选用整套的方案，也可以修改方案中的某个系统事件对应的指针外观。在"自定义"列表框中选中某个系统事件的名称，然后单击"浏览"按钮，便可在打开的对话框中选用其他指针外观。对方案进行修改后，可以单击"另存为"按钮，将自己精心设计的方案重新命名并保存下来，以便以后使用，也可以单击"使用默认值"按钮，将自己不满意的改动恢复为系统的默认外观。如果用户希望指针的外观具有立体感，可以选中"启用指针阴影"复选框。

（3）设置指针选项

在"鼠标属性"对话框中选择"指针选项"选项卡，对话框如图3-23所示。

图 3-22　"鼠标属性"-"指针"

图 3-23　"鼠标属性"-"指针选项"

在"移动"选项组中，用户可以拖动滑块调整鼠标指针的移动速度。指针的移动速度会影响鼠标移动的灵活程度，默认情况下，系统使用中等速度并且启用"提高指针精确度"复选框，如果取消选择该复选框，可以提高移动速度，但是会降低鼠标的定位精确度。

在"对齐"选项组中，如果选中"自动将指针移动到对话框中的默认按钮"复选框，鼠标指针将自动移动到当前打开的对话框中的默认按钮上，以便用户直接单击按钮。

在"可见性"选项组中，如果选中"显示指针踪迹"复选框，可使鼠标在移动时显示移动轨迹，以便用户跟随轨迹确定鼠标的位置，拖动滑块可调整轨迹的长短。如果选中"在打字时隐藏指针"复选框，则在进行文字输入时，指针会自动隐藏，以避免指针影响用户的视线。如果选中"当按 Ctrl 键时显示指针的位置"复选框，则当用户找不到指针的位置时，按下【Ctrl】键系统便会特殊显示指针的位置。

（4）设置滑轮选项

在"鼠标属性"对话框中选择"滑轮"选项卡，这时的对话框如图 3-24 所示。在该对话框中可以设置鼠标滚轮滚动一次屏幕相应的滚动范围（水平方向和垂直方向）。

图 3-24　"鼠标属性"-"滑轮"

3.3.4　设置区域

不同的国家和地区使用不同的日期、时间和语言，并且所使用的数字、货币和日期的书写格式也会有很大的差异，为了满足世界各地的用户的不同需要，Windows 允许用户选择自己所在的区域，并启用对应该区域的标准时间、标准语言和标准格式。

在控制面板（类别）窗口中单击的"时钟、语言和区域"超链接，打开"时钟、语言和区域"窗口。在该窗口的右侧窗格单击"更改位置"超链接，打开"区域和语言"对话框，如图3-25所示。

图 3-25 "区域和位置"-"位置"

位置就是用户的国家或地区所在的位置，这里选的是"中国"。

在该对话框选择"格式"选项卡，这时的对话框如图3-26所示。在该对话框中可以设置所在国家或地区的时间、数字等格式。首先在"格式"下拉式列表框中选择国家或地区的格式，中文分简体、繁体，简体分大陆、新加坡；繁体又分中国台湾、中国香港和中国澳门。接下来可以在"日期和时间格式"选项组中设置日期和时间的格式，若要设置其他格式，单击"其他设置"按钮，在弹出的"自定义格式"对话框进行设置，这些设置包括：数字、货币、时间、日期、排序等。用户可以在某一项的文本框中输入自己需要使用的格式，也可以在下拉列表框中选择系统提供的其他格式，并可在对话框的"示例"中看到设置的综合效果。

图 3-26 "区域和位置"-"格式"

3.3.5 添加和删除程序

Windows 为用户提供了一个功能强大的工作环境，而各种应用程序则可以为用户提供某一方面的特殊功能。用户可以根据自己的娱乐或工作需要，将一些应用程序安装到 Windows 中，使 Windows 成为能够满足自己各方面需要的工作环境。单击控制面板（类别）窗口中的"程序"超链接，即可打开"程序和功能"窗口。

1．添加新程序

一般安装新的程序采用的方法是将光盘插入到光驱中，在光盘中找到安装程序（一般是setup.exe 文件），或将从 Internet 上下载的安装包进行解压，在解压后的文件夹中找到安装程序，双击安装程序，启动安装向导，按照安装向导的提示就可以快速安装应用程序。

2．解决兼容性问题

Windows7 的系统代码是建立在 Vista 的基础上的，如果安装和使用的应用程序是针对旧版本的 Windows 开发的，可能出现兼容性问题。为避免直接使用出现不兼容问题，可手动选择兼容模式，或让 Windows7 自动选择合适的兼容模式。

（1）手动解决

右键单击应用程序或快捷方式的图标，在弹出的快捷菜单中选择"属性"菜单命令，打开"属性"对话框，切换到"兼容性"选项卡，如图 3-27 所示。

图 3-27 "XX 属性"-"兼容性

在该对话框中选定"以兼容模式运行这个程序"复选框，并在其下的下拉式列表框中选择一种与应用程序兼容的操作系统版本。这个设置是对当前用户有效的，若要对其他用户有效，单击"更改所有用户的设置"按钮进行设置。

（2）自动解决

若用户对目标应用程序不太了解，可以让 Windows7 自动选择合适的兼容模式来运行程序。

右键单击应用程序或快捷方式的图标，在弹出的快捷菜单中选择"兼容性疑难解答"菜单命令，打开"程序兼容性"向导对话框，如图 3-28 所示。

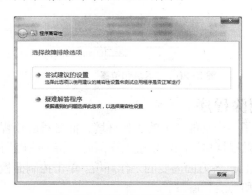

图 3-28 "程序兼容性"对话框

在该对话框，单击"尝试建议的设置"，系统会根据程序自动提供一种兼容性模式让用户尝试运行。单击"启动程序"按钮来测试目标程序是否可以正常运行。完成测试后，单击"下一步"按钮，按是否正常运行选择操作。

3. 删除程序

有些应用程序具有卸载功能，只要选择"开始"→"所有程序"菜单命令中应用程序的名称，便会在它的子菜单中看到"卸载××"或"Uninstall××"命令，然后按照提示逐步进行操作即可。有些程序则没有卸载功能，这时可使用Windows提供的删除应用程序的功能进行删除，操作步骤如下。

第1步：在"程序和功能"窗口中单击"卸载程序"超链接，这时的窗口如图3-29所示。

第2步：在该窗口的列表框中，选定要卸载的应用程序，单击列表框之上的工具栏中的"卸载/更改"按钮。按照向导的提示即可卸载或更改应用程序。

图 3-29 "程序和功能"窗口-卸载或更改程序

4. 添加/删除 Windows 功能

在安装Windows时，系统会安装所有基本的Windows功能，使用户能够使用操作系统的各项基本功能。用户可以在任何时候添加其他功能，以便充分利用Windows的丰富功能，或者删除某个不需要使用的Windows功能，以便节省硬盘空间。其操作步骤如下。

第1步：在"程序和功能"窗口中，单击"打开或关闭Windows功能"超链接，打开"Windows功能"对话框，如图3-30所示。

图 3-30 "Windows 功能"窗口

在功能列表框中列出了可以添加或删除的 Windows 功能。

第 2 步：若要添加某功能，就选中该功能的复选框；若要删除功能，就取消该功能的复选框，单击"确定"按钮。

系统就会完成系统组件的添加或删除工作。

3.3.6　定制任务栏与开始菜单

任务栏与开始菜单是操作中经常要用的，可以对它们进行设置来适应用户的需要。定制任务栏与开始菜单可以使用下列方法之一打开"任务栏和开始菜单属性"对话框。

- 单击"个性化"窗口左侧下角的"任务栏和开始菜单"超链接。
- 在任务栏的空白处右键单击，在弹出的快捷菜单中选择"属性"菜单命令。

1．设置任务栏

选择"任务栏和开始菜单属性"对话框中的"任务栏"选项卡，这时的对话框如图 3-31 所示。该对话框中复选框的意义分别如下。

- 锁定任务栏：选定后，任务栏将锁定在桌面上的当前位置，这样任务栏就不会被移动到新的位置，同时还锁定显示在任务栏上的任意工具栏的大小和位置，这样工具栏也不会被更改。
- 自动隐藏任务栏：选定后，在任何一个应用程序窗口中工作时，任务栏将在屏幕的最底部缩小为一条细线，为用户留出了整个桌面。若将鼠标指针移动到屏幕的底部，任务栏就可以重新显示出来，并可以使用。若将鼠标指针再向上移动，任务栏又返回到细灰线状态。
- 使用小图标：任务栏上使用小图标。
- 屏幕上任务栏的位置：有顶部、底部、左侧和右侧 4 个选项。
- 任务栏按钮：指定任务栏上按钮的显示方式——合并或隐藏。
- 通知区域：单击自定义按钮，可以自定义通知区域出现的图标和通知。
- 使用 Areo Peek 预览桌面：该选项组的复选按钮确定是否可以当鼠标停留在任务栏的"显示桌面"按钮时暂时查看桌面。

图 3-31　任务栏和开始菜单属性（1）

2．扩充任务栏

若打开的应用程序特别多，那么任务栏将会出现超载的现象：每个程序所占的空间非常小，从而很难识别出它代表什么。

若想将任务栏中的图标、字母都显示清楚，又不介意占用太多的屏幕空间，就可以采取扩充任务栏的方法，让任务栏显示多行的按钮。但前提是没有锁定任务栏。其方法是将鼠标指针指向任务栏的上边框，当鼠标指针变为 ↕ 形状时向上拖动，直到满意为止。

另外，在任务栏的快捷菜单中选择"工具栏"→"桌面"菜单命令，则可以将桌面上所有的快捷方式像运行的应用程序一样，在任务栏中显示出来。

3．设置"开始"菜单

在"任务栏和开始菜单"对话框中选择"开始菜单"选项卡，这时的对话框如图 3-32 所示。

若要自定义链接、图标和菜单在"开始"菜单中的外观和行为，可以单击"自定义"按钮，在弹出的对话框中进行设置。这些设置包括是否显示，显示时是显示为菜单还是链接。

在"电源按钮操作"下拉列表框中可以选择按电源按钮时的操作：关机、切换用户、注销、锁定、重新启动、睡眠。

在"隐私"选项组可以设置有关是否在"开始"菜单中存储并显示最近打开的程序和项目。

图 3-32　任务栏和开始菜单属性（2）

4．设置"工具栏"

在"任务栏和开始菜单"对话框中选择"工具栏"选项卡，这时的对话框如图 3-33 所示。

这里可以设置的工具栏包括：地址、链接、Tablet PC 输入面板、桌面，选定后可以将这些工具栏添加到任务栏上。

图 3-33　任务栏和开始菜单属性(3)

3.3.7　打印机及其设置

目前，打印机的接口有 SCSI 接口、EPP 接口、USB 接口 3 种。一般计算机使用的是 EPP 和 USB 接口。若使用的是 USB 接口打印机，可以使用其提供的 USB 数据线与计算机的 USB

接口相连接，再接通打印机的电源。启动计算机后，系统会自动监测到新硬件，按照向导提示进行安装，安装过程只需要指定驱动程序的位置即可。

1．安装打印机驱动程序

连接打印机后，计算机如果没有检测到新硬件，可以按照下面的方法安装打印驱动程序。

第1步：选择"开始"→"设备和打印机"菜单命令，打开"设备和打印机"窗口。

第2步：在"设备和打印机"窗口，单击"添加打印机"按钮，打开"添加打印机"向导对话框。

第3步：在"添加打印机"向导对话框，选择安装打印机的类型。若打印机连接在用户的计算机上，单击"添加本地打印机"超链接；若打印机在网络上的其他计算机上，单击"添加网络、无线或 Bluetooth 打印机"超链接。

下面以安装本地打印机为例进行说明。

第4步：在接下来的"添加打印机"向导对话框中，选择打印机端口，一般选择默认端口。

第5步：单击"下一步"按钮，在接下来的"添加打印机"向导对话框中的"厂商"列表框中选择要安装的打印机生产厂商，在"打印机"列表框中选择安装的打印机的具体型号。

若有打印机驱动盘，可以单击"从磁盘安装"按钮，在弹出的对话框中选择驱动程序。

第6步：单击"下一步"按钮，在接下来的"添加打印机"向导对话框中键入打印机的名称。

第7步：单击"下一步"按钮，系统开始自动安装打印机驱动程序，并显示安装的进程。

第8步：单击"下一步"按钮，在接下来的"添加打印机"向导对话框中，选择是否共享打印机。在共享打印机时要输入共享打印机的名称、位置和注释。

第9步：单击"下一步"按钮，在接下来的"添加打印机"向导对话框中，选择是否将新添加的打印机设置为默认的打印机。是否打印测试页，以验证打印机安装得是否正确。

单击"完成"按钮完成打印驱动程的安装。

安装完成后，在"设备和打印机"窗口中就可以看到安装的打印机。

2．设定打印机

（1）设置默认的打印机

若在系统中只安装了一台打印机，则它就是默认的打印机；若有好几台打印机，就要将一台设置为默认的打印机。

在"设备和打印机"窗口中选定要设置为默认的打印机，然后选择"文件"→"设为默认打印机"菜单命令，或选择快捷菜单中的"设为默认打印机"菜单命令。设置为默认打印机的打印机图标上有 标记。

（2）打印机控制

将打印文件交到 Windows 打印后，它是在后台打印的。

若要了解已经交给打印机的文档，可以打开打印机文件夹（双击任务栏上的打印机图标），Windows 会按用户交来的顺序列出将要打印的文档，如图 3-34 所示。同时，还会显示如下信息。

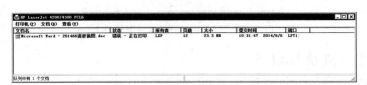

图 3-34　打印机状态监视窗口

- 文档名：将要打印的文档名，打印完成的文件名将不再显示。
- 状态：打印工作的当前状态（后台打印表示 Windows 给正在打印的文档做副本）。
- 所有者：交来打印作业的用户名。在多用户环境或网络环境下，才会显示这一项。
- 页数：已打印的页数和将要打印的总页数。
- 大小：打印作业的大小。
- 提交时间：用户提交打印作业的日期与时间。
- 端口：打印机所使用的端口。

① 暂停打印作业

在打印的过程中，可以让打印暂停一会，供用户做一些必要的工作（如给打印机加纸等操作），这时可以选择"打印机"→"暂停打印"菜单命令，选择"继续"菜单命令，就可以继续打印了。

② 取消打印作业

对要取消打印的作业，首先选定它，然后选择"文档"→"取消"菜单命令即可。

若整个打印队列中的打印作业都不需要打印了，选择"打印机"→"取消所有文档"菜单命令。

③ 调整打印作业的顺序

若用户急需打印某个文档，可以在打印作业窗口中拖动该文档到适当的位置后释放，从而调整打印的顺序。但对正在打印的文档是不能拖动的。

3. 打印文档

打印文档的操作过程如下。

第1步：准备打印机。

打开打印机的电源，装好足够的打印纸。按下打印机控制面板上的联机按钮，使打印机处于联机状态。

第2步：在应用程序中，选择"文件"→"打印"菜单命令，出现"打印"对话框。

第3步：设置打印选项。

一般设置的选项包括打印的范围、份数等。

第4步：单击"确定"按钮启动打印。

这时任务栏上的通知区域，会出现一个打印机图标，表示 Windows 正在打印用户的文档。

对未打开的文档，也可以打印，其打印的方法为右键单击要打印的文档，在弹出的快捷菜单中选择"打印"命令即可。

3.3.8 管理工具

Windows 的高级管理工具主要放在"控制面板"的"管理工具"窗口中（在"控制面板"窗口的图标方式，见图 3-35），其中包含很多的管理工具，如 Internet 信息服务管理器（用来设置 Web 站点、FTP 站点等）、各种服务管理、计算机管理等。其中的"计算机管理"窗口如图 3-36 所示。

"计算机管理"窗口用一个统一的

图 3-35 "管理工具"窗口

窗口，帮助用户管理本地或远程计算机，它将几个 Windows 管理工具合并到一个控制台树中，因此可以非常容易地访问特定计算机的管理属性和工具。

图 3-36 "计算机管理"窗口

"计算机管理"窗口的左窗格为控制台树，包括系统工具、存储，以及可在本地或远程计算机上使用的服务和应用程序。当用户在控制台树中选择工具后，就可以使用菜单和工具栏对右窗格中的工具进行操作。

3.3.9 设置 Windows 账户

Windows 操作系统允许设置多个用户，每个用户有自己的权限，可以独立完成对计算机的使用，保证不会出现因多人使用计算机而带来的安全问题。

1. 创建账户

创建账户的操作过程如下。

第 1 步：在"控制面板"窗口（类别方式），单击"添加或删除用户账户"超链接，打开"管理账户"窗口，如图 3-37 所示。

第 2 步：在"管理账户"窗口单击"创建一个新账户"超链接，打开"创建新账户"窗口，如图 3-38 所示。

第 3 步：在"创建新账户"窗口的文本框中输入账户的名称，并选择这个账户是标准用户，还是管理员用户。单击"创建用户"按钮。

图 3-37 "管理账户"窗口

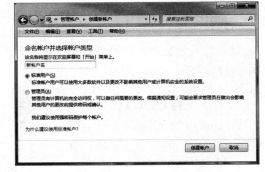

图 3-38 "创建新账户"窗口

2. 管理账户

Windows 新创建的账户默认时是没有密码的，而且很多设置都是系统默认的，可以根据需要对用户的账号进行设置。

在"管理账户"窗口单击要管理的账户，打开"更改账户"窗口，如图 3-39 所示。

在该窗口中可以更改账户的名称、密码、图片、账户类型，也可以删除密码、删除账户。

"设置家长控制"是指让家长控制孩子对计算机使用的权限和使用情况。实现的方法是家长以管理员的身份，可以限制标准用户使用计算机的时间、能玩的游戏和可以执行的程序。

图 3-39　"更改账户"窗口

3.4　优化系统性能

Windows 增强了系统的智能化特性，系统能够自动对自身的工作性能进行必要的管理和维护。同时，Windows 提供了多种系统工具，用户可以根据自己的需要优化系统性能，使系统更加安全、稳定和高效地运行。

3.4.1　优化磁盘性能

无论是存储、读取或删除文件，还是安装应用程序，都是在对磁盘中的数据进行操作，磁盘的性能总是显著地影响着系统的整体性能。因此，优化磁盘性能是优化系统性能时最常用的方法。Windows 提供了多种工具供用户对磁盘进行管理与维护，这些工具不仅功能强大，而且简单易用，用户完全不必担心由于自己的误操作而使磁盘中的数据丢失。

1．查看磁盘空间

使用计算机时，掌握计算机的磁盘空间信息是非常必要的，如在安装软件前，就要检查各磁盘的使用情况。

要查看磁盘空间在"计算机"窗口中的导航窗格中单击"计算机"，在右边的文件夹列表区域中就会显示出每个磁盘的空间大小及可用的空间。

2．格式化磁盘

格式化的目的就是为了使磁盘按 Windows 指定的格式来保存文件，删除磁盘中的所有数据，从而得到可用的存储空间，而且可以检查磁盘是否存在坏的磁道，提高磁盘的读写速度。

格式化磁盘的操作过程如下。

第 1 步：在"计算机"窗口中，选定要格式化的驱动器（若是 U 盘的话，将 U 盘插到 USB 接口上），然后选择"文件"→"格式化"菜单命令；或右键单击，在弹出的快捷菜单中选择"格式化"菜单命令，出现格式化对话框，如图 3-40 所示。

第 2 步：在"容量"下拉列表框中，系统会自动识别并显示要格式化的磁盘的容量。

第 3 步：在"文件系统"下拉列表框中，系统会根据所选磁盘提

图 3-40　格式化对话框

供不同的选项，如"FAT"、"FAT32"、"NTFS"。

第 4 步：在"分配单元大小"下拉列表框中，系统自动采用"默认配置大小"。

第 5 步：在"卷标"文本框中，可以输入便于识别磁盘内容的描述信息，也可以不输入任何文字。

第 6 步：在"格式化选项"选项组中，由于格式化磁盘的类型的不同和"文件系统"选择的不同，可选项也是不同的，用户可以根据需要进行选择。

"快速格式化"选项对磁盘快速格式化，但不扫描磁盘上是否有损坏的地方。

第 7 步：单击"开始"按钮即可开始对磁盘进行格式化。

3．磁盘检查

磁盘检查程序可以扫描并修复磁盘中的文件系统错误，用户应该经常对安装操作系统的驱动器进行检查，以保证 Windows 能够正常运行并维持良好的系统性能。进行磁盘检查的操作步骤如下。

第 1 步：打开"计算机"窗口，在导航窗格中选择计算机，在右边的窗格中右键单击要进行检查的磁盘，从弹出的快捷菜单中选择"属性"命令，打开"本地磁盘（X:）属性"对话框。

第 2 步：单击"工具"选项卡。

第 3 步：单击"开始检查"按钮，打开"检查磁盘本地磁盘（X:）"对话框。

第 4 步：若希望修复文件系统的错误，可选中"自动修复文件系统错误"复选框；若希望恢复坏扇区内的数据，可选中"扫描并试图恢复坏扇区"复选框。

第 5 步：单击"开始"按钮，系统会弹出一个提示框，显示磁盘检查需要在重新启动时进行，并询问是否执行，单击"是"按钮，系统就会在下次启动 Windows 时进行磁盘检查。

当计算机重新启动时，会自动进行磁盘检查，并以文字界面显示磁盘检查的进度和结果，磁盘检查的进度共有五步：验证索引、验证安全描述、验证文件、数据、完成。

4．磁盘碎片整理

磁盘经过长时间的使用，不可避免地出现很多零散的空间和磁盘碎片（磁盘上很小很小的零散的存储空间）。一个文件可能会被分别存放在不同的磁盘空间中，这样在访问文件时就需要到不同的磁盘空间中去寻找该文件的不同部分，从而影响了运行的速度。使用 Windows 提供的"磁盘碎片整理"程序可以重新组织文件在磁盘中的存储位置，将文件的存储空间整理在一起，同时合并可用空间（将不连续空间变为连续空间），从而提高磁盘的访问速度。

选择"开始"→"所有程序"→"附件"→"系统工具"→"磁盘碎片整理程序"菜单命令，打开"磁盘碎片整理程序"窗口，如图 3-41 所示。

图 3-41 "磁盘碎片整理程序"窗口

在列表框中选定要进行碎片整理的磁盘，单击"分析磁盘"按钮，对磁盘分析后会显示碎片的比例；单击"整理磁盘碎片"按钮，对磁盘碎片先进行分析，之后进行整理。

5．磁盘清理

磁盘使用久了，会积累大量的垃圾文件，它们占用大量的磁盘空间。如浏览网页时积累的各种临时文件、系统漏洞修复时下载的文件等。使用磁盘清理程序可以帮助用户释放更多的磁盘空间，以提高系统性能。

选择"开始"→"所有程序"→"附件"→"系统工具"→"磁盘清理"菜单命令，打开"磁盘清理：驱动器选择"对话框，在该对话框中选择要清理的驱动器，单击"确定"按钮后，系统进行磁盘清理的计算，计算完成后出现的"×××的磁盘清理"对话框，如图3-42所示。

图 3-42　XXX 的磁盘清理

在该对话框中选定要删除的文件，单击"确定"按钮。

3.4.2　设置系统属性

右键单击"计算机"图标，在弹出的快捷菜单中选择"属性"菜单命令，弹出"系统"窗口，如图3-43所示。

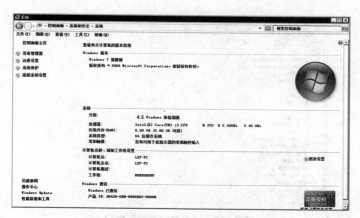

图 3-43　"系统"窗口

1．查看属性

在"系统"窗口中可以了解操作系统与计算机的主要硬件设备的基本信息。

2．设置计算机名

在"系统"窗口，单击左侧窗格"高级系统设置"超链接，打开"系统属性"对话框，在该对话框中单击"计算机名"选项卡，这时的对话框如图 3-44 所示。在其中可以查看计算机当前的名称和加入的工作组，也可以修改名称、加入其他工作组或某个域。

图 3-44 "系统属性"-"计算机名"

单击"网络 ID"按钮，可以启动向导并进行加入域的设置。

单击"更改"按钮，打开"计算机名/域更改"对话框，可以在"计算机名"文本框中输入新的计算机名；在"隶属于"选项组中，选中"工作组"单选按钮便可以在下面的文本框中输入要加入的工作组的名称。

3．设置硬件属性

随着硬件技术的不断提高，计算机中安装的硬件设备大部分都是即插即用设备，系统能够自动检测这些设备并安装相应的驱动程序。对于那些非即插即用设备，可采用类似添加打印机的操作过程进行硬件的添加。也可以在"设备管理器"中进行设备驱动程序的安装。

在"系统属性"对话框中单击"硬件"选项卡，在这个的对话框中，单击"设备管理器"按钮，打开"设备管理器"窗口，如图 3-45 所示。系统将所有安装在计算机上的硬件设备按照设备的类型排列在窗口中，单击任意一个类型左侧的"+"号，便可查看这种类型中具体设备的型号。

图 3-45 "设备管理器"窗口

设备管理器窗口中，若设备前带有黄色的"！"表示该设备的驱动程序有问题，不能正常使用。

找到需要查看或修改属性的硬件设备后，右键单击该设备，从弹出的快捷菜单中选择"属性"命令，便可打开它的属性对话框。以显示卡为例，右键单击"Intel HD Graphics，选择"属性"命令，打开它的属性对话框，如图3-46所示。在"常规"选项卡中可以了解该设备的类型、制造商、位置和当前的设备状态。

单击"驱动程序"选项卡，这时的显卡属性对话框如图3-47所示。可以单击相应的按钮查看、更新、回滚或卸载硬件设备的驱动程序。对驱动程序进行更新，不仅可以更好地支持该硬件设备，而且可以提高硬件设备的整体性能。因此，当得到设备制造商发布的最新驱动程序时，应该及时地更新驱动程序。

图3-46　显卡属性对话框（1）

图3-47　显卡属性对话框（2）

4．设置高级属性

单击"系统属性"对话框的"高级"选项卡，这时的对话框如图3-48所示。单击"性能"选项组中的"设置"按钮，可以在打开的对话框中设置视觉效果、处理器计划、虚拟内存；单击"用户配置文件"选项组中的"设置"按钮，可以在打开的对话框中设置与用户账户相对应的桌面设置信息；单击"启动和故障恢复"选项组中的"设置"按钮，可以在打开的对话框中设置系统的启动方式与系统发生故障时可以采用的措施。

图3-48　显卡属性对话框(3)

3.4.3　管理电源

当笔记本电脑无法连接电源时，就会使用笔记本电脑中的蓄电池供电，合理地管理电源可以显著地延长笔记本电脑的使用时间。对于台式计算机而言，虽然不必担心蓄电池没电，但是对电源的属性进行适当的设置，不仅可以节约电力能源，而且有利于延长计算机的使用寿命。下面的讲解主要针对笔记本电脑。

在"控制面板"窗口（图标方式下），单击"电源选项"超链接，即可打开"电源选项"窗口；或在"运行"框中输入"powercfg.cpl"；若是笔记本电脑，右键单击任务栏通知区的"电源选项"图标，在弹出的快捷菜单中选择"电源选项"菜单命令，如图 3-49 所示。

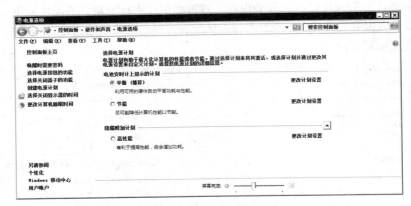

图 3-49 "电源选项"窗口

在 Windows 7 中支持非常完备的电源计划，并且内置了 3 种电源计划，分别是"平衡"、"节能"以及"高性能"，默认启用的是"平衡"电源计划。

平衡：这种电源计划会在系统需要完全性能时提供最大性能，当系统空闲时尽量节能。这是默认的电源计划，适合大多数用户。

节能：这种电源计划会尽可能地为用户节能，比较适合使用笔记本电脑外出的用户，此计划可以帮助用户提高笔记本电脑户外使用时间。

高性能：无论用户当前是否需要足够的性能，系统都将保持最大性能运行，是 3 种计划中性能最高的一种，适合少部分有特别需要的用户。

接下来是创建新的电源计划，预设的 3 种电源计划可能无法满足用户对电源管理的需要，用户可以直接更改电源计划，也可以创建新的电源计划。Windows 7 中提供了非常详细的电源管理设置，在创建新电源计划的过程中，用户可以全方位地自定义电源管理。

在"电源选项"窗口中，单击左侧窗格中"创建电源计划"超链接，出现"创建电源计划"窗口，如图 3-50 所示。在这里选择一个电源计划模板以作为新电源计划的参考，并且在"计划名称"文本框中输入新电源计划的名称。单击"下一步"按钮，出现的窗口如图 3-51 所示。

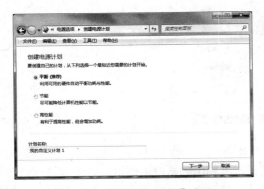

图 3-50 "创建电源计划"窗口

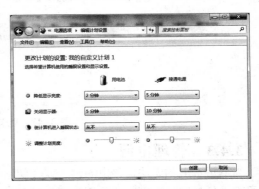

图 3-51 "编辑计划设置"窗口

选择计算机的睡眠设置和显示设置，这里会要求用户选择关闭显示器之前的待机时间，以及使计算机进入睡眠状态之前的待机时间。台式机与笔记本电脑的界面有可能不相同，但所要求用户选择的内容是相同的。设置完成后，单击"创建"按钮即可。

对于笔记本电脑，在"电源选项"窗口左侧的面板中会出现"选择关闭盖子的功能"，使用它可以设置当笔记本电脑的盖子合上时，笔记本电脑可以处于的状态：睡眠、休眠、关机、不采取任何措施。

3.4.4 定制任务计划程序

若每次启动计算机或每天、每周需要执行相同的应用程序，就可以使用 Windows 提供的"任务计划程序"定制自己的任务计划。定制了任务计划以后，系统就会在预定的时间自动执行某项任务，使用户不必重复相同的操作，也不会因为疏忽而没能及时地执行那些必要的任务。下面以每周执行一次磁盘清理为例，介绍如何使用向导定制计划任务，操作步骤如下。

第 1 步：选择"开始"→"所有程序"→"附件"→"系统工具"→"任务计划程序"打开"任务计划程序"窗口，如图 3-52 所示。

第 2 步：在该窗口中的"操作"窗格中，单击"创建基本任务"超链接，弹出"创建基本任务向导"对话框，如图 3-53 所示。

图 3-52　"任务计划程序"窗口

图 3-53　"创建基本任务向导"对话框（1）

第 3 步：在该对话框的名称文本框中输入计划任务的名称，也可以在"描述"中输入计划任务的简单描述。

第 4 步：单击"下一步"按钮，这时的向导对话框如图 3-54 所示。

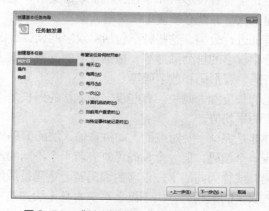

图 3-54　"创建基本任务向导"对话框（2）

系统提供了 7 种运行周期,可根据需要进行选择。这里选择"每周"单选按钮,再单击"下一步"按钮,这时的对话框如图 3-55 所示。

第 5 步:根据在上一个对话框中选择的周期不同,在该对话框中显示的选项也会有所不同。可以通过选中某个复选框和单击"开始"数值框中的加减器设定运行应用程序的起始时间。这里设定为每周五的 16:00。单击"下一步"按钮,如图 3-56 所示。

图 3-55　"创建基本任务向导"对话框(3)　　图 3-56　"创建基本任务向导"对话框(4)

在该对话框中设置该任务要执行的操作。一般是启动程序,选择要运行的应用程序,即可完成设置。

这里磁盘清理的程序位置是:C:\Windows\System32\defrage.exe。

3.5　汉字输入

Windows7 集成了微软拼音、智能 ABC、全拼、双拼、郑码、王码等中文输入方法。

3.5.1　汉字输入法

1.汉字输入法基础

英语属于字母文字,构成英语的基本单位为单词,单词是由 26 个英文字母组成的。目前使用的键盘大多是英文键盘,除 26 个英文字母外,还有数字及其他的标点符号和控制键。使用英文键盘对处理英文是不成问题的。

汉语的基本单位为字,字有各种形状和读音,属于象形文字,英文键盘不能直接用来输入汉字,因此要在键盘上输入汉字,就必须使用汉字输入法。

汉字输入法可根据特征进行分类,这些特征包括:汉字的读音、汉字的形状、汉字的形状和读音的结合、汉字国标中汉字的排列顺序等。根据汉字的这些特征进行编码的汉字输入法分别称为音码、形码、形音码、音形码和数字码等。

每个汉字输入法编码的长度称为码长。有些汉字输入法的码长是固定的,有些是变化的。平均码长指汉字编码长度的平均值。

汉字的编码和汉字并非是完全一一对应的,如拼音输入法的编码"han"就包括多个汉字。一般来说,一个汉字对应一个编码,但一个编码可对应若干个不同的汉字或词组,这些相同编码的汉字或词组就是重码,或称为同码字。汉字的编码若无重码是最好的,这样输入速度可大大加快;有重码时,输入汉字的编码后,由于汉字系统本身无法知道实际要使用哪一个汉字,故在提示行的重码区中显示各个汉字供用户选择。由此可知,重码越多,选择越麻烦,汉字的输入速度越慢。

重码少时输入速度快，但汉字的编码规则就复杂，增加了学习的难度（如五笔字型输入法）；重码多时输入速度慢，但汉字的编码规则相对简单，易于学习和掌握（如拼音输入法）。因此，各种汉字编码就是在重码多少和编码规则难易程度上权衡后，给出的一种综合方案。

对于用户来说，应根据自己的实际情况，掌握一种或两种汉字输入方法。但对专业打字员来说，必须学会无重码或重码少的汉字输入方法，如五笔输入法等。

2．语言栏的使用

要输入中文首先要打开中文输入法（按【Ctrl】+【Shift】或【Alt】+【Shift】快捷键可以在英文和各种输入法之间切换；或单击语言栏的输入法图标按钮，在弹出的输入法菜单中选择），其次才能按照该输入法的编码规则输入。

按【Ctrl】+【空格】快捷键可以直接选用上一次使用过的中文输入法。

在 Windows 7 中，输入法由语言栏统一管理，如图 3-57 所示。

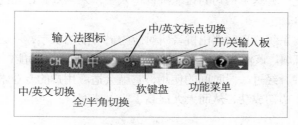

图 3-57　语言栏

（1）输入法图标（中/英文输入切换）

输入法图标，除显示输入法的徽标外，还可用来切换输入法的状态（选择不同的输入法）。

（2）中/英文按钮

在当前的输入法和英文输入之间进行切换。

（3）中/英文标点切换按钮

这里有两个按钮，前一个可用【Shift】快捷键，后一个可用【Ctrl】+【.】快捷键来切换。

（4）全/半角切换按钮

半角是指一个字符占一个字节的位置，这时可以正常输入键盘上除汉字编码以外的所有字符；全角是指一个字符占两个字节的位置，这时从键盘上输入除编码以外的所有字符时，都将转换为相应国标码中的图形符号。

也可使用【Shift】+【空格】快捷键来切换。

（5）软键盘按钮

Windows 中文版的大部分输入法都提供了 13 种软键盘，分别用来输入某类符号和字符，如数学符号、特殊符号、标点符号等。

单击软键盘按钮，屏幕上就会显示所有软键盘的菜单，从该菜单中选择一种键盘后，相应的软键盘就会显示在屏幕上。单击软键盘上的按键就会输入相应的字符。

软键盘使用完后，单击软键盘关闭按钮，关闭软键盘，否则不能正常输入。

（6）功能菜单按钮

有的汉字输入法自身带有不同的输入选项，如微软拼音输入法有全拼、双拼等，在功能菜单的"输入选项"中实现这两种输入方式之间的切换。在功能菜单中还有一些关于这种输入法的工具。

3. 汉字输入的一般操作

（1）单个汉字的输入

在所使用的汉字输入法下，直接输入汉字的编码，然后输入需要汉字前的数字，或用鼠标单击需要的汉字就可以了。

（2）使用翻页键查找需要的汉字

当输入的汉字编码的重码超过 9 个时，不能在状态栏中全部显示出来，并且需要选择的汉字没有在状态栏中显示出来，这时可以使用翻页键进行查找，找到所需要的汉字后，再按这个汉字前所对应的数字键选择汉字。

翻页键有两个：【-】（或【[】）和【=】（或【]】）。【-】（或【[】）用来向上（前）翻页，【=】（或【]】）用来向下（后）翻页。也可单击向前或向后翻页按钮。

3.5.2 微软拼音输入法

微软拼音输入法是一种基于语句的智能拼音输入法，采用基于语句的连续转换方式，可以不间断地键入整句的拼音。

输入语句的拼音，系统会自动选出拼音所对应的最可能的汉字，不必用户逐字逐词进行同音选择，减少用户的麻烦。该输入法具有自学习功能、用户自造词功能，支持南方模糊音输入、不完整输入等许多特性，经过一段时间的使用，它就会适应用户的专业术语和句法习惯，因而就越来越容易一次输入语句成功，从而大大提高了输入速度。

1. 编码规则

微软拼音输入法支持两种拼音输入方式：全拼输入和双拼输入。微软拼音输入法还支持带声调、不带声调或二者的混合输入。但对于有些音节歧义，如在韵母"en"后要输入声母"g"时，系统可能认为是韵母"eng"，也就是说，系统还不能完全识别，这时就要用音节切分键（【空格】键或【'】）来断开。

该输入法支持不完整输入，也就是说输入的编码可以是完整的，也可以是不完整的。

2. 输入过程

微软拼音输入法支持长语句输入和中英文混合输入，一次可以输入包含英文在内的 30 个字符（每一个汉字和标点符号各算一个字符），如图 3-58 所示。

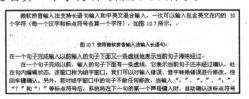

图 3-58　使用微软拼音输入法输入长语句

在输入长语句时，若在一句话的末尾输入了标点符号（","、"。"、";"、"？"和"！"等），微软拼音输入法将自动把用户输入的语句确定下来。所以若在输入中有错误的字或词，必须在按下【回车】键以前将错误改正，否则只能通过再次选择错误的字词来进行更正。

使用微软拼音输入法的操作过程如下。

第 1 步：切换到微软拼音输入法。

第 2 步：按句子输入，每输入一个字符或词后可按【空格】键确定正确显示的字符，或者直接输入后面的编码。当输入的字符下面显示有点线组成的虚线时，表示当前这些字符是可以立即修改的。

第 3 步：输入到句子的末尾时光标位于句子的末尾，若前面的输入有错误，可按【←】键或【→】键将光标移动到需要修改的位置，如图 3-59 所示。

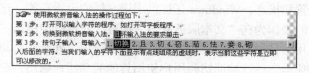

图 3-59　修改错误的字词

第 4 步：选择正确的字、词。

在输入一个有效的拼音后，微软拼音输入法并不急于关闭拼音窗口，可以继续进行修改输入的拼音。若要确认刚才输入的拼音，可以按【空格】键或【回车】键。在句子的结尾处，要确认刚刚输入的拼音，可以输入一个标点符号，拼音窗口就会消失。若整个句子不需要修改，在句子末尾输入一个标点符号，在输入下一个句子的第一个拼音代码时，前一个句子就被自动确认。一旦语句修改完毕，也可在语句的任何地方，直接按【回车】键确认语句。

3.5.3　输入法管理

1．安装/删除输入法

对下载的输入法，按照应用程序的安装方法就可以进行安装。

在任务栏的语言栏上右键单击，选择"设置"快捷菜单，弹出"文本服务和输入语言"对话框如图 3-60 所示。当前已经安装的输入法会显示在"已安装的服务"列表框中。

图 3-60　文本服务和输入语言

（1）添加输入法

这里的添加输入法是指将系统中已经安装好的输入法在输入法菜单中显示，以供选择。

在"文本服务和输入语言"对话框中单击"添加"按钮，弹出"添加输入语言"对话框。在该对话框中选定要添加的语言，一般选择中文（简体）的键盘布局/输入法。

（2）删除输入法

要删除输入法，在"文本服务和输入语言"对话框的"已安装服务"列表框中，选定要删除的输入法，然后单击"删除"按钮。删除的输入法只是在输入法选择列表中不出现而已。

2．设置默认的输入法

系统默认情况下使用的是英文输入，用户可以设置默认的输入法，设置方法为在"文本服务和输入语言"对话框的"默认输入语言"列表框中选择默认的输入法。

3．设置语言栏

在进行文字输入或文字编辑时，用户通常习惯将输入法的语言栏显示在屏幕上，这样便于查看输入法的各项设置和状态。Windows 还提供了语言栏的设置功能，这样可以定义个性化的语言栏。设置语言栏的操作为在"文本服务和输入语言"对话框中单击"语言栏"选项卡，在该对话框中，可以启用语言栏内置的一些功能。例如，启用"处于非活动状态时，以透明状态显示语言栏"可以避免语言栏遮挡而妨碍用户使用其他的功能；启用"在任务栏中显示语言其他语言栏图标"则语言栏显示在任务栏上，当在桌面上显示语言栏时，若要隐藏语言栏，可单击语言栏的最小化按钮，若要重新显示语言栏，单击语言栏上的"还原"按钮，或右键单击任务栏上的语言栏，选择快捷菜单中的"还原语言栏"菜单命令。

3.5.4　字体的安装与卸载

Windows 系统在安装时安装了一些字体，安装的文件夹为 c:\windows\fonts。

安装字体实际上就是复制字体文件到字体安装的文件夹下就可以了。删除字体就是在安装字体的文件夹将字体文件删除就可以了。

字体的安装和卸载也可以在"控制面板"窗口（图标方式下）单击"字体"超链接，出现"字体"窗口，该窗口右侧的列表框实际上就是安装字体文件夹的列表，在该列表框中添加或删除字体文件。

PART 4
第 4 章
文字处理软件 Word 2010

Word 是当前最为流行、功能强大的字处理程序。Word 在处理文档方面是非常方便的，如可以进行各种编辑操作、制作各种表格、在文档中插入图片，具有所见即所得的特点（屏幕上显示的和打印机上打印出的效果完全一致）。Word 中提供了各种文档的向导和模板，可为用户制作文档节省大量的工作和时间。

4.1 Word 2010 基础

Word 2010 相比以前的版本新增了许多实用的功能，更加人性化，也更为方便实用。

4.1.1 中文版 Word 2010 的新功能

Word 2010 的最大变化是改进了用于创建专业品质文档的功能，提供了更加简单的方法让用户与他人协同合作，使用户几乎从任何位置都能访问自己的文件。

1. 导航窗格

在老版本的 Word 软件中浏览和编辑长文档时，为了寻找和查看特定内容，不是拼命滚动鼠标就是频繁拖动滚动条，浪费很多时间。Word2010 特别为长文档增加了"导航窗格"，不但可以为长文档轻松"导航"，更有非常精确方便的搜索功能。

选择"视图"→"显示"→"导航窗格"复选框，就可主窗口的左侧打开"导航窗格"，如图 4-1 所示。

2. 屏幕截图

当用 Word 编辑文档时，为了便于演示和讲解，常常需要将整个屏幕或局部屏幕进行截图并插入到文档中。通常都是使用第三方软件进行截取。

图 4-1　导航窗格

在 Word 2010 中，为提高截取速度，提供了一个叫"屏幕截图"的功能，该功能可以对当前打开的窗口进行直接截取，也可以进行部分区域截取。

3. 背景移除

Word 2010 中的图片工具功能区，提供了一个强大的功能——删除背景。使用这个功能可以去除图片的背景。无需再使用 Photoshop 等软件进行处理了。

当图片插入 Word 文档后，就会出现"图片工具"功能区，其中有"删除背景"按钮。

4. 图片艺术效果

Word 2010 的"图片工具"功能区新增了编辑工具，无需其他图片编辑软件，就可以为图片设置艺术效果。

5. 屏幕取词

当用 Word 处理文档的过程中遇到不认识的英文单词时，大概首先会想到使用词典来查询；其实 Word 中就有自带的文档翻译功能，而在 Word 2010 中除了以往的文档翻译、选词翻译和英语助手之外，还加入了一个"翻译屏幕提示"的功能，可以像电子词典一样进行屏幕取词翻译。

首先使用 Word 2010 打开一篇带有英文的文档，然后打开"审阅"功能区，单击"翻译"按钮，然后在弹出的下拉列表中选择"翻译屏幕提示（英语助手：简体中文）"选项。

6. 帮助轻松写博客

以往都是利用博客提供的在线编辑工具来写文章，因为在线工具的功能限制总是给博主们带来了很多不便，Word 2010 可以把 Word 文档直接发布到博客，不需要登录博客 Web 页也可以更新博客，而且 Word 2010 有强大的图文处理功能，可以让广大博主写起博客来更加舒心惬意。

4.1.2 Word 2010 窗口简介

Word 2010 启动后，桌面上就会出现如图 4-2 所示的窗口。Word 窗口由标题栏、快速访问工具栏、功能区、工作区、状态栏、文档视图工具栏、显示比例控制栏、滚动条、标尺等部分组成。下面对 Word 2010 应用程序窗口中所独有的内容加以说明。

1. 快速访问工具栏

快速访问工具栏，可以快速访问频繁使用的命令。默认时快速访问工具栏位于功能区的上方，只包含较少的按钮。可以根据需要，单击快速访问工具栏右侧"自定义快速访问工具栏"按钮，将快速访问工具栏放在功能区的下方，或在快速访问工具栏添加自己常用的按钮。

默认的快速访问工具栏中包含的按钮有：保存、撤销、重复和自定义快速访问工具栏按钮。

2. "文件"按钮

"文件"按钮是一个类似于菜单的按钮，位于 Word 2010 窗口左上角。

"文件"按钮提供了一组文件操作命令，如："新建""打开""关闭""保存""另存为""打印""保存并发送"等。

"文件"按钮的另一个功能是提供了关于文档、最近使用的文档等相关信息。"文件"按钮还提供了 Word 的"帮助"信息、"选项"设置。

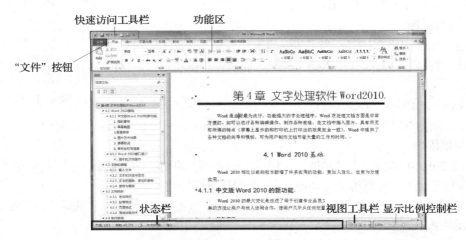

图 4-2 Word 2010 窗口

3. 功能区

Word 2010 与 Word 2003 及以前的版本相比，其最显著的变化就是取消了传统的菜单操作方式，而代之各种功能区。在 Word 2010 窗口上方看起来像菜单的名称其实是功能区的名称，当单击这些名称时并不会打开菜单，而是切换到与之相对应的功能区面板。每个功能区根据功能的不同又分为若干个组，这些功能区及其命令组涵盖了 Word 的各种功能。

用户可以根据需要使用"文件"→"选项"→"自定义功能区"命令来定义自己的功能区。默认时 Word 包含的功能区有 8 个："开始""插入""页面布局""引用""邮件""审阅""视图""加载项"等。

（1）"开始"功能区

"开始"功能区中包括剪贴板、字体、段落、样式和编辑等几个命令组，对应 Word 2003 的"编辑"和"段落"菜单部分命令。该功能区主要用于帮助用户对 Word 2010 文档进行文字编辑和格式设置，是用户最常用的功能区。

（2）"插入"功能区

"插入"功能区包括页、表格、插图、链接、页眉和页脚、文本、符号等几个命令组，对应 Word 2003 中"插入"菜单的部分命令，主要用于在 Word 2010 文档中插入各种元素。

（3）"页面布局"功能区

"页面布局"功能区包括主题、页面设置、稿纸、页面背景、段落、排列等几个命令组，对应 Word 2003 的"页面设置"菜单命令和"段落"菜单中的部分命令，用于帮助用户设置 Word 2010 文档页面样式。

（4）"引用"功能区

"引用"功能区包括目录、脚注、引文与书目、题注、索引和引文目录等几个命令组，用于实现在 Word 2010 文档中插入目录等比较高级的功能。

（5）"邮件"功能区

"邮件"功能区包括创建、开始邮件合并、编写和插入域、预览结果和完成等几个命令组，该功能区的作用比较专一，专门用于在 Word 2010 文档中进行邮件合并方面的操作。

（6）"审阅"功能区

"审阅"功能区包括校对、语言、中文简繁转换、批注、修订、更改、比较和保护等几个命令组，主要用于对 Word 2010 文档进行校对和修订等操作，适用于多人协作处理 Word 2010 长文档。

（7）"视图"功能区

"视图"功能区包括文档视图、显示、显示比例、窗口和宏等几个命令组，主要用于帮助用户设置 Word 2010 操作窗口的查看方式、操作对象的显示比例，以便用户获得较好的视觉效果。

（8）"加载项"功能区

"加载项"功能区包括菜单命令一个命令组，加载项是可以为 Word 2010 安装的附加属性，如自定义的工具栏或其他命令扩展。

一般情况下，功能区占用 Word 窗口的空间较多，这样会影响工作区的面积。可以通过单击功能区右上角的功能区最小化 ⌃ 按钮/展开功能区 ⌄ 按钮，来实现工作区面积是的扩大/缩小。

每个功能区是通过选项卡来切换的，不同的选项卡包含不同的命令按钮（组）。有的选项卡平时不出现，在某种特定条件下会自动显示，提供该情况下的命令按钮。这种选项卡称为"上下文选项卡"。如在文档中插入图片，并选定该图片时会显示"图片工具——格式"选项卡。

4. 视图工具栏

视图是指文档的查看方式。同一个文档在不同视图下查看，虽然文档的显示方式不同，但文档的内容是不变的。对不同的操作，其最佳的视图是不同的。视图的切换，可以使用"视图"功能区中的按钮，但最简便的方法是使用视图工具栏。视图工具栏中带方框的图标表示当前的视图状态。

（1）页面视图

在页面视图中，屏幕上看到的文档就像实际打印出来的一样。页面视图对于编辑页眉和页脚、调整页边距以及处理分栏、图形对象和边框等都是很方便的。

（2）阅读版式视图

阅读版式视图适于阅读长篇文档。阅读版式将原来的编辑区缩小，而文字大小保持不变，长篇文档会自动分成多屏。在该视图下也可以进行文字的编辑，视觉效果好，眼睛不会感到疲劳。阅读版式视图的目标是增加可读性，可方便增大或缩小文本显示区域的尺寸，而不会影响文档中的字体大小。

要停止阅读文档时，可单击"阅读版式"工具栏上的"关闭"按钮、按【Esc】键，可以从阅读版式视图切换回来。

（3）Web 版式视图

使用 Web 版式视图，无需离开 Word 即可查看当前 Word 文档在浏览器中的效果。

（4）大纲视图

使用大纲视图可以很方便地查看、编辑文档的结构，这对于报告文体和书籍章节的排版是特别方便的。在这种视图下，可以通过对标题的操作来移动、复制或重新组织文档，还可以折叠文档，只查看主标题、扩展文档或查看整个文档等。

在大纲视图下，屏幕上新增加了一个大纲功能区。

（5）草稿视图

草稿视图可用于文本的录入与编辑、简单的排版，如字符的格式等。草稿视图显示了文字的格式，但是简化了页面的布局，这样可快速键入或编辑文字。

草稿视图对正文外部的区域，如页眉、页脚、脚注、页号、页边距等都显示不出来。在这种视图下，文本输入超过一页时，编辑窗口中会出现一条虚线，这就是分页符。

在草稿视图中看不到的分页符，在页面视图下就可以明显地看见页面被分成两页。

5. 显示比例控制栏

显示比例控制栏由"缩放级别"按钮和"显示比例"滑块组成，用于控制任一视图（除阅读版式视图外）下的显示比例。

6. 标尺

标尺位于文档窗口的左边和上边，分别称为垂直标尺和水平标尺。在草稿视图中只显示水平标尺，只有在页面视图下才能两者都显示。

使用水平标尺可查看和设置段落的缩进、左右页边距、制表位和栏宽等；垂直标尺可以调整上下页边距及表格的行高。

控制标尺的显示与否可以使用"视图"→"显示"→"标尺"来控制；或单击垂直滚动条上方的标尺按钮 。

7. 状态栏

状态栏位于窗口的底部，在其中显示了 Word 各种信息。默认显示的信息包括：文档的页码、文档的字数、插入/改写状态。要定义状态栏上显示的信息，右键单击状态栏的空白处，在弹出的快捷菜单中选定即可。

8．拆分条

垂直滚动条上端的小细框，可以通过下拉它而将窗口拆分为两个窗口。

9．选定栏

文档窗口左边的一列空列，无任何标记，当把鼠标指针移动到这里时，鼠标指针将变为⧫。使用选定栏可以选定文本。

4.2 文档的基本操作

要对文档进行处理，就必须打开文档或建立一个新的文档。在编辑的过程中，一定要随时保存文档。

4.2.1 新建文档

每次进入 Word 后，它会自动地为用户建立一个基于空白文档模板的空文档，并将其命名为"文档 1"（对应的磁盘文件为"doc1.docx"）。

若文档是在启动 Word 之后建立的新文档，这个文档将根据情况来编号：第二个新文档被命名为"文档 2"，第三个新文档被命名为"文档 3"，……。即使保存并关闭了文档 1，下一个文档的编号仍为文档 2。每一个文档都对应有一个独立的文档窗口。

在 Word 启动后，要建立一个新文档，可执行下列操作之一：

- 选择"文件"→"新建"命令；
- 按【Alt】+【F】快捷键，选择"新建"命令。

这时在"新建"面板上左侧出现"可用模板"列表，如图 4-3 所示。有本地上的模板，也有 Office.com 网站上的模板。

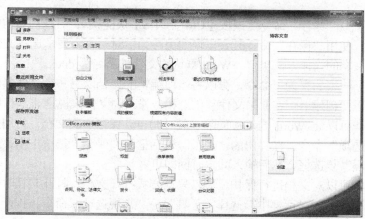

图 4-3 新建文档模板

在面板中选定一个模板，面板的右侧会显示出相应的预览。在"样本"模板中是系统预安装的模板。若选择 Office.com 网站上的模板需要下载，然后选择。对于已下载的模板，再次使用，请从"我的模板"中打开。

选定需要的模板后，单击"新建"按钮。

一般选定"空白文档"模板。

建立基于"空白文档"模板的文档，也可以使用下列操作之一：

- 单击"快速访问工具栏"上的"新建"按钮 🗋；
- 按【Ctrl】+【N】快捷键。

4.2.2 打开文档

1. 直接打开

在"计算机"窗口中找到要打开的 Word 文档，双击就可以打开它。

2. 使用"打开"对话框

Word 启动后，打开文档的操作步骤如下。

第 1 步：选择"文件"→"打开"命令，或单击"快速访问工具栏"上的"打开"按钮 📷，或按【Ctrl】+【O】快捷键，这时屏幕上出现"打开"对话框。

第 2 步：找到要打开文件的位置。

第 3 步：在"文件类型"下拉列表框中选定要打开文件的类型。

第 4 步：在"文件名"下拉列表框中输入要打开的文件名或在其上的列表框中选定文件名，选定的文件名将出现在"文件名"下拉列表框中。

第 5 步：单击"打开"按钮，指定的文件就会显示在 Word 窗口中。

3. 打开最近使用过的文档

选择"文件"→"最近所用文件"命令，在其命令右侧就会出现"最近所用文件"列表，包括"最近使用的文档"和"最近的位置"，单击一个文档就可以打开它，单击"最近的位置"中的一个文件夹，将出现"打开"文档对话框。

4.2.3 保存文档

保存文档是把文档作为一个文件保存在磁盘上。正在编辑的文档驻留在内存和磁盘上的临时文件上，只有保存了文档，用户的工作才能保存下来。否则，退出 Word 后，所编辑或修改的文档就会丢失。

使用"文件"→"保存"命令（或按【Ctrl】+【S】快捷键），可以用当前的文件名保存。对于新建的文档，使用"保存"命令时会出现"另存为"对话框，要求选择文件的保存位置，操作方法与打开文档的操作方法类似。Word 默认的文件扩展名为.docx。

使用"文件"→"另存为"命令，可以将当前编辑的文档以另一个文件名保存。使用"另存为"命令，对于要创建一个在原来文件基础上稍做修改的文件来说是非常有用的。

编辑文档时，可以让 Word 自动每间隔一段时间自动保存一次文档，使用这个功能可以选择"文件"→"选项"命令，在弹出的"选项"对话框的"保存"选项卡中，选择"保存自动恢复信息时间间隔"复选框，然后输入间隔时间即可。

对文档保存时可以对文档进行保护，如以只读方式打开文档、打开文档时的密码、修改文档的密码，在"另存为"对话框中，选择"工具"→"常规选项"命令，打开"常规选项"对话框，在该对话框中进行设置。

4.3 文档的编辑

文字录入与编辑文档是文档编辑的基本操作，Word 使用户可轻松、方便地完成这些操作。

4.3.1 输入文本

打开或新建文档后，就可以向文档中输入文本了。Word 的输入文本功能是非常方便的，它提供了很多自动功能供用户使用。

1．改写/插入状态

状态栏中有一个"插入"或"改写"按钮，单击可以在这两种状态之间进行切换，也可按【Insert】键来实现。"插入"表示输入的文本将插入到当前光标指示的位置，其后的文本自动后移；"改写"表示当前的输入状态为改写状态，输入的文本将取代其后的文本内容。

2．输入文本

屏幕上不停闪烁的短线（与文字同高），就是插入点，表示输入的文本、字符将插入或改写的位置。

英文直接输入就可以了，输入的过程中 Word 会自动将句首的字母大写，并能自动检查出拼读错误的单词。

若要输入中文，切换到中文输入状态输入中文。

Word 会自动更正一些简单的输入错误，如 hte（the）和 nad（and）。若错误地拼写了一个不太常用的词，Word 会在该单词下面标上红波浪线。若 Word 认为有语法错误，则会在错误下面标上绿波浪线。若想要修改它，可按【Backspace】键，直到错误消除（标记消失），再重新输入文本。

启动/关闭检查"拼写和语法"的操作是使用"文件"→"选项"命令，在打开的"Word 选项"对话框中，切换到"校对"选项卡，在"在 Word 中更正拼写和语法时"选项组选中/不选中"键入时检查拼写"、"随拼写检查语法"复选框。

3．字符的重复输入

在输入字符的过程中，经常要重复一些字词，如"好好"、"来来往往"等，若一个字一个字输入的话，就有些太麻烦了，可使用下面介绍的方法来快速输入。

首先输入要重复的字或词，如"好"、"来"等，然后按【F4】键就可以实现重复输入了。对于英文字、词的重复也是如此。

4．插入符号

对一些键盘无法直接输入的符号，如希腊字母"α、β"等，可以使用中文输入法提供的软键盘或 Word 提供的插入符号功能来实现。

使用 Word 提供的插入符号的方法：选择"插入"→"符号"→"符号"命令，在随后出现的列表框中，上方列出了最近插入过的符号，下方是"其他符号"按钮。若要插入的符号位于列表框中，单击该符号即可；否则，单击"其他符号"按钮，在打开的"符号"对话框，如图 4-4 所示，进行选择。

图 4-4 "符号"对话框

在该对话框中选择"符号"选项卡，然后在"字体"下拉列表框中选择需要的字体，在"子集"下拉列表框中选择需要符号的子集，当其下的列表框中出现所需要的符号时，双击它或在选定它后单击"插入"按钮，就可以将该符号插入到文档中光标所在的插入点处。

对一些特殊的符号，如"©、®、™"等，可以使用"符号"对话框中的"特殊字符"选项卡进行插入。

5．输入【回车】符

一个段落可以由一些字符或若干行字符组成，也可以是一个空行。按【回车】键可以换行及产生一个新行，也就是说，按【回车】键标志一个段落的结束和一个新段落的开始。

在输入的过程中，若一行容纳不下较长的文本，在行末不必也不可以按【回车】键，因为在输入的文本到达行末时，Word 会自动转到下一行继续输入，这一特性称之为"字符回绕"。只有在开始一个新的段落或产生一个空行时，才需要按【回车】键。

若要让输入过程中的非打印字符在屏幕上显示出来，可以选择"开始"→"段落"→"显示/隐藏编辑按钮"按钮 ，或按【Ctrl】+【*】快捷键来实现。

6．输入时的自动功能

Word 提供了许多输入文本时的自动功能，使文本的输入变得轻松而迅速，在很多情况下，Word 会替用户做一些想要做的工作。

（1）自动插入项目符号和编号

当以数字或"*"创建列表时，Word 就会自动在其后面输入的每一项前插入编号和项目符号。

若在输入时不再需要编号或项目符号，只要单击"开始"→"段落"中的"编号"按钮 或"项目符号"按钮 就可以了。

（2）自动插入边框线

若要在文档中插入细边框线，可在一行的开始处连续输入 3 个或 3 个以上的连字符"-"，并按【回车】键，Word 就会用细边框线代替这些字符。

若要在文档中插入双边框线，可在一行的开始处连续输入 3 个或 3 个以上的等号"="，并按【回车】键，Word 就会用双边框线代替这些字符。

7．即点即输

可以在页面的任意位置双击，然后在当前位置键入对象。

在页面的右边双击可以输入右对齐的文本，并且文本的方向为从右向左。

在页面的中间双击可以输入居中的标题，或将需要的文档插入。

在输入时，光标的形状表明当前的输入状态，如图4-5所示。

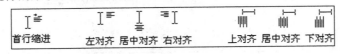

图4-5　文本键入时光标的形状

Word 2010 的"即点即输"功能的启用/关闭切换，使用"文件"→"选项"命令，在打开的"Word 选项"对话框中，切换到"高级"选项卡，在"编辑选项"区域中选中/不选中"启用'即点即输'"复选框。

Word 不能在一些区域内使用"即点即输"功能，这些区域是多栏、项目符号和编号列表、浮动对象旁边、具有上下型文字环绕方式的图片的左边或右边、缩进的左边或右边；也不能在一些视图中使用"即点即输"功能，这些视图是草稿视图、大纲视图和打印预览视图。

8．记忆式键入

在输入文本的过程中，可能需要输入日期、月份和其他一些常用的名称。如果忘记了日期或没有记住这些名称，Word 会自动提示用户。

在输入的过程中，Word 会自动提示尚未键入的部分包括：

- 当前日期；
- 一周 7 天的名称；
- 用户的名字及所在公司的名称；
- 自动图文集词条。

如今天是 1998 年 11 月 26 日，当输入"1998"时，Word 会自动提示"1998/11/26"，按【回车】键接收提示，未键入的部分会自动补上。

插入自动图文集词条时，首先将光标定位到需要插入的位置，然后选择"插入"→"文本"→"文档部件"→"自动图文集"命令。

9．插入日期与时间

将光标移动到要插入的位置，选择"插入"→"文本"→"日期和时间"命令，在弹出的"日期和时间"对话框中（见图 4-6），选择插入的格式。

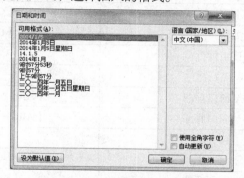

图 4-6 "日期和时间"对话框

若选定"自动更新"复选框，则在每次打开该 Word 文档时，自动更新日期和时间。

4.3.2 文本的浏览与选定

1．浏览文本

（1）使用键盘、鼠标定位

当一篇文档的长度超过文档窗口的高度，或要改变文档在窗口中的位置时，就要滚动文档，这时可以用鼠标也可以用键盘来操作，如表 4-1 所示。

表 4-1 用鼠标和键盘滚动文档的操作

使用设备	滚动方向	操作
鼠标	上移一行	单击上滚动按钮▲
	下移一行	单击下滚动按钮▼
	上滚一屏	单击上滚动按钮▲与滚动块之间的空白处
	下滚一屏	单击下滚动按钮▼与滚动块之间的空白处
	向上移一页	单击上一个按钮▲

使用设备	滚动方向	操作
鼠标	向下移一页	单击下一个按钮
	移动到文档适当的位置	拖动滚动块到适当的位置
	插入点移动到文档适当的位置	拖动滚动块到适当的位置后单击
	左移	单击左滚动按钮
	右移	单击右滚动按钮
键盘	左移一个字符	【←】
	右移一个字符	【→】
	左移一个单词	【Ctrl】+【←】
	右移一个单词	【Ctrl】+【→】
	上移一行	【↑】
	下移一行	【↓】
	上移一段	【Ctrl】+【↑】
	下移一段	【Ctrl】+【↓】
	移至行首	【Home】
	移至行尾	【End】
	移至窗口顶部	【Alt】+【Ctrl】+【PgUp】
	移至窗口底部	【Alt】+【Ctrl】+【PgDn】
	上移一屏	【PgUp】
	下移一屏	【PgDn】
	移至下页顶端	【Ctrl】+【PgDn】
	移至上页顶端	【Ctrl】+【PgUp】
	移至文档尾	【Ctrl】+【End】
	移至文档首	【Ctrl】+【Home】
	移至前一个编辑处	【Shift】+【F5】

（2）使用"定位"命令

当用户想要在一个比较长的 Word 文档中快速定位到某个特定页时，可以借助 Word 提供的"定位"功能实现快速翻页，具体操作步骤如下。

第 1 步，选择"开始"→"编辑"→"查找"→"转到"命令，出现"查找与替换"对话框的"定位"选项卡，如图 4-7 所示。

图 4-7　"查找与替换"对话框-"定位"选项卡

第 2 步，在"定位目标"列表框中选择定位的目标，如"页"，然后在右边的"输入××"文本框中输入对象具体要求，如页码，并单击"下一处"按钮即可定位到指定位置，单击"上一处"按钮即可定位到前一位置。

（3）使用"选择浏览对象"按钮快速定位

在垂直滚动条的底部，有 3 个用于快速浏览对象的按钮，单击"选择浏览对象"◎按钮，弹出如图 4-8 所示的"选择浏览对象"选项表，单击选定的浏览对象，光标快速定位到当前光标后的最近一个对象处。单击"前一个" ⊡ / "后一个"按钮⊡，光标则移至当前光标之前/之后的一个对象处。

图 4-8　"选择浏览对象"选项表

这里的对象包括：域、尾注、脚注、批注、节、页、编辑位置、标题、图形、表格等。这对长文档的定位是很方便的。

（4）按"导航窗格"定位

若文档的标题采用基于 Word 的标题样式排版后，文档中的所有标题会出现在"导航窗格"的"浏览您的文档中的标题"选项卡中，单击一个标题，就可以快速定位到该标题的开始处。另外使用"导航窗格"的"浏览您的文档中的页面"选项卡可以按页面来定位。

2．选定文本

在对文本进行编辑操作前，必须告诉 Word 要对哪些文本进行操作。选定文本即高亮要处理的文本（反白显示），就是告诉 Word 处理是针对这些文本进行的。

使用鼠标和键盘选定文本的操作如表 4-2 所示。

表 4-2　文本的选定操作

选定内容	鼠标操作	键盘操作
单词	双击	【Shift】+【→】或【Shift】+【←】
一句	按住【Ctrl】键单击	
一行	在选定栏单击	光标移至行首按【Shift】+【End】 光标移至行末按【Shift】+【Home】
连续多行	在选定栏拖动	光标移至第一行行首连续按【Shift】+【↓】 光标移至第一行行末连续按【Shift】+【↑】
一段	在该段选定栏双击，或在该段任意位置单击 3 次	光标移至段首按【Ctrl】+【Shift】+【↓】 光标移至段末按【Ctrl】+【Shift】+【↑】
连续多段	在选定栏双击并拖动	光标移至首段段首连续按【Ctrl】+【Shift】+【↓】 光标移至最后一段段末连续按【Ctrl】+【Shift】+【↑】
任意两定点间	单击第一指定点，按住【Shift】键然后单击第二指定点 从第一指定点拖动到第二指定点	光标移至第一指定点，然后按【Shift】+【→】、【Shift】+【←】、【Shift】+【↓】或【Shift】+【↑】
整个文件	在选定栏单击 3 次	【Ctrl】+【A】或【Ctrl】+【5】（小键盘）
一个图形	单击该图形	
页眉或页脚	在页面视图下，双击页眉或页脚	
列文本块	按住【Alt】键，拖动鼠标	

使用【Shift】键与其他键的组合，可以选定文本。其操作为首先将光标移动到需要选定的起始位置，然后按住【Shift】键，则光标所经过的字符都可选定，具体的操作方法如表4-3所示。

将要选定的范围扩展到	键盘操作
左/右侧一个字符	【Shift】+【←】/【Shift】+【→】
单词开始/结尾	【Ctrl】+【Shift】+【←】/【Ctrl】+【Shift】+【→】
行首/行尾	【Shift】+【Home】/【Shift】+【End】
上一行/下一行	【Shift】+【↑】/【Shift】+【↓】
段首/段尾	【Ctrl】+【Shift】+【↑】/【Ctrl】+【Shift】+【↓】
上一屏/下一屏	【Shift】+【PgUp】/【Shift】+【PgDn】
窗口结尾	【Ctrl】+【Alt】+【PgDn】
文档开始/结束处	【Ctrl】+【Shift】+【Home】/【Ctrl】+【Shift】+【End】
整个文档	【Ctrl】+【A】
列文本块	【Ctrl】+【Shift】+【F8】，然后使用箭头键，按【Esc】键取消选定内容

若要选定格式相似的文本，如某一标题格式的文本，先选中这些文本，右键单击，选择"样式"→"选择格式相似的文本"快捷菜单即可。也可用"开始"→"编辑"→"选择"→"选择格式相似的文本"命令。

使用扩展功能键【F8】，可以很方便地选定光标所在的词、句子、段落，或全文。其操作为第1次按【F8】键开始扩展选定，第2次按【F8】键选定光标所在位置的字（或隐文单词），第3次按【F8】键选定光标所在位置的句子，第4次按【F8】键选定光标所在位置的段落，第5次按【F8】键选定整个文档。每按一次【F8】键，选定范围扩大一级，反之按【Shift】+【F8】快捷键可以逐级缩小选定范围。

退出扩展选定，按【Esc】键。

4.3.3　文本的删除、移动和复制

1．替换文本

若要用输入的一段文本替换文档中已有的文本，可先选定要被替换的文本，然后输入新的文本就可以了。

2．删除文本

选定要删除的文本，按【Backspace】键、【Delete】键或选择"开始"→"剪切"命令均可。

3．撤销与恢复

选择"快速访问工具栏"→"撤销"按钮，或按【Ctrl】+【Z】快捷键，可以撤销上一次的操作。在 Word 中可以一直使用撤销命令，甚至可以恢复到文档的原始状态。

恢复功能与撤销功能正好相反，它可以恢复撤销的操作。其操作方法是选择"快速访问工具栏"→"恢复"按钮，或按【Alt】+【Shift】+【Backspace】快捷键。

4．文本的移动

文本的移动可以使用鼠标拖动方法或使用剪贴板来实现。

（1）使用鼠标拖动移动文本

若移动的文本距所要移动的距离不太远，如在编辑窗口内或页面内，可以采用这种拖动方法，其操作步骤如下。

第1步：选定需要移动的文本。

第2步：将鼠标指针指向选定的文本，这时鼠标指针变为指向左上的箭头形状。

第3步：按下鼠标左键，这时鼠标指针为形状将其拖动到要移动的位置，松开鼠标即可。

若使用鼠标右键拖动到要移动的位置，松开鼠标，在弹出的快捷菜单中选择"移动到此位置"。

（2）使用剪贴板移动文本

若要移动的文本距离较远，用鼠标拖动就不太方便，这时最好使用剪贴板。

使用剪贴板移动文本的操作步骤如下。

第1步：选定需要移动的文本。

第2步：选择"开始"→"剪贴板"→"剪切"命令，或按【Ctrl】+【X】快捷键，或选择快捷菜单中的"剪切"命令，将选定的内容剪切到剪贴板中。

第3步：将鼠标指针移动到要移动的位置（可以是当前文档、其他文档或其他应用程序中），然后选择"开始"→"剪贴板"→"粘贴"命令，或按【Ctrl】+【V】快捷键，或选择快捷菜单中的"粘贴"命令。

5．文本的复制

使用复制功能可以在已有工作的基础上进行适当的修改，完成要做的工作。文本的复制操作与移动操作类似。不同点是使用鼠标操作时，在第3步先按住【Ctrl】键；使用剪贴板时，在第2步选择"开始"→"剪贴板"→"复制"命令，或快捷菜单中的"复制"命令。

在移动和复制时使用的命令、按钮和快捷方式如表4-4所示。

表4-4　移动和复制的操作

操作	命令	按钮	快捷键
复制	"开始"→"剪贴板"→"复制"	🗐	【Ctrl】+【C】
剪切	"开始"→"剪贴板"→"剪切"	✂	【Ctrl】+【X】
粘贴	"开始"→"剪贴板"→"粘贴"	🗐	【Ctrl】+【V】

6．关于剪贴板

从前面的讨论中，可以看出移动与复制都用到了剪贴板，剪贴板是用来临时存放文本（对象）的一块内存区域。Windows剪贴板允许用户在任何两个实际的应用程序之间复制信息，条件是应用程序使用的文件格式相互兼容。操作方法是先将要复制或移动的对象放到剪贴板中，然后将剪贴板中的对象粘贴到目标文件中。剪贴板中的对象会一直存在，直到复制或剪切了新的对象，或关闭计算机为止。

在 Word 2000 之前，复制或剪切后，原来剪贴板中的内容就会被覆盖。也就是说，一次只能存放一个复制的文本（对象）。从 Word 2003 中，可以不停地向剪贴板中复制对象，最多可复制 24 次。单击"开始"→"剪贴板"命令旁的对话框启动器🔲，打开"剪贴板"任务窗格，如图4-9所示。

图4-9　"剪贴板"任务窗格

剪贴板上粘贴的内容可单个粘贴，也可全部粘贴。将光标移动到需要粘贴的位置，单击"剪贴板"任务窗格上的一个剪贴板，就可以粘贴一个；单击"全部粘贴"按钮，可全部粘贴。

4.3.4 查找与替换

使用 Word 强大的查找与替换功能，可以加快文档的编辑速度。查找可以指定格式及一些特定项，如段落标记或图形，也可以替换英文单词的各种形式（如过去式、过去分词、现在分词等），还可以使用通配符简化查找操作。

1．查找文本

查找文本功能可以帮助用户查找文档中是否有指定的文本存在。

查找文本的操作步骤如下。

第 1 步：选择"开始"→"编辑"→"查找"→"高级查找"命令，这时出现"查找和替换"对话框，如图 4-10 所示。

图 4-10　"查找和替换"对话框的"查找"选项

第 2 步：在"查找内容"下拉列表框中输入要查找的文本。

第 3 步：单击"查找下一处"按钮，这时 Word 就开始查找指定的文本。当找到第一处要查找的文本时，Word 就会停下来，并把找到的文本高亮显示出来。若对找到的位置要进行简单编辑处理，而又不关闭"查找和替换"对话框，可单击编辑窗口的任意位置，然后进行编辑，编辑完成后，若要返回到"查找和替换"对话框，单击该对话框的任意位置即可。

查找到后，若不是用户所需要的位置，可以再次单击"查找下一处"按钮，继续进行查找工作。

在关闭对话框后要继续查找，单击垂直滚动条底部的"前一次查找/定位"按钮 ▲/"下一次查找/定位"按钮 ▼。

2．高级查找

上面所讲的查找为常规查找，它将逐一查找出查找内容在文档中出现的所有地方。而使用高级查找，可以给查找指定一些条件，从而缩小查找的范围，快速找到需要的地方。

单击"查找和替换"对话框中的"更多"按钮，这时的对话框如图 4-11 所示。

"搜索"下拉列表框可用来确定查找的范围。

其中的几个复选框可为"查找内容"下拉列表框或"替换为"下拉列表框中的内容设置匹配形式：区分大小写、全字匹配、使用通配符、同音、查找单词

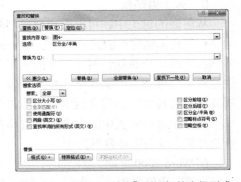

图 4-11　"查找和替换"对话框的高级形式

的所有形式、区分全/半角等。"格式"按钮用来设置"查找内容"下拉列表框或"替换为"下拉列表框中文本的格式。"特殊格式"按钮用来选择作为查找或替换内容的一些特殊符号。"不限定格式"按钮用来取消对"查找内容"下拉列表框或"替换为"下拉列表框中设置的文本格式。

在确定了查找范围之后，单击"查找下一处"按钮，Word就从光标所在位置按指定的搜索方向进行查找。

3．替换文本

替换文本是指用一段文本替换文档中所指定的文本，如将文档中的"计算机"一词替换为红色的文字"电脑"。

替换文本的操作步骤如下。

第1步：选择"开始"→"编辑"→"替换"命令或按【Ctrl】+【H】快捷键，这时出现"查找和替换"对话框，如图4-11所示。

第2步：在"查找内容"下拉列表框中输入要查找的文本，如"计算机"。

第3步：在"替换为"下拉列表框中输入替换的文本，如"电脑"。

第4步：单击"更多"按钮。

第5步：单击"替换为"文本框。

第6步：单击"格式"按钮，选择下拉列表中的"字体"菜单命令，弹出"字体"对话框。

第7步：在"字体"对话框中将"字体颜色"设置为红色，关闭"字体"对话框，返回到"查找和替换"对话框。

第8步：单击"查找下一处"按钮。

第9步：当查找到要查找的文本后，单击"替换"按钮可以替换查找到的文本；单击"全部替换"按钮，可以将文档中所有出现的文本都进行替换。

4.3.5 多窗口编辑技术

1．窗口的拆分

Word可以将正在编辑的文档窗口拆分为两个窗口，使得同一个文档在两个窗口内显示不同位置的内容，方便文档的编辑。拆分窗口有两种方法：

（1）使用"视图"→"窗口"→"拆分"命令按钮▤

单击该按钮后，鼠标指针变为形状，同时屏幕上出现一条灰色水平线，移动鼠标到要拆分的位置，单击确定。之后若还要调整窗口的大小，只要将鼠标移动到这条线上，当鼠标指针变为形状拖动鼠标可以调整窗口的大小。

取消窗口的拆分，选择"视图"→"窗口"→"取消拆分"命令按钮▤。

（2）拖动垂直滚动条上端的拆分条━拆分窗口

将鼠标移动到垂直滚动条上面的窗口拆分条上━，当鼠标指针变为形状，向下拖动鼠标到需要的位置，可将一个窗口拆分为两个。

插入点（光标）所在的窗口称为工作窗口，将鼠标指针移动到非工作窗口的任意部位单击，就可以将其切换为工作窗口。在这两个窗口间可以对文档进行各种编辑操作。

2．多个文档窗口间的编辑

Word允许同时打开多个文档进行编辑，每个文档对应一个窗口。

在"视图"→"窗口"→"切换窗口"命令下列出了所有打开的文档名，其中只有一个文档名前有✔，它表示该文档是当前文档。单击文档名可切换当前文档窗口，也可以用任务栏上的Word文档按钮来切换。

在打开多个文档，使用"视图"→"窗口"→"全部重排"按钮▤，可将所有文档窗口排列在屏幕上。若使用"视图"→"窗口"→"并排查看"按钮▥，可以使用"视图"→"窗口"→"同步滚动"按钮▨，同步滚动多个文档的内容。

多个文档编辑结束后，可以一个一个地保存、关闭，这样操作比较麻烦，比较快速的方法是按住【Shift】键，选择"文件"→"全部保存"和"文件"→"全部关闭"命令。

4.4 文档排版

在学会了文本的输入和简单的编辑操作后，就可以制作一篇文档了。在制作的文档中，还可以对文档进行格式化，即对字体、字形、字号、行间距、段落格式、分页、样式、页眉、页脚、边界等进行设置。

文档排版有"事后"定义和"事先"定义两种方法。"事先"定义是指先定义好格式，然后输入文本；"事后"定义是指文本输入后，选定文本，然后设置格式。

本节讨论的主要是文档的"事后"格式化与排版操作。

4.4.1 字体格式

1．字体、字形、字号的设置

Word 启动后默认的字体为宋体、字形为常规、字号为五号字。"字体"浮动工具栏如图 4-12所示，要设置新的字体、字形和字号，其操作步骤如下。

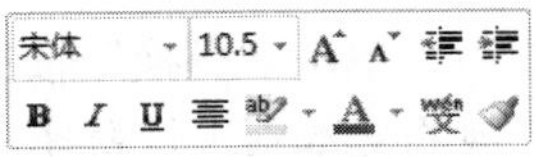

图 4-12 "字体"浮动工具栏

第 1 步：选定需要设置字体、字形和字号的文本。

第 2 步：设置字体、字形和字号。

设置字体、字形和字号有两种方法：使用"开始"→"字体"组中的相应按钮（或浮动工具栏中的按钮）；另一种是使用"字体"对话框。

（1）使用按钮

"开始"→"字体"组中的"字体"下拉列表框 宋体 和"字号"下拉列表框 小五 可以分别用来设置字体和字号；"加粗"按钮 B 、"倾斜"按钮 I 和"下划线"按钮 U 可用来设置字形（其快捷键分别为【Ctrl】+【B】、【Ctrl】+【I】和【Ctrl】+【U】）。

文本选定后，Word 会弹出浮动工具栏，如图 4-所示。其上的按钮与"开始"→"字体"组中的按钮是相同的。

中文字号包括：初号、小初号、一号、小一号、二号、小二号、……、六号、小六号、七号、八号。字号越小，对应的字符越大。英文字号（单位为磅）包括：5、5.5、6.5、7.5、8、9、10、11、12、14、16、18、20、22、24、26、28、36、48、72。数字越大，对应的字符越大。用户也可以在"字号"下拉列表框中输入字号的大小数值（单位为磅）。1 磅=1/72 英寸。常用中文字号与磅值之间的关系如表 4-5 所示。

表 4-5 常用字号与磅值之间的对应关系

字号	磅值	毫米	字号	磅值	毫米	字号	磅值	毫米	字号	磅值	毫米
初号	42	14.82	二号	22	7.76	四号	14	4.94	六号	7.5	2.65
小初	36	12.70	小二	18	6.35	小四	12	4.23	小六	6.5	2.29
一号	26	9.17	三号	16	5.64	五号	10.5	3.7	七号	5.5	1.94
小一	24	8.47	小三	15	5.29	小五	9.0	3.18	八号	5	1.76

（2）使用"字体"对话框

单击"开始"→"字体"命令旁的对话框启动器 ，或选定文本后，右键单击选择"字体"快捷菜单，弹出"字体"对话框，如图 4-13 所示。

【例】输入十六进制数转换成二进制数的式子：$(F)_{16}=(1111)_2$。其操作步骤如下。

第 1 步：输入 $(F)16=(1111)2$。

第 2 步：选定 16。

第 3 步：打开"字体"对话框。

第 4 步：选中"下标"复选框，单击"确定"按钮。

第 5 步：对下标 2，执行第 2 步到第 4 步的操作。

图 4-13　"字体"对话框

2. 字体颜色、下划线和着重号的设置

使用"字体"对话框中的"所有文字"选项组，可以设置字体的颜色、下划线和着重号。

3. 字体效果的设置

使用"字体"对话框中的"效果"选项组可以设置字体的效果，如 ~~删除线~~ 、 ~~双删除线~~ 、 上标 、 下标 、小型大写字母（ABCD）等。

4. 字符间距的设置

在"字体"对话框中选择"高级"选项卡，在其中可以调整字符间距。字符间距的选项有：标准、加宽和紧缩。位置也有 3 种选择：标准、提升和降低。

5. 添加边框和底纹

选定要加边框和底纹的文字，使用"开始"→"字体"组中的"字符边框"按钮 、"字符底纹"按钮 进行设置。

也可用"页面布局"→"页面背景"→"页面边框"命令进行设置，请参考"页面格式"一节。

4.4.2　段落格式

在 Word 中用【回车】产生的段落标记 ，不仅表明一个段落的结束，同时还包含有段落的格式，因此删除了该标记就删除了段落的格式。

选定段落只要将光标放在段落中的任意位置就可以了。

段落的格式包括对齐方式、缩进、行间距、段落间距和制表位等。

1．标尺

标尺（默认的度量单位为厘米）有水平标标尺与垂直标尺。标尺的显示与否与视图模式有关，在草稿视图、Web 视图中只有水平标尺，在页面视图中两者都有，在大纲视图和阅读版式视图中则没有标尺。使用标尺在排版时是非常方便的，如对制表位、页边界、缩进等的操作。

选择"视图"→"显示"→"标尺"命令，或单击垂直滚动套上面的"标尺"按钮，可以切换标尺的显示或隐藏。

2．制表位

（1）制表位的分类与功能

在对文本进行排版时，有时需要按规定的方式对齐文本，如左对齐、右对齐、居中对齐、小数点对齐、竖线对齐等。若用空格的方法来对齐，这不是一个好办法。这时可以通过制表位来实现。制表位的类型显示在水平标尺与垂直标尺交界处的按钮上，单击它可在这些类型之间切换。

Word 提供的制表位及其功能如表 4-6 所示。

表 4-6　制表位的类型及其功能

符号	名称	功能
└	左对齐制表位	文本在制表位处左对齐
┴	居中对齐制表位	文本在制表位处居中对齐
┘	右对齐制表位	文本在制表位处右对齐
┴	小数点对齐制表位	数字的小数点在制表位指定的位置对齐
Ⅰ	竖线对齐制表位	在制表位所在处加一条竖线，以后每按一次【回车】键，竖线向下延伸一行
▽	首行缩进制表位	设置段落的首行缩进
⊔	悬挂缩进制表位	设置段落的悬挂缩进

（2）制表位的设置与使用

制表位可使用标尺和对话框进行设置。

① 使用标尺设置制表位

选择需要的制表位类型后，在需要制表位的位置（水平标尺下标有刻度线的浅灰色部分）单击，则标尺上就产生相应的制表位。

设置制表位后，制表位前的水平标尺浅灰色部分标的刻度线将被取消。

若要删除制表位，只要将制表位拖出标尺即可。若只是在标尺内拖动的话，可以移动制表位的位置。

使用鼠标设置制表位，其位置不好精确确定。但在拖动制表位位置时，按住【Alt】键，在标尺上会显示出制表位的精确位置。

② 使用对话框设置制表位

使用对话框设置制表位的操作步骤如下。

第 1 步：选择"开始"→"段落"命令旁的对话框启动器，打开"段落"对话框，单击"制表位"按钮，打开"制表位"对话框，如图 4-14 所示。

图 4-14　"制表位"对话框

第2步：在"制表位位置"文本框中输入制表位的位置，然后单击"设置"按钮。

设置的制表位出现在"制表位位置"下的列表框中。

第3步：在"对齐方式"选项组中选择需要的对齐方式。

"制表位"对话框中其他按钮的作用如下。

- 清除：在"制表位位置"列表框中选定制表位，单击"清除"按钮就可以删除该制表位。
- 全部清除：用于清除所有的制表位。
- 前导符：用于设置文本到下一个制表位之间的填充符号，这在制作目录时是很有用的。

3. 段落的对齐方式

段落的对齐方式有左对齐、右对齐、居中对齐、两端对齐和分散对齐，可使用"开始"→"段落"组中的段落对齐按钮或"段落"对话框（单击"开始"→"段落"命令旁的对话框启动器，打开"段落"对话框，见图4-15）中的"对齐方式"下拉列表框来操作。段落的对齐方式及其操作如表4-7所示。

图4-15 "段落"对话框

表4-7 段落的对齐方式及其操作

对齐方式	按钮	快捷键	对齐方式说明
左对齐		【Ctrl】+【L】	该段中的所有行都以页面的左边距对齐，而右边距处根据字词（单词）的长短允许参差不齐
居中对齐		【Ctrl】+【E】	该段中的所有行距左、右边距的距离相等
右对齐		【Ctrl】+【R】	该段中的所有行都以页面的右边距对齐，而左边距处根据字词（单词）的长短允许参差不齐
两端对齐		【Ctrl】+【J】	该段落中的每行首尾对齐，但对未输入满的行（最后一行）保持左对齐
分散对齐		【Ctrl】+【Shift】+【D】	该段落中的每行（包括没有输满的行）都首尾对齐

4. 段落的缩进（段落的左右边界）

段落的左边界是指段落的左端与页面左边距之间的距离（以厘米或字符为单位）。段落的右边界是指段落的右端与页面右边距之间的距离。Word默认时以页面左、右边距为段落的左、右边界，即页面左（右）边距与段落左（右）边界重合。

段落的缩进包括首行缩进、悬挂缩进、整段缩进和右端缩进。

段落的缩进可使用标尺或"段落"对话框来操作。标尺上有 4 个游标，即首行缩进、悬挂缩进、左缩进和右缩进，如图 4-16 所示，可用来进行段落的缩进操作，也可使用"段落"对话框进行操作。段落的缩进方式及其操作如表 4-8 所示。

图 4-16　标尺上的段落缩进游标

表 4-8　段落的缩进方式及其操作

缩进方式	说　明	操作方法		
		使用标尺	快　捷　键	使用对话框
首行缩进	段落的首行向右缩进，通常空两个字	拖动首行缩进游标	增加【Ctrl】+【T】 减少【Ctrl】+【Shift】+【T】	"特殊格式"下拉列表框
悬挂缩进	段落的首行起始位置不变，其余各行一律缩进一定的距离，也就是造成悬挂的效果	拖动悬挂缩进游标		"特殊格式"下拉列表框
左缩进	整个段落向右缩进一段距离	拖动左缩进游标	增加【Ctrl】+【M】 减少【Ctrl】+【Shift】+【M】	"缩进"选项组，"左侧"数值框
右缩进	段落每行的右端向左缩进一定的距离	拖动右缩进游标		"缩进"选项组，"右侧"数值框

使用标尺上的游标来设置段落的缩进，一般不太精确，若要精确地设置段落缩进，可以在拖动游标的时候，按住【Alt】键，这样在标尺上会显示出缩进的距离。

5．段落间距和行间距

段落间距是指段落前和段落后的间距，行间距是指段落中文本行之间的距离（默认为单倍行距）。在一个段落之前或之后，最好不要用【回车】键增加空白行来调整间距，而应通过设置段前间距和段后间距来调整。

若段前间距在一页的顶部，Word 将略去这一间距，以保证文件的顶端页边距（上页边距）相同。但若该段落是文件中的第一段或格式化的节，则保留这个间距。另外，对人工分页符后的段落，其前的间距也可保留。

设置段落间距与行间距，可以用图 4-15 所示的"段落"对话框，其中的"段前"和"段后"数值框用于设置段前的间距和段后的间距，通常只要设置一个就可以了。行距及其含义如表 4-9 所示。

表 4-9　行距含义及快捷键操作

行　距	含　义	快　捷　键
单倍行距	行距为该行最大字体的高度加上一点额外的间距	【Ctrl】+【1】
1.5 倍行距	行距为单倍行距的 1.5 倍	【Ctrl】+【5】
2 倍行距	行距为单倍行距的 2 倍	【Ctrl】+【2】

行　　距	含　　义	快　捷　键
最小值	能容纳一行中最大字体或图形的最小行距，其值由 Word 自动设置	
固定值	行距固定，不必对 Word 进行调整，它使所有行的间距相等	
多倍行距	允许行距以指定的百分比增大或缩小	

6．格式的查看、复制与取消

在设置了字体、段落格式后，可以查看某一个段落的格式。若另外一个段落与已格式化的段落具有相同的格式，可以直接复制，而不必进行重新设置。

（1）格式的查看

当前设置格式会显示在"开始"功能区的字体、段落格式按钮上（列表框中的文字显示，或按钮带有颜色）、浮动工具栏的按钮上（列表框中的文字显示，或按钮带有颜色）、水平标尺（不同的对齐方式和缩进方式）和"段落"对话框中。但若选择了几个具有不同格式的段落，则这些显示都是模糊的。

（2）复制格式

在一段文字输入完成后（该段中设置了必要的段落格式）按【回车】键，则在新的段落中可以继续使用前一段的段落格式。这是最简单的段落格式复制方法。

由于段落格式是保存在段落标记"↵"中的，因此可以将段落标记复制到剪贴板中，然后将光标移动到要复制的段落上，将该段落的段落标记"↵"替换为剪贴板中的段落标记，就可以把格式用于该段落。

使用快捷键复制格式的操作方法：在被复制的段落中按【Ctrl】+【Shift】+【C】快捷键复制格式，再将光标移动到要改变格式的段落，然后按【Ctrl】+【Shift】+【V】快捷键。这与复制文本的操作相似。

复制格式还可以使用"开始"→"剪贴板"中的"格式刷"按钮。使用"格式刷"按钮复制格式的操作步骤如下。

第 1 步：选定被复制的格式，或将光标移动到被复制的段落。

第 2 步：单击"开始"→"剪贴板"中的"格式刷"按钮，这时鼠标指针变为形状。

第 3 步：拖动鼠标刷过一个段落标记，将格式复制到这个段落。也可以用鼠标拖过要使用复制格式的文本或若干段落。

上述方法的格式刷只能使用一次。若要使用多次，双击格式刷，这时格式刷就可以使用多次。若要取消格式刷功能，再次单击格式刷按钮，或按【Esc】键。

（3）取消格式

如果对所设置的格式不满意，那么可以清除所设置的格式，恢复到 Word 默认的状态（正文格式），其操作为选定清除格式的对象，单击"开始"→"样式"→"其他"按钮，然后单击"清除格式"命令。

"清除格式"也可以按【Ctrl】+【Shift】+【N】快捷键来实现。

还有一种同时清除样式和格式的方法，其操作为选定清除格式的对象，单击"开始"→"样式"命令旁的对话框启动器，打开"样式"列表框，在"样式"列表框中单击"全部清除"按钮。

7．项目符号和编号

在书籍中为了准确清楚地表达某些内容之间的并列关系、顺序关系，让书籍内容变得层次鲜明，经常要用到项目符号和编号。手工输入项目符号和编号不仅效率不高，而且在增、删时还需修改编号顺序，容易出错。Word 中可以在文本键入时自动添加项目符号和编号，也可以给已输入的文本添加项目符号和编号。

（1）键入文本时自动创建项目符号和编号

在键入文本前，先输入一个"*"，按【空格】键，则"*"会自动变成"●"项目符号，并出现"自动更正选项"按钮 ⚡ ，然后输入文本。输入完成后，按【回车】键，并在新的一段开始处自动添加同样的项目符号。这样，可以逐段输入，每一段前都有一个项目符号，包括未输入的最新一段。要结束项目符号，按【Backspace】键或【回车】键。

键入文本时自动创建项目编号的方法是先输入一个起始编号，如"1."、"第一"等，按【空格】键，出现"自动更正选项"按钮 ⚡ ，然后输入文本，其余的操作与项目符号相同。

"自动更正选项"按钮 ⚡ 共有三个菜单，前两个是撤销、停止，这是比较常用的，最后一个"控制自动套用格式选项"菜单选择后，弹出"自动更正"对话框，可以对 Word 输入时的自动功能进行设置。

（2）对已键入的文本添加项目符号和编号

选定要添加项目符号和编号的各段，选择"开始"→"段落"→"项目符号" ≣▾ 按钮中的菜单，或"编号"按钮 ≣▾ 中的菜单进行操作。

若要插入的是项目符号，在"项目符号" ≣▾ 按钮中的菜单包括：项目符号库列表，可以在其中选择一个作为项目符号；定义新项目符号，若项目符号库列表中的符号不能满足要求，可以选择该菜单，在弹出的对话框中选择自己的项目符号。

若要插入的是项目编号，"编号"按钮 ≣▾ 的菜单包括：编号库，选择一种编号方式；更改列表级别，可用来修改列表级别（多级列表）；定义新编号格式，若编号库中的编号不能满足要求，可以选择该菜单，在弹出的对话框中选择自己的编号。

若复制了一段带编号的正文，希望新位置上的编号重新从 1（或"一"等）开始，则使用"开始"→"段落"→"编号"按钮 ≣▾ 中的"设置编号值"菜单，在打开的"起始编号"对话框中设置。

（3）删除项目符号和编号

删除项目符号可使用下列方法之一。

● 将插入点移到项目符号或编号所在的段落上，选择"开始"→"段落"→"项目符号" ≣▾ 按钮、或"编号"按钮 ≣▾ 中的"无"按钮。

● 将插入点移到项目符号所在的段落的头上（即在该段落的第一行上，单击【Home】键后的位置），按【Backspace】键。

（4）添加多级列表

多级列表可以用于创建多级标题。多级列表的设置，选择"开始"→"段落"→"多级列表"按钮 ▦▾ 中菜单命令。

例如，设置多级符号至第二级，其中第一级格式为"第 i 章"（i 为数字，从 3 开始），第二级格式为"$i.j$"（i 为章编号，会随着章的改变而自动改变；j 为节编号，从 1 开始）。操作步骤如下。

第 1 步：选择"开始"→"段落"→"多级列表"按钮 ▦▾ 中的"定义新的多级列表"菜单命令，打开"定义新多级列表"对话框，如图 4-17 所示。

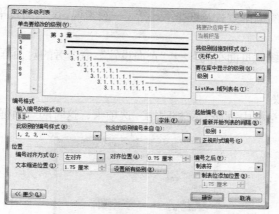

图 4-17　"定义新多级列表"

第 2 步：选择"级别"为"1"，删除"编号格式"中原有的文字，再输入"第"，然后在"编号样式"中选择"1，2，3…"，最后在"编号格式"中输入"章"。

第 3 步：在"起始编号"处输入"3"。

第 4 步：选择"级别"为"2"，删除"编号格式"中原有的文字，在"要在库中显示的级别"中选择"级别 1"（即章编号），然后在"编号格式"中输入"."，再在"编号样式"中选择"1，2，3…"（即节编号）。

多级列表设置后，要在某段应用该多级列表，选定该段落后，选择"开始"→"段落"→"多级列表"按钮 中的该多级列表，一般是第一级别，然后再选择"多级列表"按钮 中"更改列表级别"菜单中相应的级别即可。

4.4.3　页面格式

在 Word 中建立新文档时，Word 对页面格式采用默认的设置，这些设置包括纸型、方向、页码等，用户也可以修改这些设置。

对文档进行页面排版前必须进行页面布局，然后根据页面布局进行页面的排版操作。

对文档进行页面布局应考虑页边距、页码、页眉和页脚、分节、分页、边框和底纹、脚注、尾注等几个方面。

1．页面设置

文档最后要在纸张上打印出来，纸张的大小（见图 4-18 中的外边框）和页边距等确定了文本的有效区域（排版术语中的版心，见图 4-18 中的内框）。

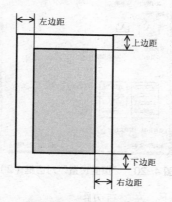

图 4-18　页面的有效范围

页面设置包括文档的编排方式及纸张大小等。一般来说，文本的行平行于纸张较短的边（即横向编排）。

设置页面时可以选择"页面布局"→"页面设置"命令旁的对话框启动器，打开"页面设置"对话框。

（1）字符数和行数

在"页面设置"对话框中选择"文档网格"选项卡，这时的对话框如图 4-19 所示。

图 4-19　"页面设置"对话框（1）

使用该对话框，可以定义每页的行数和每行的字符数、正文的分栏数、正文的排列方式（水平还是垂直）等。

若指定每页中的行数和每行中的字符数，则还可以指定字符跨度（即字符间距）和行跨度（即行间距）。

使用"字体设置"按钮可以指定正文默认的字体和字号。

（2）页边距

页边距是文本区域到页边界的距离，也称页边空白。页边空白中并非是完全空白的，其中可以包含页眉、页脚和页码等内容。

在"页面设置"对话框中选择"页边距"选项卡，这时的对话框如图 4-20 所示。

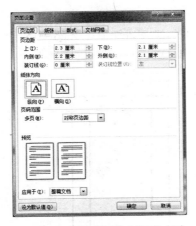

图 4-20　"页面设置"对话框（2）

使用该对话框，可设置上、下、左、右边距。

在"页码范围"选项组的下拉列表框中选择"对称页边距"选项，则左、右边距变为内侧、外侧边距，它表示两对称页的内侧边距和外侧边距。这对要将文档打印成双面，并使两面的文本区域相匹配，左右边界设置为不同是很有用的。这时的预览框将变为一对面对面的页。

在"页码范围"选项组中的下拉列表框中选择"拼页"选项的效果与选择"对称页边距"选项的效果类似，也是将两页拼成一页，这时上、下页边距变为外侧、内侧边距，预览框变为由上、下两个半页拼成的一个整页。也就是说，拼页是用一张纸拼成两个对称页。

"装订线位置"下拉列表框用来确定装订线的位置，有"上"和"左"两个选项，可以定义用于装订的边距。这很适用于想装订成小册子的页。

若没有选择"对称页边距"时设置装订位置，则每一页的左边将出现一个装订线；若选择了，则装订线只出现在对称页的内边缘，同时还可显示出对称页和装订线设置对每一页内边缘的影响。

在页面视图下可以在水平标尺和垂直标尺上拖动页边距线来设置新的页边距。

"纸张方向"选项组用来确定文本排列的方向。纵向表示将文本排版为打印时平行于纸张短边的形式（一般的书刊常用这种形式），横向表示将文本排版为打印时平行于纸张长边的形式。

（3）纸张

在"页面设置"对话框中选择"纸张"选项卡，这时的对话框如图4-21所示。

使用该对话框，可以设置纸张大小及纸张来源等。

在"纸张大小"下拉列表框中选择"自定义大小"选项，可以由用户自己定义纸张的宽度和高度。一般选择标准纸张。

（4）版式

在"页面设置"对话框中选择"版式"选项卡，这时的对话框如图4-22所示。

图4-21 "页面设置"对话框（3）

图4-22 "页面设置"对话框(4)

使用该对话框，可以设置一些页面的高级选项。这些选项包括：节的起始位置、页眉和页脚、垂直对齐方式、行号和边框等。

"页眉和页脚"选项组用于确定页眉和页脚的形式。"奇偶页不同"复选框可使奇数页是一种页眉或页脚，偶数页是另一种页眉或页脚。"首页不同"复选框可使首页使用不同的页眉和页脚。例如，一些书籍每一章的首页不显示页眉和页脚，奇数页页眉排章的标题，偶数页页眉排书名等。另外，还可以设置页眉和页脚距边界的距离。

2．插入页码

给每页加上页码或给每页的行上加上行号会使文本更容易阅读。

要插入页码可选择"插入"→"页眉和页脚"→"页码"按钮，打开如图 4-23 所示的"页码"下拉菜单，根据需要在下拉菜单中选择页码的位置。

若要更改页码的格式，选择图 4-23 中的"设置页码格式"命令，打开"页码格式"对话框，如图 4-24 所示。

图 4-23　页码菜单　　　　　　　图 4-24　"页码格式"对话框

3．分隔符

Word 中提供的分隔符包括分页符、分栏符、换行符和分节符。分页符用于分隔页面，分栏符用于分栏排版，分节符则用于章节之间的分隔。

（1）分页符

一般来说，页面设置后就确定了文本区域（版心）的大小，每行的文本字数和每页的行数就随之确定了。一页输满后，Word 就自动分页，无需用户干预。这些分页符成为默认自动分页符或软分页符。

分页符是一种用户强制分页的手段，可在需要的地方（如书的标题不能背页，也就是标题不能在一页的最后一行）强制分页。所插入的分页符称为人工分页符或硬分页符。分页符标志着一页的结束，是新的一页开始的位置。

插入分页符的操作：将光标放在需要插入分页符的位置，按【Ctrl】+【回车】快捷键，或选择"插入"→"页"→"分页"命令，或选择"页面布局"→"页面设置"→"分隔符"→"分页符"命令。

Word 自动分页的分页符和人工分页符在草稿视图下可分辨出来。人工分页符中有"分页符" 3 个字，虚线点较密；自动分页符的虚线点较稀，没有文字。自动分页符会随文本的删除、添加改变位置，但人工分页符则不会随内容的增减而变动位置。人工分页符可以像一般的字符一样删除，自动分页符则不能删除。在页面视图下可看到人工分页符的标志。

（2）分栏符

插入分栏符可强制开始一个新栏，常用在分栏排版中（见"4.4.4 高级排版技术"中的说明）。

（3）自动换行符

在输入文本时，不到段落的结尾处就不要按【回车】键。当一行的内容输满时，Word 会自动换行。若在一行没有输入满的时候，要在下一行输入，可用插入软回车的方法来解决。其方法是按【Shift】+【Enter】快捷键，此时出现软回车符↵；也可选择"页面布局"→"页面设置"→"分隔符"→"自动换行符"命令。

（4）分节符

一般一本书或一篇文档的页面格式是相同的，若要有区别，就要使用分节排版。分节后可重新进行页面设置。

分节排版具有下面的优点。

- 对长文档分章节处理。
- 对文档的某一章节进行特殊格式的排版处理。
- 可以在纵向排版的文档中插入横向的表格。
- 对文档的不同内容设置不同的页码格式。
- 在同一篇文档中使用多种语言。

根据分节的先后次序不同，有两种分节排版方法。第一种是先分节再设置排版格式，然后对每一节进行排版；第二种是先对全文进行页面设置，然后在分节后对与总体排版格式要求不一致的章节进行排版。

插入分节符可以选择"页面布局"→"页面设置"→"分隔符"→"分节符"下的分节符位置按钮，这些按钮包括"下一页"、"连续"、"偶数页"、"奇数页"。

4．页眉和页脚

（1） 建立页眉和页脚

页眉和页脚出现在页面的顶边上或底边上，是页码、日期、章节号、公司徽标等文字图形出现的地方。文档中可以从头到尾使用一种页眉或页脚，也可在不同的部分使用不同的页眉或页脚。例如，在第一页不出现页眉，奇数页页眉中显示章标题，偶数页页眉中显示书名。一般的书籍就采用这种方式。

插入页眉和页脚的操作步骤如下。

第1步：选择"插入"→"页眉和页脚"→"页眉"（或"页脚"）命令，出现页眉或页脚内置的版式列表。

若在草稿视图或大纲视图下执行该命令，则 Word 会自动切换到页面视图。

第2步：在页眉或页脚内置的版式列表中选择所需要的版式。

这时，出现一个用于设置页眉和页脚的编辑区，这时文本区域中的内容以灰色显示。在操作文档中的文本区域时，页眉与页脚也以灰色显示。在页眉或页脚的域中键入内容，或删除其中的域，按自己的要求输入页眉或页脚的内容。

当选定页眉或页脚编辑区时，Word 窗口会自动添加一个名为"页眉和页脚工具-设计"的功能区，并使页眉或页脚编辑区处于激活状态，此时只能对页眉或页脚内容进行编辑操作，不能对正文进行编辑操作。退出页眉或页脚编辑状态，单击"页眉和页脚工具-设计"→"关闭"→"关闭页眉和页脚"命令。

当处于正文编辑时，激活页眉或页脚编辑状态的方法是双击页眉或页脚区，或选择"插入"→"页眉和页脚"→"页眉"（或"页脚"）→"编辑页眉"或"编辑页眉"命令。

若内置版式列表没有满足所需要的，选择"插入"→"页眉"（或"页脚"）→"编辑页眉"或"编辑页眉"命令，直接进入页眉或页脚编辑状态，使用"页眉和页脚工具-设计"功能区中的按钮设置页眉的内容，或自己输入。

另外，在页眉和页脚中插入图片的操作方法和在文档中插入图片的操作方法是类似的，见"4.5.3 图片"中的说明。

（2） 建立奇偶页不同的页眉或页脚

建立这种形式的页眉，可以使用"页面设置"对话框进行设置，也可以在"页眉和页脚工具-设计"功能区的"选项"组的复选框进行设置。

（3） 删除页眉或页脚

进入页眉或页脚编辑区，使用"页眉和页脚工具-设计"→"页眉和页脚"→"页眉"（或

"页脚")→"删除页眉"(或"删除页脚")命令,或直接删除页眉或页脚的内容。

5．边框和底纹

边框和底纹用于美化文档。边框是围在段落四周的框,或是在一边或多个边上隔开一个段落的线条,可用于页面和文字。底纹是指用背景色填充段落或文字。边框和底纹除可在显示器中显示出来外,还可在打印机上打印出来。

（1） 边框

文字边框是将用户认为重要的文本用边框框起来,以引起读者的注意;页面边框是指给整个页面(包括文档中的所有页)添加边框。

给文字添加边框的操作步骤如下。

第1步:选定要添加边框的文本。

第2步:选择"页面布局"→"页面背景"→"页面边框"命令,弹出"边框和底纹"对话框中,选择"边框"选项卡,这时的对话框如图4-25所示。

图4-25 "边框和底纹"对话框-"边框"选项卡

在"设置"选项组中选定边框的类型,在"样式"列表框中选定边框线的线型,在"颜色"下拉列表框中选定边框线的颜色,在"宽度"下拉列表框中选定边框线的宽度,而"预览"框四周的4个按钮可以用来设置边框的位置。

若给段落加边框,在"应用于"下拉式列表框中选择"段落"选项,则给选定的段落加上边框。

给页面添加边框可以使用"边框与底纹"对话框中的"页面边框"选项卡,其操作方法与为文字添加边框的操作方法是类似的。

（2） 底纹

通过给文字或段落添加底纹,可以打印出文本的背景色。

给文字或段落添加底纹的操作方法:选定要添加底纹的文本或段落,在"边框和底纹"对话框中选择"底纹"选项卡,这时的对话框如图4-26所示。

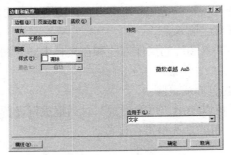

图4-26 "边框和底纹"对话框-"底纹"选项卡

"填充"选项组用于选定所需底纹的填充色，"图案"选项组用于选定所需图案样式和颜色。

6．脚注和尾注

脚注出现在文档中每一页的末尾，尾注出现在整个文档的末尾，它们常用作解释、说明或作为文档中文本的参考资料。在一篇文档中，脚注和尾注可同时出现。例如，在一般的科技书中，脚注用作详细的说明，尾注注明参考文献。

插入脚注或尾注可以选择"引用"→"脚注"→"插入脚注"或"插入尾注"按钮，也可以选择"引用"→"脚注"组旁的对话框启动器 ，打开"脚注和尾注"对话框，如图4-27所示。

使用"插入脚注"或"插入尾注"按钮，直接进入"脚注"、"尾注"编辑区，输入脚注、尾注的内容，单击正文任意区域，回到正文编辑区就可以了。

使用"脚注和尾注"对话框，首先按选定要插入的是脚注还是尾注，在其右的下拉式列表框中选定脚注或尾注插入的位置。另外可以设置脚注或尾注的格式，这些格式包括编号格式、起始编号、编号方式，也可以自定义编号的标记。设置完成后单击"插入"按钮，直接进入"脚注"或"尾注"指定位置的编辑区，输入脚注、尾注的内容，单击正文的任意区域，回到正文编辑区就可以了。

7．题注

若在文档中包含有大量的图片、表格等项目，可以给它们添加题注，添加了题注的项目会获得一个编号，并且在删除或添加该类项目时，所有该类项目的编号会自动改变，以保持编号的连续性。这在编辑长文档时是很有用的。

题注由标签、编号和题注文字构成。如在题注"表 3-1 窗口操作"中，"表"是标签，"3-1"是编号，"窗口操作"是题注文字。

用户可以在每次插入项目后人工插入题注，也可以每次在文档中插入所需项目时，让 Word 自动为该项目添加题注的标签和编号。

图 4-27 "脚注和尾注"对话框

（1）自动插入题注

自动插入题注的操作步骤如下。

第 1 步：选择"引用"→"题注"→"插入题注"命令，这时出现如图 4-28 所示的对话框。也可选定项目后，选择该项目快捷菜单中的"插入题注"菜单命令。

第 2 步：在"题注"对话框中单击"自动插入题注"按钮，出现如图 4-29 所示的对话框。

第 3 步：在"自动插入题注"对话框中选择"插入时添加题注"的项目，若希望每当添加一个表格时就自动添加题注，则选择"Microsoft Word 表格"。

一般的屏幕截图可以选择"Bitmap Image"。

图 4-28 "题注"对话框

图 4-29 "自动插入题注"对话框

第4步：在"使用标签"下拉列表框中选择使用的标签，如选择"表格"。

若要新建标签，单击"新建标签"按钮，在弹出的"新建标签"对话框中输入标签。

第5步：在"位置"下拉列表框中选择题注出现的位置。

一般图片题注在项目的下方，表格题注出现在项目的上方。

第6步：单击"确定"按钮即可完成操作。

这样设置后，每当插入一个自动插入题注的项目时，项目指定位置就会自动出现一个像"表格1"、"表格2"……字样的题注，编号由 Word 自动确定，用户若要输入题注文字，可以在编号后直接输入。

（2） 手工插入题注

手工插入题注的位置由插入点位置所定。插入方法是在图4-28中单击"新建标签"按钮，在打开的对话框中输入标签后，单击"确定"按钮，这时插入点位置上将出现题注标签和编号，最后用户在编号后输入题注文字即可。

8. 书签

Word 中的书签主要用于帮助用户在长文档中快速定位至特定位置，或者用于创建交叉引用。每个书签的名称是唯一的。

（1） 设置书签

设置书签的操作步骤如下。

第1步：选定标记的项目，如文本、图形和表格等。

第2步：选择"插入"→"链接"→"书签"命令，弹出如图4-30所示的"书签"对话框。

第3步：在"书签名"文本框中输入书签名。书签名以字母开头，只能包含字母、数字和下划线，不能包括空格。

第4步：单击"书签"对话框中的"添加"按钮即可。

（2） 查看书签

图4-30 "书签"对话框

用户可以查看设置在文档中的书签，查看的操作步骤如下。

第1步：选择"文件"→"选项"命令，在出现的"Word选项"对话框中单击"高级"选项卡。

第2步：在"显示文档内容"选项组中选中"显示书签"复选框，单击"确定"按钮即可。

这时已定义的书签内容显示在一对方括号中，该方括号仅在文档中显示而不会被打印出来。

（3） 删除书签

在"书签"对话框中选定要删除的书签名，然后单击"删除"按钮即可。此时只删除书签标记，不删除项目内容。

（4） 定位书签

使用书签定位的方法如4.3.2中的定位。

9. 交叉引用

交叉引用是对文档中其他位置中的项目的引用。Word 可以为标题、脚注、书签、题注等创建交叉引用。

例如，用户需要在某处使用文字"请参阅第20页上的图4-25"的说明文字，如果其中的"20"和"图4-25"是通过键盘输入的，则当图片位置发生变化时，这些数字将仍保持不变，为修改带来很大的麻烦。如果将其中的"20"和"图 4-25"设置为交叉引用，那么当图片位置发生变化时，这些数字将随之变化。

下面以文字"请参阅第 20 页上的图 4-25"为例，介绍交叉引用的创建步骤。

第 1 步：在需要创建交叉引用的位置键入附加文字"请参阅第"（不包括引号）。

第 2 步：选择"引用"→"题注"→"交叉引用"命令；或"开始"→"链接"→"交叉引用"命令，打开"交叉引用"对话框，如图 4-31 所示。

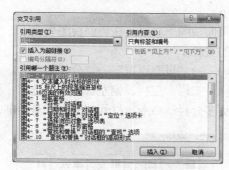

图 4-31　　"交叉引用"对话框

第 3 步：选择"引用类型"为"图表"，选择"引用内容"为"页码"，选择"引用哪一个编号项"为"20"，单击"插入"按钮。

第 4 步：继续键入附加文字"页上的"（不含引号）。

第 5 步：再次打开"交叉引用"对话框。

第 6 步：选择"引用类型"为"图"，选择"引用内容"为"只有标签和编号"，选择"引用哪一个题注"为"图 4-25……"，单击"插入"按钮，这样就完成了操作。

删除交叉引用的方法：选择交叉引用处，按【Delete】键或【Backspace】键。

4.4.4　高级排版技术

本节介绍一些高级的排版方法，如首字下沉、分栏排版、分节排版、样式、模板和目录等。

1．首字下沉

所谓首字下沉就是将一段话的第一个字放大数倍，以吸引读者的注意力。在报刊、杂志上经常会用到这种排版方式。

首字下沉的操作方法：将光标移动到需要首字下沉的段落中，然后选择"插入"→"文本"→"首字下沉"命令，可以选择"无"、"下沉"、"悬挂"、或"首字下沉选项"命令。

选择"首字下沉选项"命令，出现"首字下沉"对话框，如图 4-32 所示，在该对话框中选择首字下沉的位置及选项即可。

图 4-32　　"首字下沉"对话框

该对话框中的选项说明如下。

①"位置"选项组

有 3 种形式的下沉方式可供选择，第一种是"无"下沉，表示不采用首字下沉形式，在设置首字下沉形式后，选择"无"下沉可以取消首字下沉形式；第二种是"下沉"，表示首字下沉以后，只占用前几行文本前一个小方框，不影响首字以后文本的排列；第三种是"悬挂"形式，表示首字下沉后，首字所占用的列空间不再出现文本。

②"选项"选项组

"字体"下拉列表框用于设置首字的字体。"下沉行数"数值框用于设置首字下沉时首字所占用的行数，默认值为 3 行。"距正文"数值框用于控制下沉后首字与段落正文之间的距离。

2．分栏排版

分栏就是将版面分为多个垂直的窄条，然后在窄条之间插入空隙，这样的垂直窄条称为栏。文本在栏中进行排版，这就是多栏排版。

实际上到目前为止介绍的都是分为一栏的排版，这一栏占据一页的宽度。

分栏排版的操作步骤如下。

第 1 步：将文档切换到页面视图下。只有在页面视图模式下，分栏才能正确地显示出来。

第 2 步：选定需要分栏的文档。

第 3 步：选择"页面布局"→"页面设置"→"分栏"命令。

在"分栏"菜单中有一栏、二栏、三栏、偏左、偏右，选择一种，结束操作。

若不能满足，则选择"更多分栏"命令，打开"分栏"对话框，如图 4-33 所示。

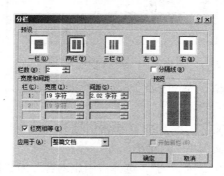

图 4-33　"分栏"对话框

第 4 步：在该对话框中设置分栏的版式。

"分栏"对话框中的选项说明如下。

（1）"预设"选项组

在该选项组中可以选择分栏的栏数。

（2）"栏数"加减器

用于设置分栏的栏数。

（3）"宽度和间距"选项组

该选项组用于设置栏宽及栏与栏之间的距离。若选中"栏宽相等"复选框，则将指定的栏数设置为相等的栏宽，Word 将自动地计算出栏宽和间距。

（4）"分隔线"复选框

用于确定是否在栏间加分隔线。

（5）"应用于"下拉列表框

用于确定分栏版式使用的范围："整篇文档"、"选定的文档"或"插入点之后"。

自然分栏后，可能会出现一个段落被排在不同的栏中，若要将这个段落分布在一个栏中，就需要控制栏中断，这可通过插入分栏符来实现（选择"页面布局"→"页面设置"→"分隔符"→"分栏符"命令）。

若要调整栏宽，首先将插入点移至分栏的文档中，然后在"分栏"对话框的"宽度和间距"中调整栏宽和栏间距，或者利用水平标尺，用鼠标左键拖动标尺上的分栏标记。

删除分栏的操作步骤如下。

第 1 步：将插入点移至分栏的文档中，或选中已分栏的文档。

第 2 步：打开"分栏"对话框，在"预设"选项组中选择"无"，单击"确定"按钮。

3．水印

水印是页面背景的形式之一，水印可以是文字或图片。设置水印的操作过程如下。

第1步：选择"页面布局"→"页面背景"→"水印"按钮，在打开的"水印"列表框中选择所需的水印即可。

若列表框中的水印不能满足要求，单击"水印"列表框中的"自定义水印"按钮，打开"水印"对话框，如图4-34所示。

图4-34　"水印"对话框

第2步：水印有文字水印、图片水印。若选择图片水印，单击"选择图片"按钮，在打开的对话框中选择要作为水印的图片；若选择文字水印，则在"文字"框中输入要作为水印的文字，或在列表框中选择，然后做一些其他的设置。

4．样式

（1）样式的概念

样式就是由系统或用户定义并保存的一系列排版格式，包括字体、段落、制表符和边距等。使用样式，可以轻松地对文档进行排版，并可以保持格式的严格一致。Word中提供了预定义样式，用户也可以自己定制样式。

一篇完整的文档至少要有标题和正文两种不同的格式。正文包括许多不同的段落，这些段落通常都使用统一的格式，如段落对齐方式、段间距等。若对每个段落重复地设置段落格式，不仅烦琐，而且很难保证格式的严格相同，若要修改格式的话也必须一段一段地修改。

使用样式功能就可以避免这些麻烦，可以保持格式的一致。样式的另一个最大的特点就是便于修改。

样式的分类有两种：以应用范围分类，可分为段落样式和字符样式；以定义形式分类，可分为预定义（内部）样式和自定义样式。

段落样式的名称后面有段落标记"↵"，字符样式的名称后面有"**a**"标记。段落样式中既包含段落格式，也包含文本格式；而字符样式只包含字符格式。段落样式可对一个完整的段落进行格式化。

样式的使用与模板是密不可分的。样式是模板的重要组成部分。将定义的样式保存在模板上后，创建文档时使用模板，可以快速排板，保持文档的风格统一。

可以将一个样式的有效范围指定为一个文档或一个模板。若一个样式的有效范围是一个模板，则在所有基于这个模板的文档中都可以使用这种样式。若一个样式的有效范围是一个文档，则这种样式的定义只在该文档中有效。

（2）内部样式

创建文档时，若不指定使用的模板，Word将使用默认的空白文档模板：Normal.dotm。模板文档的后缀为.dotx。常用的内部样式有：标题、正文、索引、目录等。

使用标题样式（或基于标题样式自定义样式）格式化的对象，可以出现在导航窗格中。这样使用导航窗格就可以在 Word 文档中进行导航，这对编辑长文档时很方便的。

（3）新建样式

除了 Word 中提供的样式外，在对文档进行排版的过程中，还可以建立自己的样式。

新建样式有两种方法，基于已有格式新建样式；根据格式设置创建样式。

① 基于已有格式新建样式

对于格式化的文本或段落，要作为样式，首先选定它，然后选择"开始"→"样式"→样式列表框右下的"其他"按钮，从中选择"将所选内容保存为新快速样式"命令，在弹出的对话框中只要输入样式的名称就可以了。

新建的样式就出现在样式列表框中。

② 根据格式设置创建样式

创建新样式时，不必每次从头开始定义样式中的每一项设置，可以在一个样式的基础上进行设置，这种作为其他样式基础的样式称为基准样式。新样式中定义的格式不会影响基准样式，但若对基准样式的格式进行修改，那些直接或间接基于该基准样式中的相应设置都会改变。

在 Word 的各种模板中，一般直接或间接用正文样式作为段落样式的基准样式，使用默认段落字体作为字符样式的基准样式。

新建样式的操作步骤如下。

第1步：选择"开始"→"样式"组旁的对话框启动器，打开"样式"窗格。

第2步：在"样式"窗格底部单击"新建样式"按钮，打开"根据格式设置创建样式"对话框，如图 4-35 所示。

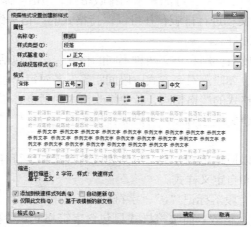

图 4-35　"根据格式设置创建样式"对话框

第3步：定义样式的基本信息。

这些基本信息有下列几个选项。

● "名称"文本框。

可命名新定义样式的名称。默认时，Word 会以"样式 1"、"样式 2"……来作为新建样式的样式名。新样式的名称不能与已有的样式名相同，否则 Word 会给出警告信息。

● "样式类型"下拉列表框。

用于确定新样式应用于段落还是字符，也就是定义段落样式还是字符样式。

- "样式基准"下拉列表框。

可选择一种 Word 预定义的样式、已定义的样式作为新建样式的基准。

- "后续段落样式"下拉列表框。

用于确定下一段落选取的样式。该下拉列表框只对段落样式有效。默认采用新建样式。

第4步：设置新建样式的格式。在该对话框中单击"格式"按钮，在弹出的下拉菜单中选择相应选项，就可以设置新建样式的格式。这些格式包括：字体、段落、制表位、边框、语言、图文框、编号、快捷键和文字效果等，其设置方法与前面讲过的设置方法是相同的。

这里的格式设置是新建样式的主要工作。

（4）使用样式

使用样式是指对一个段落或字符使用指定的样式进行排版。

选定文本或段落后，单击"开始"→"样式"→"样式"列表框中要用的样式。

（5）修改样式

第1步：选择"开始"→"样式"组旁的对话框启动器 ，打开"样式"窗格。

第2步：在"样式"的列表框中选定修改的样式，在其右边的下三角按钮选择"修改"命令，弹出"修改样式"对话框。

第3步：在"修改样式"对话框修改样式。

"修改样式"对话框和"根据格式设置创建样式"对话框基本是相同的，操作也是相同的。

（6）删除样式

对不需要的样式可以删除，删除样式并不删除文档中的文字，只是去掉了样式应用在这些文字、段落中的格式。

在"样式"窗格下拉列表框中选定样式名，在其右边的下三角按钮选择"删除"命令即可。对于用户自定义的样式，是"删除×××"快捷菜单，对内部样式是"从快速样式库中删除"快捷菜单。

5．模板

模板是一种特殊类型的 Word 文档（扩展名为.dotx），它用来作为生成其他文档的基础。Word 新建的每一个文档都是基于一个模板的。模板是文本、图形和格式排版的蓝图，它包括可以重复使用的文本、图形、样式、宏、自动图文集词条、工具栏按钮的定制、自定义的菜单和快捷键等。

使用样式可以将文档中的段落快速排版，使多个段落具有相同的格式。但若要编排的几篇文档具有相同的格式设置时，如相同的页面设置、相同的样式，甚至有一些相同的文字，那么就需要使用模板。也就是说，使用模板可以对文档快速进行格式化处理，并保持文档格式的严格一致。

Word 中有许多预定义的模板（可在"文件"→"新建"打开的面板中选择），同时允许用户自定义模板。

创建自己的模板有两种方法，一种是从已有的文档创建模板，另一种是新建模板。创建的模板将出现在"新建"文档面板中。

对已编排好的文件，若要创建为模板，只要在保存文件时，将保存文件的类型选择为"文档模板"（后缀为.docx），保存位置选择的是在"另存为"对话框的文件夹列表滚动到顶部，选择"Microsoft Word"下的"Templates"文件夹。（实际上的存储位置 C:\Users\用户名\AppData\Roaming\Microsoft\Templates。）

自己新建的模板，在新建文档面板中的"我的模板"中。

新建模板的操作步骤如下。

第 1 步：选择"文件"→"新建"命令，创建"空白文档"。

第 2 步：根据需要，对边距设置、页面大小和方向、样式以其他格式进行更改。

对于基于模板的所有新文档，还可以添加要在其中出现的内容控件，如日期选取器、说明文字和图形。

第 3 步：保存模板。

6．目录

对于长文档，尤其是书籍的编辑，建立目录是很重要的。Word 自动建立目录可以按任何规定的样式加以编制。建立目录最方便的方法是使用 Word 所包含的内部标题样式（"标题 1"至"标题 9"）对文档中的标题格式化。使用这种标题样式后，在"导航"窗格中就可以看到目录结构，只不过不包含页码而已，但单击可以实现导航。对于自己定义的样式，其基准样式若是标题样式，也可以在导航栏中看到。

（1）建立目录

建立目录的操作过程如下。

第 1 步：将光标移动到要插入目录的位置。通常为文档的开始或结束处。

第 2 步：选择"引用"→"目录"→"目录"命令，出现的命令列表中包括：

① 内置目录

包括手动目录和自动目录，对于手动目录需要自己输入目录级别的内容（一般选自动）。

② Office 中的其他目录

联机下载微软网站上的目录。

③ 插入目录

选择该命令弹出"目录"对话框，如图 4-36 所示，在该对话框中选择相应的操作。

图 4-36　"目录"对话框

该对话框中的选项说明如下。

"常规"选项组的"格式"下拉式列表框，可以选择要创建的目录格式：来自模板、古典、优雅、流行、现代、正式、简单等；"显示级别"中选择目录要显示的级别，书籍一般选择"3"级；"打印预览"列表框中显示的是打印出来的目录效果，该列表框下的"显示页码"复选框用来确定在目录中是否显示页码，"页码右对齐"复选框，用来确定在目录中页码是否采用右对齐方式，"制表符前导符"下拉式列表框，用来选择目录的制表符前导符；"Web 预览"选项组列表框中显示的是在 Web 页的目录效果，"使用链接而不使用页码"复选框用来确定目录采用链接显示还是页码显示。

除使用 Word 中提供的标题样式建立目录外，还可以使用自己建立的样式来建立目录，其操作是在"目录"对话框选择"选项"按钮，打开"目录选项"对话框，如图 4-37 所示。在"目录选项"对话框中"有效样式"选项组的目录级别列表框中，删除原来的目录级别数字（1～9），选定自己定义的样式，并输入相应的级别（数字 1～9）即可。

（2）目录的更新

目录生成后，若文档的内容发生变化，要对目录进行更新，首先将光标定位到目录区，按【F9】键即可。

（3）目录的删除

对生成的目录若不再需要，将光标定位到目录区，选择"引用"→"目录"→"目录"→"删除目录"就可以删除目录。

图 4-37　"目录选项"对话框

4.5　制作表格

表格作为一种简明扼要的表达方式，以行和列的形式来组织信息，具有结构严谨、效果直观、信息量大的特点。

表格是由行和列组成的，水平方向称为行，垂直方向称为列。一行和一列的交叉处就是表格的单元格，表格的信息包含在单元格中。信息可以是文本，也可以是图形等其他对象。

4.5.1　建立表格

可以先生成空的表格然后填充内容，也可以根据已有的内容将其转换为表格。Word 对表格的大小没有限制，对超过一页的表格，系统会自动添加分页符，根据需要可以指定一行或多行作为表格的标题，并在每页表格的顶部显示。

1．创建简单表格

简单表格是指由多行和多列构成的表格，也就是表格是由横线和竖线组成的，没有斜线。Word 提供了三种创建简单表格的方法。

（1）使用"插入表格"按钮

将光标移动到要插入表格的位置，选择"插入"→"表格"→"表格"命令，鼠标在表格框内拖动，选定所需要的行数和列数（见图 4-38），松开鼠标，表格自动插入到当前的光标处。

图 4-38　表格

（2）使用"插入表格"对话框

将光标移动到要插入表格的位置，选择"插入"→"表格"→"表格"→"插入表格"命令，打开"插入表格"对话框，如图 4-39 所示。在该对话框中可以设置表格的参数。这些参数包括列数、行数和列宽。固定列宽的默认值为自动，它表示用文本区的总宽度÷列数作为每列的宽度。列宽也可根据窗口、内容自动匹配。

图4-39　"插入表格"对话框

（3）将文本转换为表格

在已经输入文本的情况下，可以使用将文本转换为表格的方法来建立表格，其操作步骤如下。

第1步：将需要转换为表格的文本用相同的分隔符分成行和列。

一般用段落标记来标记行的结束，而列与列之间的分隔符可用段落、逗号、制表符、空格或其他符号。但这些符号绝不能出现在文本信息中。

第2步：选定需要转换为表格的文本。

第3步：选择"插入"→"表格"→"表格"→"将文本转换成表格"菜单，打开"将文字转换成表格"对话框，如图4-40所示。

图4-40　"将文字转换为表格"对话框

第4步：在"文字分隔位置"选项组中选定用于分隔表格列的分隔符，与第1步的选择要相同。在"'自动调整'操作"选项组中选定列宽。

一般来说，表格的行数、列数不需用户选择，其中已经显示出了要转换的表格的行数、列数。若不符合，说明列与列之间的分隔符不正确，可取消操作，返回第1步重新设置。

对于表格，选择"表格工具-布局"→"数据"→"转换为文本"命令可将表格转换为文本，分隔符可由用户指定。

2．表格嵌套

嵌套表格就是在表格的单元格中创建新的表格。嵌套表格的创建方法与正常表格的创建方法完全相同。

3．手工绘制复杂表格

有些表格除了横线和竖线外，还包含有斜线，对于这种类型的表格，可以先创建简单表格，然后用手工绘制的方法绘制斜线，或直接用手工绘制的方法绘制这种表格。绘制表格选择"插入"→"表格"→"表格"→"绘制表格"命令。这时鼠标指针变为 𝓵 形状，系统处于"手动制表"状态，绘制过程如下。

第1步：绘制表格的外框。

将鼠标指针移动到要绘制表格的位置，拖动鼠标绘制表格的外框虚线，松开得到实线表格外框。当第一个表格框线绘制后，Word 会新增一个"表格工具"功能区，并处于激活状态。该功能区分为"设计"、"布局"两个选项卡。

第 2 步：绘制表格中的其他线。

拖动鼠标，绘制表格中的其他水平线、垂直线、斜线。

第 3 步：修改表格。

若对绘制的表格不满意，选择"表格工具-设计"→"绘图边框"→"擦除"命令，鼠标指针变为 ，单击不需要的表格线，或重新绘制一遍不需要的表格线即可擦除。按【Esc】键取消"擦除"按钮，若要继续绘制，选择"表格工具-设计"→"绘图边框"→"绘制表格"命令。

绘制时，还可以使用"表格工具-设计"→"绘图边框"组中的"笔样式"（即"线型"）、"笔划粗细"（即"粗细"）、"笔颜色"（即边框颜色）；"表格工具-设计"→"表格样式"中的"边框"、"底纹"等按钮，设置表格线的线型、颜色、给单元格填充颜色等，使表格变得丰富多彩。

4. 在表格中添加内容

要向表格中输入文本，首先单击该单元格，然后输入文本，输入方法与在文档中的输入方法一样。在输入的过程中，若按【回车】键，则在同一个单元格中开始新的段落。Word 将每个单元格看做一个小的文档，从而可以对它进行文档的各种编辑和排版。

若要在单元格中插入图片，可使用"插入"→"插图"→"图片"命令。

5. 插入 Excel 电子表格

Word 主要是对文字处理，Eecel 是对（表格）数据进行处理，因此可以在 Word 中插入 Excel 电子表格，利用 Excel 电子表格进行数据录入、数据计算等数据处理工作。

插入方法为选择"插入"→"表格"→"表格"→"Excel 电子表格"命令，Word 出现 Excel 电子表格，在其中对数据进行数据录入、数据计算等数据处理工作，操作与 Excel 是完全相同的。Excel 处理完成后，单击文本编辑区的其他区域，进入 Word 的编辑状态。

4.5.2 表格的编辑与格式化

对创建的表格可以进行编辑和格式化。这里主要说明表格的选定、表格中文字的方向、表格行高与列宽的调整、插入与删除行/列/单元格、单元格的合并与拆分、表格拆分等。

1. 表格中的移动

若要将光标移动到需要的单元格，用鼠标单击该单元格即可。使用键盘的操作如表 4-10 所示。

表 4-10   移动表格的键盘快捷键

快捷键	移动的目的单元格
【Tab】	下一单元格
【Shift】+【Tab】	上一单元格
【←】	插入点在单元格中的内容上时，向左移动一个字符；插入点在单元格的开始处时，移动到同一行的前一单元格；若插入点在一行中的第一个单元格的开始处时，移动到上一行的行结束标记的左边，再次按该键移动到该行的最后一个单元格的结尾处
【→】	插入点在单元格中的内容上时，向右移动一个字符；插入点在单元格的结尾处时，移动到同一行的下一单元格；若插入点在一行中的最后一个单元格的结尾处时，移动到该行的行结束标记的左边，再次按该键移动到下一行的第一个单元格的开始处
【↑】	同一单元格的上一行

快捷键	移动的目的单元格
【↓】	同一单元格的下一行
【Ctrl】+【↓】	移动到下一个单元格的开始处；若插入点在一行中的最后一个单元格时，移动到行结束标记的左边，再次按该键移动到下一行的第一个单元格
【Ctrl】+【↑】	移动到上一个单元格的开始处；若插入点在一行中的第一个单元格时，移动到前一行行结束标记的左边，再次按该键移动到该行的最后一个单元格
【Alt】+【Home】	同行首单元格
【Alt】+【End】	同行尾单元格
【Alt】+【PgUp】	同列首单元格
【Alt】+【PgDn】	同列尾单元格

2．表格中的选定操作

在大多数情况下，表格中文本的选定方法与在文档中的选定方法是一样的。如用鼠标选定一段文本、双击一个词选定整个词、选定一行或多行等。

但对于表格来说，还有自己特殊的选定方法。其特殊性是由这样的特点形成的：表格中的每个单元格、每行或每列都有自己的一个不可见的选定栏，就像正常文本都有自己的选定栏（在文本行的左边）一样。

若将鼠标指针移动到任何一个单元格（即使位于表格中间）的左边界处，它都会变为➚，这说明正好指在该单元格的选定栏上；若将鼠标指针移动到一列的顶部，它会变为↓，表示正好指在该列的选定栏上；若将鼠标指针移到表格的左上角，当鼠标指针变为⊞时，表示正好指在整个表格的选定栏上。

在出现选定栏时，单击即可选定单元格、行、列或整个表格。

使用鼠标选定表格中的文字和图形的操作如表 4-11 所示。

表 4-11　使用鼠标选定操作

选定内容	操作
一个单元格	单击单元格的选定标记➚，或单击 3 次单元格
一行	单击该行的选定栏
一列	在列顶端鼠标指针变为↓时，单击即可
多个单元格、行或列	拖动经过单元格，或选定某个单元格、行或列，然后按住【Shift】或【Ctrl】键，单击其他的单元格、行或列
整个表格	单击表格移动标志⊞

使用键盘选定表格中的文字和图形的操作如表 4-12 所示。

表 4-12　使用键盘在表格中选定文本和图形的快捷键

选定的内容	快捷键
选定下一单元格的内容	【Tab】
选定前一单元格的内容	【Shift】+【Tab】
将所选定内容扩展到相邻单元格	按住【Shift】键并重复按相应的箭头键

选定的内容	快捷键
选定列	单击列的上或下单元格，按住【Shift】键并重复按上箭头键或下箭头键
扩展所选内容（或块）	按【Ctrl】+【Shift】+【F8】快捷键，然后用箭头键选择
缩小所选内容	按【Shift】+【F8】快捷键
选定整个表格	按【Alt】+【5】（数字键盘）快捷键

要选定表格行、列或整个表格，也可首先单击需要选定的表格行、列，然后选择"表格工具-布局"→"表"→"选择"按钮中的菜单：选择单元格、选择列、选择行、选择表格。

若要选定的单元格在表格中间，可以首先将鼠标指针移动到要选定的单元格的左边界处，按下并拖动鼠标到要选定块的右下角单元格，再松开鼠标，鼠标拖动经过的单元格就被选定了。

3．表格中的文字方向及对齐方式

表格中的文字方向可分为水平排列和垂直排列两类，水平排列和垂直排列，每种排列各有9种排列方式。

设置表格中的文本方向，使用下面的操作步骤。

第1步：选定需要修改文字方向的单元格。

第2步：选择"表格工具-布局"→"对齐方式"→"文字方向"命令，先改变文字方向，然后选择"对齐方式"→"文字方向"左侧的按钮，改变文字的对齐方式。

"文字方向"按钮的图上显示出当前表格单元格中文字的方向，单击即可切换到另一种文字方向。

4．行、列、单元格的插入或删除

表格建立好后，发现行、列多了或少了，重新创建显然太麻烦，这时可以添加和删除。

（1）插入行或列

插入行最快捷的方法单击表格最右边的边框外，按【回车】键；或光标在最后一行最右一列的单元格中，按【Tab】键。

使用命令，在表格中插入行或列的操作步骤如下。

第1步：选定单元格行或列（选定行或列的数量与要插入的行或列的数量最好相同）。

第2步：选择"表格工具-布局"→"行和列"中进行插入操作需要的按钮：在上方插入、在下方插入、在左侧插入、在右侧插入按钮，前两个按钮是在选定行的上面或下面插入与选定行个数等同数量的行；后两个按钮是在选定列的左侧或右侧插入与选定列个数等同数量的列。

（2）插入单元格

插入单元格的操作步骤如下。

第1步：选定单元格。插入的单元格和选定的单元格的数量最好相同。

第2步：选择"表格工具-布局"→"行和列"命令旁的对话框启动器 ，打开"插入单元格"对话框，如图4-41所示。

第3步：选定插入的方式。

（3）删除行或列或单元格

对表格中不再需要的行或列，可以删除。其方法是选定要删除的行或列，然后选择"表格工具-布局"→"行和列"→"删除"按钮中的菜单命令，确定要删除的是单元格、行或

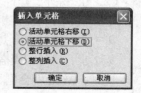

图4-41　插入单元格

列，若是单元格的话，还要确定删除单元格的方式，正好与图 4-41 的插入方式相反。注意：按【Delete】键删除的是行中的内容，表中的行、列线仍存在。

5．行、列的调整

一般情况下，Word 可以根据单元格中输入内容的多少自动调整行高和列宽，也可以根据需要来调整。调整的方法有鼠标拖动和使用命令两种方法。

（1）使用鼠标拖动的方法

若要调整行高，可将光标移动到要调整行高的任意单元格中，然后移动鼠标指针到该行的上框线或下框线处，当鼠标指针变为上下方向的箭头⇕时，上下拖动鼠标到需要的位置即可。

对于列宽，需要调整哪一列就选定哪一列，然后移动鼠标指针到该列的左框线或右框线处，当鼠标指针变为左右方向的箭头◂‖▸时，左右拖动到需要的位置即可。

当建立了表格后，垂直标尺为每个单元格的行高都设置了刻度，水平标尺为每个单元格的列宽设置了刻度。当选定表格后，在标尺上会显示出行标记符（垂直标尺上）和列标记符（水平标尺上）。当鼠标指针移动到水平标尺上，鼠标指针形状变为↔，左右拖动移动鼠标就可以调整列宽，直接拖动垂直标尺上行标记符可以改变行高。

拖动时按住【Alt】键，标尺上就会显示行高、列宽的数据，可进行精确的调整。

拖动时按住【Shift】键，调整的是选定单元格左列的列宽，或上行的行高。

（2）使用命令调整行高与列宽

选定需要调整的行或列，然后选择"表格工具-布局"→"表"→"属性"命令，在弹出的"表格属性"对话框中选择"行"选项卡可以调整行高，选择"列"选项卡可以调整列宽。

使用"表格属性"对话框的调整是精确的调整。

也可使用"表格工具-布局"→"单元格大小"中的"高度"、"宽度"加减器来调整单元格的高度和宽度。

选择"表格工具-布局"→"单元格大小"→"分布行"或"分布列"命令，可以对选定的行或列之间平均分布高度或宽度。

6．单元格的拆分与合并

一个单元格可以拆分为多个，多个单元格也可合并为一个单元格。

（1）单元格的拆分

单元格拆分的操作步骤如下。

第 1 步：选定要拆分的单元格。

第 2 步：选择"表格工具-布局"→"合并"→"拆分单元格"命令，在打开的"拆分单元格"对话框中选择单元格要拆分成的行数和列数。

行数和列数之积为该单元格拆分后的单元格数目。

（2）单元格的合并

单元格合并的操作步骤如下。

第 1 步：选定要合并的单元格。

第 2 步：选择"表格工具-布局"→"合并"→"合并单元格"命令。

这时，Word 就会删除所选单元格之间的分界线，建立一个新的单元格。新单元格的列宽为所选单元格列宽的和，行高为所选单元格行高的和，原单元格的信息作为新单元格中单独的段。

7．拆分表格

拆分表格的含义是将表格拆分为两个独立的表格，其操作方法是将光标移动到要拆分为第 2 个表格的首行处，选择"表格工具-布局"→"合并"→"拆分表格"命令。

Word 将在拆分表格的两部分之间插入一个用正文样式设置的段落格式标记，若要取消拆分表格，删除这个段落标记就可以了。

8. 表格标题的重复

在 Word 文档中，若一张表格需要在多页中跨页显示，则设置标题行重复显示很有必要，因为这样会在每一页都明确显示表格中的每一列所代表的内容。在 Word2010 中设置标题行重复显示的步骤为

第 1 步：在表格中选中标题行（必须是表格的第一行，或前几行）。

第 2 步：选择"表格工具-布局"→"数据"→"重复标题行"命令。

在"表格属性"对话框的"行"选项卡中也可以设置。

9. 单元格边距

单元格边距指的是单元格中的内容距单元格边线之间的距离，若单元格中文字的方向为水平的，主要设置左、右边距；若单元格中文字的方向为垂直的，主要设置上、下边距。

设置单元格边距，首先选定单元格，接着选择"表格工具-布局"→"对齐方式"→"单元格边距"命令，在弹出的"表格选项"对话框（见图 4-42）中进行设置。

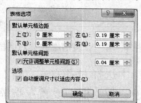

图 4-42 "表格选项"对话框

4.5.3 表格样式

表格样式指的是表格的边框、底纹、字体等组成的表格的修饰效果，它们使表格更加美观、内容清晰整齐。另外，表格样式还包括表格与文本的排版位置关系。

1. 自动套用格式

Word 2010 为用户预定义了许多种表格样式，只要套用一下这些样式就可以满足要求。

表格自动套用格式的操作步骤如下。

第 1 步：将光标放在表格中的任意单元格中或选定表格。

第 2 步：选择"表格工具-设计"→"表格样式"→"其他"按钮，在弹出的表格样式列表框中选定所需要的表格样式即可。

2. 边框与底纹

用表格自动套用格式可以给表格添加边框，但在不满足需要或没有表格边框时，就必须自己设置。

边框的线型、线宽、颜色，选择"表格工具-设计"→"绘图边框"中的"笔样式"按钮 ————————、"笔画粗细"按钮 0.5 磅 、"笔颜色"按钮 笔颜色 来设置。

设置表格边框可使用"表格工具-设计"→"表格样式"→"边框"按钮来设置，该按钮选择后出现的菜单如图 4-43 边框所示，根据需要设置边框。

底纹是指单元格填充的颜色，默认是无色的，对表格的单元格设置底纹，可使用"表格工具-设计"→"表格样式"→"底纹"按钮，出现颜色面板，根据需要设置底纹。

图 4-43 边框

3．表格与文本的对齐方式与环绕

表格与文本的对齐方式包括左对齐、居中对齐和右对齐。对于每一种对齐方式来说，文字环绕方式包括有和没有两种。

确定表格与文本的位置关系可使用下面的操作步骤。

第 1 步：将光标放在表格的任意单元格内。

第 2 步：选择"表格工具-布局"→"表格"→"属性"命令，打开"表格属性"对话框，然后选择"表格"选项卡，这时的对话框如图 4-44 所示。

图 4-44 "表格属性"对话框

第 3 步：在"对齐方式"选项组中选择对齐方式，有左对齐、居中和右对齐 3 个选项。选择左对齐方式后，还可以在"左缩进"数值框中设置左端缩进量。

若需要的话，可在"尺寸"选项组中确定表格的宽度。

第 4 步：在"文字环绕"选项组中选择有、无环绕。

第 5 步：单击"确定"按钮。

4．表格的移动与缩放

在 Word 中，表格有移动标志⊞与缩放标志□（在表格右下角）。

拖动表格移动标志⊞，可将表格移动到页面上的其他位置；当鼠标指针移动到缩放标志上时，鼠标指针变为形状，拖动可改变整个表格的大小，但同时保持行、列的比例不变。

4.5.4 表格内数据的排序与计算

1．排序

若表格中的顺序不满足要求，可对其进行重新排序。

对表格进行排序的操作步骤如下。

第 1 步：将光标移动到表格中的任意单元格内。

第 2 步：选择"表格工具-布局"→"数据"→"排序"命令，这时 Word 选定整个表格，并打开"排序"对话框，如图 4-45 所示。

图 4-45 "排序"对话框

第 3 步：选择排序依据、类型及排序方式。

"主要关键字"、"次要关键字"和"第三关键字"下拉列表框中选择的内容是排序的依据，其选项为标题行中各单元格的内容。在"类型"下拉列表框中可以选择排序依据的值的类型，如笔画、数字、日期、拼音。排序方式可选择"升序"或"降序"单选按钮。

若表格第一行为标题，在"列表"选项组中选定"有标题行"单选按钮，则排序不对标题行排序；若选定"无标题行"单选按钮，则排序时将包括第一行。

2. 计算

对表格中的某些列进行运算，可使用下面的操作步骤。

第 1 步：将光标移动到要放置计算结果的单元格中。

第 2 步：选择"表格工具-布局"→"数据"→"公式"命令，打开"公式"对话框，如图 4-46 所示。

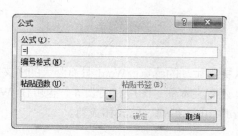

图 4-46　"公式"对话框

第 3 步：确定表格计算的公式和计算结果的数字格式（使用"编号格式"列表框来设置）。

对于表格的计算说明如下。

（1）表格中单元格的引用

在公式计算中可以引用单元格。

表格中的单元格可用 A1、A2、B1、B2 之类的形式来引用。其中的字母代表列，而数字代表行。

在公式中引用单元格时，用逗号分隔，而选定区域的首尾单元之间用冒号分隔。如 SUM（A1:A3）表示对单元格 A1、A2、A3 求和；SUM（A1:C2）表示对单元格 A1、A2、B1、B2、C1、C2 求和；SUM（A1，A3，C2）表示对 A1、A3 和 C2 求和。

若要引用一整行或一整列，有两种方法。其一是用 $n:n$ 表示第 n 行，其二是用 A1:C1 表示一行（A1 为该行的第一个单元格，C1 为该行的最后一个单元格）。

（2）表格中的数学公式

"公式"对话框中的"公式"文本框中以"="开始，后面是计算用的数学公式及所要参加计算的单元格。

（3）函数

计算所用的函数，可用"粘贴函数"下拉列表框来选择，常用的函数有绝对值函数 ABS、平均值函数 AVERAGE、取整函数 INT、最小值函数 MIN、最大值函数 MAX、求余函数 MOD、乘积函数 PRODUCT、符号函数 SIGN、求和函数 SUM 等。

（4）编辑计算公式

当打开"公式"对话框时，"公式"文本框中一般会有 SUM 函数，若对计算公式满意的话，直接单击"确定"按钮。

若对使用的函数满意，只是对计算的单元格不满意，则需对引用的单元格进行编辑；若对公式不满意，可删除已有的公式（注意不能删除"="），在"粘贴函数"下拉列表框中选择需要的函数，则函数出现在"公式"文本框中，然后在函数括号"（）"中输入需要计算的单元格；若还要使用其他的函数，输入一个函数之间的运算符号（"+"，"-"，"*"，"/"等），再进行函数的操作。

（5）计算结果的数字格式

在"编号格式"下拉列表框中可以选择计算结果的数字格式，有整数、小数、带百分比等格式。

（6）更新计算结果

当引用的单元格数值改变，更新计算结果的操作是先选定计算结果单元格，然后按【F9】键即可。

4.6 图文混排

图文并茂的文档会给人更加生动的感觉。Word 具有强大的图文混排功能，提供了各种图形对象，有艺术字体和公式，还有文本框、图片和图表等。也可在 Word 文档中导入其他图形工具生成的图形，并可在 Word 中再次编辑、缩放和裁剪。

4.6.1 艺术字

Office 中的艺术字（英文名称为 WordArt）结合了文本和图形的特点，能够使文本具有图形的某些属性，如设置旋转、三维、映像等效果。

在文档中插入艺术字体，可使用下面的操作步骤。

第 1 步：选择"插入"→"文本"→"艺术字"命令，系统列出 6 组默认的艺术字样张，选择需要的艺术字样式。

第 2 步：在文本区出现一文本框，输入需要的文字。

输入完成后，单击文本框以外的文本区域，完成艺术字的插入。

对已存在的文本，要转换为艺术字，先选定这些文本，然后选择"插入"→"文本"→"艺术字"命令，在弹出的列表框中选择一种样式即可。

选定艺术字后，功能区出现"绘图工具-格式"功能区，可以对艺术字的格式进行设置。有关这方面的设置，在后面的"图片"部分有详细的说明。

4.6.2 公式

在进行科技文档的编辑时，经常要处理各种各样的公式，如简单的求和公式和复杂的矩阵运算公式等。使用 Word 提供的公式编辑器，可以在文档中插入各种类型的公式。

1．插入公式

第 1 步：将光标移动到要插入公式的位置。

第 2 步：选择"插入"→"符号"→"公式"命令，打开的面板列表框中包含许多常用的数学公式，如图 4-47 所示。

若有需要插入的公式，直接选定，插入公式结束。若没有满足需要的公式，选择"插入新公式"命令，这时在文本

图 4-47　公式面板

区域出现"在此处键入公式"控件，功能区中出现"公式工具-设计"功能区，这时就可以设计公式了。

"公式工具-设计"功能区的"符号"组中提供了公式中常用的一系列符号；"结构"组提供了一系列工具样板供用户选择。

这里以下面的求和公式为例说明插入公式的操作步骤。

$$f(t) = \sum_{i=0}^{\infty} x_i^2(t)$$

第 3 步：输入公式的左端和等号。

$$f(t) =$$

第 4 步：输入求和符号，即单击"结构"组中"大型运算符"求和模板中选择带有上下限的求和公式$\sum$，则插入选定的求和公式。

第 5 步：输入求和的上下限。将光标移动到求和的下限位置（用鼠标单击），输入

$$i = 0$$

然后将光标移动到求和的上限位置（用鼠标单击），单击"符号"组中的"∞"符号。

第 6 步：输入级数平方和表达式。将光标移动到求和公式的主体，单击"结构"组中"上下标"中选择带有上下标的公式样板，然后在主体小方框中输入"x"，在上标小方框中输入"2"，在下标小方框中输入"i"，最后输入"(t)"。

第 7 步：完成公式编辑后，在公式以外的文档任意位置单击，即可退出公式编辑窗口，返回到 Word 编辑窗口。

对编辑好的公式，单击公式控件右下角的小三角，选择"另存为新公式"命令，就可以将所编辑的公式保存，下次插入公式时，就可以在公式面板列表框中选择了。

2．修改公式

插入的公式是一个整体对象。单击公式就选定了该公式。与文本一样，公式也可以进行复制、粘贴、删除等操作。使用鼠标拖动选定公式周围的小框可以改变公式的长度、宽度和大小。

对已有的公式进行编辑，可单击公式进入公式编辑器的控件窗口，对其进行编辑。

公式和图形一样，也可以移动、缩放和旋转，其操作和图片的操作是类似的。

4.6.3 图片

在 Word 中，可以方便地插入各种图片，图片可以放在文档中的任何位置。

1．插入图片

Word 可以插入多种格式保存的图形、图片，包括剪贴画和图片、从其他程序或文件夹中插入图片及插入扫描仪扫描的图片。

（1）插入剪贴画

在 Word 安装完成后，安装目录中有一个 Clipart 文件夹，保存有大量的图片。

在文档中插入剪贴画可采用下面的操作步骤。

第 1 步：光标移动到要插入的位置。

第 2 步：选择"插入"→"插图"→"剪贴画"菜单命令，打开"剪贴画"任务窗格，如图 4-48 所示。

图 4-48 剪贴画

第 3 步：在"搜索文字"文本框中准备要插入剪贴画的关键字（如"汽车"），在"结果类型"下拉式列表框中选中媒体的类型（也可不选，默认为全部的媒体类型）。

第 4 步：单击"搜索"按钮，搜索到的图片显示在列表框中。

第 5 步：在列表框中找到需要的剪贴画单击，或单击剪贴画右侧的小三角，在打开的菜单中选择"插入"按钮。

若在"剪贴画"任务窗格中选中"包含 Office.com 内容"复选框，则当计算机处于联网状态时，可以在微软网站的剪贴画库中搜索，从而扩大剪贴画的选择范围。

（2）插入屏幕截图

为了让读者看清楚操作过程，就得截取操作过程图片插入其中，以前在插入图片要使用第三方的软件来实现，Word 2010 在"插入"功能区新增了"屏幕截图"功能，可以快速截取屏幕图像，并直接插入文档中。

① 快速插入窗口截图

Word 的"屏幕截图"会智能监视活动窗口（打开且没有最小化的窗口），可以很方便地截取活动窗口的图片插入正在编辑的文本中。其操作步骤如下。

打开要截取的窗口，在 Word 中选择"插入"→"插图"→"屏幕截图"命令，弹出面板的"可用视窗"中会以缩略图的形式显示当前所有活动窗口，单击窗口缩略图，Word 自动截取窗口图片并插入文档中。

② 快速插入屏幕剪辑

除了要插入软件窗口截图外，更多时候要插入的是特定区域的屏幕截图，Word"屏幕截图"功能可以截取屏幕的任意区域插入文档中。其操作为选择"插入"→"插图"→"屏幕截图"→"屏幕剪辑"命令，这时，Word 程序窗口自动隐藏，按住鼠标左键，拖动鼠标选择截取区域，被选中的区域高亮显示，未被选中的部分朦胧显示。选择好截取区域后，只要放开鼠标左键，Word 会截取选中区域的屏幕图像插入文档中，并自动切换到"图片工具-格式"功能区，便于对插入文档的图片进行简单处理。

若要截取的屏幕剪辑是 Word 窗口中的，打开两个 Word 窗口就可以实现屏幕截图操作。

（3）插入文件中的图片

Word 允许将其他程序生成的图形、图像文件插入到文档中，如插入 AutoCAD 中生成的图形文件、画图中生成的图像文件等。

在 Word 中插入图片，采用下面的操作步骤。

第 1 步：将光标放到需要插入图片的位置。

第 2 步：选择"插入"→"插图"→"图片"命令，弹出"插入图片"对话框。

第 3 步：在"插入图片"对话框中选择要插入的文件即可。

2. 设置图片的格式

图片的格式包括颜色、线条、大小和样式等。艺术字、公式、文本框、图形等对象的格式设置与这里讲述的设置方法是类似的。

（1）调整图片的大小和位置

选定要设置格式的图片（单击），图片周围出现 8 个控点（空心小方块），拖动这 8 个控点可以改变图片的大小。若将鼠标指针移动到图片上，拖动可以移动图片的位置。

也可以精确地定义图片的大小，其操作步骤如下。

第 1 步：选定图片。

第 2 步：在"图片工具-格式"→"大小"→"高度"或"宽度"加减器中定义图片的高度和

宽度；或选择"图片工具-格式"→"大小"组命令旁的对话框启动器，打开"布局"对话框，如图 4-49 所示。在该对话框中，定义图片的"高度"和"宽度"；或选择快捷菜单中的"大小和布局"菜单命令，在打开的"布局"对话框中进行设置。

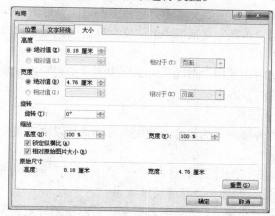

图 4-49 "布局"对话框-"大小"选项卡

（2）图片的旋转

选定图片后，图片上边框中间的控点上面有一个绿色圆圈控点，拖动可以旋转图片。使用鼠标拖动调整，但不太精确。

精确旋转图片，先选定图片，然后选择"图片工具-格式"→"排列"→"旋转"命令中的"向右旋转 90 度"（"向左旋转 90 度"）可以顺时针（逆时针）旋转 90 度；也可以选择"垂直旋转"（"水平旋转"）；或选择"其他旋转选项"，在弹出的"布局"对话框（见图 4-49）的"旋转"加减器中输入要旋转的角度，正度数为顺时针旋转，负度数表示逆时针旋转。

（3）图片调节

图片调节包括图片的更正、颜色调整、艺术效果调整。

若对插入的图片感觉亮度、对比度、清晰度没有达到自己的要求，可以单击"图片工具-格式"→"调整"→"更正"按钮，在弹出的效果缩略图中选择自己需要的效果。

若对图片的色彩饱和度、色调不满意，可以单击"图片工具-格式"→"调整"→"颜色"按钮，在弹出的效果缩略图中选择自己需要的效果，或者为图片重新着色。

若要为图片添加特殊效果，可以单击"图片工具-格式"→"调整"→"艺术效果"按钮，在弹出的效果缩略图中选择一种艺术效果，为图片加上特效。

（4）为图片添加边框

选择"图片工具-格式"→"图片样式"→"图片边框"中的命令，设置边框的线型（"虚线"命令中选择）、"粗细"、线条的颜色。

另一种方法是在"设置图片格式"对话框中的"线条颜色"选项卡和"线型"选项卡中给图片添加边框。

（5）图片的裁剪

改变图片的大小并不改变图片的内容，仅仅是按比例放大或缩小。若要裁剪图片中的部分内容，选定图片后，选择"图片工具-格式"→"大小"→"裁剪"→"裁剪"按钮，这时图片的四边中部出现四个黑色短线、四个角出现四个黑色直角线段，鼠标移动到这 8 个黑色线段处，向图片内侧拖动，可裁去图片中不需要的部分。若拖动时按住【Ctrl】键，则可以对称裁去图片。

选择"图片工具-格式"→"大小"→"裁剪"→"裁剪为形状"命令中的一种形状，可以将图片裁剪为一种形状，达到一种艺术效果。

（6）文字的环绕方式

通常插入图片后，图片是嵌入到文本中。当改变图片为非嵌入型环绕方式，并调整图片的大小和位置后，可以利用"布局"对话框中的"文字环绕"选项卡提供的功能使文字环绕在图片周围。

图片设置为环绕方式后，利用"布局"对话框中的"位置"选项卡，可以定义图片在文档中水平方向和垂直方向的对齐方式。

（7）用图片样式美化图片

图片样式是各种图片外观格式的集合，使用图片样式可以快速美化图片，Office 系统提供了 28 种内置的图片样式。

选定要美化的图片，在"图片工具-格式"→"图片样式"组列表框中选择一种图片样式。

（8）为图片增加阴影、映像、发光等特殊效果

通过设置图片的阴影、映像、发光等特殊效果，可以使图片更加美观，增强了图片的感染力。Office 系统提供了 12 种内置的预设效果。

选定要添加特效的图片，选择"图片工具-格式"→"图片样式"→"图片效果"→"预设"命令列表中的一种特效。

若对预设效果不满意，还可以自己对图片的阴影、映像、发光、柔化边缘、棱台、三维旋转 6 个方面进行适当设置，以达到满意的图片效果。

下面以阴影效果为例进行说明，其他效果设置类似。

选定要设置效果的图片，选择"图片工具-格式"→"图片样式"→"图片效果"→"阴影"命令，在出现的列表框中选择一种效果，或选择"阴影选项"菜单，在弹出的"设置图片格式"对话框（见图 4-50）中进行设置。对于不同的特殊效果，其对话框中的设置选项是不同的。

图 4-50　"设置图片格式"对话框

4.6.4　文本框

文本框是存放文本和图片的容器，它可放置在页面的任意位置，其大小可以由用户指定。文本框游离于文档正文之外，可以位于绘图层，也可以位于文本层的下层。用户还可以将多个文本框链接起来成为链接的文本框，这样当文字在一个文本框中放不下时，会自动排版到另一个链接的文本框中。

1．插入文本框

在文档中插入文本框的操作步骤如下。

第1步：选择"插入"→"文本"→"文本框"按钮，在出现的面板的列表框中是内置的文本框，单击满足要求的文本框，就可在页面中插入文本框，接下来在文本框的控件中按要求输入内容。

若对内置的文本框不满意，可执行下面的操作。

第2步：选择"插入"→"文本"→"文本框"→"绘制文本框"按钮，或"绘制竖排文本框"按钮。

第3步：将鼠标指针移到要插入文本框的左上角，按住鼠标并拖动到要插入文本框的右下角，画出一个文本框。

第4步：向文本框中输入文字。若输入的文字过多，有些文字在文本框中会暂时不可见，通过调整文本框的大小即可显示出其余的文字。

文本框大小的调整、移动与图片的操作是相同的。

删除文本框的操作与删除文字的操作一样，首先选定文本框，然后按【Delete】键即可。这时文本框及其中的内容将全部删除。

2．设置文本框格式

选定文本框后，选择快捷菜单中的"设置形状格式"命令、"其他布局选项"命令，对文本框的格式进行设置，与图片的格式设置操作是相同的。

在"设置形状格式"对话框中的"文本框"选项卡中，可以设置文本框中文字的方向、文本框内文字到文本框边框之间的上、下、左、右距离（在"内部边距"选项组内设置）。

3．链接文本框

将文本框链接起来，对编写一些特殊的文档（如出版物等）是很有用的。链接起来的文本框就像页面一样，在前一个文本框中装不下的文字将出现在第二个文本框的顶部；在一个文本框中插入或删除若干行文字，其后文本框中的文字会自动调整。链接的文本框数量是任意的。一个文档中可有多组链接的文本框，每组链接的文本框都可链接多个文本框，并且链接的方向可向前也可向后。

（1）创建链接文本框

创建链接文本框采用下面的操作步骤。

第1步：选定链接的第一个文本框。

第2步：选择"绘图工具-格式"→"文本"→"创建链接"命令，这时鼠标指针变为 。

第3步：将鼠标指针移动到要链接的第二个文本框上（这时指针变为 ）单击，这样就将第一个文本框与第二个文本框链接起来了。这里的第一个文本框和第二个文本框是指链接的顺序，而不是文本框在文档中的位置顺序，它们可以是不同页面上的文本框。

第4步：要链接其他文本框，可单击要链接文本框的前一个，然后重复第2~3步，直至链接需要的全部文本框。

（2）断开链接文本框

链接的文本框中，除了首尾两个文本框外，每个文本框都有一个指向前一个和后一个的链接。断开链接文本框可在其内任意两个之间进行。断开后则会生成两个链接的文本框。位于断点前后的链接保持不变，但其内的文本将在断点前的最后一个文本框终止，而第二个文本框是空的。

断开文本框的操作步骤如下。

第 1 步：选定在链接文本框中需要断开的第一个文本框，其方法是首先单击文本框，然后在文本框边框上移动，直到鼠标指针变为"十"字形箭头时再单击鼠标。

第 2 步：选择"绘图工具-格式"→"文本"→"断开链接"命令。

4.7 形状

Word 中除可以在文档中插入各种已有的图片外，还可以绘制形状，并对绘制的形状设置一些特殊的效果。

4.7.1 绘制形状

任何一个复杂的图形总是由一些简单的几何图形组合而成。所以用"插入"→"插图"→"形状"命令绘制基本的形状单元，然后使用"绘图工具"功能区或用"绘图"的快捷菜单就可以组合出复杂的图形。

选择"插入"→"插图"→"形状"命令面板中的一个简单形状对应的按钮，如"直线"按钮、"箭头"按钮、"矩形"按钮□或"椭圆"按钮○等，把鼠标指针移动到文本区，这时鼠标指针变为"十"字形；选定绘制形状的起点，按住鼠标，拖动鼠标到需要的大小，这时就会产生需要的形状。

正方形和圆是矩形和椭圆的两个特例，在绘制前，先按住【Shift】键，然后用鼠标拖动，就能直接画出正方形和圆。

对形状的编辑方法和对文本的编辑方法类似。例如，先单击要编辑的形状，然后就可以进行复制、粘贴、移动等操作。

4.7.2 更改形状

绘制形状后，若不喜欢当前形状，可以删除后重新绘制，也可以直接更改为喜欢的形状。其操作为选定要更改的形状，选择"绘图工具-格式"→"插入形状"→"编辑形状"→"更改形状"命令，在弹出的形状列表中选择要更改的目标形状。

4.7.3 在形状上添加文字

可以在绘出的封闭形状中增加文字，其操作方法如下。

选中形状，直接输入文字；右键单击形状，在弹出的快捷菜单中选择"添加文字"菜单命令，输入文字即可。

形状中添加的文字将随形状一起移动。

4.7.4 形状的格式

与图片的格式设置类似，如形状样式选择"绘图工具-格式"→"形状样式"组中的命令按钮、对话框进行设置。

4.7.5 调整叠放次序

Word 文档分为文本层、绘图层和文本层之下层 3 个层次，其作用如下。

文本层：用户在编辑文档时使用的层，插入的嵌入型图片或嵌入型剪贴画，都位于文本层。

绘图层：位于文本层之上。在 Word 中绘制图形时，先把图形对象放在绘图层，即让图形浮于文字上方。

文本层之下层：可以根据需要把有些图形对象放在文本层之下，称为图片衬于文字下方，使图形和文本产生层叠效果。

利用这 3 个层次，用户可将图片在文本层的上、下层之间移动，让图和文字混合编排，如生成水印图案等，以获得特殊的效果。

调整叠放次序的操作步骤如下。

第 1 步：选定要调整叠放次序的图形。

第 2 步：选择"绘图工具-格式"→"排列"→"上移一层"或"下移一层"命令，或快捷菜单中的"置于顶层"或"置于底层"菜单命令。

图形相互间的叠放次序有 6 种：置于顶层、置于底层、上移一层、下移一层、衬于文字下方和衬于文字上方。

4.7.6 组合形状

形状组合起来后，可对这一组形状像一个图形那样操作。组合形状的操作步骤如下。

第 1 步：选定要组合的一组形状。

第 2 步：选择"绘图工具-格式"→"排列"→"组合"命令，或快捷菜单中的"组合"命令。

若要取消组合，选定图形后，选择"绘图工具-格式"→"排列"→"取消组合"命令，或快捷菜单中的"取消组合"命令。

4.8 审阅文档

审阅文档的方法有：批注和修订。批注是作者或审阅者为文档的一部分内容所做的注释，批注在审阅者添加注释或对文本提出质疑时非常有用。修订用来显示对文档中所做的所有编辑更改位置的标记。

对提供审阅的文档，原作者要设置好对文档的保护。

4.8.1 批注

批注适用于多人协作完成一项文档的场合。

批注是附加到文档上的注释，它不显示在正文中，而是显示在文档的页边距或"审阅窗格"中的气球上，因而不会影响文档的格式，也不会被打印出来。

1．添加批注

在文档中插入批注的操作步骤如下。

第 1 步：将光标移到需插入批注的位置，选定要添加批注的文字。

第 2 步：选择"审阅"→"批注"→"新建批注"按钮，选中的文字出现红色底纹，并用"[]"括起来；在"审阅窗格"中出现红色框，显示"批注"字样。

第 3 步：输入批注的内容。

2．修改批注

如果对批注的内容不满意，还可以进行修改。

修改批注可选用下列方法之一。

方法 1：在已经添加了批注的内容上右键单击，选择"编辑批注"快捷菜单，此时光标被定位在批注上，即可修改。

方法 2：若"审阅窗格"没有关闭，直接单击批注的红色框，进行修改。

方法 3：若"审阅窗格"已关闭，选择"审阅"→"修订"→"审阅窗格"按钮打开"审阅窗格"，找到要修改的批注进行编辑。

3. 删除批注

批注可以删除，可以有选择性地删除单个批注，或者一次性删除所有批注。

- 删除单个批注的方法，右键单击要删除的批注，选择快捷菜单中的"删除批注"命令。
- 删除所有批注的方法，选择"审阅"→"批注"→"删除"→"删除文档中的所有批注"命令。
- 删除指定审阅者批注的方法，选择单击"审阅"→"修订"→"显示标记"按钮，将"审阅者"下"所有审阅者"前的复选框√去掉，将要删除的审阅者前的复选框打上√。然后单击"删除"按钮下的箭头，执行其下拉菜单中的"删除所有显示的批注"命令。

4.8.2 修订

除让其他人审阅文档使用修订外，在自己编辑文档时修订功能也是有用的，如出现误操作，退出后要再恢复的话，可以使用修订功能。

1. 使用修订标记

使用修订标记，即是对文档进行插入、删除、替换及移动等编辑操作时，使用一种特殊的标记来记录所做的修改，以便于其他用户或者原作者知道文档所做的修改，这样作者还可以根据实际情况决定是否接受这些修订。

使用修订标记来记录对文档的修改，需要设置文档使其进入修订状态。

进入修订状态操作方法是选择"审阅"→"修订"→"修订"命令，使文档处于修订状态，另外选择"审阅"→"修订"→"审阅窗格"中的"水平审阅窗格"或"垂直审阅窗格"，打开"审阅窗格"，这时对文档进行编辑操作时，会以修订标记来显示所做的修改。

2. 接受修订或拒绝修订

文档让审阅者修订后，作者可以决定是否接受这些修改，方法如下：

在修订处右键单击，选择"接受修订"或"拒绝修订"快捷菜单；选择"审阅"→"更改"→"接受"或"拒绝"按钮。

3. 修订的四种显示方式

选择"审阅"→"修订"→"显示以供审阅"按钮，在其中选择修订的状态，这 4 种含义如下。

- 显示标记的最终状态：插入的文字和格式修改会直接显示在原文中，在批注方框中显示删除后的文字。
- 最终状态：直接呈现出修改后的文档内容。
- 显示标记的原始状态：删除的文字仍保留在原文中，则批注方框中显示插入的文字和格式修改。
- 原始状态：显示原始未修改的文档，了解未做修订的文档内容。

4.9 打印文档

打印通常是文字处理的最后一步，打印出的文档可用来校对或正式使用。Word 具有强大的打印功能，在打印前可在屏幕上预览，看到打印的实际效果。打印时，除打印文档外，还可以打印文档的一些属性信息。

1. 打印预览

Word 在打印前可在屏幕上预览，以看到打印的实际效果，对打印预览窗口还可进行一些设置，以满足用户对打印预览的要求。

选择"文件"→"打印"，在出现的"打印"面板中的右侧就是打印预览的内容，如图 4-51 所示。

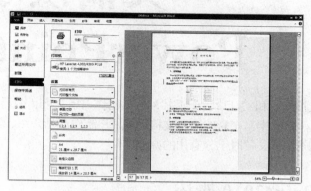

图 4-51　"打印"面板

预览面板底部的翻页按钮、显示比例按钮和缩放到页面按钮，用来控制打印预览的显示方式。

单击除"文件"按钮外的任何功能区，回到文本的编辑状态。

2. 打印文档

打印前，必须设置好所使用的打印机。

选择和设置打印机使用"打印"面板中的"打印机"选项组。

"打印"选项组的"份数"加减器用来确定打印的份数。

"设置"选项组用来控制打印的方式：打印的范围；单、双面打印；每版打印的页数等。

每版打印的页数是缩放打印，就像复印机的缩放功能一样。

第 5 章
文稿演示软件
PowerPoint 2010

PowerPoint 是文稿演示和幻灯片制作工具，可以制作出集文字、图形、图像、声音及视频剪辑等多媒体元素于一体的丰富多彩的演示文稿，是用户制作产品介绍、学术演讲、公司简介、计划、教学课件等电子演示文稿时十分有用的办公软件。

5.1 PowerPoint2010 概述

PowerPoint 是 Office 的一个组件，因此，与前面讲述的 Word、Excel 的通用操作以及相同按钮的功能及操作基本上是相同的。

5.1.1 初识 PowerPoint 2010

1．PowerPoint 的功能与特点

（1） 为演示文稿带来更多活力和视觉冲击

应用成熟的照片效果而不使用其他照片编辑软件程序可节省时间和金钱。通过使用新增和改进的图像编辑和艺术过滤器，如颜色饱和度和色温、亮度和对比度、虚化、画笔和水印，将图像变成引人注目的、鲜亮的图像。

（2） 与他人同步工作

你可以同时与不同位置的其他人合作同一个演示文稿。当访问文件时，可以看到谁在与用户合著演示文稿，并在保存演示文稿时看到所作的更改。对于企业和组织，与 Office Communicator 集合可以查看作者的联机状态，并可以与没有离开应用程序的人轻松启动会话。

（3） 添加个性化视频体验

在 PowerPoint2010 中直接嵌入和编辑视频文件，方便的书签和剪裁视频仅显示相关节。使用视频触发器，可以插入文本和标题以引起访问群体的注意，还可以使用样式效果（如淡化、映像、柔化棱台和三维旋转）可迅速引起访问群体的注意。

（4） 想象一下实时显示和说话

通过发送 URL 即时广播 PowerPoint2010 演示文稿以便人们可以在 Web 上查看演示文稿。访问群体将看到体现设计意图的幻灯片，即使没有安装 PowerPoint 也没有关系。还可以将演示文稿转换为高质量的视频，通过叙述与使用电子邮件、Web 或 DVD 的所有人共享。

（5） 从其他位置在其他设备上访问演示文稿

将演示文稿发布到 Web，从计算机或 Smartphone 联机访问、查看和编辑。使用 PowerPoint 2010，可以按照计划在多个位置和设备完成这些操作。Microsoft PowerPoint Web 应用程序，将 Office 体验扩展到 Web 并享受全屏、高质量复制的演示文稿。当离开办公室、家或学校时，创

建联机存储演示文稿，并通过 PowerPoint Web 应用程序编辑工作。

（6） 使用美妙绝伦的图形创建高质量的演示文稿

不必是设计专家也能制作专业的图表。使用数十个新增的 SmartArt 布局可以创建多种类型的图表，例如组织系统图、列表和图片图表。将文字转换为令人印象深刻的可以更好的说明想法的直观内容。创建图表就像键入项目符号列表一样简单，或者只需单击几次就可以将文字和图像转换为图表。

（7） 用新的幻灯片切换和动画吸引访问群体

PowerPoint 2010 提供了全新的动态切换，如动作路径和看起来与在 TV 上看到的图形相似的动画效果。轻松访问、发现、应用、修改和替换演示文稿。

（8） 更高效地组织和打印幻灯片

通过使用新功能的幻灯片轻松组织和导航，这些新功能可帮助将一个演示文稿分为逻辑节或与他人合作时为特定作者分配幻灯片。这些功能允许更轻松地管理幻灯片，如只打印需要的节而不是整个演示文稿。

（9） 更快完成任务

PowerPoint 2010 简化了访问功能的方式。新增的 Microsoft Office Backstage 视图替换了传统的文件菜单，只需几次点击即可保存、共享、打印和发布演示文稿。通过改进的功能区，可以快速访问常用命令，创建自定义选项卡，个性化的工作风格体验。

（10） 跨越沟通障碍

PowerPoint 2010 可帮助在不同的语言间进行通信，翻译字词或短语为屏幕提示、帮助内容和显示设置各自的语言设置。

2．制作演示文稿应考虑的因素

虽然使用 PowerPoint 可以制作精美的演示文稿，但要想使用演示文稿进行一次出色的演示，应在制作演示文稿前仔细规划，如确定演示对象和演示方法，在演示结束后，对演示进行认真的评估，以便发现问题并及时更正。

（1） 确定演示对象

演示对象包括听众人数、年龄、角色及知识水平等。若演示的对象较少，通过计算机进行演示即可；若演示的对象较多，可以将计算机与投影仪连接起来，通过投影仪放映演示文稿。另外，听众的角色在演示中也起很大的影响，如针对一公司的演示，若演示对象是公司的高层管理人员，只需在演示中概括主体内容即可，若演示的对象是一线工作人员，则必须详细演示，不放过任何一个细节。

（2） 确定演示方法

PowerPoint 提供 3 种演示方式：演讲者放映、观众自行浏览和在展台放映。制作演示文稿后，应根据演示对象确定演示方法，从而使制作出的演示文稿更加符合演示的环境。

（3）评估演示成果

对于经常使用演示文稿进行演示的人员，在演示过后应认真评估自己的演示，从而从一次一次的实践中吸取经验，以便在日后的工作中不断提高自己的演示水平。对演示的评估包括幻灯片的颜色和版式是否合适、幻灯片中的内容是否简单易懂、幻灯片是否能够吸引每一位观众的注意力、演示的时间长度是否合适、演讲者备注的信息是否安排得当，以及动画效果是否使演示更加生动等。

3．演示文稿与幻灯片

Word 使用"页"来承载文字、图片等文章中的内容，PowerPoint 则使用幻灯片来承载需要演示的画面。在 PowerPoint 中的一个基本显示单元（又称视觉形象页）称为幻灯片，它和日常生活中传统的幻灯片并不是同一个概念，可以简单地将它理解成显示屏显示的一屏信息，而一篇演示文稿通常包含有许多张幻灯片。

PowerPoint 制作的每篇演示文稿都是由若干张围绕演讲主题的幻灯片构成的计算机文件。同写文章需要有特定的主题一样，演示文稿也不是许多杂乱无章的幻灯片的堆砌，演示文稿也有围绕演讲者演讲中心的主题，通过对幻灯片的颜色、字体、布局设计等平面设计要素的灵活运用来吸引听众，达到演讲者的演讲目标。

因此，演示文稿与幻灯片的关系是，演示文稿是由许多张幻灯片组成的。每张幻灯片主要由文字、图片、图表、表格等多种对象组成。

4．演示文稿的制作流程

制作一篇成功的演示文稿，前期必须进行总体策划、收集素材等准备工作，之后再用 PowerPoint 进行制作。

（1）总体策划

如演示文稿的主题、组成内容、切入点、用哪些元素表达、要达到的效果等，做到心中有数，然后再确定总体结构。

（2）收集素材

收集素材包括图片、文字和声音等。

（3）开始制作

制作幻灯片的基本步骤包括：创建演示文稿，在幻灯片中插入文本、格式化文本、插入图片、设置动画效果和放映效果等。

制作中对于颜色的选择一般不应超过 3 种，应做到协调配色。

制作幻灯片在表现形式上一定要灵活。制作时，尽量少出现文字，能用图片等多媒体对象代替的绝对不要使用文字。

5．PowerPoint 2010 的启动与退出

（1）启动 PowerPoint 2010

选择"开始"→"所有程序"→"Microsoft Office"→"Microsoft Office PowerPoint 2010"菜单命令，就可以启动 PowerPoint 2010。

（2）退出 PowerPoint 2010

使用 PowerPoint 2010 处理完演示文稿后，就可以退出该应用程序。退出 PowerPoint 2010应用程序前要保存编辑修改的演示文稿，退出时可选择"文件"→"退出"菜单命令。

5.1.2　PowerPoint 窗口

PowerPoint 启动后的窗口如图 5-1 所示，它的组成与 Word、Excel 类似，这里只说明与 Word、Excel 不同的地方。

幻灯片/大纲浏览窗格　　　　　　　　　　　　　幻灯片窗格

备注窗格

图 5-1　PowerPoint 窗口

除文件按钮外，PowerPoint 包含的功能区有：开始、插入、设计、切换、动画、幻灯片放映、审阅、视图、加载项等。

功能区下方的演示文稿编辑区分为如下 3 个部分。

1．幻灯片窗格

幻灯片窗格显示幻灯片的内容，包括文本、图片、表格等各种对象。可以在该窗格输入和编辑幻灯片内容。

2．备注窗格

对幻灯片的解释、说明等备注信息在此窗格中输入与编辑，供演讲者参考。

3．幻灯片/大纲浏览窗格

该窗格上有两个选项卡，幻灯片选项卡显示各幻灯片的缩略图，哪个是当前幻灯片，单击一幻灯片缩略图，将立即在幻灯片窗格中显示该幻灯片。在这里还可以轻松地重新排列、添加或删除幻灯片。大纲选项卡可以显示各幻灯片的标题与正文信息。在幻灯片窗格编辑标题或正文信息时，大纲窗格也同步变化。

在"普通"视图下，这 3 个窗格同时显示在演示文稿编辑区，用户可以同时看到三个窗格的显示内容，有利于从不同角度编排演示文稿。

拖动演示文稿编辑区 3 个窗格之间的分界线，可以调整各窗格的大小，以满足编辑需要。

5.1.3　打开与关闭演示文稿

1．打开演示文稿

启动 PowerPoint 后，若要对已有的演示文稿进行编辑，必须首先打开它。

打开演示文稿的操作步骤如下。

第 1 步：选择"文件"→"打开"命令，这时屏幕上出现"打开"对话框。

第 2 步：在"打开"对话框的左侧窗格中选择演示文稿存放的文件夹，在右侧窗格列出的文件中选择要打开的演示文稿，或直接在下面的"文件名"文本框中输入要打开的演示文稿文件名，然后单击"打开"按钮即可打开该演示文稿。

在"打开"按钮的下拉菜单中，选择"以副本方式打开"，或"以只读方式打开"表示演示文稿以其副本方式打开，对副本的修改不会影响原演示文稿，打开后标题栏上的文件名前出现"副本（1）"的字样；或以只读方式打开演示文稿，只能浏览，不允许修改，若修改则不能用原文件名保存，只能以其他文件名保存，打开后标题栏上的文件名后出现"[只读]"的字样。

要打开最近使用过的演示文稿，选择"文件"→"最近所用文件"命令，在右侧出现的面板中选择即可。

2．关闭演示文稿

完成了对演示文稿的编辑、保存后，需要关闭演示文稿。其具体操作方法如下。

选择"文件"→"关闭"命令，关闭当前的演示文稿，但并不退出 PowerPoint；

选择"文件"→"退出"命令，关闭当前的演示文稿，并退出 PowerPoint。

5.2　制作简单的演示文稿

5.2.1　新建演示文稿

每个演示文稿可以包含多张幻灯片，每张幻灯片可以存放各种类型的信息。

新建演示文稿有 4 种方式：空白演示文稿、根据主题、根据模板和根据现有演示文稿创建等。

1．使用"空白演示文稿"创建演示文稿

空白演示文稿是空白的，由没有预先任何设计方案和示例文本的空白演示文稿组成，根据自己的需要选择幻灯片版式开始演示文稿的制作。

创建空白演示文稿有两种方法，第一种是启动 PowerPoint 时自动创建一个空白的演示文稿。第二种方法是在 PowerPoint 已经启动的情况下，选择"文件"→"新建"命令，出现"新建"面板，如图 5-2 所示。

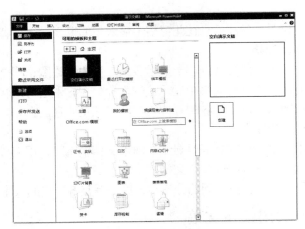

图 5-2　新建面板

在"新建"面板的"可用的模板和主题"中选择"空白演示文稿"，单击右侧的"创建"按钮即可，也可直接双击"可用的模板和主题"中"空白演示文稿"。

2．使用主题创建演示文稿

主题是事先设计好的一组演示文稿的样式框架，主题规定了演示文稿的外观样式，包括母版、配色、文字格式等设置。使用主题方式，不必费心设计演示文稿的母版和格式，直接在系统提供的各种主题中选择一个最合适的主题，创建一个该主题的演示文稿，且整个演示文稿外观一致。

选择"文件"→"新建"命令，在"新建"面板的"可用的模板和主题"中选择"主题"，在随后出现的主题列表中选择一个主题，并单击右侧的"创建"按钮即可，也可直接双击主题列表中的主题创建。

3．使用模板创建演示文稿

模板是指预先设计了外观、标题、文本图形格式、位置、颜色及演播动画的幻灯片的待用文档。PowerPoint 提供了丰富多彩的模板。因为模板已经提供多项设置好的演示文稿外观效果，所以用户只需将内容进行修改和完善即可创建美观的演示文稿。使用这种方式，可以在系统提供的各种模板中根据自己的需要选用一种内容最接近自己需求的模板，对模板中的提示内容幻灯片，用户可根据自己的需要进行补充完善。

预设的模板不能满足要求的话，可以在 office.com 网站下载。

选择"文件"→"新建"命令，在"新建"面板的"可用的模板和主题"中选择"样本模板"，在随后出现的模板列表中选择一个模板，并单击右侧的"创建"按钮即可，也可直接双击模板列表中的所选模板。

4．用现有演示文稿创建演示文稿

使用现有演示文稿方式，可以根据现有演示文稿的风格样式建立新演示文稿。新演示文稿

的风格样式与现有演示文稿完全一样。常用此方法快速创建与现有演示文稿类似的演示文稿，适当修改完善即可。

选择"文件"→"新建"命令，在"新建"面板的"可用的模板和主题"中选择"根据现有内容新建"，在出现的"根据现有演示文稿新建"对话框中选择目标演示文稿文档，并单击"新建"按钮。系统将创建一个与目标演示文稿样式和内容完全一致的新演示文稿，只要根据需要适当修改并保存即可。

5．幻灯片版式

幻灯片版式是 Power Point 中的一种常规排版的格式，通过幻灯片版式的应用可以对文字、图片等更加合理简洁完成布局。通常 Power Point 已经内置几个版式类型供使用者使用，利用这几个版式可以轻松完成幻灯片制作和运用。

"版式"指的是幻灯片内容在幻灯片上的排列方式。版式由占位符组成，而占位符可放置文字（如标题和项目符号列表）和幻灯片内容（如表格、图表、图片、形状和剪贴画等）。所谓占位符就是预设了格式、字形、字号、颜色、图形位置的文本框（因此，对这些文本框的操作与 Word 中类似）。

由标题和项目符号列表的占位符组成基本版式。

使用前面介绍的四种创建新幻灯片后，其版式是固定的。若对幻灯片版式不满意的话，可以应用一个新的版式，这时所有的文本和对象仍保留在幻灯片中，但是要重新排列它们以适应新的版式。

选定要重新设置版式的幻灯片，选择"开始"→"幻灯片"→"版式"命令，在弹出的版式列表中选择一种版式即可。

5.2.2　编辑幻灯片中的文本信息

演示文稿由若干张幻灯片组成，幻灯片根据需要可以出现文本、图片、表格等表现形式。文本是最基本的表现形式，也是演示文稿的基础。虽然图片、表格、背景等对演示文稿的播放增色不少，但表达实质内容的还是依靠幻灯片的文本来表达。因此，掌握文本的输入、删除、插入、修改等编辑操作十分重要。

1．输入文本

当新建演示文稿时，PowerPoint 自动生成一张标题幻灯片，其中包含两个虚线框，框中有提示文字，这个虚线框称为占位符，如图 5-1 所示。可以用实际所需要的文本取代占位符中的文本。在占位符中输入文本的操作步骤如下。

第 1 步：单击占位符，这时在占位符中出现文本插入点。

第 2 步：输入文本。在输入文本的过程中，PowerPoint 会自动将超出占位符的部分转到下一行，或按【回车】键开始新的文本行。

第 3 步：输入完成后，单击幻灯片的空白区域即可。

若要在占位符之外添加文本，则必须首先插入文本框。操作方法是选择"插入"→"文本"→"文本框"→"横排文本框"或"垂直文本框"命令，在幻灯片上拖动画出合适大小的文本框。与占位符不同，文本框没有出现提示文字，只有插入点，在文本框中输入所需文本即可。

2．选定文本

要对文本编辑，必须先选定文本。根据需要可以选定整个文本框、整段文本或部分文本。

选定整个文本框的操作是，单击文本框的任一位置，出现文本框的虚线框，再单击虚线框，则变成实线框，表示选中整个文本框。单击文本框外的位置，即可取消选中状态。

选定文本的操作与 Word 类似，如拖动选定部分文本；将鼠标指针放在一段的某一位置，三击鼠标选定整段文本等。

3．替换、插入、删除、移动、复制文本

这与 Word 的操作是类似的。

5.2.3 在演示文稿中增加和删除幻灯片

通常，演示文稿由多张幻灯片组成，创建空白演示文稿时，自动生成一张空白幻灯片。当一张幻灯片编辑完成后，还需要继续制作下一张幻灯片，这时需要增加新幻灯片。在已经存在的演示文稿中有时需要增加若干幻灯片，而对某些不再需要的幻灯片则需要删除。因此必须掌握增加或删除幻灯片的方法。要增加或删除幻灯片，必须先选择幻灯片，使之成为当前操作的对象。

1．选定幻灯片

要插入新幻灯片，首先确定当前幻灯片，它代表插入位置，新幻灯片将插在当前幻灯片后面。若要删除或编辑幻灯片，则先选定目标幻灯片，使其成为当前幻灯片，然后再执行删除或编辑操作。"幻灯片/大纲浏览"窗格中可以显示多张幻灯片，因此在该窗格中选定幻灯片易于操作。

"幻灯片/大纲浏览"窗格中，可以首先拖动滚动条，找到要选定的幻灯片，然后单击选定单张幻灯片；选定第一张幻灯片后，按住【Shift】键，单击所选幻灯片的最后一张幻灯片，则这两张幻灯片之间（包含这两张在内）的所有幻灯片被选中；按住【Ctrl】键，单击要选定的幻灯片，可以选定多张不相邻的幻灯片。

若"幻灯片/大纲浏览"窗格选定的是"幻灯片"选项卡，选定时单击幻灯片的缩略图；若选定的是"大纲"选项卡，单击的是幻灯片符号■。

2．插入幻灯片

增加新幻灯片可以通过幻灯片插入操作来实现，其操作方式有两种：插入新幻灯片、插入当前幻灯片的副本。

（1）插入新幻灯片

插入新幻灯片可由用户重新定义插入幻灯片的格式（如版式等），再输入相应的内容。在"幻灯片/大纲浏览"窗格选定幻灯片，选择"开始"→"幻灯片"→"新建幻灯片"按钮直接插入一张新的幻灯片（空白版式）；或单击"新建幻灯片"下拉按钮，在出现的幻灯片版式列表中选择一种版式，则在当前幻灯片后插入指定版式的幻灯片。

另外，在"幻灯片/大纲浏览"窗格选定幻灯片，选择快捷菜单中的"新建幻灯片"命令，插入一张空白版式的幻灯片。

（2）插入当前幻灯片的副本

插入当前幻灯片的副本直接复制当前幻灯片（包括幻灯片格式和内容）作为插入的幻灯片，即保留现有的格式和内容，用户只要编辑内容即可。

在"幻灯片/大纲浏览"窗格选定幻灯片，选择"开始"→"幻灯片"→"新建幻灯片"→"复制所选幻灯片"命令，也可使用快捷菜单插入当前幻灯片的副本。

3．删除幻灯片

在"幻灯片/大纲浏览"窗格中选定幻灯片的缩略图，然后按【Delete】键，或选择"删除幻灯片"快捷菜单。

5.2.4 插入对象

在 PowerPoint 中可以插入多种对象，这些对象包括：剪贴画、图形、图片、图表、表格、视频剪辑、数学公式、组织结构图、地图、AutoCAD 文件等。这些对象的插入操作与在 Word 中的插入操作类似。下面讲解的是在 Word 中没有讲解的对象的插入。

在占位符中插入除文本外的其他对象，只需单击占位符中的图标，这时打开一个对话框，帮助用户选择并插入该对象的内容。

1．插入 SmartArt 图形

插入 SmartArt 图形（这里以层次结构图为例）的操作步骤如下。

第 1 步：选择"插入"→"插图"→"SmartArt"命令，弹出"选择 SmartArt 图形"对话框，如图 5-3 所示。

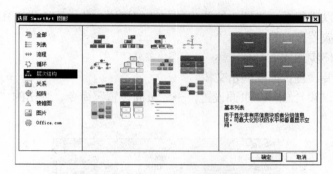

图 5-3　"选择 SmartArt 图形"对话框

第 2 步：在该窗口单击"层次结构"选项卡，在该对话框中选择一种层次结构图，这时在幻灯片窗格出现选定的层次结构图和"在此处键入文字"框，在此框中输入每一个结构图的文字，输入的内容立刻就可以显示在图形之中。

选中 SmartArt 图形时，功能区上就会出现"SmartArt 工具"，下面还有"设计"与"格式"两大功能区，可以对图形进行美化操作。其操作与 Word 所讲述的图片的操作是类似的。

2．插入视频和音频

可以在幻灯片上插入影片，插入视频或音频的操作步骤如下。

第 1 步：选择要插入视频或音频的幻灯片。

第 2 步：选择"插入"→"媒体"→"音频"或"视频"命令。

视频的插入包括"文件中的视频"和"剪贴画视频"。如选择"文件中的视频"命令。在弹出的"插入视频文件"对话框中的文件类型下拉列表框中选择"Adobe Flash Media"就可以在幻灯片中插入 Flash 动画。

音频的插入包括"文件中的音频"、"剪贴画音频"和"录制音频"。

5.2.5 保存演示文稿

保存演示文稿是把演示文稿作为一个文件保存在磁盘上。正在编辑的演示文稿是驻留在内存和磁盘上的临时文件，只有保存了演示文稿，编辑修改工作才能保存下来。否则，退出 PowerPoint 后，所编辑修改的演示文稿就会丢失。

使用"文件"→"保存"命令，可以用当前的文件名保存。对于新建的文件，使用"保存"命令时会出现"另存为"对话框，要求选择保存文件的位置、文件名等信息，操作方法与打开文件类似。PowerPoint 2010 默认的文件扩展名为.pptx，也可保存为 97-2003 格式（文件后缀

为.ppt），以便与未安装 PowerPoint2010 的用户交流。

使用"文件"→"另存为"命令，可以将当前编辑的文件以另一文件名保存。使用"另存为"命令，对于要创建一个在原来文件基础上稍做修改的文件来说是非常有用的。

编辑幻灯片时，可以让 PowerPoint 自动每间隔一段时间重新保存一次文档，使用这个功能可以选择"文件"→"选项"命令，在弹出的"选项"对话框的"保存演示文稿"选项卡中，选择"保存自动恢复信息时间间隔"复选框，然后输入间隔时间即可。

5.2.6 打印幻灯片

制作好的幻灯片，除了可以在屏幕上放映外，还可以将其打印出来，便于演讲时参考，现场分发给观众、传递交流和存档。

1．页面设置

在打印之前可以进行页面设置，这些设置包括幻灯片、备注页、讲义和大纲、在屏幕上和打印纸上的大小和放置方向等。

页面设置的操作步骤如下。

第1步：打开要设置页面的演示文稿。

第2步：选择"设计"→"页面设置"→"页面设置"命令，弹出的"页面设置"对话框如图 5-4 所示。

图 5-4　"页面设置"对话框

第3步：在该对话框中进行以下相应设置。

● 幻灯片大小。

在该下拉列表框中选择幻灯片的打印尺寸。当选择"自定义"选项时可以在"宽度"和"高度"数值框中输入幻灯片的大小。

● 幻灯片编号起始值。

在此设置幻灯片编号的起始值。

● 方向。

包括幻灯片的方向，备注、讲义和大纲的方向。对幻灯片来说，演示文稿中的所有幻灯片必须保持同一方向。

2．打印

打印演示文稿的操作步骤如下。

第1步：打开要打印的演示文稿，选择"文件"→"打印"命令，出现的"打印"面板如图 5-5 所示。

第2步：在"打印"面板中设置打印选项，包括以下几个部分。

● 打印份数：输入要打印的份数。

● 打印机：选择要使用的本地或网络上的打印机。

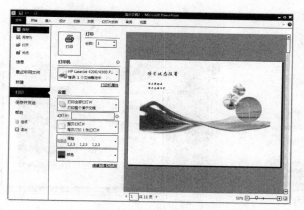

图 5-5　"打印"面板

● 设置：用来确定打印范围，可以全部打印、打印当前幻灯片、打印选定幻灯片、打印自定义范围。若选择"打印自定义范围"，则在下面的"幻灯片"文本框中输入要打印的幻灯片序号，非连续的幻灯片序号用"，"分开，连续的幻灯片序号用"-"分开。

● 整页幻灯片：用来设置打印版式（整页幻灯片、备注页或大纲），或打印讲义的方式（1张幻灯片、2 张幻灯片、3 张幻灯片等）。选择打印讲义的方式时，右边的预览区显示打印出来的效果。

● 调整/取消排序：设置打印的顺序。"调整"是指打印 1 份完整的演示文稿后再打印下一份（即 1,2,3 1,2,3 1,2,3 顺序），"取消排序"则表示打印各份演示文稿的第 1 张幻灯片后再打印各份演示文稿的第 2 张幻灯片……（即 1,1,1　2,2,2　3,3,3 顺序）。

● 纵向/横向：设置打印方向。

● 颜色/灰度/黑白：打印色彩/灰度选择。

设置完成后，单击"打印"按钮。

若要设置打印机属性，单击"打印机属性"超链接，在弹出的"×××属性"对话框中进行设置。

5.3　PowerPoint 的视图

PowerPoint 可以提供多种显示演示文稿的方式，从而可以从不同角度有效管理演示文稿。这些演示文稿的不同显示方式称为视图。这些视图包括三类：演示文稿视图（包括普通视图、幻灯片浏览视图、备注页视图、阅读视图）、母版视图（对母版进行修改的视图，有幻灯片母版、讲义母版、备注母版）、幻灯片放映视图，其中最常使用的两种视图是普通视图和幻灯片浏览视图。采用不同的视图为某些操作带来方便，如幻灯片浏览视图因能显示更多幻灯片缩略图，而移动多张幻灯片非常方便，普通视图更适合编辑幻灯片的内容。

不同视图之间的切换可以通过"视图"功能区中的按钮；或状态栏右边的视图切换按钮 ▣▦▥▭［这些按钮分别为普通视图、幻灯片浏览视图、阅读视图、（从当前）幻灯片（开始）放映视图］。

5.3.1　常用视图

这里对常用视图做一个简单的介绍，母版视图在下一节有介绍，幻灯片放映视图在 5.5 节有详细介绍。

1. 普通视图

普通视图如图 5-6 所示。

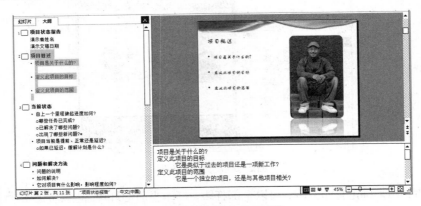

图 5-6　普通视图-大纲窗格

普通视图是创建演示文稿的默认视图。普通视图包括 3 个窗格：幻灯片/大纲窗格（左）、幻灯片窗格（右上）和备注窗格（右下）。可以同时显示演示文稿的幻灯片缩略图（或大纲）、幻灯片和备注内容。

普通视图的大纲窗格可用来组织和创建演示文稿中的内容。可以键入演示文稿中的文本，然后重新排列项目符号、段落和幻灯片。

从图 5-6 中可以看出，在大纲窗格中，显示各张幻灯片中的文字，不包含图形等其他对象。图 5-6 目前显示第 1 张到第 6 张幻灯片中的文字，若要显示其他幻灯片中的文字，可以拖动窗格右边的滚动条。幻灯片左边的数字表示幻灯片序号，右边的文字为幻灯片的各级标题。

一般在该视图下，幻灯片窗格面积较大，拖动窗格边框可调整窗格的大小。

2. 幻灯片浏览视图

幻灯片浏览视图如图 5-7 所示。

图 5-7　幻灯片浏览视图

幻灯片浏览视图可以在屏幕上同时看到演示文稿中的多张幻灯片，这些幻灯片是以缩略图显示的。这样，就可以很容易地在幻灯片之间添加、删除和移动幻灯片以及选择动画切换，还可以预览多张幻灯片上的动画。

3. 备注页视图

备注页视图如图 5-8 所示。

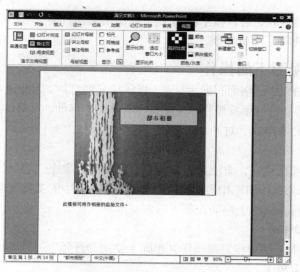

图 5-8　备注页视图

备注页一般提供给演讲者使用，可以记录演讲者演讲时所需要的重点提示。备注页视图主要用来进行备注文字的编辑。备注页视图的画面被分为上下两个部分，上面是幻灯片，下面是一个文本框。这个文本框用来输入和编辑备注内容，并且可以打印出来作为演讲稿。

在备注页视图中，用户不能对上方的幻灯片进行编辑，若要编辑，则应切换到普通视图或幻灯片浏览视图。用户也可以直接双击上方的幻灯片，这时 PowerPoint 会自动切换到普通视图。

4. 阅读视图

阅读视图（见图 5-9）只保留幻灯片窗格、标题栏和状态栏，其他编辑功能被屏蔽，目的是幻灯片制作完成后的简单放映浏览。通常是从当前幻灯片开始放映，单击可以切换到下一张幻灯片，直到放映最后一张幻灯片后退出阅读视图。放映过程中按【Esc】键可随时从阅读视图退出，也可用状态栏的视图切换按钮进行切换。

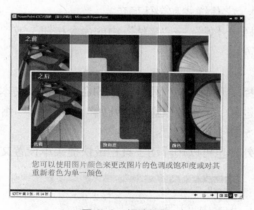

图 6-9　阅读视图

5. 幻灯片放映视图

幻灯片放映视图就像一个幻灯放映机，整个屏幕只显示一张幻灯片。同时还可以看到其他视图中看不到的动画、定时效果。

在放映的过程中，可以通过设置绘图笔加入屏幕注释或指定切换到特定的幻灯片。

若要结束幻灯片的放映，可以按【Esc】键，或使用鼠标右键单击正在放映的幻灯片，在快捷菜单中选择"结束放映"菜单命令。

5.3.2 普通视图下的操作

在普通视图下，幻灯片窗格面积最大，用于显示单张幻灯片，因此适合对幻灯片上对象（包括文本、图片、表格等）进行编辑操作。主要操作有选定、移动、复制、插入、删除、缩放（对图片等对象）及设置文本格式、对齐方式等。

1．选定操作

对对象操作前必须选定它，方法是将鼠标指针移动到对象上，当鼠标指针呈十字箭头时单击它即可。选定后，该对象周围出现控点。要选定文本对象中的某些文字，单击文本框，当文本框周围出现控点后再在文本上拖动，即可选定文本。

2．移动和复制操作

与 Word 中对文本的移动和复制操作时相同（使用"开始"→"剪贴板"中的命令按钮，或快捷方式，或快捷菜单）。

3．删除操作

选定对象后，按【Delete】键，或"开始"→"剪贴板"→"剪切"命令。

4．改变对象的大小

对象选定后，当其周围出现控点时，用与 Word 中相同的方法调整大小。

5．编辑文本对象

幻灯片中包括许多占位符（空白版式除外），可以用实际所需要的文本取代占位符中的文本。

若要在占位符之外添加文本，则必须首先插入文本框。操作方法是选择"插入"→"文本"→"文本框"→"横排文本框"或"垂直文本框"命令，在幻灯片上拖动画出合适大小的文本框。

若要对已存在的文本框中的文字进行编辑，先选中该文本框，然后单击插入位置，对文本进行编辑即可（操作与 Word 类似）。

6．调整文本格式

（1） 字体、字体大小、字体样式和字体颜色

先选定文本，然后选择"开始"→"字体"中的命令按钮，或"字体"对话框，或浮动工具栏，或快捷菜单进行设置。

（2） 文本对齐方式

先选定文本，然后选择"开始"→"段落"中的命令按钮：文本左对齐、居中、文本右对齐、两端对齐、分散对齐进行上设置。或选择"开始"→"段落"组旁的对话框启动器，打开"段落"对话框（见图 5-10）进行设置。

除用上面介绍的方法外，也可以用浮动工具栏或快捷菜单设置文本的对齐方式。

图 5-10 "段落"对话框

7. 提高/降低标题的级别

在大纲窗格中，每一行文本都可以是标题或带标记（或不带标记）的正文。左边的数字是幻灯片的顺序编号。标题是按级别从上到下、从左到右逐行缩进的。左边的级别较高，缩进量相同的级别也相同，不同级别的行均以不同的标记区别开来。

在大纲窗格中幻灯片标记☐是最高级别的标题，用户可以根据需要将它的级别降低；最低级别为第8级，用户可以将它提升；其他级别的标题既可以提升也可以降低。

提升/降低标题的方法选定要提升/降低的标题，选择快捷菜单中的"升级"或"降级"命令。

若对最高级别标题再提升，则该标题会脱离原来的幻灯片而生成一张新的空幻灯片；若单击幻灯片编号，则幻灯片的内容均被选定，再"降级"，则全部内容均降低一级并加入上一张幻灯片中，原有幻灯片被撤销。

8. 标题上移/下移

若要将当前标题向上/向下移动一个标题行，可使用快捷菜单中的"上移"、"下移"菜单命令，若当前标题带有小标题，则一起上/下移动，移动过程中各标题的级别不变。

9. 幻灯片内容的折叠与展开

折叠是指只显示幻灯片的标题，展开则可显示幻灯片的全部内容。在"大纲"窗格标题的快捷菜单中有"折叠"、"展开"菜单命令，可用来折叠与展开。

5.3.3 幻灯片浏览视图下的操作

幻灯片浏览视图可以同时显示多张幻灯片缩略图，因此对幻灯片的顺序重排、移动、复制、插入和删除幻灯片操作是很方便的。

1. 选定幻灯片

在幻灯片浏览视图下，窗口中以缩略图方式显示全部幻灯片，而且幻灯片的大小可以调节（用状态栏右侧的显示比例控制按钮来调节）。因此，可以同时看到比幻灯片/大纲窗格中更多的幻灯片缩略图，如果幻灯片不多，甚至可以显示全部幻灯片缩略图，可以快速找到目标幻灯片。

利用滚动条或【PgUp】或【PgDn】键滚动屏幕找到目标幻灯片，单击目标幻灯片缩略图，该幻灯片的四周出现黄框，表示选中该幻灯片。

若要选定多张连续或不连续的幻灯片，与 Windows 里讲述的选定对象的操作相同。

2. 缩放幻灯片缩略图

在幻灯片浏览视图下，幻灯片通常以 66% 的比例显示，所以称为幻灯片缩略图。根据需要可以调节显示比例，如要一屏显示多张幻灯片缩略图，则可以缩小显示比例。

要确定幻灯片缩略图显示比例，在幻灯片浏览视图下，选择"视图"→"显示比例"命令，出现"显示比例"对话框，如图 5-11 所示。在该对话框中选择合适的比例或自定义显示比例。也可用状态栏右侧的显示比例控制按钮来调节。

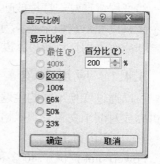

图 5-11 "显示比例"对话框

3. 重排幻灯片顺序

演示文稿中幻灯片的顺序有时要调整位置，按新的顺序排列，因此需要向前或向后移动幻灯片，其操作方法如下。

在幻灯片浏览视图，选定需要移动位置的幻灯片缩略图，拖动到目标位置，当目标位置出现一条竖线时，松开鼠标，所选幻灯片缩略图移动到该位置。移动时出现的竖线表示当前位置。也可用剪贴板实现幻灯片位置的移动。

4．插入幻灯片

在幻灯片浏览视图下可以插入一张新的幻灯片，也可插入属于另一演示文稿的一张或多张幻灯片。

（1）插入一张新的幻灯片

在幻灯片浏览视图下选定要插入的位置，该位置出现一条竖线，然后选择"开始"→"幻灯片"→"新建幻灯片"命令，在出现的幻灯片版式列表中选择一种版式后，该位置出现所选版式的新幻灯片。

（2）插入来自其他演示文稿的幻灯片

若需要插入其他演示文稿的幻灯片，可以采用重用幻灯片功能。其操作步骤如下。

第1步：幻灯片浏览视图下选定要插入的位置，该位置出现一条竖线。

第2步：选择"开始"→"幻灯片"→"新建幻灯片"→"重用幻灯片"命令，这时右侧出现"重用幻灯片"窗格。

第3步：在"重用幻灯片"窗格，选择"浏览"→"浏览文件"命令，在出现的"浏览"对话框中选择要插入幻灯片所属的演示文稿。这时"重用幻灯片"窗格出现该演示文稿的全部幻灯片。

第4步：在"重用幻灯片"窗格，选定要插入的幻灯片即可完成插入。

当然也可采用剪贴板的方式完成这种插入，其方法是打开源演示文稿，将要复制的幻灯片复制到剪贴板，然后打开目标演示文稿并确定插入位置，粘贴即可。

5．删除幻灯片

在幻灯片浏览视图下，选定要删除的一张或多张幻灯片，然后按【Delete】键。

5.4 修饰幻灯片的外观

采用应用主题样式和设置幻灯片背景等方法可以使所有幻灯片具有一致的外观。

主题是主题颜色、主题字体和主题效果三者的结合。主题可以作为一套独立的选择方案应用演示文稿中。在 PowerPoint 主题是一组设置好的颜色、字体和图形外观的集合。使用主题可以简化专业设计师水准的演示文稿的创建过程，使演示文稿具有统一的外观。

幻灯片背景对幻灯片放映效果起重要作用。一幅好的幻灯片不仅充实美化幻灯片，而且使演示文稿更加系统和专业。为此，可以对幻灯片背景的颜色、图案和纹理等进行调整，甚至用特定图片作为幻灯片背景，以达到预期的效果。

5.4.1 应用主题

可以通过变换不同的主题来使幻灯片的版式和背景发生显著变化。只要单击选定的主题，即可完成对演示文稿外观风格的重新设置。

1．应用内置主题

PowerPoint 提供了 40 多种内置主题，以及来自 Office.com 的主题，供用户选择。应用主题的操作方法如下。

打开演示文稿，选择"设计"→"主题"列表框右下角的其他按钮，弹出全部内置主题列表，如图 5-12 所示。将鼠标移动到该主题，稍后会显示主题的名称。单击该主题，则系统按该主题修饰演示文稿。

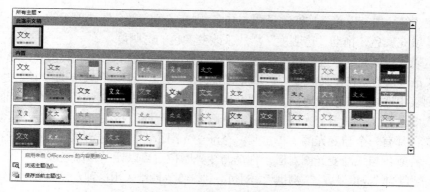

图 5-12 "主题"列表

若主题只想应用部分幻灯片，先选定这些幻灯片，找到要应用的主题后，右键单击在弹出的快捷菜单中选择"应用于选定幻灯片"命令，所选幻灯片按该主题效果自动更新，其他幻灯片不变。

2．应用内置主题颜色

选择"设计"→"主题"→"颜色"命令，在展开的下拉列表框中选择需要的主题颜色。

3．应用内置主题字体

选择"设计"→"主题"→"字体"命令，在展开的下拉列表框中选择需要的主题字体。

4．应用内置主题效果

选择"设计"→"主题"→"效果"命令，在展开的下拉列表框中选择需要的主题字体。

5.4.2 幻灯片背景的设置

幻灯片的背景对幻灯片的放映效果起重要作用，为此，可以对幻灯片的背景的颜色、图案和纹理等进行设置。也可以用特定的图片作为幻灯片的背景。

设置幻灯片的背景主要通过改变主题背景样式和设置背景格式等方法来美化幻灯片的背景。

1．改变背景样式

PowerPoint 为每种主题提供了 12 种背景样式，用户可以选择一种背景样式来快速改变所有幻灯片或部分幻灯片的背景。

打开演示文稿，选择"设计"→"背景"→"背景样式"命令，则显示当前主题 12 种背景样式列表。单击选定的背景样式，则系统按该背景样式修饰演示文稿。

若背景只想应用部分幻灯片，先选定这些幻灯片，找到要应用的背景后，右键单击在弹出的快捷菜单中选择"应用于选定幻灯片"命令，所选幻灯片按该背景样式自动更新，其他幻灯片不变。

2．设置背景格式

若对背景样式不满意，可以自己设置背景格式，来改变背景的颜色、图案、纹理填充和图片填充。

（1）改变背景颜色

背景颜色有"纯色填充"和"渐变填充"。"纯色填充"是选择一种颜色做填充背景，而"渐变填充"是将两种或更多种填充颜色逐渐混合在一起，以某种渐变方式从一种颜色逐渐过渡到另一种颜色。

选择"设计"→"背景"→"背景样式"→"设置背景格式"命令，或"设计"→"背景"组旁的对话框启动器，打开"设置背景格式"对话框，选择"填充"选项卡，如图 5-13 所示。

若选定"纯色填充"单选按钮（见图5-13），则在"填充颜色"选项组的"颜色"下拉列表中选择背景填充颜色，拖动"透明度"滑块来改变颜色的透明度。

若选定"渐变填充"单选按钮（见图5-14），可以直接选择系统"预设颜色"填充背景，也可以自定义渐变颜色。自定义渐变颜色填充背景，在"类型"下拉列表中选择渐变类型，在"方向"下拉列表中选择渐变发散方向，在"渐变光圈"下，应出现与所需颜色个数相同的渐变光圈个数，否则单击"添加渐变光圈"按钮或"删除渐变光圈"按钮，直至要在渐变填充色中使用的每种颜色都有一个渐变光圈。单击某一个渐变光圈，在"渐变光圈"下的"颜色"下拉列表中选择一种颜色与该渐变光圈对应。拖动渐变光圈位置可以调节该渐变颜色。若需要的话，还可以调节颜色的"亮度"或"透明度"。对每一种渐变光圈都采用这种方式调节，直到满意为止。

设置完成后，单击"关闭"按钮，则所选背景颜色应用于当前幻灯片；若单击"全部应用"按钮，则改变所有幻灯片的背景；单击"重置背景"按钮，则撤销本次设置，恢复设置前状态。

图5-13　"设置背景格式"－"填充"(1)　　　图5-14　"设置背景格式"－"填充"(2)

（2）图案填充

若选定"图案填充"单选按钮（见图5-15），在出现的图案列表中选择所需图案，可以使用"前景色"和"背景色"下拉列表框自定义图案的前景色和背景色。

（3）图片或纹理填充

若选定"图片或纹理填充"单选按钮（见图5-16），在"插入自"选项组单击"文件"按钮选择所需要的图片文件；或单击"剪贴板"按钮选择剪贴中的图片；或单击"剪贴画"按钮选择来自剪贴画的图片。图片选定后，若选定"将图片平铺为纹理"，则在"平铺选项"选项组设置平铺选项。

若已设置主题，则所设置的背景可能被主题背景图形覆盖，这时可以在"设置背景格式"对话框中选定"隐藏背景图片"复选框。

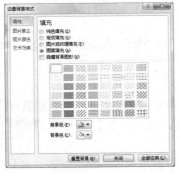

图5-15　"设置背景格式"－"填充"(3)　　　图5-16　"设置背景格式"－"填充"(4)

5.4.3 母版

母版表示某类项目的版式，PowerPoint 中的母版有幻灯片母版、讲义母版、备注母版。

幻灯片母版是一张特殊的幻灯片，控制着幻灯片中标题和文本的格式及类型。幻灯片母版包含了设定格式的占位符，这些占位符是为标题、主要文本和所有幻灯片中出现的前景项目而设置。如果要修改多张幻灯片的外观，不必一张张进行修改，只需在幻灯片母版上进行一次修改即可。PowerPoint 将自动更新已有的幻灯片，并对以后新添加的幻灯片应用这些更改。如果要更改文本格式，可选择占位符中的文本并进行更改。例如，将占位符中文本的颜色改为蓝色，将使已有幻灯片和新添幻灯片的文本自动变为蓝色。

若要更改讲义中页眉和页脚的文本、日期或页码的外观、位置和大小，可以更改讲义母版。若要使讲义的每页中都显示名称或徽标，将其添加到讲义母版中即可。

若要备注应用于演示文稿中的所有备注页，可以更改备注母版。例如，要在所有的备注页上放置公司徽标或其他艺术图案，可将其添加到备注母版中。或若要更改备注所使用的字型，在备注母版中更改即可。还可以更改幻灯片区域、备注区域、页眉、页脚、页码及日期的外观和位置等。

修改母版的方法：选择"视图"→"母版视图"中相应的命令（幻灯片母版、讲义母版、备注母版等）进行修改。这时母版幻灯片就会显示在幻灯片窗格中，可以像在幻灯片窗格中编辑幻灯片一样，编辑、修改母版。修改完成后，选择"××母版"→"关闭"→"关闭××视图"按钮。

编辑、修改母版，主要使用"××母版"功能区的按钮进行。

【例】要在每张幻灯片的左下方显示演示或制作幻灯片的日期，具体操作步骤如下。

第 1 步：打开幻灯片母版，将鼠标指针移到日期区内变成"I"形状时单击。

第 2 步：选择"插入"→"文本"→"日期和时间"命令，在弹出的"日期和时间"对话框中选择一种日期格式，如果需要使用每次演示的日期，则还应选中"自动更新"复选框，最后单击"确定"按钮。

5.5 幻灯片放映设计

制作好的幻灯片可以直接在计算机上放映，或通过投影仪在大屏幕上显示。

计算机幻灯片放映的显著特点是可以设计动画效果、加入视频和音乐、设计美妙动人的切换方式和适合各种场合的放映方式。

5.5.1 幻灯片放映方式设计

幻灯片放映时在不同的场合要选择合适的放映方式。

选择"幻灯片放映"→"设置"→"设置幻灯片放映"命令，弹出"设置放映方式"对话框如图 5-17 所示。

在该对话框中可以设置下列内容。

1．放映类型

在 PowerPoint 中用户可以选择 3 种不同的幻灯片放映方式。

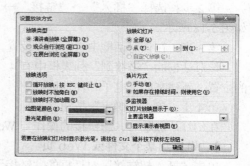

图 5-17 "设置放映方式"对话框

（1）演讲者放映（全屏幕）

这是常规的全屏幻灯片放映方式，通常用于演讲者亲自播放演示文稿。可以手动控制幻灯片和动画，或使用"幻灯片放映"→"设置"→"排练计时"命令设置时间进行放映。演讲者可以将演示文稿暂停、添加会议细节，也可以在放映的过程中录下旁白。

这种放映方式适合会议或教学的场合。

（2）观众自行浏览（窗口）

展览会上若允许观众交互式控制放映过程，则采用这种方式较适合。用于在标准窗口中观看放映，包含自定义菜单和命令，便于观众自己浏览演示文稿。

（3）在展台浏览（全屏幕）

用于自动全屏放映，适合无人看管的场合。在展会现场或会议中，如果摊位、展台或其他地点需要运行无人管理的幻灯片，可以将演示文稿设置为这种方式。演示文稿自动循环放映，观众只能观看不能控制。采用这种方式的演示文稿应事先进行排练计时。

若选择这种方式，则自动采用循环放映，按【Esc】键终止放映。

2．幻灯片放映范围

幻灯片放映的范围包括全部放映或指定放映范围。

若创建了自定义放映，则可以选择"自定义放映"单选按钮，并在下面的下拉列表框中选择自定义放映的名称。如果该演示文稿没有创建过自定义放映，则该选项不可用。

3．换片方式

换片方式有两种：一种是根据预设的时间进行自动放映，另一种是人工放映。

默认的换片方式是"如果存在排练时间，则使用它"，即如果已经设置了放映时间，则按放映时间演示幻灯片，否则就按人工方式切换幻灯片。

采用人工方式切换幻灯片时，可单击鼠标或使用快捷菜单中的"下一页"命令，或使用键盘上的【↑】、【↓】、【←】、【→】、【PgUp】和【PgDn】键。

前两种幻灯片放映方式强调自行控制放映，所以常采用"手动"换片方式，后一种幻灯片放映方式通常无人控制，应事先对演示文稿进行排练计时，并选择后一种换片方式。

5.5.2　超链接和动作按钮

像 Web 页面一样，可以在演示文稿中插入超链接，从而在幻灯片放映时，可以从当前幻灯片跳转到其他位置：某个文件或 Web 页面、本演示文稿的其他位置、新建文档、电子邮件地址等。

可以为幻灯片上的某个对象（文本、图形、图表、图片等）建立超链接。建立超链接的一般操作步骤如下。

第 1 步：选定要建立超链接的对象。

第 2 步：选择"插入"→"链接"→"超链接"命令，这时出现"插入超链接"对话框，如图 5-18 所示。

第 3 步：在该对话框中进行相关设置。

该对话框的"链接到"列表框中有 4 个按钮，分别用来设置：现有文件或网页、本文档中的位置、新建文档、电子邮件地址。

第 4 步：单击"确定"按钮。

在幻灯片放映时，超链接的操作与 Web 页面上超链接的操作是一样的。

1．链接到某个文件或 Web 页

单击"插入超链接"对话框的"链接到"下的"现有文件或网页"按钮，这时的对话框如

图 5-18 所示。

链接到的某个文件的文件路径或 Web 页的地址，可用下列方法之一来设置。

图 5-18　"插入超链接"对话框（1）

● 直接输入。

在"地址"栏中直接输入。

● 从列表中选取。

在"查找范围"下拉列表框及其下的左侧列表框中选择一项：当前文件夹、浏览过的页、最近使用过的文件，在右侧的列表框中选取文件或 Web 页。

● 查找文件或 Web 页。

单击该对话框"查找范围"右侧的"浏览文件"按钮或"浏览 Web"按钮查找一个要链接的文件或 Web 页。

若要在幻灯片放映、鼠标指针停留在建立超链接的对象上时，能自动显示一些提示信息，可以单击该对话框上的"屏幕提示"按钮，然后输入提示文字。若不输入提示文字，系统默认使用文件的路径或 Web 页地址作为屏幕提示。

2．链接到本文档中的某个位置

单击"插入超链接"对话框的"链接到"下的"本文档中的位置"按钮，这时的对话框如图 5-19 所示。

图 5-19　"插入超链接"(2)

在该对话框的"请选择文档中的位置"列表框中，可以选择本演示文稿的位置：第一张幻灯片、最后一张幻灯片、下一张幻灯片、上一张幻灯片，或根据幻灯片标题来选择某张幻灯片。

这里的屏幕提示若不设置，则无提示信息显示。

3．链接到新建文档

单击"插入超链接"对话框的"链接到"下的"新建文档"按钮，这时的对话框如图 5-20 所示。

图 5-20 "插入超链接"(3)

在"新建文档名称"文本框中输入文件的文件名，其路径可通过"更改"按钮进行选择。对新建文档的编辑时间，可以通过"何时编辑"下的单选按钮来确定。

这里的屏幕提示若不设置，则使用新文档的路径作为屏幕提示。

4. 链接到电子邮件地址

单击"插入超链接"对话框的"链接到"下的"电子邮件地址"按钮，这时的对话框如图 5-21 所示。

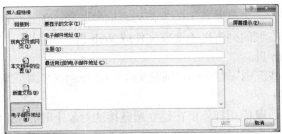

图 5-21 "插入超链接"(4)

在"电子邮件地址"文本框中输入要链接的电子邮件地址，或在"最近用过的电子邮件地址"列表框中选择一个要链接的电子邮件地址。在"主题"文本框中输入电子邮件的主题。

这里的屏幕提示若不设置，则使用电子邮件地址和主题文本框中的内容作为屏幕提示。

5. 编辑或删除超链接

对于已存在的超链接，可以进行编辑或删除操作，其操作步骤如下。

第1步：将插入点移动到超链接对象，或选中超链接对象。

第2步：选择"插入"→"超链接"命令，这时出现"编辑超链接"对话框，该对话框和"插入超链接"对话框是一样的。

第3步：编辑或删除超链接即可。

6. 动作按钮

PowerPoint 提供了一些动作按钮，用户可以将动作按钮插入幻灯片中，并为这些按钮定义超链接，也就是在放映过程中激活另一个程序或链接至某个对象。

动作按钮包括一些易于理解的符号◁▷▷▶▶◲◈◈◈▣▣◁②，可以使幻灯片在演示时，通过单击鼠标迅速转移到下一张、上一张、第一张和最后一张等。

创建动作按钮的操作步骤如下。

第1步：选择要创建动作按钮的幻灯片。

第2步：选择"插入"→"形状"→"动作按钮"中相应的动作按钮。

第3步：在幻灯片的适当位置拖动鼠标，画出动作按钮。释放鼠标，会出现一个如图 5-22 所示的对话框。

图 5-22　"动作设置"对话框

或在某张幻灯片中，选定要作为动作的对象（如文本、图片、形状等），选择"插入"→"链接"→"动作"命令，弹出如图 5-22 所示的对话框。

第 4 步：在"动作设置"对话框中设置超链接或播放声音，也可以运行应用程序、播放宏等。

若要编辑动作按钮，首先选中该按钮，选择快捷菜单中的"超链接"→"编辑超链接"菜单命令，再次打开"动作设置"对话框进行编辑即可。

动作按钮与形状一样，还可以输入文字。

若要删除动作按钮，选中动作按钮后按【Delete】键即可。

5.5.3　为幻灯片的对象设置动画效果

当幻灯片中的对象，如文本、形状、声音、图像等出现时可以设置动画效果，从而提高演示文稿的趣味性。如可以让每个对象单独出现、让对象逐个出现，还可以设置每个对象出现在幻灯片上的方式。

实际上，在制作演示文稿的过程中，常对幻灯片中的各种对象适当地设置动画效果和声音效果，并根据需要设计各种对象动画出现的顺序。这样，既能突出重点，吸引观众的注意力，又使放映过程十分有趣。若不使用动画，会使观众感觉枯燥无味，然而过多使用动画也会分散观众的注意力，不利于传达信息。因此设置动画应遵从适当、简化和创新的原则。

1．设置动画

动画有四类："进入"动画、"强调"动画、"退出"动画和"动作路径"动画。

"进入"动画是对象从外部飞入幻灯片播放画面的动画效果，如飞入、弹跳、旋转等。

"强调"动画是对播放画面中的对象进行突出显示、起强调作用的动画效果，如放大/缩小、更改颜色、加粗闪烁等。

"退出"动画是使播放画面中的对象离开播放画面的动画效果，如飞出、消失、淡出等。

"动作路径"动画是播放画面中的对象按指定路径移动的动画效果，如弧形、直线、循环等。这四类动画的设置方法如下。

第 1 步：在幻灯片选定需要设置动画效果的对象。

第 2 步：选择"动画"→"动画"组动画样式列表右下角的"其他"按钮 ，出现各种动画效果的下拉列表，如图 5-23 所示。在该列表框中的四类动画效果的某一类中选择一种动画效果，则所选对象被赋予该动画效果。

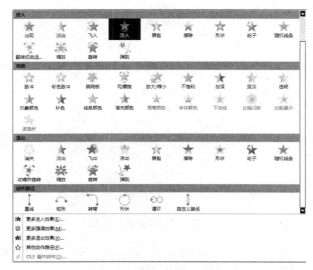

图 5-23　动画效果列表

对象添加动画效果后，对象旁边出现数字编号，这个数字编号表示该动画出现顺序的序号。

如果对图 5-23 所列动画效果仍不满意，还可以选择图 5-23 中的"更多进入效果"、"更多强调效果"、"更多退出效果"或"其他动作路径"菜单命令，在弹出的对话框中进行选择。

在"动作路径"选择一种动画效果，如"弧形"，则所选对象的弧形路径（虚线）和路径周边的 8 个控点及上方的绿色控点（见图 5-24）。启动动画后，对象将沿着弧形路径从起点（绿色点）移动到路径结束点（红色点）。拖动路径的各控点可以改变路径，而拖动路径上方的绿色控点可以改变路径的角度。

图 5-24　"动作路径"设置

如果需要为其他对象设置相同的动画效果，那么可以在设置了一个对象动画后通过"动画"→"高级"→"高级动画"→"动画刷"命令来复制动画，就像 Word 中的格式刷命令一样进行操作即可。

2．设置动画属性

设置动画时，若不设置动画属性，系统将采用默认的动画属性，如设置"陀螺旋"动画，则其效果选项"方向"默认为"顺时针"，开始动画方式为"单击时"等。若对默认的动画属性不满意，也可对进一步对动画效果选项、动画开始方式、动画音效等重新设置。

（1）设置动画效果选项

选定设置动画的对象，选择"动画"→"动画"→"动画选项"命令，会弹出各种效果选项的下拉列表（不同的动画效果，其效果选项列表是不同的），从中选择满意的效果。

（2）设置动画开始方式、持续时间和延迟时间

设置动画开始方式是指开始播放动画的方式，其设置方法如下。

选定设置动画的对象，选择"动画"→"计时"→"开始"按钮，在出现的下拉列表中选择动画开始的方式：单击时、与上一动画同时、上一动画之后。

动画持续时间是指动画开始后整个播放时间，其设置方法为选定设置动画的对象，在"动画"→"计时"→"持续时间"加减器中调整。

动画延迟时间是指播放操作开始后延迟播放的时间，其设置方法为选定设置动画的对象，在"动画"→"计时"→"延迟"加减器中调整。

（3）设置动画音效

设置动画时，默认动画没有声音，需要音效时可以自行设置。现在以"擦除"动画对象设置音效为例，说明设置音效的方法：

选定已设置动画效果的对象，选择"动画"→"动画"组旁的对话框启动器 ，打开"擦除"对话框，如图 5-25 所示。

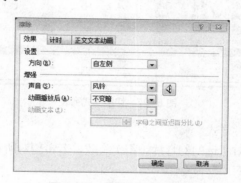

图 5-25 "擦除"动画效果

在该对话框的"效果"选项卡的"声音"下拉列表框中选择一种音效即可。

这里可以看到，在该对话框中还可以设置动画方向及其他音效效果。在"计时"选项卡中可以设置动画开始方式、动画持续时间（在"期间"下拉列表框中选择）和动画延迟时间。

3．调整动画播放顺序

在使用"动画"功能区命令设计动画效果时，对象出现的次序与设置的次序是一致的，并且每个对象的播放时间是固定的。用户可以调整，调整动画播放顺序的操作如下：

选择"动画"→"高级动画"→"动画窗格"命令，打开动画窗格，如图 5-26 所示。该窗格中显示出所有动画对象，其左侧的数字表示该对象动画播放的顺序号，与幻灯片中的动画对象旁边显示的序号一致。选定动画对象，并单击窗格底部的"↑"或"↓"，即可改变该动画对象的播放顺序。

4．预览动画效果

动画设置完成后，可以预览动画的播放效果。预览动画效果，选择"动画"→"预览"→"预览"命令，或单击"动画窗格"上的"播放"按钮。

图 5-26 动画窗格

5.5.4 幻灯片切换效果设计和排练计时

1. 幻灯片切换

幻灯片切换是指放映时幻灯片离开和进入播放画面所产生的视觉效果。系统提供了多种切换样式，如可以使幻灯片从右上部覆盖，或自左侧擦除等。幻灯片的切换效果不仅使幻灯片的过渡衔接更为自然，而且也能吸引观众的注意力。幻灯片的切换包括幻灯片的切换效果（如"覆盖"）和切换属性（效果选项、换片方式、持续时间和声音效果）。

（1）设置幻灯片切换样式

打开演示文稿，选定要设置幻灯片切换效果的幻灯片（组），选择"切换"→"切换到此幻灯片"列表框右下角的其他按钮，弹出切换效果列表，如图 5-27 所示。

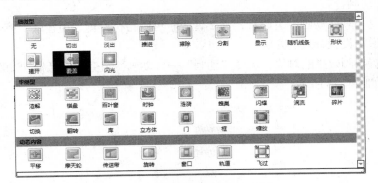

图 5-27 切换样式列表

在切换样式中选择一种样式。

这里设置的切换效果对所选的幻灯片（组）有效，若希望对所有幻灯片均有效，选择"切换"→"计时"→"全部应用"命令。

（2）设置切换属性

不同的切换样式，切换属性是不同的。

幻灯片切换属性包括效果选项、换片方式、持续时间和声音效果。

设置方法是选择"切换"→"切换到此幻灯片"→"效果选项"命令，在出现的列表框中选择一种切换效果。

选择"切换"→"计时"→"单击鼠标时"命令，表示单击鼠标才切换幻灯片，若选择"切换"→"计时"→"设置自动换片时间"按钮，表示经过该时间段后切换到下一张幻灯片。

选择"切换"→"计时"→"声音"按钮，在弹出的下拉列表框中选择一种切换的声音，选择"切换"→"计时"→"持续时间"按钮，输入切换持续的时间。

（3）预览切换效果

在设置切换效果时，当时就会预览所设置的切换效果。也可选择"切换"→"预览"→"预览"命令，随时预览切换效果。

2. 排练计时

演示文稿的放映速度会影响观众的反应，速度过快，观众会跟不上；太慢，观众又会不耐烦。可以在正式放映演示文稿之前，先进行排练，掌握最理想的放映速度。

用排练方式放映幻灯片，可以在排练时设置或更改幻灯片放映的时间。方法是选择"幻灯片放映"→"排练计时"命令。

这时，在演示幻灯片的同时出现如图 5-28 所示的"录制"工具栏，可以使用"录制"工具栏中的不同按钮暂停放映、重播幻灯片及切换到下一张幻灯片。PowerPoint 会记录每一张幻灯片出现的时间，并设置放映的时间。

图 5-28　录制工具栏

若不止一次地显示同一张幻灯片，则 PowerPoint 会记录这张幻灯片最后一次放映的时间。完成排练之后，会出现消息框，单击"是"按钮接受该时间即可。

事实上，在排练时也可检查幻灯片的视觉效果。一张幻灯片中包含太多的文本或者图片都会让观众分心；如果发现使用了太多的文本，可以将一张幻灯片分成几张，并将字体加大。

5.5.5　自定义放映

有时同一个演示文稿需要针对不同的观众制订不同的演示内容，这时可以通过自定义放映来实现，把不同的幻灯片组合起来并加以命名（而不用再针对不同的观众创建多个几乎完全相同的演示文稿），然后在演示的过程中跳转到这些幻灯片上。

1．创建自定义放映

创建自定义放映的操作步骤如下。

第 1 步：选择"幻灯片放映"→"开始放映幻灯片"→"自定义幻灯片放映"→"自定义放映"命令，弹出"自定义放映"对话框，如图 6-29 所示。

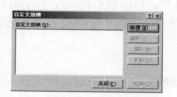

图 5-29　"自定义放映"对话框

第 2 步：单击"新建"按钮，弹出"定义自定义放映"对话框，如图 6-30 所示。

图 5-30　"定义自定义放映"对话框

第 3 步：定义自定义放映，这些定义包括如下几个部分。

● 幻灯片放映名称。

在该文本框中输入幻灯片放映的名称。

● 选择要添加到自定义放映的幻灯片。

"在演示文稿中的幻灯片"列表框中选中要添加到自定义放映的幻灯片，然后单击"添加"按钮，幻灯片将出现在"在自定义放映中的幻灯片"列表框中。列表框右侧的上下箭头按钮可用来调整幻灯片显示的顺序。

若要建立几组自定义放映，可以重复第 2 步到第 3 步的操作。

2．设置隐藏幻灯片

使用自定义放映，可以从演示文稿中选出部分幻灯片，构成一个可以放映的组；也可以根据需要，让演示文稿中的某些幻灯片在放映时不显示，使用的方法是对不要显示的幻灯片进行隐藏。

选定要隐藏的幻灯片，选择"幻灯片放映"→"隐藏幻灯片"命令。

取消隐藏幻灯片的方法是再次选择"幻灯片放映"→"隐藏幻灯片"命令。

5.5.6　幻灯片放映

在完成了一系列的制作后，就可以放映幻灯片了。

在 PowerPoint 中启动幻灯片放映可使用下列方法之一。

● 单击 PowerPoint 右下角视图按钮中的"幻灯片放映" 按钮（或按【Shift】+【F5】快捷键），这时从当前幻灯片开始放映。

● 选择"幻灯片放映"→"开始放映幻灯片"→"从头开始"命令，或"从当前幻灯片开始"按钮。

进入幻灯片放映后，在全屏幕放映方式下，单击可切换到下一张幻灯片，直到放映完毕。在放映过程中，右键单击会弹出放映控制菜单，利用这些命令可以改变放映顺序、即兴标注等。

1．放映控制菜单

在幻灯片上右键单击，会出现如图 6-31 所示的菜单。在该菜单中用户可以定位放映某一张幻灯片，可以查看该幻灯片的备注内容，还可以利用绘图笔在演示的幻灯片上画图、在重点内容下画线或画圈等。

图 5-31　放映控制菜单

2．改变放映顺序

一般幻灯片放映时按顺序放映的，或单击幻灯片设计中的超链接或动作按钮进行切换。

可以利用放映控制菜单定位到下一张或上一张幻灯片，不过定位到下一张或上一张幻灯片使用键盘上的【PgUp】、【PgDn】、【←】、【→】、【↑】、【↓】键更方便。

如果在放映幻灯片时，要定位到其他不相邻的幻灯片，可以使用放映控制菜单中的"定位至幻灯片"子菜单中的命令，这些命令一般是幻灯片的标题。

3．放映中的即兴标注和擦除墨迹

可以利用绘图笔，一边演示，一边画出重点或绘制简单图形，用绘图笔在幻灯片上绘制的内容可以保存在演示文稿中。

使用绘图笔的方法：在放映控制菜单中选择"指针选项"→"笔"，或"荧光笔"命令，或单击"绘图笔"按钮进行选择。这时鼠标指针变成绘图笔状，可以通过在幻灯片上拖动鼠标来画线、作图，就像用铅笔在纸上画线、作图一样。

还可以改变绘图笔的颜色，其方法是选择"指针选项"→"墨迹颜色"中的颜色项。

若用户要擦除幻灯片上用绘图笔绘制的内容，可以选择"指针选项"→"橡皮擦"，指针变为橡皮擦状，在需要删除的墨迹上单击即可清除该墨迹；或"擦除幻灯片上的所有墨迹"菜单命令，则擦除全部标注墨迹。

要从标注状态恢复到放映状态，选择放映控制菜单中"指针选项"→"箭头"命令。

4. 使用激光笔

为指明重要内容，可以使用激光笔功能：按住【Ctrl】键，单击鼠标左键，屏幕上出现十分醒目的红色圆圈激光笔，移动激光笔，可以明确指示重要内容的位置。

激光笔颜色（红、绿、蓝之一）的改变，选择"幻灯片放映"→"设置"→"设置幻灯片放映"命令，在弹出的"设置幻灯片放映"对话框（见图 5-32）中设置。

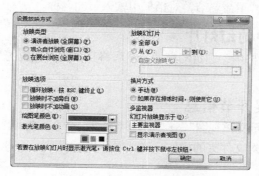

图 5-32 "设置放映方式"对话框

在放映演示文稿时，移动鼠标后，屏幕左下角会出现◁、✓、▭、➡按钮，这 4 个按钮分别是"上一张"、"绘图笔"、"放映菜单"、"下一张"按钮。这 4 个按钮，"绘图笔"相当于放映控制菜单的"指针选项"功能，"放映菜单"按钮功能包括放映控制菜单除"指针选项"外的所有功能。

5.6 使用节管理幻灯片

PowerPoint2010 中的"节"，将整个演示文稿划分成若干个小节来管理。使用节可以帮助用户合理的规划文稿结构；同时，编辑和维护起来也能大大节省时间。"节"是 PowerPoint2010 中新增的功能，主要是用来对幻灯片页进行管理的，类似于文件夹功能（见图 6-33）。

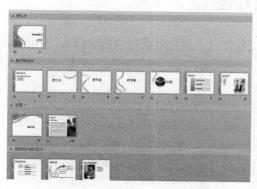

图 5-33 分节后的"幻灯片浏览"

如有一个 100 页的演示文档，要找某一幻灯片页，就要切换到"幻灯片浏览"视图，并拖动右边的滑块，上下来回地去寻找要的那一页，很麻烦。如果分了节，可以根据整个演示文稿的内容，分成 5 个节，或 6 个节。这样只要在对应的节内去找就可以了，非常省时、省力！

5.6.1 新增幻灯片节

节不是自动生成的，在使用之前首先要创建节，其操作为选择"开始"→"幻灯片"→"节"→"新增节"命令，这时可以看到一个名为"无标题节"的节出现在"幻灯片/大纲"窗格中。

5.6.2 重命名节

在"幻灯片/大纲"窗格中，选中要重命名的节，选择"开始"→"幻灯片"→"节"→"重命名节"命令，在弹出的"重命名节"对话框中输入节的名称。

5.6.3 组织节中的幻灯片

在"幻灯片/大纲"窗格中，选定幻灯片，然后将其拖动到相应的节中，然后再在节中调节幻灯片的顺序。

5.6.4 折叠与展开节信息

选择"视图"→"演示文稿视图"→"幻灯片浏览"命令，将视图切换到幻灯片浏览视图，可以像"计算机"窗口中对文件夹的操作一样，展开/折叠节。

5.6.5 删除节

在"幻灯片/大纲"窗格中，选中要删除的节，选择"开始"→"幻灯片"→"节"→"删除节"命令，或选择快捷菜单中的"删除节"命令，即可删除节。"节"内的幻灯片将归到上一个节里。

5.7 在其他计算机上放映演示文稿

若要在其他计算机上放映幻灯片，而该计算机上未安装 PowerPoint，则无法放映。这时可使用演示文稿的打包功能，将演示文稿打包到文件夹或 CD，甚至可以把 PowerPoint 播放器和演示文稿一起打包。这样即使计算机上没有安装 PowerPoint，也能正常放映演示文稿。另一种方法是将演示文稿转换成放映格式，也可在没有安装 PowerPoint 的计算机上正常放映。

5.7.1 演示文稿打包

1．演示文稿打包

演示文稿可以打包到 CD 光盘（需刻录机和空白光盘），也可以打包到文件夹。

打包的操作步骤如下。

第 1 步：打开要打包的演示文稿。

第 2 步：选择"文件"→"保存并发送"→"将演示文稿打包成 CD"→"打包成 CD"命令，出现"打包成 CD"对话框，如图 5-34 所示。

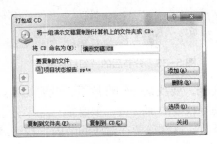

图 5-34 "打包成 CD"对话框

第 3 步：对话框的列表框中显示了当前要打包的演示文稿，若还要对其他演示文稿打包的话，单击"添加"按钮，在弹出的对话框中选择要添加的演示文稿。

第 4 步：默认情况下，打包应该包含与演示文稿有关的链接文件和嵌入的 TrueType 字体，若想改变这些设置，单击"选项"按钮，在弹出的"选项"对话框中设置。

第 5 步：若要将打包的文件放到磁盘文件上，单击"复制到文件夹"按钮，出现"复制到文件夹"对话框，选择文件存放的位置和文件夹名；若要将打包的文件复制到 CD 上，单击"复制到 CD"按钮。

2. 运行打包的演示文稿

运行打包的演示文稿，其操作过程如下。

第 1 步：打开打包的文件夹下的子文件夹"PresentationPackage"。

第 2 步：在联网的情况下，双击该文件夹下的 PresentationPackage.html 文件，在打开的网页上单击"Download Viewer"按钮，下载 PowerPoint 播放器并安装。

第 3 步：启动 PowerPoint 播放器，出现"Microsoft PowerPoint Viewer"对话框，定位到打包文件夹，选定演示文稿文件，单击"打开"按钮，即可放映该演示文稿。

注意，在运行打包的演示文稿时，不能进行即兴标注。

若演示文稿打包到 CD，则将光盘放到光驱中就会自动播放。

5.7.2 将演示文稿转换为直接放映格式

演示文稿可直接放映的文件后缀为.ppsx。将演示文稿转换为直接放映格式的操作过程如下。

第 1 步：打开演示文稿。

第 2 步：选择"文件"→"保存并发送"命令，在出现的面板中双击"更改文件类型"→"PowerPoint 放映（*.ppsx）"，出现"另存为"对话框。

第 3 步：在"另存为"对话框，系统自动选择保存文件的类型为"PowerPoint 放映（*.ppsx）"，选择文件的存放位置和文件名即可。

从操作过程中可以看出，直接将演示文稿另存为.ppsx 文档，也可将演示文稿转换为直接放映格式。

双击放映格式（*.ppsx）文档，即可放映该演示文稿。

PART 6

第 6 章

电子表格软件 Excel 2010

电子表格软件是用于数据处理的软件，它对由行和列构成的二维表格中的数据（库）进行管理，能运算、分析、输出结果，并能制作出图文并茂的工作表格。电子表格中的每一个单元可以存储的数据并不是简单的数值，而是字符、数值、变量、公式、图像、声音等信息。

6.1　Excel 2010 概述

1．Excel 的主要特点

（1）迷你图

迷你图（在一个单元格中创建数据图表）是 Excel 2010 中的新功能，可使用它在一个单元格中创建小型图表来快速发现数据变化趋势。这是一种突出显示重要数据趋势（如季节性升高或下降）的快速简便的方法，可为用户节省大量时间。

（2）快速定位正确的数据点

Excel 2010 提供了令人兴奋的全新切片和切块功能。切片器功能在数据透视表视图中提供了丰富的可视化功能，方便用户动态分割和筛选数据以显示需要的内容。使用搜索筛选器，可用较少的时间审查表和数据透视表视图中的大量数据集，而将更多时间用于分析。

（3）随时随地访问电子表格

将电子表格在线发布，然后即可通过 Web 或基于 Windows Mobile 的 Smartphone 随时随地访问、查看和编辑它们。使用 Excel 2010，可跨多个位置和设备尽享行业最佳的电子表格体验。

Excel Web 应用程序，将 Office 体验扩展到 Web 上，当离开办公室、家或学校时通过 Excel Web 应用程序即可查看和编辑电子表格。

Microsoft Excel Mobile 2010，通过使用专用于智能手机的 Excel 移动版本，随需要实时了解信息并立即采取行动。

（4）通过链接、共享和合作完成更多工作

通过 Excel Web 应用程序进行共同创作，将可以与处于其他位置的其他人同时编辑同一个电子表格。可查看与用户同时处理某一电子表格的人员。所有修改都被立即跟踪并标记，方便用户了解最新的编辑位置和编辑时间。

（5）为数据演示添加更多高级细节

使用 Excel 2010 中的条件格式功能，可对样式和图标进行更多控制，改善了数据并可通过几次单击突出显示特定项目。

（6）利用交互性更强和更动态的数据透视图

从数据透视图快速获得更多认识。可直接在数据透视图中显示不同数据视图，这些视图与数据透视表视图相互独立，可为数字分析和捕获最有说服力的视图。

（7）更轻松更快地完成工作

Excel 2010 简化了访问功能的方式。全新的 Microsoft Office Backstage 视图替换了传统的文件菜单，允许通过几次单击即可保存、共享、打印和发布电子表格。使用改进的功能区，可快速访问最常用的命令并创建自定义选项卡以适合自己独特的工作方式。

（8）可对几乎所有数据进行高效建模和分析

Excel 2010 的加载项 PowerPivot 提供了突破性技术，如简化了多个来源的数据集成和快速处理多达数百万行的大型数据集。业务用户可通过 Microsoft SharePoint Server 2010 轻松发布和共享分析信息，其他用户也可在操作自己的 Excel Services 报表时利用方便的切片器和快速查询功能。

（9）利用更多功能构建更大、更复杂的电子表格

使用全新的 64 位版本 Excel 2010，可以比以往更容易地分析海量信息。用户现在可以分析超过旧版 Excel 的 2GB 文件大小限制的大型复杂数据集。

（10）通过 Excel Services 发布和共享

SharePoint Server 2010 和 Excel Services 的集成，允许业务用户将电子表格发布到 Web，从而在整个组织内共享分析信息和结果。用户可以构建商业智能仪表板并可以更广泛地与同事、客户和业务合作伙伴在安全性增强的环境中共享机密业务信息。

2．Excel 2010 的启动与退出

（1）启动 Excel 2010

选择"开始"→"所有程序"→"Microsoft Office"→"Microsoft Excel 2010"菜单命令，就可以启动 Excel 2010。

（2）退出 Excel 2010

使用 Excel 处理完电子表格后，就可以退出该应用程序。退出 Excel 应用程序前要保存编辑的电子表格，然后选择"文件"→"退出"命令即可。

3．Excel 2010 的窗口

Excel 2010 启动后的窗口如图 6-1 所示。

Excel 2010 窗口与第 3 章、第 4 章窗口中说明不同的地方。

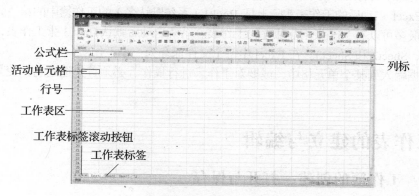

图 6-1　Excel 窗口

（1）公式栏

公式栏位于功能区之下，其中包含名称框和编辑栏，如图 5-2 所示。

名称框用于显示活动单元格地址（列标和行号、图表项或绘图对象），编辑栏用于编辑和显

示活动单元格的内容（数据或公式），若单元格中含有公式，则公式的结果显示在单元格中，编辑栏中显示的是公式。

名称框 ←—— [C2 ▼] [× √ =] [   ] ——→ 编辑栏

图 6-2　公式栏

名称框与编辑栏中间的"√"或"×"按钮用于确认（与【回车】键功能相同）或取消（与【Esc】键功能相同）向单元格中输入的信息。

（2）工作表区

工作表区是表格的编辑区，它包括单元格、网格线、列标和行号、工作表选项卡和滚动条。工作表类似于账簿中的账页。包含按行和列排列的单元格，是工作簿的一部分，工作表也称电子表格。

每个工作表由 16384 列和 1048576 行组成，行与列的相交处为单元格，它是存储数据的基本单位。单元格中含有粗边框线的称为活动单元格（例如，启动 Excel 后的 A1 单元格就是活动单元格），表示这时可以在该单元格中输入或编辑数据。活动单元格用一个粗轮廓线高亮显示，其地址显示在名称框中，内容显示在编辑栏中。活动单元格粗边框线右下角的小黑方块称为填充柄，可用来填充某个单元格区域的内容。

（3）行号和列标

工作表中单元格的地址用列标和行号表示，"列标"用字母 A～Z、AA～AZ、…、IA～IV、…、XFD 表示，它是位于各列上方的灰色字母区；"行号"用数字 1～1048576 表示，它是位于各行左侧的灰色编号区。因此，C5 就表示位于第 C 列第 5 行的单元格。

按【Ctrl】+【箭头键】可将当前单元格快速移动到当前数据区域的边缘。

（4）工作表选项卡

工作表选项卡用于提示正在使用的工作表。激活的工作表选项卡区底纹为白色。

当工作簿中包含了多张工作表时，可以滚动显示工作表选项卡，方法是使用选项卡栏左侧的滚动按钮。

（5）工作簿

工作簿是工作表的集合（文件后缀为.xlsx），它像一个文件夹，把相关的表格和图表存在一起，便于处理。Excel 启动后的工作表实际上是 Book1（系统默认名）的工作簿中的第一张工作表。一个工作簿最多可以有 255 张相互独立的工作表。系统启动后默认打开 3 张工作表，其名称分别为 Sheet1、Sheet2 和 Sheet3。在 Excel 中每个文件保存为一个工作簿。

要将数据输入到某个单元格中，或要对工作表进行操作，必须首先选定它，使其成为活动单元格。

6.2　工作表的建立与编辑

6.2.1　工作簿的创建、打开与保存

1．创建工作簿文件

Excel 启动后自动创建名为 Book1 的工作簿文件，该工作簿中的第一张工作表显示在屏幕上。若要创建一个新的工作簿文件，可执行下列操作之一：

● 选择"文件"→"新建"命令；

● 按【Alt】+【F】快捷键，选择"新建"命令。

这时在"新建"面板有"可用模板"列表，如图6-3所示。有本地上的模板，也有Office.com网站上的模板。

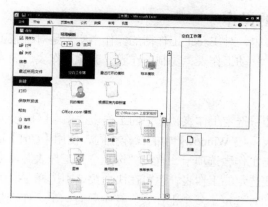

图 6-3　"新建"文件面板

在面板中选定一个模板，面板的右侧会显示出相应的预览。在"样本"模板中是系统预安装的模板。若选择 Office.com 网站上的模板需要下载，然后选择。对于已下载的模板，再次使用，请从"我的模板"中打开。

选定需要的模板后，单击"新建"按钮。

一般选定"空白文档"模板。

建立基于"空白文档"模板的文档，也可以使用下列操作之一：

● 单击"快速访问工具栏"上的"新建"按钮 ；

● 按【Ctrl】+【N】快捷键。

2．打开工作簿文件

在"计算机"窗口中找到要打开的 Excel 文档，双击就可以打开它。

Excel 启动后，打开文档的操作步骤如下。

第1步：选择"文件"→"打开"命令，或单击"快速访问工具栏"上的"打开"按钮 ，或按【Ctrl】+【O】快捷键，这时屏幕上出现"打开"对话框。

第2步：找到要打开文件的位置。

第3步：在"文件类型"下拉列表框中选定要打开文件的类型。

第4步：在"文件名"下拉列表框中输入要打开的文件名或在其上的列表框中选定文件名，选定的文件名将出现在"文件名"下拉列表框中。

第5步：单击"打开"按钮，指定的文件就会显示在 Excel 窗口中。

要打开最近使用过的文档，选择"文件"→"最近所用文件"命令，在命令面板上就会出现"最近所用文件"列表，包括"最近使用的文档"和"最近的位置"，单击一个文档就可以打开它，单击"最近的位置"中的一个文件夹，将出现"打开"文档对话框。

3．保存工作簿文件

对编辑的工作簿文件必须保存，保存时使用"文件"→"保存"命令。若是对新建立的工作簿文件进行保存，则会出现"另存为"对话框，在该对话框中选择工作簿文件要保存的位置和文件名即可。

Excel 2010 中规定工作簿文件的扩展名默认为.xlsx。

编辑工作簿时，可以让 Excel 自动每间隔一段时间重新保存一次文档，使用这个功能可以选择"文件"→"选项"命令，在弹出的"选项"对话框的"保存"选项卡中，选择"保存自动恢复信息时间间隔"复选框，然后输入间隔时间即可。

6.2.2 工作表的操作

工作表包含在工作簿中，对 Excel 工作簿的操作事实上是对每张工作表进行操作。工作表的操作包括选定工作表、移动工作表、复制工作表、删除工作表、插入工作表、重命名工作表和隐藏工作表等。

1．选定工作表

单击工作表选项卡即可选定工作表，选定的工作表选项卡区底纹为白色。

也可选定多个工作表，与 Windows 中的操作相同，使用【Ctrl】键或【Shift】键即可。选定全部工作表，右键单击工作表选项卡，选择"选定全部工作表"命令。若要取消全部工作表的选定，可以单击一个要选定的工作表，也可在快捷菜单中选择"取消组合工作表"。

需要说明的是，若同时选定了多个工作表，其中只有一个工作表是当前工作表，对当前工作表的操作会作用到其他被选定的工作表。如在当前工作表的某个单元格输入了数据，或进行了格式设置操作，相当于对所选定的工作表同样位置的单元格做同样的操作。

2．插入工作表

用户可以在选定的工作表前插入一张或数张空工作表。操作步骤是选定一张或多张连续的工作表，单击鼠标右键，选择"插入"快捷菜单；或选择"开始"→"单元格"→"插入"→"插入工作表"命令，这时在选定的工作表左侧插入了与选定数目相同的空工作表。

3．删除工作表

选定要删除的工作表，然后选择"开始"→"单元格"→"删除"→"删除工作表"命令，或单击鼠标右键，选择"删除"快捷菜单即可。

4．重命名工作表

在工作表选项卡上单击鼠标右键，在弹出的快捷菜单中选择"重命名"菜单命令就可以对工作表名称重新命名。

5．工作表的移动与复制

直接拖动工作表选项卡到需要的位置可以移动工作表，若在拖动的过程中按住【Ctrl】键，就可以复制工作表。

6．设置工作表选项卡的颜色

右键单击要设置颜色的工作表选项卡，在弹出的"工作表标签颜色"快捷菜单中进行选择。

6.2.3 单元格的操作

在 Excel 中要进行工作，必须选定工作区域。工作区域是指工作表中若干个相邻或不相邻的单元格。

1．选定单元格

（1）选定一个单元格

用鼠标选定单元格时，单击该单元格就可以了。

使用键盘上的箭头键、【PgUp】、【PgDn】及其快捷键，可以快速地选定单元格，各个按键及其功能如表 6-1 所示。

表6-1　使用键盘选定单元格

按键	功能
【←】【→】【↑】【↓】	向左、右、上或下方向移动一个单元格
【PgUp】	上移一屏
【PgDn】	下移一屏
【Home】	移动到当前行的第一个单元格
【Ctrl】+【←】	向左移动到由空白单元格分开的单元格
【Ctrl】+【→】	向右移动到由空白单元格分开的单元格
【Ctrl】+【↑】	向上移动到由空白单元格分开的单元格
【Ctrl】+【↓】	向下移动到由空白单元格分开的单元格
【Ctrl】+【Home】	移动到当前工作表中的 A1 单元格
【Ctrl】+【End】	移动到工作表中使用的最后一个单元格
【Tab】	横向移动到下一单元格
【Enter】	竖向移动到下一单元格

若要取消多个单元格的选定，可用鼠标单击任意一个单元格，或使用键盘上的光标移动键进行操作。

（2）选定整行、整列或整个工作表

单击行号或列标按钮就可以选定工作表中的整行或整列的单元格。

若要选定相邻的行或列，当选定第一行或第一列后，沿行号或列标方向拖动鼠标或按住【Shift】键后再选定最后一行或最后一列即可。

行号和列标交界处的按钮称为全选按钮，单击它就可以选定整个表格，也可按【Ctrl】+【A】快捷键。

（3） 选定单元格区域

若选定的单元格区域是连续的，那么可用鼠标单击该区域顶角的单元格，然后拖动到该区域的最后一个单元格或按住【Shift】键单击该区域的最后一个单元格。

若选定的单元格区域是不连续的，选定第一个单元格或单元格区域，然后按住【Ctrl】键，再选定其他的单元格或单元格区域。

2. 单元格编辑

（1） 插入行、列或单元格

对建立好的工作表可以插入一行、一列或单元格，从而对工作表进行调整。

要插入几行就选定行几行（对列、单元格也是同样），然后选择"开始"→"单元格"→"插入"命令下的"插入工作表行"、"插入工作表列"、"插入单元格"命令，就可在选定行（列）上（左）插入指定的行（列），对于"插入单元格"会出现如图6-4所示的对话框，根据需要，在该对话框中选定"活动单元格右移"、"活动单元格下移"、"整行"或"整列"单选按钮，然后单击"确定"按钮。其中，各选项的含义如下。

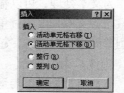

图6-4　"插入"对话框

- 活动单元格右移：插入与选定单元格数量相同的单元格，并插在选定的单元格左侧。
- 活动单元格下移：插入与选定单元格数量相同的单元格，并插在选定的单元格上方。

- 整行：整行插入，插入的行数与选定单元格的行数相同，且插在选定的单元格上方。
- 整列：整列插入，插入的列数与选定单元格的列数相同，且插在选定的单元格左侧。

（2）删除行、列或单元格

选定要删除的行、列或单元格（区域），选择"开始"→"单元格"→"删除"命令下的"删除工作表行"、"删除工作表列"、"删除单元格"命令，即可删除行、列、单元格，这时单元格的内容与单元格一同消失，其位置由周围的单元格补充。

在删除单元格（区域），弹出"删除"对话框，该对话框与图 5-4 类似，根据需要，在该对话框中选定"右侧单元格左移"、"下方单元格上移"、"整行"或"整列"单选按钮，然后单击"确定"按钮。

3. 输入数据

在建立表格之前，应该搞清楚表格的样式，如表头的内容、标题列的内容等。在 Excel 中建立表格的时候先建立一个表头，然后确定表的行标题和列标题，最后才是填入表的数据。

在工作表中有两类数据：一类是常量，可以是数值、文本、日期和时间；另一类是公式，由一串数值、单元格、函数和运算符等组成。Excel 可以自动判断出输入数据的类型，并进行适当的处理。

（1）输入数据的方法

Excel 提供了在单元格中或编辑栏中输入数据的方法。

在 Excel 中输入数据采用下面的操作步骤。

第 1 步：选定要输入数据的单元格。

第 2 步：在单元格中输入或修改数据，有两种方法，一种方法是双击单元格（或按【F2】键），这时鼠标指针变为竖条形状，即可输入或修改数据；另一种方法是单击编辑栏，这时鼠标指针也变为竖条形状，即可输入或修改数据。

第 3 步：输入数据后，在编辑栏的左边会出现"√"和"×"按钮。编辑完成后，单击"√"按钮或按【回车】键确认，并激活下一个单元格；单击"×"按钮或【Esc】键，则取消输入。

（2）输入文本

文本包括汉字、英文字母、数字、符号及其组合。文本数据的特点是可以进行字符串运算，不能进行算术运算（除数字串外）。默认时输入的文本采用左对齐方式。

如果要在单元格中输入硬回车，可以按【Alt】+【Enter】快捷键（仅按【Enter】键将激活相邻单元格）。

若文本数据出现在公式中，文本数据要用双引号括起来。

若要将一个数字作为文本，如邮政编码、电话号码、产品代号等，输入时应在数字前加上一个单引号，或将数字用双引号括起来后，前面再加一个"="。因此，若要将数字 1 234 567 作为文本处理，可以输入"'1234567"，也可以输入"='1234567'"。

若文本长度超过单元格的宽度，当右侧单元格为空时，超出部分延伸到右侧单元格；当右侧单元格不为空时，超出部分自动隐藏。

（3）输入数值

数值是指可参与运算的数据，有效的数值只能包含下列字符：

0～9、+、−、（、）、/、$、%、.、,、E、e

输入数值时，Excel 自动将数值在单元格右对齐。

输入的数值可以为一般的数值，也可以是采用科学计数法的数值。科学计数法一般由尾数部分、字母 E（或 e）及指数部分组成，如 2.11E15、4.141e−9 等。

输入负数时，在数值前面应加上"－"，或将数字用括号"（）"括起来，如输入"－100"或"（100）"都可以得到－100。

输入分数时，应当在分数前加"0"及一个【空格】，以便与输入的日期区别开。

当输入一个较长的数值时，在单元格中显示为科学计数法。

如果单元格中的数字被"#####"代替，说明单元格的宽度不够，增加单元格的宽度即可。

（4） 输入日期和时间

在 Excel 中，日期和时间均按数值处理，如可用来计算工龄、年龄、利息等。

输入时间的格式为时:分:秒，如 15:30:40。

输入日期的格式为年-月-日或年/月/日，如 1999/10/16。

若要在单元格中同时输入日期和时间，中间要用【空格】分开，先输入日期或先输入时间均可。

若要以 12h 制输入时间，可以在时间后加一个【空格】并输入"AM"或"PM"（或"A"及"P"）。

（5） 单元格内容的移动和复制

若要将一个单元格或单元格区域的内容复制或移动到其他的位置，可使用拖动法和剪贴板，后者与 Word 中介绍的方法相同，这里主要介绍前者。

使用拖动法移动和复制单元格的操作步骤如下。

第 1 步：选定要移动和复制的单元格区域。

第 2 步：将鼠标指针移动到单元格的边框上，当鼠标指针由✛变为↖，拖动鼠标到需要的地方就可以完成移动的操作；若要复制，在拖动前按住【Ctrl】键，在拖动的过程中就会有一个与选定的单元格或单元格区域同样大小的虚线框跟着移动。

在单元格中包含公式、数值、格式、批注和有效数据等内容。因此，若使用剪贴板直接粘贴的话，是指粘贴所有这些内容，若要粘贴其中一项内容，可以选择"开始"→"剪贴板"→"粘贴"→"选择性粘贴"命令，在弹出的"选择性粘贴"对话框中选择要粘贴的内容。例如单元格中的数据是由公式计算出来的，只需要计算的结果，不需要公式，就可以采用选择性粘贴的方法。

（6） 清除单元格

删除单元格是指将选定的单元格从工作表中删除，并且其相邻的单元格做相应的位置调整。而清除单元格是指从工作表中删除该单元格中的内容，单元格本身还留在工作表中。

选定单元格或单元格区域后按【Delete】键，就可以删除其中的内容，也可以选择"开始"→"编辑"→"清除"命令中的子命令来清除单元格或单元格区域的内容、格式、批注、超链接或全部。"内容"是指单元格或单元格区域中的数据，"格式"是指其数据格式，"批注"是指批注信息，而"全部"是指数据格式、数据、批注、超链接这些信息。

由此可以看出，按【Delete】键删除内容时，只有数据从单元格中被删除，单元格的其他属性，如格式等仍然保留。

4. 快速键入数据

Excel 提供了 3 种快速输入数据的方法，在输入的过程中，可以灵活地加以应用。

（1） 记忆式键入

在一个工作表的某一列输入许多相同的文本时，可以使用记忆式键入来简化重复性输入工作。若在单元格中键入的开始几个字符与该列中已键入的内容相同，Excel 可以自动填充其余的字符，这时按【回车】键接受建议的输入文本；若不想接受，就继续输入；若要删除自动提供的字符，可按【Backspace】键。

（2）自动填充数据

自动填充数据可用来快速自动填充数据和快速复制数据。在 Excel 中提供的内置数据序列包括数值序列、星期序列和月份序列等，也可根据需要自定义序列。

① 鼠标操作

自动填充数据采用下面的操作步骤。

第 1 步：选定要填充区域的第一个单元格，并在其中输入序列的起始值。

第 2 步：选定要填充区域的第二个单元格，并在其中输入序列的第二个值。

第 3 步：选定要填充区域的第一个和第二个单元格，然后拖动填充柄（单元格粗线框右下角的实心方块处，当鼠标指针移动到此位置后，鼠标指针将变为实心"十"字形状）经过待填充的区域。

注意，拖动的方向确定了序列的排列方式：由上向下或由左到右拖动，则按升序排列；由下向上或由右到左拖动，则按降序排列。

若要指定序列的类型，用鼠标右键拖动填充柄，松开鼠标后，在弹出的快捷菜单（见图 6-5）中选择相应的命令即可。

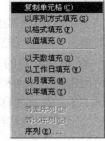

【例】要输入学生的学号，其中第一位学生的学号已在 A2 单元格中输入，学号为 200245001，现在要在 A3 ~ A51 单元格中分别填上 200245002 ~ 200245050，这时可以使用如下操作：选定 A2 单元格，将鼠标指针移到填充柄上，鼠标指针变成实心的十字形状时，按住【Ctrl】键，在 A 列中往下拖动鼠标至 A51 单元格中，松开鼠标，再松开【Ctrl】键。

图 6-5　填充序列快捷菜单

【例】设 B2 单元格中数据为 5，向下以等比数列填充至 B10（步长为 3）单元格，其操作步骤如下。

第 1 步：在 B2 单元格中输入 5，选择 B2 单元格，用右键拖动填充柄至 B10 单元格。

第 2 步：在弹出的快捷菜单中选择"序列"，弹出"序列"对话框。

第 3 步：在"序列"对话框中选择"等比序列"并输入步长值 3，单击"确定"按钮即可。

【例】在单元格 C2 ~ C8 内填充"Monday"至"Sunday"，其操作步骤如下。

第 1 步：在 C2 单元格中输入"Monday"（不包括引号）。

第 2 步：拖动填充柄到 C8 单元格即可。

② 命令操作

在要填充区域的第一个单元格中输入序列的起始值，选定要填充的单元格区域，再选择"开始"→"编辑"→"填充"→"系列"命令，在弹出的"序列"对话框中操作。

（3）选择列表

选择列表只适用于文本，它可以在某一列中重复输入文本，其操作步骤如下。

第 1 步：选定要输入文本的单元格。

第 2 步：用右键单击该单元格，在弹出的快捷菜单中选择"从下拉列表中选择"菜单命令。这时该列中所包含的所有不相同的文本就显示在列表中。

第 3 步：在列表中选择需要的文本，就可以输入选定的单元格中。

5．批注

使用批注可以对单元格进行注释。插入批注后，当鼠标指针停留在单元格上时，就可以查看相应的批注。

为单元格添加批注采用下面的操作步骤。

第1步：选定需要添加批注的单元格。

第2步：选择"审阅"→"批注"→"新建批注"命令。

第3步：在弹出的批注框中键入批注文本内容。

第4步：完成文本输入后，单击批注框外部的工作表区域，这时在该单元格的右上角会出现一个红色的三角块，表示该单元格中插有批注。

若要对批注进行编辑、删除、显示和隐藏等操作，可以选择快捷菜单中相应的菜单命令进行，或选择"审阅"→"批注"中的"编辑批注"、"删除"、"上一条"、"下一条"、"显示/隐藏批注"、"显示所有批注"等命令。

6. 设置数据的有效性

数据的有效性是指允许在单元格中输入的数据类型和数据的范围，除可以设置数据的有效性外，还可以设置输入数据的提示信息和输入错误时的提示信息。

（1）数据的有效性设置

数据的有效性设置采用下面的操作步骤。

第1步：选定需要设置的单元格或单元格区域。

第2步：选择"数据"→"数据工具"→"数据有效性"→"数据有效性"命令，打开"数据有效性"对话框，然后选择"设置"选项卡，这时的"数据有效性"对话框如图6-6所示。

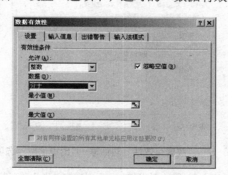

图6-6 "数据有效性"对话框-"设置"选项卡

第3步：在该对话框中设置数据的有效性。

有关数据有效性的设置，包括如下几个方面。

● 允许：指定可输入数据的类型，这些类型有任何值、整数、小数、序列、日期、时间、文本长度和自定义等。根据数据类型的不同，下面的数据、最小值、最大值的设置也有所不同。

● 数据：指定数据的限制条件，这些限制条件有介于、未介于、等于、不等于、大于、小于、小于等于、大于等于等。

● 最大值和最小值：指定数据的范围，可以在文本框中直接输入，也可以单击文本框右边的按钮，在单元格中选择。

● 全部清除：清除所有的有效性设置。

（2）数据有效性提示信息的设置

对设置数据有效性的单元格，还可以为其设置提示信息。这样选定了该单元格后，就可以显示出提示信息。

数据的有效性提示设置是在"数据有效性"对话框的"输入信息"选项卡里进行的，这时的对话框如图6-7所示。

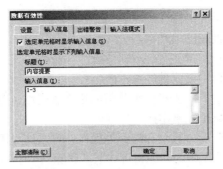

图 6-7 "数据有效性"对话框-"输入信息"选项卡

在该对话框中首先选定"选定单元格时显示输入信息"复选框，然后在"标题"文本框中输入提示信息的标题，并在"输入信息"列表框中输入要提示的信息即可。

（3）数据输入错误警告信息设置

若输入的数据不在有效范围内，Excel 会给出错误警告。这些警告信息也可由用户来设置。

错误警告信息提示设置是在"数据有效性"对话框的"出错警告"选项卡里进行的，这时的对话框如图 6-8 所示。

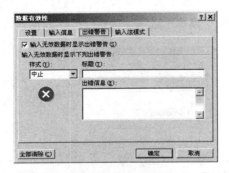

图 6-8 "数据有效性"对话框-"出错信息"选项卡

在该对话框中首先选定"输入无效数据时显示出错警告"复选框，然后在"样式"下拉列表框中选择错误的处理方式即终止、警告或信息，在"标题"文本框和"出错信息"列表框中输入错误提示的标题和出错信息即可。

工作表建立后就可以使用 Excel 提供的编辑功能对工作表及其数据进行编辑，以满足用户的需要。

7．查找和替换单元格内容

在一张大的工作表中，若要查找某个单元格中的数据，逐个查找是非常麻烦的，使用 Excel 提供的查找与替换功能可以提高编辑处理的效率。

（1）查找单元格数据

单元格数据包括内容、公式、文本和批注。因此，查找单元格数据就包括对这些内容的查找。

查找单元格数据的操作步骤如下。

第 1 步：选定要查找数据的单元格区域，默认为所有单元格。

第 2 步：选择"开始"→"编辑"→"查找和选择"→"查找"命令，这时弹出"查找和替换"对话框的"查找"选项卡，如图 6-9 所示。

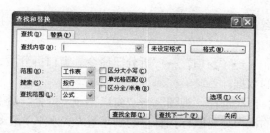

图 6-9 "查找和替换"对话框的"查找"选项卡

第 3 步：在该对话框中设置查找选项，这些选项包括如下几个。
- 查找内容：输入要查找的内容。
- 范围：按工作表或工作簿查找。
- 搜索：选择搜索的方式，包括按行或按列进行搜索。
- 查找范围：确定查找内容的性质是值、公式或批注。
- 区分大小写：确定查找时是否区分大小写。
- 单元格匹配：确定查找时是否要求完全匹配。
- 区分全/半角：确定查找时是否区分全/半角。

第 4 步：单击"查找下一个"按钮，开始查找。Excel 找到匹配的内容后，该单元格就成为活动的单元格，这时单击"关闭"按钮就退出"查找和替换"对话框；单击"查找下一个"按钮就继续查找下一个匹配的内容。

（2）替换单元格数据

替换单元格数据与查找的操作步骤类似，选择"开始"→"编辑"→"查找和选择"→"替换"命令，这时弹出"查找和替换"对话框的"替换"选项卡。

在"查找内容"文本框中输入要查找的内容，在"替换为"文本框中输入要替换的内容，其余的选项与"查找"选项卡中的内容类似，单击"查找下一个"按钮开始查找。查找到后，单击"替换"按钮可将单元格中的数据替换为新值，单击"全部替换"按钮则将表格中查找到的单元格中的数据全部用新值替换。

8. 命名单元格

对单元格名称除采用系统的命名外，也可由用户命名，以便使工作表的结构更加清晰。

选定要命名的单元格，在"名称框"中输入单元格的名称即可。

6.2.4 窗口管理

Excel 2010 具有多窗口操作的功能，可以打开多个工作簿；对工作表窗口可以拆分和冻结，以满足不同的需要。

1. 新建和排列窗口

可以在窗口中打开工作簿的副本，操作步骤如下。

第 1 步：选择"视图"→"窗口"→"新建窗口"命令，则打开了当前工作簿的另一个窗口。

第 2 步：选择"视图"→"窗口"→"重排窗口"菜单命令，出现"重排窗口"对话框，在该对话框中选择窗口的排列方式，有平铺、水平并排、垂直并排和层叠 4 种。

2. 拆分窗口

通过拆分窗口，可以在屏幕上同时查看工作表中不同区域的内容。拆分窗口采用下面的操作步骤。

第 1 步：若要将窗口拆分为上下两部分，那么先选定需要拆分的行；若要将窗口拆分为左右两部分，那么先选定需要拆分的列；若要将窗口拆分为 4 个部分，那么先选定需要拆分的单元格。

第 2 步：选择"视图"→"窗口"→"拆分"命令。窗口拆分后，利用滚动条可以在各自的窗口中分别插入不同的数据。

若要取消拆分窗口，再次选择"视图"→"窗口"→"拆分"命令即可。

使用鼠标拆分窗口的操作是将鼠标指针移动到垂直（或水平）滚动条上的"拆分条"，当鼠标指针 ÷（或 ╫）时，沿箭头方向拖动到适当的位置，松开鼠标即可。

取消拆分用鼠标的操作是双击拆分条。

3．冻结窗口

工作表较大时，在向下或向右滚动浏览时将无法始终在窗口中显示前几行或前几列，采用"冻结"行或列的方法可以始终显示表的前几行或前几列。

冻结首行，选择"视图"→"窗口"→"冻结窗格"→"冻结首行"命令。

冻结首列，选择"视图"→"窗口"→"冻结窗格"→"冻结首列"命令。

冻结首行，冻结首列只能选其一。

冻结前 n 行，前 m 列，选定第 $n+1$ 行、$m+1$ 列单元格，然后选择"视图"→"窗口"→"冻结窗格"→"冻结拆分窗格"命令。

取消冻结窗口，选择"视图"→"窗口"→"冻结窗格"→"取消冻结窗格"命令。

6.3　使用公式和函数

公式是电子表格的核心部分，它是对数据进行分析的等式。Excel 提供了许多类型的函数。在公式中利用函数可以进行简单或复杂的计算和数据处理。

使用公式和函数可以进行一般的算术运算，完成复杂的财务、统计及科学计算。输入公式的操作与输入文本的操作类似，不同之处在于输入公式时是以等号（=）开始的，公式中可以包含各种运算符号、常量、变量、函数及单元格引用等。

6.3.1　公式

在 Excel 中，公式也是一种数据的形式，它可以存放在表格中，但存放公式的单元格显示的是公式的计算结果，其公式只有当该单元格成为活动单元格时才在编辑栏中显示出来。输入公式时必须以等号（=）开始，以便于与其他数据区分开来。

1．创建公式

在单元格中创建公式采用下面的操作步骤。

第 1 步：单击要输入公式的单元格。

第 2 步：在单元格中先输入一个等号（=）。

第 3 步：输入公式中的内容。

第 4 步：输入完成后，按【回车】键或单击编辑栏中的"确认"（"√"）按钮。

如在 B6 单元格中输入公式"B2＋B3＋B4＋B5"，于是，计算公式显示在编辑栏中，计算结果显示在 B6 单元格中。

当更改了单元格 B2 中的数值时，Excel 会自动重新计算与 B2 有关的所有公式，也就是说 B6 中的数据会自动变化。

因为经常用到的公式是求和，因此，在 Excel 中提供了"求和"按钮 Σ（在"开始"→"编辑"组中）。单击"求和"按钮 Σ，则在当前单元格中自动插入求和函数（SUM（ ）），这时 Excel 会从当前单元格上面的单元格开始向上搜索，直到出现一个空白的单元格或非数值内容的单元格，然后对这些单元格中的数值求和。若当前单元格的正上方单元格中没有数值，则自动求和将用类似的方法在当前单元格所在行的左侧搜索并进行求和。另外，也可以在选择求和的单元格区域后，再单击"求和"按钮 Σ。

2．公式中的运算符及其运算次序

运算符用于对公式中的元素进行一定类型的运算。这些运算符包括引用运算符、算术运算符、文本运算符和比较运算符，其运算次序依次降低。表 6-2 中给出了 4 类运算符的优先次序（同一类别的运算符运算次序从左到右依次降低）及各种运算符号。

表 6-2　Excel 中的运算符

类别	运算符
引用运算符	:、,、空格
算术运算符	%、^、*、/、+、-
文本运算符	&
比较运算符	=、<、<=、>、>=、<>

使用比较运算符可以比较两个值。比较的结果是一个逻辑值，即 TRUE 或 FALSE。TRUE 表示比较的条件成立，FALSE 表示比较的条件不成立。

【例】公式 = 3 = 5，表示判断 3 是否等于 5，其结果显然是不成立的，故其值为 FALSE。

【例】公式 = 100 > 6，表示判断 100 是否大于 6，其结果显然是成立的，故其值为 TRUE。

引用运算是 Excel 中特有的运算符，引用运算符可以实现单元格区域的合并。下面对这些特有的运算符进行简单的说明。

（1）冒号（:）

单元格区域引用，即通过冒号前后的单元格引用，引用一个指定的单元格区域（以左右两个引用的单元格为对角的矩形区域内的所有单元格）。如"A1:B2"是指引用了 A1、A2、B1、B2 4 个单元格。

（2）逗号（,）

单元格联合引用，即多个引用合并为一个引用。如"C2，A1:B2"是指引用了 C2、A1、A2、B1、B2 5 个单元格。

（3）空格

空格是交叉运算符，它取引用区域的公共部分（又称为交）。如=SUM（A2:B4 A4:B6）等价于=SUM（A4:B4），即为单元格区域 A2:B4 和单元格区域 A4:B6 的公共部分。

（4）连接（&）

将两个字符连接成一个字符串。

在公式中使用文本运算符时，以等号开始，输入文本的第一段（文本或单元格引用），再加入文本运算符（&），然后输入下一段（文本或单元格引用）。若在公式中输入文本，应用引号将文本括起来。

如公式：="Windows"&"操作系统"，值为"Windows 操作系统"。

3．单元格的引用

单元格的引用表示工作表中的一个单元格或单元格区域，以便告诉 Excel 引用哪些单元格中的数据。

默认时，Excel 使用 A1 引用类型，这种引用类型用字母标识列，用数字标识行。若要引用单元格，可按顺序输入列字母和行数字。若要引用单元格区域，可输入区域左上角单元格的引用、冒号（：）和区域右下角单元格的引用。

在公式中经常要引用某一单元格或单元格区域中的数据，这时的引用方法有 3 种：相对引用、绝对引用和混合引用。

（1）相对引用

相对引用指向相对于公式所在单元格相应位置的单元格。当该公式被复制到别的单元格时，Excel 可以根据复制的位置调节引用单元格。

如在 A3 单元格中输入公式"＝A1＋A2"，选择"开始"→"剪贴板"→"复制"命令，将该公式复制下来；单击单元格 B3，然后选择"开始"→"剪贴板"→"粘贴"命令，则单元格 B3 的公式为"＝B1＋B2"。这种对单元格的引用方法会随着公式所在单元格位置的改变而改变。但应注意，单元格公式移动时，不改变单元格地址。

（2）绝对引用

绝对引用指向工作表中固定位置的单元格，它的位置与包含公式的单元格无关。如在复制单元格时，不想使某些单元格的引用随着公式位置的变化而改变，就要使用绝对引用。对于 A1 引用类型来说，在列标和行号前面都加上$符号，就表示绝对引用单元格。

如在 A3 单元格中输入公式"＝A1＋A2"，然后将该公式复制到 B3 单元格，则 B3 单元格中的公式仍然为"＝A1＋A2"。

（3）混合引用

混合引用是指公式中既有相对引用，又有绝对引用。当含有公式的单元格因插入、复制等原因引起行、列引用变化时，公式中相对引用部分会随公式位置的变化而变化，绝对引用部分不随公式位置的变化而变化。

在 Excel 进行公式设计时，会根据需要在公式中使用不同的单元格引用方式，这时可以用如下方法来快速切换单元格引用方式：选中包含公式的单元格，在编辑栏中选择要更改的引用，按【F4】键可在相对引用、绝对引用和混合引用间快速切换。例如，选中"A1"引用，反复按【F4】键时，就会在A1、A$1、$A1、A1 之间切换。

（4）不同工作簿单元格的引用

不同工作簿单元格的引用格式为

［工作簿名］工作表名!单元格引用

若工作表名不是 Excel 默认的 Sheet1 之类的名称，则"!"号可以省略。

【例】将工作表 Sheet3 中的 A1～B6、C4～F9 单元格区域中的数据求和，并将和存放在工作表 Sheet1 中的 A1 单元格内。其操作步骤如下。

第 1 步：选择工作表 Sheet1，单击单元格 A1。

第 2 步：输入公式"=SUM（Sheet3!A1:B6，Sheet3!C4:F9）"。

在引用时，若要表示某一行或几行，可以表示成"行号：行号"的形式，同样，若要表示某一列或几列，可以表示成"列标：列标"的形式。如 5:5、5:10、B:B、H:K 分别表示第 5 行、第 5～10 行共 6 行、B 列、H～K 列共 4 列。

4．公式的自动填充

在一个单元格中输入公式后，若相邻的单元格要进行相同的计算，可以使用公式的自动填充功能。其操作方法为单击公式所在的单元格，拖动单元格右下角的填充柄到要进行同样计算的单元格区域即可。

5. 审核公式

利用 Excel 提供的审核功能，可以很方便地检查工作表中涉及公式的单元格之间的关系，审核功能在"公式"→"公式审核"组。

（1）追踪单元格

当公式使用引用单元格或从属单元格（被其他单元格引用），检查公式的准确性或查找错误的根源会很困难。Excel 提供了帮助检查公式的功能，其方法是使用"公式"→"公式审核"→"跟踪引用单元格"或"追踪从属单元格"命令，以追踪箭头显示或追踪单元格之间的关系。

引用单元格是指由其他单元格中的公式引用的单元格；从属单元格是指包含引用其他单元格的公式。如 C1 单元格中包含公式"=A1+B1"那么 A1、B1 就是 C1 的引用单元格，C1 是 A1 和 B1 的从属单元格。

追踪箭头是显示活动单元格与其相关单元格之间的关系。由提供数据的单元格指向其他单元格时，追踪箭头为蓝色；若单元格中包含错误，追踪箭头为红色。

【例】在图 5-10 中有公式 F5=SUM（B5:E5）、B10=SUM（B5:B9），图 6-10 左边的蓝色框线是选定 B10，选择"公式"→"公式审核"→"跟踪引用单元格"的结果，右边的蓝色线是选定 F5，选择"公式"→"公式审核"→"跟踪从属单元格"的结果。

	A	B	C	D	E	F
1						
2			1999年公司销售统计表			
3						
4	类别	一季度	二季度	三季度	四季度	合计
5	14寸彩电	2010	2500	2300	3500	10310
6	21寸彩电	2500	2000	1800	3000	9300
7	25寸彩电	3000	2800	3100	3500	12400
8	29寸彩电	1000	1700	1900	2100	6700
9	34寸彩电	1500	1300	1800	2100	6700
10	总计	10010	10300	10900	14200	45410

图 6-10 追踪单元格

取消蓝色箭头，选定 B10、或 F5，选择"公式"→"公式审核"→"移去箭头"中相应的命令。

（2）显示公式

默认时，Excel 在单元格中显示的是公式计算及的结果，在编辑栏中显示公式，若要在单元格中显示公式，选择"公式"→"公式审核"→"显示公式"命令，在单元格中若有公式的话，就显示出每个公式。再次选择该命令，取消公式的显示。

（3）错误检查

若在单元格中输入错误的公式，在单元格中会出现一个绿色的小三角，左侧出现 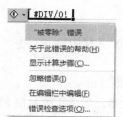，指向该图标，打开下拉菜单，如图 6-11 所示。菜单中提示错误的原因，若选择"忽略错误"，该单元格左上角的绿色小三角就会消失。

图 6-11 错误

在出现  的前提下，选择"公式"→"公式审核"→"错误检查"命令，弹出"错误检查"对话框，如图 6-12 所示。从中可以看到单元格含有错误的公式及错误提示。若有多个错误，单击"下一个"按钮直到完成检查。

图 6-12　"错误检查"对话框

（4）监视窗口

在大型工作表中，某些单元格在工作表上可能看不见，需要反复滚动或定位到工作表的不同部分，这样检查、审核或确认公式计算及其结果就不太方便，Excel 提供"监视窗口"对话框监视这些单元格及其公式。

选择"公式"→"公式审核"→"监视窗口"命令，弹出"监视窗口"窗格，如图 6-13 所示。在该窗口中，添加或删除监视点。

图 6-13　监视窗口

6.3.2　函数

当设计一个工作表时，要用到各种各样复杂的运算，Excel 中提供了一些已经定义好的公式，将它们称为函数。Excel 提供了丰富的函数，根据类型可分为数学与三角函数、统计函数、日期与时间函数、财务函数、数据库函数、信息函数、逻辑函数、文本函数和查找与引用函数等。用户也可以通过使用 Visual Basic for Applications 来创建自定义函数。

函数由函数名和参数组成，其一般形式为

函数名（参数 1，参数 2……）

函数名表示函数的功能，如 AVERAG 是求平均值的函数，SUM 是求和的函数，MAX 是求最大值的函数；参数是函数运算的对象，可以是数值、文本、逻辑值（TRUE 或 FALSE）、单元格引用，也可以是公式或函数，给定的参数必须能产生有效的值，用文本作参数时必须将文本用双引号括起来。

1．函数的使用

使用函数时可以直接在编辑栏或单元格中输入，也可以使用 Excel 提供的粘贴函数功能。粘贴函数可以帮助用户建立函数。

使用粘贴函数建立函数的操作步骤如下。

第 1 步：选定要输入函数的单元格，如选定单元格 F5。

第 2 步：在"公式"→"函数库"组中按类查找函数，或选择"插入函数"按钮 f_x，弹出如图 6-14 所示的"插入函数"对话框。

图 6-14 "插入函数"对话框

第 3 步：在"或选择类别"下拉列表框中选择要插入的函数分类，在下面的"选择函数"列表框中选择函数名。这里函数类别选择"常用函数"，函数名选择"SUM"。

第 4 步：单击"确定"按钮，这时弹出所选函数的"函数参数"对话框，显示出了所选函数的名称、参数、函数的功能说明和参数的描述，如图 6-15 所示。

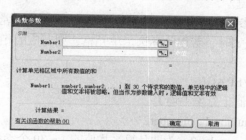

图 6-15 "函数参数"对话框

第 5 步：根据提示在相应文本框中输入函数的各个参数，若要单元格引用作为参数，可单击参数框右侧的暂时隐藏对话框按钮，从工作表中直接选定单元格（这里选定 B5:E5），然后再次单击该按钮，恢复"函数参数"对话框。

第 6 步：单击"确定"按钮完成函数的建立。

图 6-16 中所示的 F5 单元格和 B10 单元格中的值就是用求和函数计算的结果。

	A	B	C	D	E	F
1						
2			1999年公司销售统计表			
3						
4	类别	一季度	二季度	三季度	四季度	合计
5	14寸彩电	2010	2500	2300	3500	10310
6	21寸彩电	2500	2000	1800	3000	9300
7	25寸彩电	3000	2800	3100	3500	12400
8	29寸彩电	1000	1700	1900	2100	6700
9	34寸彩电	1500	1300	1800	2100	6700
10	总计	10010	10300	10900	14200	45410

图 6-16 粘贴函数的计算结果

如果用户熟悉要使用的函数，则可以不利用"函数参数"对话框，直接在单元格或编辑栏中输入函数和参数。

函数可以嵌套，也就是函数的参数可以使用另一个函数，如：

ROUND（AVERAGE（A2,C2），）

需要注意的是嵌套函数（如上例中的 AVERAGE（ ））的返回值类型必须与其对应的上级函数（上例中的 ROUND（ ））参数使用的数值类型相同。Excel 函数嵌套最多可嵌套七级。

2．常用函数简介

（1）求和函数 SUM

功能：计算某个单元格区域中所有数字之和。

语法：SUM（number1，number2…）

参数说明：number1，number2…为 1～30 个需要求和的参数。

直接键入参数表中的数字、逻辑值及数字的文本表达式将被计算；如果参数为数组或引用，只有其中的数字将被计算，数组或引用中的空白单元格、逻辑值、文本或错误值将被忽略；如果参数为错误值或为不能转换成数字的文本，将会导致错误。

【例】A1:A4 单元格中分别存放数据 1～4，如果在 A5 单元格中输入 "=SUM（A1:A4，10）"，则 A5 单元格中的值为 20。输入公式的具体操作步骤如下。

第 1 步：选定 A5 单元格。

第 2 步：输入 "=SUM（"。

第 3 步：选定单元格 A1:A4。

第 4 步：继续输入 ",10）"。

第 5 步：按【Enter】键。

该例中，使用了两个参数，一个是单元格区域引用，另一个是常数。其中，第 3 步也可以直接输入 A1:A4。输入公式时，若用鼠标选定单元格，则对应的相对引用形式就会出现在公式中。

（2）求平均值函数 AVERAGE

功能：返回参数平均值（算术平均）。

语法：AVERAGE（number1，number2…）

参数说明：number1，number2…为要计算平均值的 1～30 个参数。

参数可以是数字，或者是涉及数字的名称、数组或引用。

如果数组或单元格引用参数中有文字、逻辑值或空单元格，则忽略其值；如果单元格包含零值，则计算在内。

【例】A1:A4 单元格中分别存放数据 1～4，如果在 A5 单元格中输入 "=AVERAGE（A1:A4，10）"，则 A5 单元格中的值为 4。

（3）计数函数 COUNT（）

功能：计算数组或单元格区域中数字项的个数。

语法：COUNT（value1，value2…）

参数说明：value1，value2…是包含或引用各种类型数据的参数（1～30 个），但只有数字类型的数据才被计数。

函数 COUNT 在计数时，将把数字、空值、逻辑值、日期和以文字代表的数计算进去，但是错误值或其他无法转换成数字的文字则被忽略。

如果参数是一个数组或引用，那么只统计数组或引用中的数字；数组中或引用的空单元格、逻辑值、文字或错误值都将被忽略。

（4）求最大值函数 MAX

功能：返回数据集中的最大数值。

语法：MAX（number1，number2…）

参数说明：number1，number2…为需要找出最大数值的 1～30 个数值。

可以将参数指定为数字、空白单元格、逻辑值或数字的文本表达式。如果参数为错误值或不能转换成数字的文本，将产生错误。

如果参数为数组或引用，则只有数组或引用中的数字将被计算。数组或引用中的空白单元格、逻辑值或文本将被忽略。

如果参数不包含数字，那么函数 MAX 返回 0。

（5）求最小值函数 MIN

功能：返回给定参数表中的最小值。

语法：MIN（number1，number2…）

参数说明：number1，number2…是要从中找出最小值的 1～30 个数值。

其他说明与 MAX 函数的说明相同。

【例】 A2:F2 单元格中分别保存 9001、张小红、女、90、84 和 78，则="MAX（D2:F2）"和"=MIN（D2:F2）"的值分别为 90 和 78。

（6）条件函数 IF

功能：执行真假值判断，根据逻辑测试的真假值，返回不同的结果。可以使用函数 IF 对数值和公式进行条件检测。

语法：IF（logical_test，value_if_true，value_if_false）

参数说明：logical_test 表示计算结果为 TRUE 或 FALSE 的任何数值或表达式。

value_if_true 表示 logical_test 为 TRUE 时函数的返回值。如果 logical_test 为 TRUE 并且省略 value_if_true，则返回 TRUE。value_if_true 可以为某一个公式。

value_if_false 表示 logical_test 为 FALSE 时函数的返回值。如果 logical_test 为 FALSE 并且省略 value_if_false，则返回 FALSE。value_if_false 可以为某一个公式。

在计算参数 value_if_true 和 value_if_false 后，函数 IF 返回相应语句执行后的返回值。

（7）逻辑求与函数 AND

功能：所有参数的逻辑值为真时返回 TRUE，只要一个参数的逻辑值为假即返回 FALSE。

语法：AND（logical1，logical2…）

参数说明：logical1，logical2…为待检测的 1～30 个条件值，各条件值或为 TRUE，或为 FALSE。

参数必须是逻辑值，或者是包含逻辑值的数组或引用。

（8）逻辑求或函数 OR

功能：在其参数组中，任何一个参数逻辑值为 TRUE，即返回 TRUE。

语法：OR（logical1，logical2…）

参数说明：logical1，logical2…为需要进行检验的 1～30 个条件值，分别为 TRUE 或 FALSE。

3．出错信息

在 Excel 中不能正确计算输入的公式时，则在单元格中显示出错信息，出错信息以"#"开始，其含义如表 6-3 所示。

表6-3　出错信息及原因

错误值	错误原因
#DIV/0!	公式被零除
#N/A	遗漏了函数中的一个或多个参数或引用到目前无法使用的数值
#NAME?	在公式中输入了未定义的名字
#NULL?	指定的两个区域不相交

错误值	错误原因
#NUM!	在数学函数中使用了不适当的参数
#REF!	引用了无效的单元格
#VALUE!	参数或操作数的类型有错
#####	单元格宽度不够，加宽即可

6.4 美化工作表

当建立并编辑了工作表之后，可以对工作表的外观进行设计，这就是美化工作表。Excel 提供了丰富的排版命令，包括文本的字体、字号大小、颜色、对齐方式和数字的显示方式等。

6.4.1 设置数据格式与对齐方式

1．设置数据格式

选定要设置数据格式的单元格，然后选择"开始"→"数字"命令旁的对话框启动器 ，打开"设置单元格格式"对话框，如图 6-17 所示。在该对话框中就可以对选中的单元格进行数据格式的设置。默认情况下，数字格式是"常规"格式。

图 6-17　"设置单元格格式"-"数字"

2．对齐方式

默认情况下输入时，Excel 总是让文本向单元格的左边界对齐，数值向单元格的右边界对齐。数据的对齐方式可以修改，以满足用户对处理表格的特殊要求。

改变数据对齐方式采用下面的操作步骤。

第 1 步：选定要改变数据对齐方式的单元格或单元格区域。

第 2 步：选择"开始"→"对齐方式"中的"文本左对齐"按钮 、"居中"按钮 、"文本右对齐"按钮 、"顶端对齐"按钮 、"垂直居中"按钮 、"底端对齐"按钮 或"合并后居中"按钮 。

也可以选择"开始"→"对齐方式"命令旁的对话框启动器 ，打开"设置单元格格式"对话框，如图 6-18 所示。

在该对话框中可以选择数据的对齐方式。

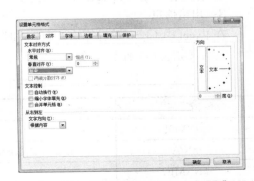

图 6-18　"设置单元格格式"-"对齐"

“合并后居中”的使用以图 6-19 中的标题为例进行说明。该标题占用了 A 列到 F 列，为了使标题能够居于这些列的中间，首先选定单元格区域 A2:F2，然后单击“开始”→“对齐方式”→“合并后居中”按钮。

图 6-19　美化工作表示例

虽然数据显示在其他单元格中，但要编辑该数据时，仍然要选定它原来的单元格。

使用“设置单元格格式”对话框，还可设置文本的方向（从-90°到 90°）。

对合并后居中的单元格，还可取消合并（拆分）。其方法是选定要拆分的单元格，选择“开始”→“对齐方式”→“合并后居中”→“取消单元格合并”即可。

3. 设置字体格式

设置单元格文字的字体格式，首先选中要设置字体的单元格或单元格区域，然后采用下列方法之一：

- 选择“开始”→“字体”组中的按钮；
- 选择“开始”→“字体”命令旁的对话框启动器，打开“设置单元格格式”对话框，如图 6-20 所示。

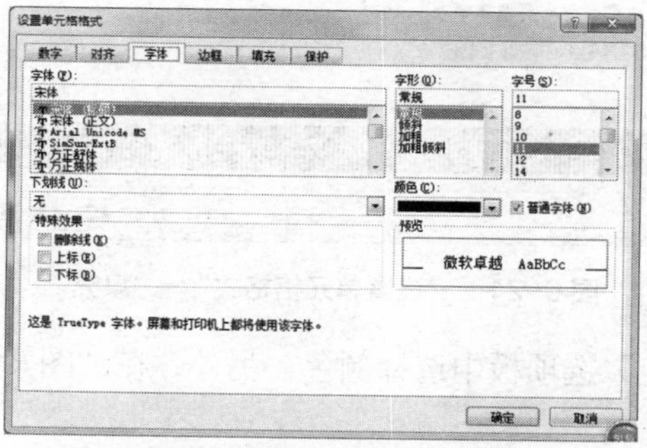

图 6-20　“设置单元格格式”-“字体”

6.4.2　改变行高和列宽

在建立工作表的过程中经常要改变行高或列宽，以适应不同的数据输入。如单元格中的信息太长，列宽就不够，一些内容将显示不出来；当选用的字号较大时，行高不够，字符会被消去顶部。

要改变某一行（一列）的高度（宽度），可将鼠标指针移动到该行号（列标）的下端（右端），当鼠标指针变为 ÷（+|+）形状时，上下（左右）拖动鼠标即可。在拖动的时候会显示出行（列）的高度（宽度）。

使用菜单也可调整或自动匹配最佳的行高或列宽，或者隐藏行或列。下面以对行的操作为例进行说明，对列的操作步骤相同。

使用菜单改变行高的操作步骤如下。

第 1 步：选定要调整的行。

第 2 步：选择"开始"→"单元格"→"格式"中的命令。

- 行高：选择该选项后将弹出"行高"对话框，可以输入行高。
- 自动调整行高：Excel 将根据单元格的内容自动调整到最佳行高。
- 隐藏和取消隐藏：隐藏行，既不显示也不打印，与在"行高"对话框中输入"0"值效果；取消隐藏，将选定区域中所有隐藏的行显示出来。

6.4.3　边框和底纹

改变单元格区域的颜色可以区分表格不同的部分，也可以添加边框线，从而形成一个完整的表格。

1．给单元格添加底纹

给单元格添加底纹采用下面的操作步骤。

第 1 步：选定要填充底纹的单元格或单元格区域。

第 2 步：选择"开始"→"字体"→"填充颜色"按钮 右侧的下拉箭头，在弹出的调色板中单击要使用的颜色即可。或在"设置单元格格式"对话框中选择"填充"选项卡，这时的对话框如图 6-21 所示。

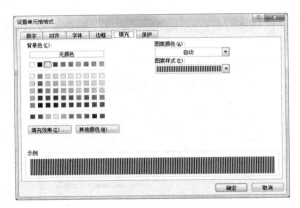

图 6-21　"设置单元格格式"-"填充"

在该对话框的"背景色"选项板中选择颜色。另外，在"图案样式"下拉列表框中还可以选择底纹的图案。

2．给单元格添加边框

给单元格添加边框采用下面的操作步骤。

第 1 步：选定要填充边框的单元格或单元格区域。

第 2 步：选择"开始"→"字体"→"边框"按钮 右侧的下拉箭头，在弹出的边框板中单击要使用的框线位置即可。或选择"开始"→"字体"→"边框"→"其他边框"命令，在弹出的"设置单元格格式"对话框中（见图 6-22）。

在该对话框中选择边框的样式，包括边框的位置、线条的样式和线条的颜色等。

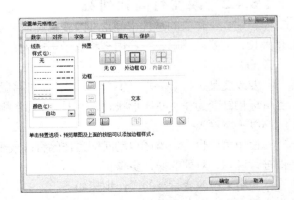

图 6-22　"设置单元格格式"-"边框"

6.4.4　使用自动套用格式美化工作表

Excel 中提供了自动套用格式的功能，可以根据预设的格式来美化工作表。

使用自动套用格式美化工作表的操作步骤如下。

第 1 步：选定要格式化的单元格区域。

第 2 步：选择"开始"→"样式"→"套用表格格式"命令，选择一种格式。

这些格式有浅色、中等深浅、深色三大类。

6.4.5　设置条件格式

采用条件格式标记单元格可以突出显示公式的结果或某些单元格的值。用户可以对满足一定条件的单元格设置字型、颜色、边框和底纹等格式。

设置条件格式的操作步骤如下。

第 1 步：选定要设置格式的单元格区域。

第 2 步：选择"开始"→"样式"→"条件格式"→"突出显示单元格规则"中常用的规则。进行设置即可完成条件格式的设置。

若规则不满足要求，选择其中的"其他规则"命令，弹出"新增格式规则"对话框，如图 6-23 所示。

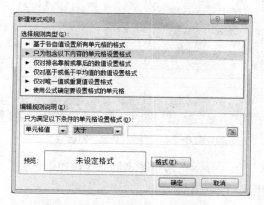

图 6-23　"新增格式规则"对话框

第 3 步：在该对话框中确定条件，设置格式（利用"格式"按钮，打开含有字体、字型等格式的对话框里进行设置）。

第 4 步：单击"确定"按钮即可。

【例】若有一个学生成绩表，A 列和 B 列分别是语文和数学的成绩，C 列是总成绩，对语文和数学成绩小于 60 的分数，用红色倾斜显示，大于等于 90 的分数用浅蓝色背景显示。操作步骤如下。

第 1 步：选定 A 列和 B 列中包含数据的单元格。

第 2 步：选择"开始"→"样式"→"条件格式"→"突出显示单元格规则"→"大于"命令，出现"大于"对话框。

第 3 步：在"大于"对话框的"为大于以下值的单元格设置格式"中输入"90"；在"设置为"下拉式列表框选择"自定义格式"，在弹出的对话框中设置字的颜色"浅蓝色"

第 4 步：选择"开始"→"样式"→"条件格式"→"突出显示单元格规则"→"小于"命令，出现"小于"对话框。

第 5 步：在"小于"对话框的"为小于以下值的单元格设置格式"中输入"60"；在"设置为"下拉式列表框选择"自定义格式"，在弹出的对话框中设置字的颜色"红色"、字形"倾斜"。

6.5 建立图表

6.5.1 图表的概念

使用图表可以将数据显示成图表格式，使数据显得更清晰、直观。

1. 图表类型

Excel 提供了标准图表类型，每一种图表类型又分为多个子类型，可以根据需要选择不同的图表类型表现数据。

选择"插入"→"图表"命令旁的对话框启动器█，打开"插入图表"对话框（见图 6-24），在该对话框中显示了 Excel 中提供的图表类型。

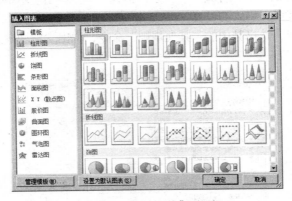

图 6-24　"插入图表"对话框

在"插入"→"图表"组上显示有常用图表的命令按钮供建立图表时选择：柱形图、折线图、饼图、条形图、面积图、散点图。

2. 图表的构成

图表主要由以下几个部分组成，以图 6-25 为例说明。

图表标题：图 5-25 中的"1999 年公司销售统计"，用来描述图表的名称，默认在图表的顶端，可有可无。

坐标轴与坐标轴标题：图 6-25 中"季度"称为"x 轴标题"，"销售量"称为"y 轴标题"，可有可无。

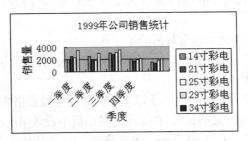

图 6-25　图表的构成

图例：图 6-25 中"14 寸彩电……34 寸彩电"、图及方框称为"图例"，其中"14 寸彩电……

34寸彩电"又称为"系列名称"(或"图例文字")。

绘图区：以坐标轴为界的区域。

数据系列：直方块称为"数据系列"，一个数据系列对应工作表中选定区域的一行或一列数据。

网格线：从坐标轴刻度线引申出来并贯穿整个绘图区的线条系列，可有可无。

背景墙与基底：三维图表中会出现背景墙与基底，是包围在许多三维图表周围的区域，用于显示图表的维度和边界。

6.5.2 创建图表

1．嵌入式图表与独立图表

图表可以放在工作表上，也可放在工作簿的图表工作表（独立图表）上。直接出现在工作表上的图表称为嵌入式图表，可以放在工作表的任何位置。图表工作表是工作簿中只包含图表的工作表。嵌入式图表和图表工作表都与工作表数据相链接，并随工作表数据修改而变化。

在打印输出时，独立图表占一个页面。

2．建立图表

（1）使用命令创建

图表可以由相邻或不相邻的单元格数据来生成。创建图表一般采用下面的操作过程。

第1步：选定创建图表需要的单元格或单元格区域。

第2步：在"插入"→"图表"命令组中的常用图表按钮有满足要求的图表，单击该按钮，并在弹出的面板中选择需要的子类型。

若常用图表按钮没有满足要求的图表，选择"插入"→"图表"命令旁的对话框启动器，打开"插入图表"对话框（见图6-24），在该对话框中选择你要用的图表类中的子类型。

子类型选择好后，在选定数据单元格区域所在的工作表中插入指定的图表。

嵌入式图表建立好后，使用"图表工具-设计"→"位置"→"移动图表"命令，在弹出的"移动图表"对话框中（见图6-26），可以将工作表中的图表移动到新工作表上（独立图表）。反之，也可以将独立图表变成嵌入式图表。

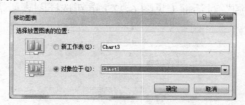

图6-26 "移动图表"对话框

（2）使用快捷键创建图表

选定创建图表需要的单元格或单元格区域，按【Alt】+【F1】快捷键，就在选定数据单元格区域所在的工作表中插入一柱形图的图表，然后再通过对图表编辑对图表类型进行修改。

选定创建图表需要的单元格或单元格区域，按【F11】键，Excel创建名为"char$n$"（n为一数字）的工作表，并在该工作表中建立一柱形图的图表，然后再通过对图表编辑对图表类型进行修改。

当生成图表后单击图表，功能区会出现"图表工具"选项卡，其下有"设计"、"布局"、"格式"选项卡，利用这些选项卡可以完成图表图形颜色、图表位置、图表标题、图例位置、图表背景墙等的设计和布局及颜色的填充等格式设计。

6.5.3 图表的编辑

图表创建后，可以对图表的"图表类型"、"图表源数据"、"图表选项"、"图表位置"等进行修改。

图表编辑除使用功能区的"图表工具"，也可使用浮动工具栏或快捷菜单。

1．选定图表

单击图表，则在图表的四周会出现绘图画布边框，边框上有 8 个带点的位置，称为控制点。

2．移动图表

首先选定图表，然后将鼠标指针移动到图表中空白的位置，鼠标指针变为✛，拖动鼠标到需要的位置即可。

3．调整图表的大小

选定图表后，当鼠标指针移动到左右两个控制点上时，鼠标指针变为↔形状，左右拖动可以在水平方向改变图表的大小；当鼠标指针移动到上下两个控制点上时，鼠标指针变为↕形状，上下拖动可以在垂直方向改变图表的大小；当鼠标指针移动到左下角或右上角两个控制点上时，鼠标指针变为↗形状，或当鼠标指针移动到左上角或右下角两个控制点上时，鼠标指针变为↖形状，拖动鼠标可以在两个方向改变图表的大小。

4．删除图表

选定图表，按【Delete】键或选择"开始"→"编辑"→"清除"→"全部清除"命令即可删除图表。

5．修改图表类型

选定图表，选择"图表工具-设计"→"类型"→"更改图表类型"，或快捷菜单中的"更改图表类型"，在弹出的"更改图表类型"对话框（与图 6-24 所示的"插入图表"对话框一样）中选择所需要的图表。

6．修改图表源数据

（1）向图表中添加源数据的工作

选定图表，选择"图表工具-设计"→"数据"→"选择数据"，或快捷菜单中的"选择数据"，在弹出的"选择数据源"对话框（见图 6-27）重新选择图表所需的数据区域，即可完成向图表中添加源数据的工作。

图 6-27　"选择数据源"对话框

（2）删除图表中的数据

若要同时删除工作表和图表中的数据，只要删除工作表中的数据，图表会自动更新。若要从图表中删除数据，在图表上单击要删除的图表系列，按【Delete】键，或在"选择数据源"对话框的"图例项（系列）"选项组单击"删除"按钮。

7．设置图表标签

对已经创建好的图表，选中图表，选择"图表工具-布局"→"标签"组中的按钮，可对图表设置图表标题、坐标轴标题、图例、数据标签等。

对图表设置标签，实质上就是对图表进行自定义布局，Excel 2010 提供了几种常用布局样式模板，可以快速对图表进行布局，其操作为选定图表，选择“图表工具-设计”→“图表布局”组中列表框中的一种布局。

8. 修饰图表

要更好地表现工作表，可以对图表进行修饰。这些修饰包括：网格线、数据表、数据标志、图表的颜色、图案、线性、填充效果、边框、图片、图表区、绘图区、坐标轴、背景墙和基底等进行设置，方法是选定对象，利用“图表工具”功能区下的“设计”、“布局”和“格式”中的相应命令进行设置。

6.5.4 创建迷你图

与以往版本不同的是，在 Excel 2010 中首次引入了“迷你图”的概念，与以往版本制作出的图表没有太大区别，唯一不同之处只是将图表显示在单元格中而已。这类图表简洁明了，并且该类图表实际上的表现形式是以单元格背景的形式存在的，因此在单元格中仍然可以输入文字信息。

使用迷你图要注意的是：只有使用 Excel 2010 创建的数据表才能创建迷你图，低版本的 Excel 文档即使使用 Excel 2010 打开也不能创建，必须将数据复制至 Excel 2010 文档中才能使用该功能。

1. 迷你图的创建

创建迷你图的操作过程如下。

第 1 步：选中需要添加“迷你图”的单元格，然后选择“插入”→“迷你图”中的一种类型，目前迷你图的类型有：折线图、柱形图、盈亏三种，这里选择折线图。

第 2 步：在弹出的“创建迷你图”对话框中（见图 5-28）输入或选择“数据范围”。选择数据范围可单击参数框右侧的暂时隐藏对话框按钮，在工作表中选定单元格区域，然后单击恢复对话框按钮，返回到“创建迷你图”对话框。单击“确定”按钮完成迷你图的创建。

图 6-28　“创建迷你图”对话框

图 6-29 就是创建迷你图的示例，由于迷你图是在单元格中创建的，因此单元格的自动填充功能、在含有迷你图的单元格中输入数据（图 6-29 中的 F9 单元格）都是允许的。

由此可以看出迷你图并非单元格中的“内容”，它可以看作是覆盖在单元格上方的图层。

	A	B	C	D	E	F	G
1	1999年公司销售统计表						
2	类别	一季度	二季度	三季度	四季度	合计	季度趋势
3	14寸彩电	2010	2500	2300	3500	10310	
4	21寸彩电	2500	2000	1800	3000	9300	
5	25寸彩电	3000	2800	3100	3500	12400	
6	29寸彩电	1000	1700	1900	2100	6700	
7	34寸彩电	1500	1300	1800	2100	6700	
8	总计	10010	10300	10900	14200	45410	
9	类别趋势					合计趋势	

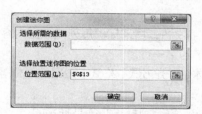

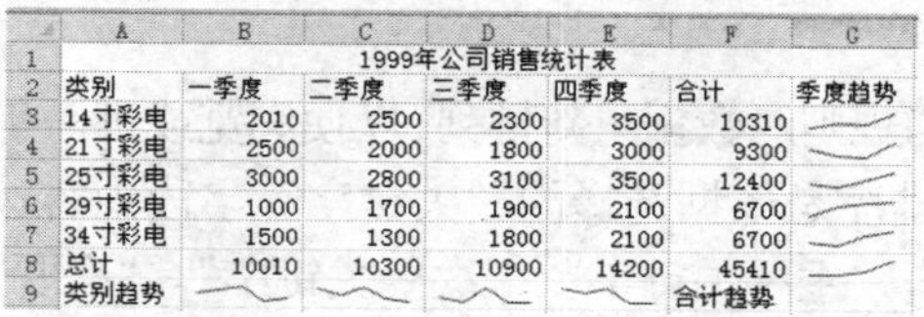

图 6-29　迷你图

2．设置迷你图格式

迷你图的删除，不能使用【Delete】键，可以使用"开始"→"单元格"→"删除"按钮。

选定迷你图后，在功能区出现"迷你图-设计"功能区，使用其中的按钮可以对迷你图进行设置。

6.6 数据库管理

Excel 提供了较强的数据库管理功能，按照数据库的管理方式对以数据清单形式存放的工作表进行各种排序、筛选、分类汇总、统计和建立数据透视表等。但要注意的是，对工作表数据进行数据库操作，要求数据必须按"数据清单"存放。工作表中的数据库操作是使用"数据"功能区进行操作的。

6.6.1 创建数据清单

数据清单是包含标题及相关数据的一组工作表数据行，可用来管理数据。它可以像数据库一样使用，其中的行表示记录、列表示字段。数据清单第一行的列标志是数据库中的字段名称。对数据的管理包括排序、筛选及分类汇总等。为了发挥数据清单的分析和管理数据的功能，在数据清单中输入数据时要遵守下列的一些准则。

1．数据清单的大小和位置应遵守的准则

● 一个工作表上建立一个数据清单，因为数据清单的一些处理（如筛选等）一次只能在同一个工作表的一个数据清单上使用。

● 在工作表的数据清单与其他的数据间至少留出一个空白列和一个空白行，这样在执行排序、筛选或插入自动汇总等操作时便于检测和选定数据。

● 避免将关键数据放到数据清单的左右两侧，因为这些数据在筛选数据清单时可能会被隐藏。

● 避免在数据清单中放置空白列和行。

2．列标志

列标志相当于数据库中的字段名，用来标识每列的数据内容。

● 列标志必须在数据清单的第一行。

● 列标志的格式包括字体、对齐方式、格式、图案及边框等，应与数据清单中的其他数据格式区别开来。

● 若要使用高级筛选功能，每个列标志必须是唯一的。

3．行和列的内容

● 在设计数据清单时应使同一列中的各行有近似的数据项。

● 在单元格的开始处不要插入多余的空格，多余的空格会影响排序和查找。

● 不要使用空白行将列标志和第一行的数据分开。

6.6.2 数据排序

数据排序是按照一定的规则对数据重新排列，以便浏览或进一步处理做准备（如分类汇总）。对工作表的数据清单进行排序是依据选择的"关键字"字段内容按升序或降序排列的，Excel会给出两个关键字，分别是"主要关键字"、"次要关键字"。"次要关键字"可根据需要不断地添加，也可按用户自定义的序列排序。

1．根据一列的数据对数据行排序

根据一列的数据对数据行排序，可以使用"数据"→"排序与筛选"→"升序"按钮 或"降序"按钮 。

这种排序只能进行一个关键字的排序。

2．根据多列的数据对数据行排序

根据多列的数据对数据行排序采用下面的操作步骤。

第1步：在数据清单中选定排序数据列的任意单元格。

第2步：选择"数据"→"排序与筛选"→"排序"命令，这时出现的"排序"对话框如图6-30所示。

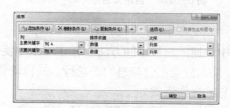

图6-30　"排序"对话框

第3步：在该对话框中设置排序的选项。

在"主要关键字"下拉式列表框中选择要排序的字段；在"排序依据"下拉式列表框中选择要排序的依据：数值、单元格颜色、字体颜色、单元格图标，一般选择数值；在"次序"下拉式列表框中选择排序的次序：升序、降序或自定义序列。排序时至少要有一个关键字。

若还要增加排序的条件，单击"添加条件"按钮，在列表框中增加一"次要关键字"，其操作与主要关键字的操作是相同的。

为了防止数据清单的标题行也参加排序，可选定"数据包含标题"复选框。

6.6.3　数据筛选

用户往往需要查找或分析数据清单中的信息，通常要查看满足某种条件的所有信息行。Excel提供了自动筛选和高级筛选的功能，通过筛选，可以压缩数据清单，隐藏不满足条件的信息行，而只显示符合条件的信息行。

1．自动筛选

"自动筛选"是一种简单、方便的筛选数据清单的方法，当用户确定了筛选条件后，它可以只显示符合条件的信息行。

自动筛选数据采用下面的操作步骤。

第1步：单击数据清单中的任意单元格。

第2步：选择"数据"→"排序和筛选"→"筛选"命令，这时每个列标题的右侧均出现一个下拉箭头。

第3步：单击需要筛选的列标题下拉列表框，出现如图6-31所示的筛选方式，选定要筛选的项目。

筛选后标题右侧的下拉箭头变为 。

第4步：若还要对另一列数值筛选，重复第3步。

2．取消筛选

撤销筛选与建立自动筛选一样，即选择"数据"→"排序和筛选"

图6-31　筛选方式

→ "筛选"命令即可。

3．自定义筛选条件

若要自定义筛选条件，如"一季度>1000 并且<4000"，在图 6-32 所示的"搜索"框上的"×× 筛选"中的命令进行选择，其中的"自定义筛选"弹出的对话框如图 6-32 所示。

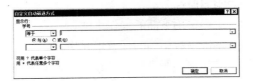

图 6-32　"自定义自动筛选"对话框

6.6.4　分类汇总

分类汇总是在数据清单中快速汇总数据的方法。在 Excel 中使用分类汇总，不需要创建公式，Excel 将自动创建公式、插入分类汇总与总的汇总行，并自动分级显示数据。

对数据清单进行分类汇总的操作步骤如下。

第 1 步：对分类汇总的字段排序，排序后相同的记录集中在一起。

第 2 步：选择"数据"→"分级显示"→"分类汇总"命令，弹出如图 6-33 所示的"分类汇总"对话框。

图 6-33　"分类汇总"对话框

第 3 步：在该对话框中选择分类汇总选项。这些选项如下。

● 分类字段：选择需要分类的字段，该字段应与第 1 步中的排序列相同。

● 汇总方式：选择需要的用于计算分类汇总的函数，如求和、求均值等。

● 选定汇总项：选择与需要汇总计算的数值列对应的复选框。

图 6-34　分类汇总示例

- 替换当前分类汇总：用新设置的分类汇总替换数据清单中原有的分类汇总，若要创建"嵌套"式多级分类汇总，则应取消对该复选框的选择。
- 每组数据分页：在每组分类汇总数据之后自动插入分页符。
- 汇总结果显示在数据下方：即在明细数据下面插入分类汇总行和总的汇总行。Excel 对分类汇总进行分级显示，其分级显示符号允许用户快速隐藏或显示明细数据。编辑明细后，分类汇总和总计值将自动重新计算。
- 全部删除：取消分类汇总。

分类汇总的例子如图 6-34 所示。

在图 6-34 中，工作表左侧的小方块用于控制对各组数据和全体数据的隐藏和显示，称为分级显示符号，其操作方法就是单击它。

若要取消分类汇总，只要在"分类汇总"对话框中单击"全部删除"按钮就可以了。

6.6.5　数据合并

数据合并可以把来自不同源数据区域的数据进行汇总，并进行合并计算。不同源数据包括同一工作表中、同一工作簿的不同工作表、不同工作簿中的数据区域。数据合并是通过建立合并表的方式来进行的。合并表可以放在某源数据所在的工作表中，也可以建立在同一工作簿或不同工作簿中。使用"数据"→"数据工具"命令中的"合并计算"、"数据有效性"、"模拟分析"可以完成相应的功能。

如图 6-35 中同一工作簿的三张工作表，分别是第一分店、第二分店的销售数据，合计销售是这个商场合计的销售数据。

图 6-35　数据合并示例

数据合并的操作为将光标移动到合并结果数据区域的左上角单元格，选择"数据"→"数据工具"命令中的"合并计算"命令，出现"合并计算"对话框（见图 6-36），在该对话框选择合并计算的"函数"，合并计算的引用位置。选择完成后，单击"确定"按钮就可完成合并计算。

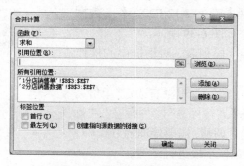

图 6-36　"合并计算"对话框

6.6.6　数据透视表和数据透视图

数据透视表是一种交互式的表，使用数据透视表可以深入分析数据，并且可以解决一些预计不到的数据问题。数据透视图即具有数据透视表交互式汇总特性，又具有图表可视性优点。

1. **数据透视表**

在 Excel 中有多种从工作表中提取数据的方法：排序的方法、筛选的方法、分类汇总的方法。数据透视表可以将排序、筛选和分类汇总 3 项操作结合在一起，对数据进行数据汇总和分析。创建“数据透视表”以后，拖动数据字段和数据项可以重新组织数据。

在建立数据透视表时需考虑如何汇总数据。下面以销售数据统计表为例（见图 5-37）说明建立数据透视表的操作过程。

	A	B	C	D	E
1		销售数据统计			
2	经销店	类别	销售量	单价（元	总销售额（元）
3	1分店	A001	267	33	8811
4	2分店	A001	273	33	9009
5	1分店	A002	271	45	12195
6	2分店	A002	257	45	11565
7	1分店	A003	226	29	6554
8	2分店	A003	232	29	6728
9	1分店	A004	290	63	18270
10	2分店	A004	304	63	19152

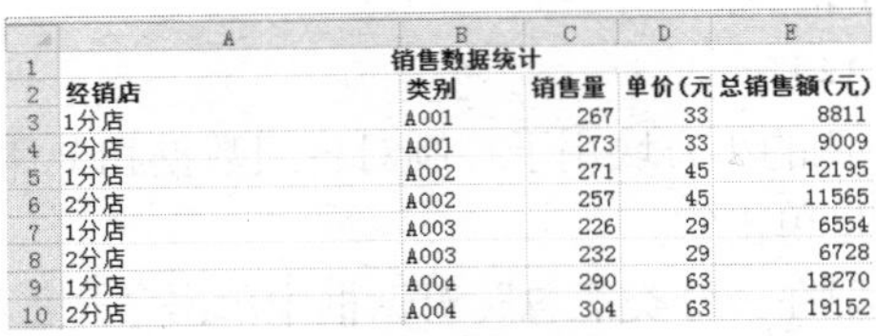

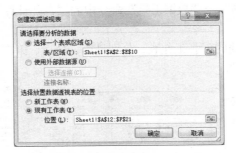

图 6-37　建立数据透视表的数据清单

第 1 步：选择要建立数据透视表的数据区域。这里选择 A2：E10 数据区域。

第 2 步：选择“插入”→“表格”→“数据透视表”→“数据透视表”命令，弹出“创建数据透视表”对话框，如图 6-38 所示。

图 6-38　“创建数据透视表”对话框

第 3 步：在“创建数据透视表”对话框中要分析的数据在第 1 步已经选择好了；在“选择放置数据透视表的位置”选项组选择“现有工作表”位置是 A12:E22，单击“确定”按钮。

出现未完成的数据透视表（在 A12:E22）和“数据透视表字段列表”对话框，如图 6-39 所示。

第 4 步：“数据透视表字段列表”对话框中的操作如下。

“选择要添加到报表的字段”：这里没有选定“单价”。

数据透视表的“列标签”、“行标签”：“列标签”、“行标签”之间可以通过拖动进行调整；需要处理的方式（对话框的右下角），处理只对数值字段进行处理。

这些操作需要修改的话，单击相应位置的下三角，在弹出的菜单中选择并设置。

在“数据透视表字段列表”对话框操作的过程中，工作表中的数据透视表生成了，如图 6-40 所示。

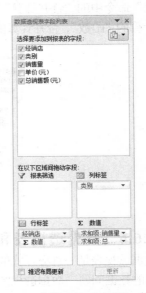

图 6-39　“数据透视表字段”对话框

		列标签 ▼				
行标签		A001	A002	A003	A004	总计
1分店						
	求和项:销售量	267	271	226	290	1054
	求和项:总销售额(元)	8811	12195	6554	18270	45830
2分店						
	求和项:销售量	273	257	232	304	1066
	求和项:总销售额(元)	9009	11565	6728	19152	46454
求和项:销售量汇总		540	528	458	594	2120
求和项:总销售额(元)汇总		17820	23760	13282	37422	92284

图 6-40　完成的数据透视表

2. 数据透视图

创建数据透视图有两种方法，一种是使用数据表，另一种是使用数据透视表。

（1）使用数据表创建数据透视图

使用数据表创建数据透视图的操作过程，与创建数据透视表的操作过程是类似的，只不过在第 2 步选择"插入"→"表格"→"数据透视表"→"数据透视图"命令。

（2）使用数据透视表创建数据透视图

在创建数据透视表后，将光标放在数据透视表的任一位置，选择"数据透视表工具-选项"→"工具"→"数据透视图"命令，弹出"插入图表"对话框，在该对话框中选择一种图表就可以创建数据透视图。

需要注意的是创建数据透视图，不能使用 XY 散点图、气泡图、股价图等图表类型。

6.7　工作表的打印与超链接

6.7.1　工作表的打印

当建立、编辑和美化工作表之后，需要将其打印出来。为了使打印的表格清晰、美观，可以增加页眉、页脚等页面设置，还可以在屏幕上预览打印的效果。

1. 页面设置

页面设置可以控制打印工作表的外观或版面。

页面设置可选择"页面布局"→"页面设置"命令旁的对话框启动器，这时弹出的"页面设置"对话框如图 6-41 所示。

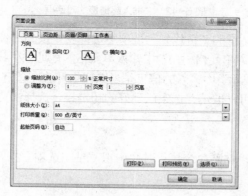

图 6-41　"页面设置"对话框

这里可以设置的有："方向"、"缩放"、"纸张大小"、"打印质量"、"起始页码"等。

在该对话框中可以设置页面、页边距、页眉/页脚和工作表。

2. 设置页边距

在"页面设置"对话框中选择"页边距"选项卡，可以设置页边距。

在该对话框中可以设置数据到页边之间的距离，包括上、下、左、右，以及页眉和页脚与上下边之间的距离。设置的效果会出现在预览框中。

"居中方式"选项组用于设置报表的打印位置即水平居中和垂直居中。

3．设置页眉和页脚

在"页面设置"对话框中选择"页眉/页脚"选项卡，可以设置页眉/页脚的格式，页眉/页脚要显示的内容。

4．设置工作表

在"页面设置"对话框中选择"工作表"选项卡，在该对话框中可以设置要"打印区域"和"打印标题"、"打印"选项、"打印顺序"等。

5．打印

选择"文件"→"打印"命令，出现"打印"面板，在面板的右侧有"打印预览"，若对预览效果满意，单击"打印"按钮开始打印。

6.7.2　工作表中的超链接

工作表中的链接包括超链接和数据链接。超链接可以从一个工作簿或文件快速跳转到其他工作簿或文件，超链接可以建立在单元格的文本或图形上；数据链接是使得数据发生关联，当一个数据发生更改时，与之相关联的数据也会改变。

1．建立超链接

选定要建立超链接的单元格或单元格区域，选择"插入"→"链接"→"超链接"命令，或快捷菜单中的"超链接"命令，打开"插入超链接"对话框，如图 5-42 所示。

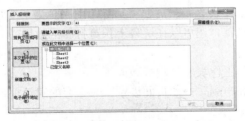

图 6-42　"插入超链接"对话框

在"插入超链接"对话框的"链接到"选项组选择要链接到的位置，这里选择"本文档中的位置"；在右侧的"请键入单元格引用"中输入单元格的地址，在其下的列表框中可以选择要引用的工作表；在"屏幕提示"中输入的信息是当鼠标指针放在超链接上时，显示的提示信息。

超链接可以修改，也可以取消，选定已建好的超链接，选择快捷菜单中的"编辑超链接"或"取消超链接"命令。

2．建立数据链接

在复制、粘贴数据时，粘贴命令执行时会出现"粘贴选项"按钮 ，从中选择"粘贴链接"即可。

6.8　保护数据

Excel 可以有效地对工作簿中的数据进行保护，如设置密码，不允许无关人员访问；也可以保护某些工作表或工作表中的部分数据，防止无关人员非法修改；还可以把工作簿、工作表、工作表某行（某列）及单元格重要公式隐藏起来。

6.8.1 保护工作簿和工作表

没有保护的工作簿和工作表任何人都可以访问。

1. 保护工作簿

保护工作簿有两个方面：防止他人非法访问工作簿；禁止他人对工作簿或工作表中非法操作。

（1）访问工作簿的权限保护

在保存 Excel 文档的"另存为"对话框中，选择"工具"→"常规选项"命令，弹出"常规选项"对话框，在该对话框中可以设置打开权限密码，或修改权限密码。则在打开工作簿文档、修改工作簿文档要输入密码。

（2）对工作簿工作表和窗口的保护

选择"审阅"→"更改"→"保护工作簿"命令，出现"保护结构和窗口"对话框（见图6-43），在该对话框中选中"结构"复选框表示保护工作簿的结构，工作簿中的工作表将不能进行移动、删除、插入等操作；选中"窗口"复选框，则每次打开工作簿时保持窗口的固定位置和大小，工作簿的窗口不能移动、缩放、隐藏、取消隐藏等操作；"密码"是取消保护时要输入的密码。

图 6-43　保护工作簿

再次单击"审阅"→"更改"→"保护工作簿"命令，可以取消对工作簿的保护，若有密码必须输入。

2. 保护工作表

保护工作表的操作如下。

第1步：选定要保护的工作表。

第2步：选择"审阅"→"更改"→"保护工作表"命令，出现"保护工作表"对话框，如图 5-44 所示。

第3步：在"保护工作表"对话框中选择"保护工作表及锁定的单元格"复选框，并在"允许此工作表的所有用户进行"列表框中选择允许用户进行的操作，与保护工作簿一样，为防止他人取消工作表的保护，可以键入密码。

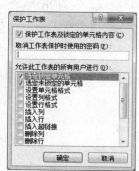

图 6-44　"保护工作表"

3. 保护公式

在工作表中，可以将不希望别人看到的公式隐藏，其操作如下。

第1步：选择要隐藏公式的单元格，选择"开始"→"单元格"→"格式"→"设置单元格格式"命令，打开"设置单元格格式"对话框。

第2步：在"设置单元格格式"对话框选择"保护"选项卡，在该对话框中选择"隐藏"复选框。

第3步：选择"审阅"→"更改"→"保护工作表"命令，完成对工作表的保护。选中该单元格，选择"审阅"→"更改"→"取消保护工作表"命令，可撤销保护公式。

选择"审阅"→"更改"→"允许用户编辑的区域"命令，可以设置允许用户编辑的单元格区域，让不同的用户拥有不同编辑工作表的权限，达到保护数据的目的。

选择"文件"→"信息"→"保护工作簿"命令中的选项，可以实现将工作簿标记为最终状态、用密码进行加密、保护当前工作表、保护工作表结构等操作。

6.8.2　隐藏工作表

对隐藏的工作表，其工作表可以使用（引用单元格中的内容），但其内容不可见，从而得到一定程度的保护。

隐藏工作表可选用下列方法之一。

- 右键单击工作表选项卡，选择"隐藏"快捷菜单。
- 选定工作表，选择"开始"→"单元格"→"格式"→"可见性"→"隐藏和取消隐藏"→"隐藏工作表"命令。

取消隐藏工作表，使用"开始"→"单元格"→"格式"→"可见性"→"隐藏和取消隐藏"→"取消隐藏工作表"，在弹出的对话中选定要显示的工作表。

隐藏工作表中的行或列，采用下列方法之一：

- 在行（列）标上选定要隐藏的行（列），选择"隐藏"快捷菜单。
- 选定要隐藏的行（列），选择"开始"→"单元格"→"格式"→"可见性"→"隐藏和取消隐藏"→"隐藏行"或"隐藏列"命令。

隐藏的行或列不能显示，但可以被引用，行或列隐藏处出现一条黑线。另外从行（列）标的编号也可以看出来。

取消隐藏的行（列）的操作是首先选定工作表的所有区域，执行下列操作之一：

- 取消隐藏行（列），右键单击行（列）标，选择"取消隐藏"快捷菜单。
- 选择"开始"→"单元格"→"格式"→"可见性"→"隐藏和取消隐藏"→"取消隐藏行"或"取消隐藏列"命令。

PART 7

第 7 章
数据库技术基础

7.1 数据库基础知识

7.1.1 数据与数据处理

1. 数据与信息

数据（Data）和信息（Information）是两个密不可分的基本概念。

数据是指存储在某种介质上能够识别的物理符号。数据的概念包括两个方面：一方面是描述事物特性的数据内容；另一方面是存储在某一种介质上的数据形式。描述事物的特性必须借助一定的符号，这些符号就是数据形式。数据形式可以是多种多样的，例如，37 是一个数据，可以表示一个物体的重量，也可以表示一个人的体温，还可以表示一个人的年龄，等等。

信息是通过解释或加工的数据，这种数据对人类社会实践、生产及经营活动能产生决策性影响。也就是说，信息是一种数据，是经过数据处理后对决策者有用的数据。

数据与信息既有区别，又有联系。一方面，数据是表示信息的，但并非任何数据都能表示信息，信息只是加工处理后的数据，是数据所表达的内容。另一方面，信息不随表示它的数据形式而改变，它是反映客观现实世界的知识，而数据则具有任意性，用不同的数据形式可以表示同样的信息。例如，一个城市的天气预报情况是一条信息，而描述信息的数据形式可以是文字、图像或声音等。

2. 数据处理

数据处理是指从某些已知的数据出发，推导加工出一些新的数据。例如，利用某高校学生的成绩数据，经过数据处理以后，可以知道该学校学生的平均成绩情况。在数据处理的具体过程中，会涉及数据的收集、存储、加工、利用、传播乃至信息输出的全过程。

数据处理的目的是获得我们所需要的资料和整理出对人类社会生活有价值的数据（即信息），作为在社会活动中做出正确决策的依据。

7.1.2 计算机数据管理的发展

数据处理的一个重要方面就是数据管理，计算机对数据的管理是指对数据的组织、分类、编码、存储、检索和维护提供操作手段和途径。

20 世纪以来，随着计算机硬件和软件的发展，计算机数据管理也得到了迅速的发展，大致经历了 3 个发展阶段，即人工管理阶段、文件系统阶段、数据库系统阶段。

1. 人工管理阶段

20 世纪 50 年代中期以前，计算机主要用于数值计算。计算机还没有类似于硬盘的外部存储设备，只能将数据存储在卡片、纸带、磁带等设备上，而且此时的计算机没有操作系统，没有数据管理的软件，从数据看，数据量小，数据无结构，由用户直接管理，数据处理方式是通过批处理来执行的，所有的数据完全由人工进行管理。程序员编写应用程序时，需要考虑具体的数据物理存储细节，即每个应用程序中都要包括数据的存储结构、存取方法、输入方式、地址分配等。如果数据的类型、格式或输入输出方式等逻辑结构或物理结构发生变化，必须对应用程序做出相应的修改，因此，程序员负担很重。另外，数据是面向程序的，一组数据只能对应一个程序，很难实现多个程序共享数据资源，程序之间有大量的冗余数据。

人工管理阶段的数据库管理模型如图 7-1 所示。

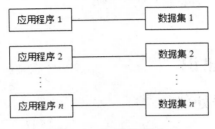

图 7-1 人工管理阶段

2. 文件系统阶段

20 世纪 50 年代后期至 60 年代中期是文件系统阶段，计算机软件和硬件都有了一定的发展。在硬件方面，出现磁盘、磁鼓等直接存储设备；在软件方面，出现了高级语言和操作系统。操作系统中有了专门用于管理数据的软件，一般称之为文件系统，用户可以把相关数据组织成一个文件存放在计算机中，由文件系统对数据的存取进行管理，处理方式有批处理，也有联机处理。程序和数据之间具有一定独立性，可以重复操作，数据文件可以长期保存。

但是，文件系统中的数据文件是为了满足特定业务领域或某部门的专门需要而设计的，服务于某个特定应用程序，数据仍高度依赖于程序，同一个数据项可能重复出现在多个数据文件中，导致数据冗余大，且非常容易造成数据的不一致性。例如，A 文件中张三的职称被修改为教授，而 B 文件中张三的职称由于疏忽未进行修改依然还是副教授等。因为上述问题的存在，文件系统越来越不能满足日益增长的信息需求，所以人们开始了探索数据库技术的征程。

文件系统阶段的数据库管理模型如图 7-2 所示。

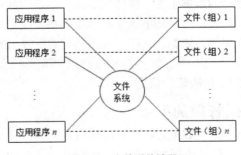

图 7-2 文件系统阶段

3. 数据库系统阶段

从 20 世纪 60 年代后期开始，计算机用于管理的规模越来越大，存储技术也得到了很大的发展，对联机实时处理的要求越来越多，开始提出和考虑分布处理。在这种背景下，人们着手开发和研制更加完美的数据库管理模式，从而出现了数据库这样的数据管理技术，数据库的概念也由此产生。同时，计算机应用越来越广泛，数据量急剧增加，多种应用、多种语言互相覆盖地共享数据集合的要求越来越强烈。为了解决多用户、多应用共享数据，使数据为尽可能多地应用服务，显然，文件系统已经不能满足应用需求，于是数据库系统应运而生。

数据库系统管理数据比文件系统具有更明显的优点，从文件系统到数据库系统，标志着数据管理技术的飞跃。

数据库系统阶段的主要特征如下。

- 数据由数据库管理系统统一管理和控制。
- 数据是面向全组织的，共享性高，冗余度小，易扩充。
- 数据具有较高的独立性。
- 数据库系统为用户提供了方便的用户接口。
- 增加了系统的灵活性。

数据库系统阶段的数据库管理模型如图 7-3 所示。

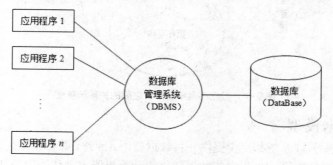

图 7-3　数据库系统阶段

7.1.3　数据库系统

数据库系统（DataBase System，DBS）是以数据库应用为基础的计算机系统，除了计算机本身的硬件系统和操作系统之外，还包括数据库、数据库管理系统、数据库应用系统以及数据库管理员等。

1. 数据库

数据库（DataBase，DB）是存储在计算机存储设备上的、动态的、相互关联的数据的集合。数据库不仅包括描述事物的数据本身，而且还包括相关事物之间的联系。

2. 数据库管理系统

数据库管理系统（DataBase Management System，DBMS）是数据库系统中对数据库进行统一管理和控制的计算机软件。DBMS 主要完成对数据库的创建、使用和维护，使多个应用程序可以同时使用数据库中的数据，保持数据和程序之间的独立性，并为数据库提供安全性和完整性，方便用户以交互命令和程序方式对数据库进行操作。目前常用的数据库管理系统有：Oracle、SQL Server、Access 等。

3. 数据库应用系统

数据库应用系统（DataBase Application System，DBAS）是指系统开发人员利用数据库系统资源和数据库系统开发工具开发出来的，面向某一类实际应用的软件系统。例如，以数据库为基础的银行系统、火车订票系统、图书管理系统、财务管理系统、教学管理系统等。这些系统有的是面向内部业务和管理的管理信息系统，有的是提供信息服务的开放式信息系统，无论是哪一类，从实现技术而言，都是以数据库技术为基础的计算机应用系统。

4. 数据库管理员

由于数据库的共享性，对数据库的规划、设计、维护、监视等需要有专人管理，这些人就是数据库管理员（DataBase Administrator，DBA）。DBA 的主要工作是完成数据库设计、进行数据库维护和改善系统性能，提高系统效率。

数据库系统各部分之间的关系如图 7-4 所示。

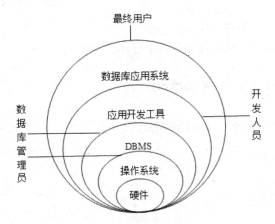

图 7-4　数据库系统各部分之间的关系示意图

7.1.4　数据模型

任何一个数据库管理系统都至少提供一种数据模型，因此，数据模型是数据库研究的基础。数据库中的数据模型能将现实世界中的数据转化为计算机能表示和处理的计算机数据，数据模型是对现实世界的计算机模拟。数据模型的优点是能真实地模拟现实世界，既容易理解又便于在计算机中实现。建立一个数据模型分为两个不同阶段：概念模型和数据模型。

1. 概念模型

概念模型是一种面向客观世界、面向用户的模型，与具体的数据库管理系统和计算机平台无关，它着重于客观世界事物的结构描述及对它们之间内在联系的刻画。目前常用的概念模型是 E-R 模型（Entity-Relationship，实体—联系），E-R 模型用 E-R 图来描述数据结构。

（1）E-R 模型的成分

① 实体

现实世界中的万事万物都可以抽象为实体，实体是概念世界中的基本单位，是客观存在且可以相互区分的事物。具有共性的实体组成实体集，如每一个教师是一个实体，教师们可以组成一个教师实体集。

② 属性

属性是实体所具有的特征，一个实体可以由若干个属性来描述。如教师实体可以由教工号、姓名、性别、年龄、职称等属性来描述。

属性的取值范围称为该属性的值域。例如，性别的值域为文本型的"男"或"女"。

③ 联系

现实世界中的事物之间是有联系的，两个实体集之间的联系可以分为 3 种类型：一对一联系（1:1）、一对多联系（1:n）和多对多联系（$m:n$）。例如，班长和班级之间是一对一联系，学校和学生之间是一对多联系，学生和教师之间是多对多联系。

（2）E-R 模型的表示

> 矩形：表示实体，矩形框内为实体名。
> 椭圆：表示属性，椭圆框内为属性名。
> 菱形：表示联系，菱形框内为联系名。
> 无向边：用来连接实体与联系，边上注明联系类型（1:1、1:n 或 $m:n$）；属性与对应的实体或联系也用无向边连接。

例如，图7-5给出了学生、教师和课程之间的E-R图（注：图中只描述了部分属性）。

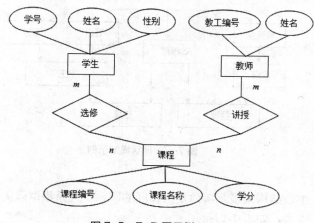

图7-5 E-R图示例

2. 数据模型

在概念模型中利用实体、实体集、属性和联系对现实世界的数据进行描述之后，要转换成数据模型才能在数据库中得以表示。实体及实体间联系的计算机表示方法称为数据模型，在数据库应用系统的开发过程中，数据模型的设计方法决定着数据库的设计方法。常见的数据模型有3种：层次模型、网状模型和关系模型。这3种数据模型的区别在于数据的结构不同，即实体之间联系的表示方式不同。

（1）层次模型

层次模型用树形结构表示实体及实体间的联系，如图7-6所示，它是数据库系统最早使用的一种模型。

层次模型的主要特征：有且仅有一个节点没有父节点，该节点称为根节点；其他节点有且只有一个父节点。

层次模型结构简单、处理方便、算法规范，适于表达现实世界中具有一对多联系的事物，例如，文件系统的树形目录结构就是一个层次模型。

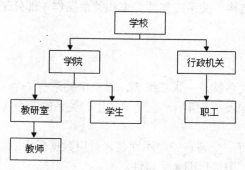

图7-6 层次模型示例

（2）网状模型

网状模型描述的是一种多对多的关系，通过网状结构表示实体及实体间的联系，如图 7-7 所示。

网状模型的主要特征是允许一个以上的节点没有父节点；允许一个节点有多个父节点。

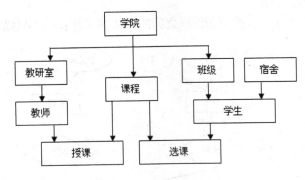

图 7-7　网状模型示例

（3）关系模型

关系模型用二维表结构来表示实体及实体间的联系。关系模型以关系数学理论为基础，一个关系对应一个二维表，如表 7-1 所示。

关系模型简单明了、理论严谨，是目前最常用也是最重要的一种数据模型。20 世纪 80 年代以来，新推出的数据库管理系统几乎都支持关系模型，如 Oracle、SQL Server、Microsoft Access 都是基于关系模型的关系数据库管理系统。

表 7-1　"学生"关系的模型示例

学号	姓名	性别	出生日期
S0001	李莉	女	1991-8-1
S0002	肖雪莲	女	1990-10-1
S0003	张庆国	男	1989-3-15
S0004	王文斌	男	1992-11-23

7.1.5　关系数据库

关系数据库是采用关系模型作为数据组织方式的数据库，在关系数据库中，现实世界的实体及实体间的联系均用关系来表示。

关系模型用关系数据结构、关系完整性约束和关系操作 3 部分来描述。

1. 关系数据结构

（1）关系术语

① 关系

在关系模型中，一个关系就是一张二维表，每一个关系有一个关系名。在数据库中，一个关系存储为一张数据表。如表 7-1 所示，它是"学生"关系的一个实例。

② 属性

表中的列称为属性。每一个列有一个属性名，对应数据表中的一个字段。例如，在表 7-1 中，有学号、姓名、性别、出生日期 4 个属性。

③ 元组

表中的行称为元组。一行就是一个元组，对应数据表中的记录。关系模型要求每个元组的每个属性值都是不可再分的数据项。例如，在表 7-1 中，（S0001，李莉，女，1991-8-1）就是一个元组。

④ 域

域是属性的取值范围。例如，姓名的取值范围是文字字符，性别的域是（男，女）。

⑤ 主键

能唯一标识一条记录的属性或属性的组合，称为主键或主关键字。例如，在"学生"关系中，"学号"字段可以作为唯一标识一条记录的关键字，而"性别"字段就不能作为唯一标识的关键字。

⑥ 外键

如果关系 A 和关系 B 有公共字段 C，字段 C 在关系 A 中是主键，则字段 C 在关系 B 中就称为外键或外部关键字。

例如，已知"学生"关系和"学院"关系的关系模式如下：

学生（学号，姓名，性别，出生日期，学院编号）

学院（学院编号，学院名称，院长）

在"学生"关系和"学院"关系中都有"学院编号"字段，且"学院编号"在"学院"关系中是主键，则"学院编号"在"学生"关系中就是外键。

（2）关系的基本性质

● 关系中的每个属性都是不可分割的数据项，即表中不能再包含表。如果不满足这个条件，就不能称为关系数据库。

● 关系中同一个属性的取值必须是同一类型的数据，来自同一个域。

● 关系中不允许出现相同的属性。

● 关系中不允许出现相同的元组。

● 关系中的行、列次序可以任意交换，不影响其信息内容。

2. 关系完整性约束

完整性约束是对关系的某种制约，以保证数据的正确性、有效性和相容性。

关系模型中有 3 类数据约束：实体完整性约束、参照完整性约束和用户自定义的完整性约束。

（1）实体完整性约束

该约束要求关系的主键不能取空值或重复的值。所谓空值（Null）就是"不知道"或"无意义"的值。例如，在"学生"关系中，"学号"为主键，则学号就不能取空值，也不能有重复值。

（2）参照完整性约束

该约束是关系之间相关联的约束，它规定了外键和主键之间的应用规则，即外键或者取空值，或者等于相关联的关系中主键的某个值。

例如，"学院编号"在"学生"关系中为外键，在"学院"关系中为主键，则"学生"关系中"学院编号"只能取空值，或者取"学院"关系中已有的一个学院编号的值。

（3）用户自定义的完整性约束

该约束是针对某一具体应用所涉及的数据必须满足的语义要求而定义的完整性约束。例如，在"成绩"关系中，每门课程的分数为 0～100。

3.关系操作

在关系模型中，基于关系数据结构存在 8 种基本关系操作（选择、投影、连接、并、交、差、笛卡尔积、除），其他复杂关系操作都可以由这 8 种基本操作组合完成。以下是最常用的 3 种基本关系操作。

- 选择操作：从关系中选出满足给定条件的元组。
- 投影操作：从关系中选出若干属性列组成新的关系。
- 连接操作：将两个或两个以上的关系模式拼接成一个新的关系模型，新关系中包含满足条件的元组。

7.2 Access 数据库概述

Access 2010 是 Microsoft Office 2010 办公套装软件之一，是较为流行的关系型数据库管理系统，能对存放在数据库中的数据进行快速准确地查询、统计、计算及报表输出等操作。操作直观，无需编写大量代码即可完成数据库的基本操作，同时具有丰富的"向导"功能，能够快速创建满足用户需求的数据库，从而简化开发过程。

7.2.1 Access 的特点

Access 2010 的主要特点如下。

（1）存储方式简单，易于维护和管理

Access 2010 管理的对象有表、查询、窗体、报表、页、宏和模块，以上对象都存放在后缀为.mdb 或.accdb 的数据库文件中，便于用户的操作和管理，具有强大的数据处理功能。

（2）面向对象

Access 2010 是一个面向对象的开发工具，利用面向对象的方式将数据库系统中的各种功能对象化，将数据库管理的各种功能封装在各类对象中。它将一个应用系统当作是由一系列对象组成的，对每个对象都定义一组方法和属性以定义该对象的行为和属性，用户还可以按需要给对象扩展方法和属性。通过定义对象的方法、属性，完成数据库的操作和管理，极大地简化了用户的开发工作。

（3）界面友好、易操作

Access 2010 是一个可视化工具，其风格与 Windows 完全一样，用户想要生成对象并应用，只要使用鼠标进行拖放即可，非常直观方便。它作为 Office 套件的一部分，可以与 Office 集成，系统还提供了表生成器、查询生成器、报表设计器以及数据库向导、表向导、查询向导、窗体向导、报表向导等工具，使得操作简便、容易使用和掌握，开发的多用户数据库管理系统具备了许多先进的大型数据库管理系统所具备的特征，如事务处理等。

（4）集成环境、处理多种数据信息

Access 2010 基于 Windows 操作系统下的集成开发环境，该环境集成了各种向导和生成器工具，极大地提高了开发人员的工作效率，使得建立数据库、创建表、设计用户界面、设计数据查询、报表打印等可以方便有序地进行，可以方便地生成各种数据对象，利用存储的数据建立窗体和报表，可视性好。

（5）Access 2010 支持 ODBC（Open DataBase Connectivity，开放数据库互联）

利用 Access 强大的动态数据交换（Dynamic Data Exchange，DDE）和对象的连接和嵌入（Object Link Embed，OLE）特性，可以在一个数据表中嵌入位图、声音、Excel 表格、Word 文档，还可以建立动态的数据库报表和窗体等。

（6）支持广泛，易于扩展

Access 2010 能够通过链接表的方式来打开 Excel 文件、格式化文本文件等，这样就可以利用数据库的高效率对其中的数据进行查询、处理。它作为 Office 套件的一部分，可以与 Office 集成，实现无缝连接。Access 2010 可以只用来存放数据库，可以作为一个客户端开发工具来进行数据库应用系统开发，也可以通过 Access 2010 作为前台客户端，以 SQL Server 作为后台数据库的方式开发方便、易用的小型软件，还可以用来开发大型数据库应用系统。

7.2.2　Access 2010 工作界面

1. 启动 Access 2010 系统

启动 Access 2010 系统和启动其他 Office 应用程序一样，基本的方法是顺序单击"开始"→"所有程序"→"Microsoft Office"→"Microsoft Office Access 2010"，即可启动 Access 系统，其界面如图 7-8 所示。

图 7-8　Access 2010 系统启动界面

2. 退出 Access 2010 系统

选择"文件"选项卡下的"退出"命令或者单击窗口右上角的"关闭"按钮，即可退出 Access 系统。

7.2.3　Access 2010 的六大对象

Access 2010 的功能主要是通过表、查询、窗体、报表、宏和模块这六大数据对象来完成的。

● 表：Access 中表包括字段和记录，与 Excel 中的工作表作用类似，主要用于存放数据。

● 查询：是指在数据库中查找符合条件的记录数据。Access 和其他数据库软件不同的是，它可以将查询条件保存在数据库内，以后只要查询条件相同就可以执行已有的查询。

● 窗体：显示在屏幕上的画面，其功能在于建立一个可以查询、输入、修改、删除数据的操作界面，以便用户在友好的界面下编辑或查阅数据。

● 报表：以打印格式展示数据的一种有效方式。报表上所有内容的大小和外观都可以控制。

● 宏：　Access 中执行指定任务的一个或多个操作的集合，利用宏可以自动完成某些常用的操作。

● 模块：用语言编写的程序。Access 提供了 VBA 程序命令，可以控制细微或较复杂的操作。

7.3 Access 数据库的基本操作

7.3.1 数据库的新建

在 Access 2010 中，可以用多种方法建立数据库，既可以使用模板创建数据库，也可以直接建立一个空数据库。建立了数据库以后，就可以在里面添加表、查询、窗体等数据库对象了。

1. 使用模板创建数据库

Access 2010 提供了"任务"、"事件"、"问题 Web 数据库"等多种多样的数据库模板。使用数据库模板，用户只需要进行一些简单操作，就可以创建一个包含了表、查询等数据库对象的数据库系统。

使用模板创建数据库的步骤如下。

第 1 步：在"开始使用 Microsoft Office Access"页中，单击"样本模板"图标按钮 ，则显示多个特色模板，界面左侧显示最近使用过的数据库选项，中间显示模板数据库，右侧显示数据库的名字及存储的路径。如单击"教职员"模板，如图 7-9 所示。

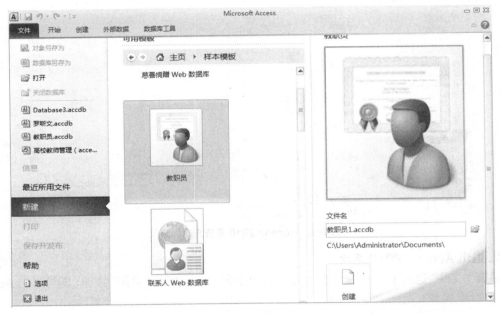

图 7-9 创建模板数据库

第 2 步：单击"教职员"模板，Access 将在"文本框"中为数据库提供一个建议的文件名"教职员 1"（默认的扩展名为.accdb）。可以根据需要更改该文件名。如果希望保存数据库的文件夹不同于"文件名"文本框下显示的文件夹，可以单击 图标按钮，通过浏览找到要保存数据库的文件夹，然后单击"确定"按钮。

第 3 步：选择"教职员"模板，填写数据库名，然后单击"创建"菜单，可以看到左侧导航窗格中系统提供的相应数据库的对象文件，如图 7-10 所示。

第 4 步：在左侧导航窗格中，右键单击对象的文件名，在弹出的快捷菜单中选择"设计视图"命令，可按需要进行添加、删除相应字段等操作。

图 7-10 "教职员"数据库模板

2. 创建空数据库

如果不想使用模板,则可自行设计表、窗体、报表和其他对象来创建数据库。可以单击界面的"空数据库",在弹出的对话框中选择数据库存放的位置,输入数据库的名称。

【例】在计算机 E 盘创建空数据库"销售管理数据库"。

操作步骤如下。

第 1 步:启动 Access 2010 程序,在"开始使用 Microsoft Office Access"页中,选择左侧导航窗格中的"新建"命令,接着在中间窗格中单击"空数据库"选项,如图 7-11 所示。

第 2 步:在右侧窗格中的"文件名"文本框中输入新建文件的名称"销售管理数据库",单击文件名右侧的文件夹图标,可以重新指定数据库文件的存储位置为"E:\,"再单击"创建"图标按钮。

第 3 步:这时将新建一个空白数据库,并在数据库中自动创建一个数据表,如图 7-12 所示。

图 7-11 创建空数据库"销售管理数据库"

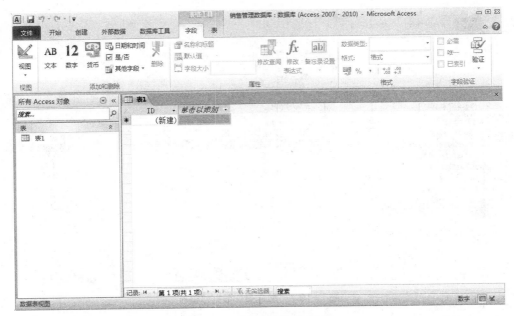

图 7-12　新建立的数据库界面

7.3.2　数据表的创建

数据库的主要作用是用表来存储数据，Access 2010 数据库中存储数据的主要对象是表。创建一个新的数据表包括两个内容：创建表结构和输入表记录的内容。

【**例**】在"销售管理数据库"中创建"员工表"、"商品表"和"销售表"。

根据表 7-2、表 7-3 和表 7-4 关于表结构设计的基本要求完成"员工表"、"商品表"和"销售表"的设计，并输入 3 张表的内容。

表 7-2　"员工表"结构

字段名称	数据类型	字段大小	主键
员工编号	文本	3	是
姓名	文本	4	—
性别	文本	1	—
婚否	是/否	—	—
聘用日期	日期/时间	—	—
E-mail	超链接	—	—

表 7-3　"商品表"结构

字段名称	数据类型	字段大小	主键
商品编号	文本	6	是
品牌	文本	10	—
类别	文本	6	—
型号	文本	15	—
价格	数字	单精度型（固定格式，小数位数 2）	—

表 7-4　　"销售表"结构

字段名称	数据类型	字段大小	主键
序号	自动编号	长整型	是
员工编号	文本	3	—
商品编号	文本	6	—
销售量	数字	整型	—
销售日期	日期/时间	—	—

操作步骤如下。

第 1 步：选择"创建"选项卡，单击"表格"→"表"，Access 在创建表的同时将光标置于"单击以添加"列中的第 1 个空单元格，单击"单击以添加"，可打开下拉列表框，从中选择字段类型，如图 7-13 所示。或单击"表格工具/字段"选项卡，选择"添加和删除"→"其他字段"，如图 7-14 所示，Access 将显示常用类型列表。单击其中的一个字段类型将单元格属性设置为相应值，且光标自动移动到下一个字段，字段名自动按照"字段 1"、"字段 2"命名。

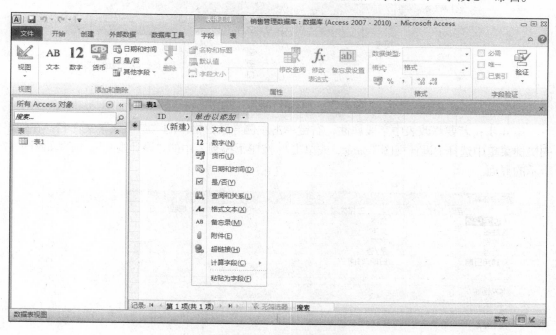

图 7-13　选择字段类型

图 7-14　"添加和删除"组

第 2 步：按照第 1 步的方法建立多个字段后，分别右击"字段 1"、"字段 2"……，并在弹出的快捷菜单中选择"重命名字段"命令或双击，修改相应的字段名，可建立表结构，并保存表名为"员工表"，如图 7-15 所示。

图 7-15 "员工表"添加字段

第 3 步：若要添加数据，在第 1 个空单元格中开始输入数据，或粘贴来自另一个数据源的数据，其结果如图 7-16 所示。

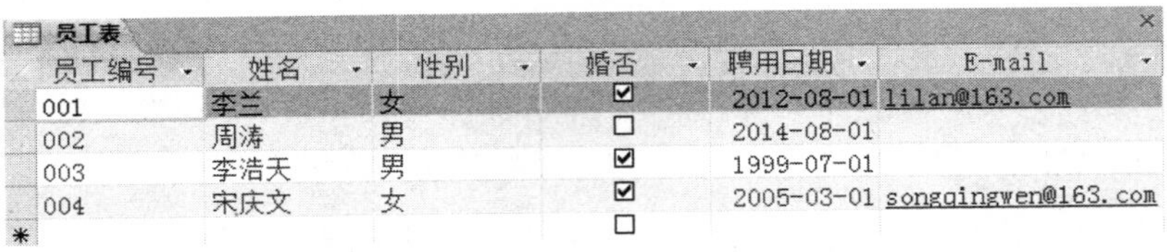

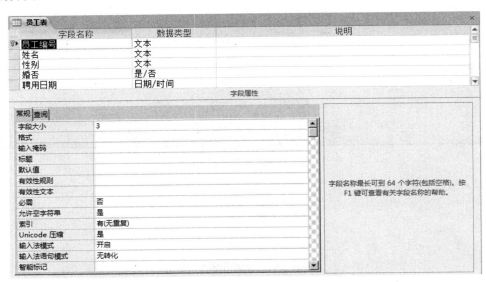

图 7-16 输入数据创建"员工表"

第 4 步：若要修改表中字段属性，右键单击左侧导航窗格中的"员工表"文件名，在弹出的快捷菜单中选择"设计视图"命令，或单击 按钮下拉列表中的"设计视图"，出现如图 7-17 所示的界面。

图 7-17 "员工表"结构的设计

第 5 步：同样地，按照上述步骤，创建"商品表"和"销售表"，并输入数据，如图 7-18 和图 7-19 所示。

商品表				
商品编号 ▾	品牌 ▾	类别 ▾	型号 ▾	价格 ▾
⊞ A00011	小天鹅	洗衣机	TB60-3073G	1457.00
⊞ A00012	小天鹅	洗衣机	TB50-3073G	1048.00
⊞ C00011	飞利浦	吸尘器	FC8641-01	1355.00
⊞ C00031	伊莱克斯	吸尘器	ZB2811	1500.00
⊞ D00051	LG	微波炉	G8023	600.00
*				

图 7-18　商品表

销售表				
序号 ▾	员工编号 ▾	商品编号 ▾	销售量 ▾	销售日期 ▾
1 001		A00011	1	2010-03-01
2 001		A00012	5	2010-08-02
3 002		A00011	2	2011-03-15
4 002		C00011	4	2010-08-11
5 002		C00031	2	2012-09-25
6 003		C00011	1	2010-01-30
7 003		D00051	1	2010-05-01
8 004		A00011	2	2010-10-01

图 7-19　销售表

需要注意的问题：

● 在定义"员工表"的主键时，根据分析，"员工编号"是唯一能够标识当前记录与其他记录不同的字段，数据无重复，可以将"员工编号"设定为主键。设定主键的方法是在设计视图界面，选择"员工编号"字段，单击"表格工具/设计"选项卡下的"主键"按钮，如图 7-20 所示，当"员工编号"字段名左侧出现一个钥匙形状时，就表明已经设定了"员工编号"为表的主键，如图 7-17 所示。同样地，采用以上方法可以将"商品编号"、"序号"分别设定为"商品表"和"销售表"的主键。

● 在输入记录时，是/否型字段的输入直接在复选框中勾选，打勾表示"是"，不打勾即表示"否"。

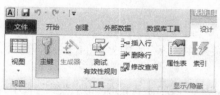

图 7-20　设定"员工表"的主键

7.3.3　设置数据表之间的关系

一个数据库可以有多个表，表与表之间是有关系的。两个表是否有直接关系可以通过两个表是否具有相同的字段来判断。因此，表之间的关系可以通过两个表的共同字段来建立。表以及表与表之间的关系都是数据库不可或缺的一部分。

在一对多关系中，"一"表称为主表，"多"表称为子表。主表的主键在子表中称为外键，主表称为子表的参照表。建立表与表之间的关系的一般步骤如下：

第 1 步　分析具备一对多关系的两个表，确定主表和子表；

第 2 步　以两个表的共同字段为关键字，在主表中建立主键；

第 3 步　在创建关系的对话框中，从主表的主键向子表的外键拖曳鼠标；

第 4 步　在关系对话框中建立"实施参照完整性"规则。

【例】为"销售管理数据库"中的"员工表"、"商品表"和"销售表"建立关系。

操作步骤如下：

第1步：分析"员工表"和"销售表"的共同字段为"员工编号"，"商品表"和"销售表"的共同字段为"商品编号"。"员工编号"在"员工表"的主键，且在"员工表"中是无重复的。而"员工编号"在"销售表"中是有重复的，因此可得出"员工表"和"销售表"之间是一对多的关系。同样地，可推导出"商品表"和"销售表"之间是一对多的关系。

第2步：打开"销售管理数据库.accdb"数据库，选择"数据库工具"选项卡，单击 "关系"按钮 ，打开"关系"窗口，同时打开"显示表"对话框，如图7-21所示。

图7-21 "显示表"对话框

第3步：在"显示表"对话框中，分别双击"员工表"、"商品表"、"销售表"，将其添加到"关系"窗口中。

第4步：关闭"显示表"窗口。

第5步：在"关系"窗口中，选定"员工表"中的"员工编号"字段，然后按下鼠标左键并拖曳到"销售表"中的"员工编号"字段上，松开鼠标。此时屏幕显示如图7-22所示的"编辑关系"对话框。

其中：

参照完整性是指一对多关系中，"多"表中外键的值可以重复，但必须或者为空、或者是"一"表中的主键值。

级联更新是指如果更新"一"表中主键的值，则"多"表中外键的值也将自动更新。

级联删除是指如果删除"一"表中的某条记录，则与该记录主键字段值相同的"多"表中的记录也将被自动删除。

图7-22 "编辑关系"对话框

第6步：选中"实施参照完整性"复选框，单击"创建"按钮。

第7步：按照同样的方法，将"商品表"中的"商品编号"字段拖曳到"销售表"中的"商品编号"字段上，并选中"实施参照完整性"，结果如图7-23所示。

其中，数字"1"表示一对多关系的"一"方，符号"∞"表示一对多关系中的"多"方。若想删除关系，则单击关系，连线变粗，直接按 Delete 键就可以完成。

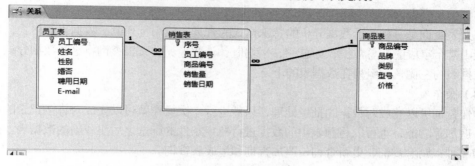

图 7-23　"关系"窗口

第 8 步：单击"保存"按钮，保存表之间的关系，单击"关闭"按钮，关闭"关系"窗口。

7.4　数据库查询

在 Access 中，对数据进行查询是数据库管理系统的基本功能。通过数据查询，既可以实现对数据的筛选、统计、计算和检索等功能，也可以为其他的数据库对象提供数据来源。查询结果是基于源表的一种视图，其中的记录实际上是存储在查询数据源表中的数据，不会占用额外的存储空间，而仅仅是在运行查询的时候将数据从源表中抽取出来，在进行计算与汇总等操作之后重新组合，但是查询有一个明显的特征即通过查询运行结果的视图，可以更改源表的数据。

7.4.1　查询概述

1. 查询的定义

查询（Query）是 Access 数据库中的一个重要的对象，是按照给定的条件通过特定的计算从指定的数据源中查找并抽取出符合条件的数据，形成一个新的数据集合。查询的数据源可以是一个表、多个相关联的表，也可以是其他查询。查询的数据库中的表、窗体、报表以及模块等对象存储在同一个数据库文件中。查询与表的不同之处在于查询仅仅是一个临时表，查询保存的只是查询的结构，即涉及的表、字段、查询条件等，而不是记录。

Access 数据库查询对象的功能非常强大，可以按照不同的方式查看、更新、统计和计算数据，为结果数据生成一个新的数据表，也可以为窗体、报表和数据访问页提供丰富的记录源。

2. 查询的类型

Access 主要支持 5 种不同类型的查询，即选择查询、参数查询、交叉表查询、操作查询和 SQL 查询。

（1）选择查询

选择查询是最常用的查询类型，它从单表、多表或者查询中检索数据，在一定的限制条件下筛选或者更新表记录并显示结果。在选择查询中还可以使用分组记录进行求和、计数、求平均值以及其他类型的合计计算。

（2）参数查询

参数查询分为单参数查询和多参数查询，它在执行时显示对话框以提示用户输入查询条件，然后按照这些条件进行查询。参数查询能为窗体和报表提供特定的数据源。例如，通过窗体的

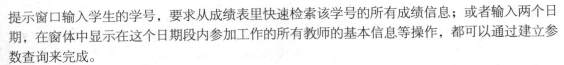

提示窗口输入学生的学号，要求从成绩表里快速检索该学号的所有成绩信息；或者输入两个日期，在窗体中显示在这个日期段内参加工作的所有教师的基本信息等操作，都可以通过建立参数查询来完成。

（3）交叉表查询

交叉表查询是一种便于数据分析的特殊格式的查询，使用行列电子数据表的格式，显示来源于表中某个字段的汇总数据，如总和、平均值、计数等。交叉表查询将这些数据分组，一组列在数据表的左侧，一组列在数据表的上方。

（4）操作查询

操作查询可以完成对数据的批量处理，只需进行一次操作就可以完成对许多记录的更新、删除、追加等功能，也可以将源表中的数据进行特定条件的筛选之后生成新的数据表。操作查询分为4种：删除查询、更新查询、追加查询和生成表查询。

（5）SQL查询

SQL是结构化查询语言 Structured Query Language 的缩写。SQL是一种日趋流行的关系数据库标准语言，功能强大并且通用性较强，能使数据的检索变得快捷、准确、方便和灵活。目前，SQL语言已被确定为关系数据库系统的国际标准，被绝大多数商品化的关系数据库系统采用。SQL查询是使用SQL语句创建的查询，用于查询、更新和管理 Access 关系数据库。在创建查询时，无论是用向导方式还是设计视图的方式，系统在后台都将构造等效的 SQL 语句。

3. 查询条件

查询条件是查询设计的一个重要选项，反映了用户对查询的要求。

（1）条件表达式

在查询设计中，查询条件对应一个逻辑表达式，若表达式的值为真，则满足该条件的记录就包含在查询结果中；否则，这些记录就不包含在查询结果中。

逻辑表达式是由常量、变量和函数通过运算符连接起来的式子，其值为一个"是/否"类型的数据。

（2）常量

在 Access 中，常量的表示如表 7-5 所示。

表 7-5 常量的表示

类型	表示方法	举例
数字型	直接输入数据	25，−20,12,8
文本型	用英文的单（双）引号括起来	'张娜'，"数据库"
日期型	用符号"#"括起来	#2014-8-5#
是/否型	Yes/No, True/False	

（3）常用的运算符

① 算术运算符

算术运算符包括：+（加）、-（减）、*（乘）、/（除）、^（乘方）、\（整除）、Mod(求余数)几种。例如，8 Mod 5 的值为整数 3；3^2 的值为 9 。

② 关系运算符

关系运算符用于比较两个同类型数据之间的大小或前后关系，返回值为"是/否"型数据。其中包括：>(大于)、<(小于)、=(等于)、>=（大于等于）、<=（小于等于）和<>（不等于）。

例如，3=6 的返回值为 False，" B"=" B"返回值为 True。

③ 逻辑运算符

逻辑运算符用于连接两个表示真假的命题，构成返回值为逻辑值的逻辑表达式。常用的逻辑运算符有：Not（非）、And（与）、Or（或）。

例如，"年龄"字段在 20～30 的查询条件可表示为">=20 And <=30"。

④ 连接运算符

常用的连接运算符有"&"和"+"。"&"可以将任意类型的两个表达式连接起来，而"+"仅能连接两个字符串表达式。

例如，"ab" & "cd"的结果为"abcd"。

⑤ 特殊运算符

Access 提供了一些特殊运算符用于对记录进行过滤，常用的特殊运算符如表 7-6 所示。

表 7-6　特殊运算符及其含义

特殊运算符	说明	举例
In	判断某变量的值是否在某一系列值的列表中	In("a","b")，表示 ="a" or ="b"
Between … And	确定两个数值间的范围	Between 20 And 30，表示>=20 And <=30
Like	与指定的字符串进行比较	Like "数据库"
Is Null /Is Not Null	空值比较	

（4）常用的函数

为了便于用户更好地构造查询条件，Access 提供了大量的标准函数，常用的函数类型有：聚合函数、数值函数、字符函数和日期/时间函数等，表 7-7～表 7-10 分别列出了常用的标准函数。

① 聚合函数

表 7-7　聚合函数

函　数	说明
Sum（表达式）	返回表达式值的总和
Avg（表达式）	返回表达式值的平均值
Count（表达式）	返回表达式值的个数，常用于统计满足条件的记录数
Max（表达式）	返回表达式值的最大值
Min（表达式）	返回表达式值的最小值

② 数值函数

表 7-8　数值函数

函　数	说明
Abs（n）	返回数值表达式 n 的绝对值
Int（n）	返回数值表达式 n 的整数部分，小数部分直接舍去
Sqr（n）	返回数值表达式 n 的算术平方根
Round（$n1$，n）	返回将数值表达式 $n1$ 保留 n 位小数位后的值，小数部分四舍五入

③ 字符函数

表7-9　字符函数

函　数	说　明
Left（s1，n）	从字符串 s1 左边第 1 个字符开始截取 n 个字符
Right（s1，n）	从字符串 s1 右边第 1 个字符开始截取 n 个字符
Mid（s1，n1[，n2]）	从字符串 s1 左边第 n1 位置开始，截取连续 n2 个字符；省略 n2，则从 n1 位置开始截取所有字符串
Space（n）	返回由 n 个空格组成的字符串
String（n，s1）	取 s1 的第 1 个字符，重复 n 次，组成新的字符串
Len（s1）	返回字符串 s1 的长度
Ltrim（s1）	去掉字符串 s1 前导空格后的字符串
Rtrim（s1）	去掉字符串 s1 尾部空格后的字符串
Trim（s1）	去掉字符串 s1 前导和尾部空格后的字符串

④ 日期/时间函数

表7-10　日期/时间函数

函　数	说　明
Now（）	返回当前系统日期和时间
Date（）	返回当前系统日期
Time（）	返回当前系统时间
Year（日期表达式）	返回日期表达式的年份
Month（日期表达式）	返回日期表达式的月份
Day（日期表达式）	返回日期表达式的日
Weekday（日期表达式）	返回 1~7 的整数，表示星期几
Hour（时间表达式）	返回时间表达式的小时
Minute（时间表达式）	返回时间表达式的分钟
Second（时间表达式）	返回时间表达式的秒

7.4.2　选择查询

选择查询是 Access 中最常用的一种查询，可以从单表、多表或者查询中根据特定的筛选条件抽取数据，完成对数据的统计、分析和处理。创建选择查询的一般步骤：为查询指定数据源、选择查询显示的字段、设置查询条件、为查询指定排序方式、分组及分组条件设置等。查询的功能越复杂，创建查询的步骤就相对越多。

1. 利用向导创建选择查询

【例】以"员工表"为数据源，查询员工的姓名和聘用日期，所建查询命名为"员工情况"。具体操作步骤如下。

第 1 步：打开"销售管理数据库.accdb"数据库，选择"创建"选项卡，单击"查询"→"查询向导"，如图 7-24 所示，弹出"新建查询"对话框，如图 7-25 所示。

图 7-24　创建查询

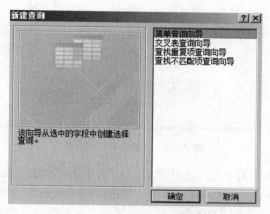

图 7-25　"新建查询"对话框

第 2 步：在"新建查询"对话框中选择"简单查询向导"，单击"确定"按钮，在弹出的对话框的"表/查询"下拉列表框中选择数据源为"表:员工表"，再分别双击"可用字段"列表中的"姓名"和"聘用日期"字段，将它们添加到"选定字段"列表框中，如图 7-26 所示。然后单击"下一步"按钮，为查询指定标题为"员工情况"，最后单击"完成"按钮。

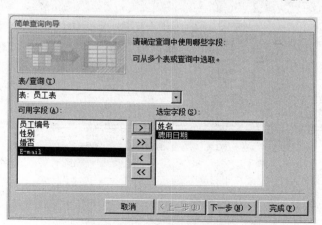

图 7-26　简单查询向导

2. 利用设计视图创建选择查询

【例】查询男员工所销售商品的销售量，并显示"员工编号"、"姓名"、"性别"、"品牌"、"型号"和"销售量"字段。

具体操作步骤如下。

第1步：打开"销售管理数据库.accdb"数据库，选择"创建"选项卡，单击"查询"→"查询设计"，弹出"显示表"对话框，如图7-27所示。

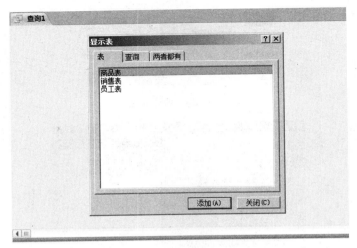

图7-27 "显示表"对话框

第2步：在"显示表"对话框中选择"员工表"，单击"添加"按钮，在"查询1"设计视图窗口就会出现"员工表"。采用同样的方法，依次添加"商品表"和"销售表"。因为已经在数据库中事先建立了3张表之间的关系，所以添加表之后系统会自动显示3张表之间一对多的关系。关闭"显示表"对话框，完成表的添加。

第3步：双击"员工表"中"员工编号"、"姓名"、"性别"，"商品表"中"品牌"、"型号"以及"销售表"中"销售量"字段，将它们依次添加到"字段"行的第1~6列上，并在"性别"字段列的"条件"行中输入条件："男"，如图7-28所示。

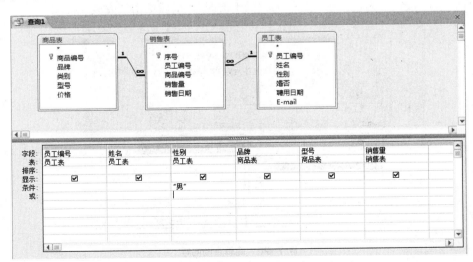

图7-28 设置查询条件

第4步：单击快速工具栏 A | 日 9 ▾ C ▾ = 中的"保存"按钮，在"查询名称"文本框中输入"男员工商品销售量查询"，单击"确定"按钮。

第5步：选择"查询工具/设计"选项卡，单击"结果"→"运行"按钮，查看查询结果。

7.4.3 参数查询

参数查询也属于条件查询，不同的是，条件是在创建查询时输入的，而参数是在运行打开查询时输入的，这种查询更加灵活。在运行参数查询时，系统显示对话框，要求输入数据，然后将输入的数据插入指定条件的网格。使用这种查询，可以在不打开查询设计界面的情况下，重复使用相同的查询结构，并进行修改。参数查询创建方法与选择查询基本相同，只是在设置输入查询字段"条件"中输入需要查询的参数即可。

【例】建立参数查询，按输入类别值查找该类别的商品信息。

操作步骤如下。

第1步：打开"销售管理数据库.accdb"数据库，选择"创建"选项卡，单击"查询"→"查询设计"，弹出"显示表"对话框，在"显示表"对话框中选择"商品表"，单击"添加"按钮。

第2步：按图7-29所示设计查询。在"类别"字段的"条件"栏中输入：[请选择类别]。

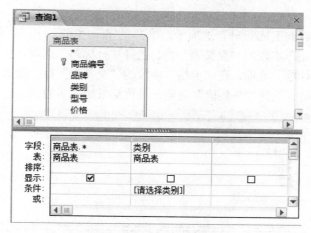

图7-29 设计查询参数

第3步：选择"查询工具/设计"选项卡，单击"结果"→"视图"下拉列表中的"数据表视图"，查看查询，出现一个"输入参数值"的对话框，如图7-30所示。若输入"洗衣机"，则会得到如图7-31所示的查询结果。

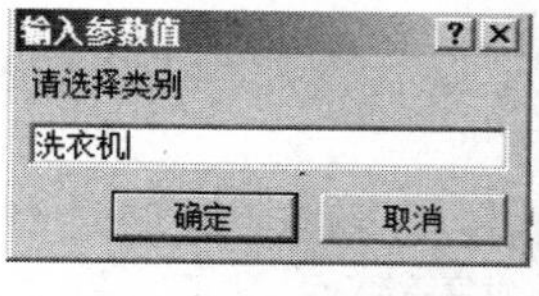

图7-30 输入参数

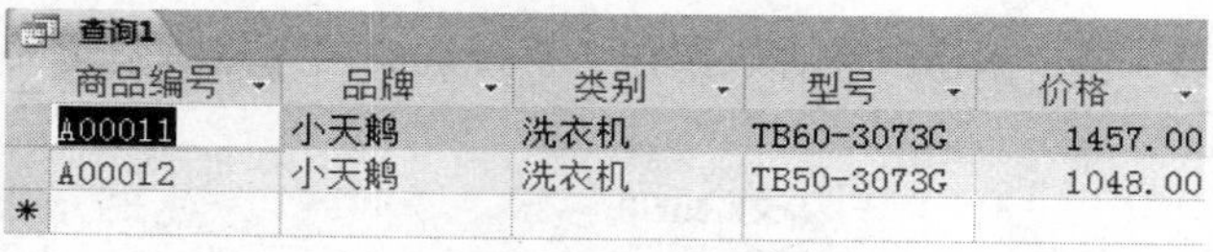

图7-31 按类别进行参数查询

第4步：保存查询对象，命名为"按类别进行参数查询"。

其中：

● 在图7-29中，"商品表.*"中的*表示商品的所有字段。

● 在图7-29中，在"显示"栏中的复选框□中打勾表示显示该字段列，不打勾即表示不显示。

从参数查询示例中可以看出，建立参数查询的实质是设置查询设计视图的"条件"行。在一个或多个字段的"条件"行中用方括号[ ]把提示信息括起来，即可实现参数查询过程。在Access中，用户对数据库的访问是通过窗体或者报表实现的，参数查询常用在利用窗体实现对数据库的数据检索中，窗体或报表的数据源即是某个特定的参数查询。

7.4.4 交叉表查询

交叉表查询是将数据表通过字段的内容进行归类，形成行、列，重新组成新的表。交叉表类似 Excel 中的数据透视表，可显示表中某个字段的汇总值，包括总和、计数和平均等。交叉表查询用于显示多个表的数据，包括某个字段的总计和（合计、计数和平均），它将一个字段作为行标题，一个字段作为列标题，还有一个字段作为计算字段。创建方法可以使用"查询向导"和"设计视图"两种方法。

【例】使用设计视图建立交叉表查询，统计每类商品下各个品牌的平均价格。

操作步骤如下。

第 1 步：在设计视图中创建查询，并将"商品表"添加到查询设计视图中。

第 2 步：双击"商品表"中的"类别"、"品牌"和"价格"字段，将它们添加到"字段"行的第 1～3 列中。

第 3 步：选择"查询工具/设计"选项卡，单击 "查询类型"→"交叉表"。

第 4 步：在"类别"字段的"交叉表"行，选择"行标题"选项，在"品牌"字段的"交叉表"行，选择"列标题"选项，在"价格"字段的"交叉表"行，选择"值"选项，在"价格"字段的"总计"行，选择"平均值"选项，设置结果如图 7-32 所示。

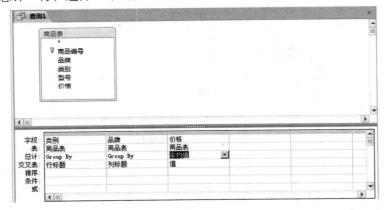

图 7-32　设计交叉表查询

第 5 步：单击"保存"按钮，将查询命名为"商品交叉表查询"。运行查询，结果如图 7-33 所示。

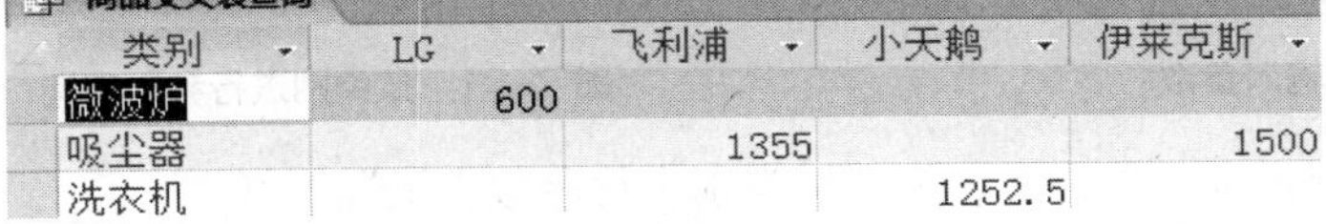

商品交叉表查询				
类别	LG	飞利浦	小天鹅	伊莱克斯
微波炉	600			
吸尘器		1355		1500
洗衣机			1252.5	

图 7-33　交叉表查询结果

7.4.5 操作查询

操作查询与条件查询不同，操作查询运行后并不能直接看到查询的运行结果，而是将一些符合条件的记录重新生成一个新表，删除符合特定条件的记录，按照某种特定的规则更新数据源的字段值，或者将表中的部分记录追加到结构相同的另外一个表中。使用操作查询应注意以下几点。

- 操作查询将改变操作目的表中的数据，故在执行操作查询前应备份。
- 操作查询的种类有生成表查询、删除查询、更新查询和追加查询 4 种，在加入了查询条件后，分别单击相应按钮，再单击"运行"按钮才能完成，其操作查询工具栏按钮如图 7-34 所示。

图 7-34　操作查询工具栏按钮

1. 生成表查询

生成表查询的作用是将查询的执行结果保存为一个新的表，通常情况下，生成表查询会通过查询条件的设置将符合条件的特定记录筛选出来生成新表。

【例】创建生成表查询，将"员工表"中未婚员工的"员工编号"、"姓名"、"性别"和"聘用日期"等信息保存到一个新表中，新表的名称为"未婚员工表"。

操作步骤如下。

第 1 步：在设计视图中创建查询，并将"员工表"添加到查询设计视图中。

第 2 步：选择"查询工具/设计"选项卡，单击"查询类型"→"生成表"，弹出"生成表"对话框，如图 7-35 所示，输入新表的名称"未婚员工表"，并选择将新表保存在"当前数据库"。如果要将新表保存到其他数据库中，可以选择"另一个数据库"，并输入数据库的名称。

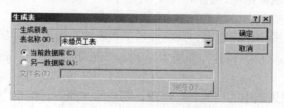

图 7-35　"生成表"对话框

第 3 步：双击"员工表"中的"员工编号"、"姓名"、"性别"、"婚否"、"聘用日期"和"E-mail"字段，将它们添加到设计网格中"字段"行中。并在"婚否"字段的"条件"行中输入条件：No，如图 7-36 所示。

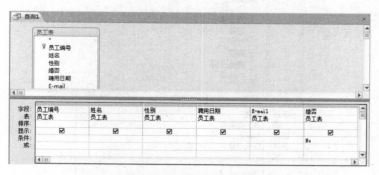

图 7-36　创建生成表查询

第 4 步：单击工具栏的"运行"按钮，屏幕上出现一个提示框，如图 7-37 所示，单击"是"按钮，开始建立"未婚员工表"。

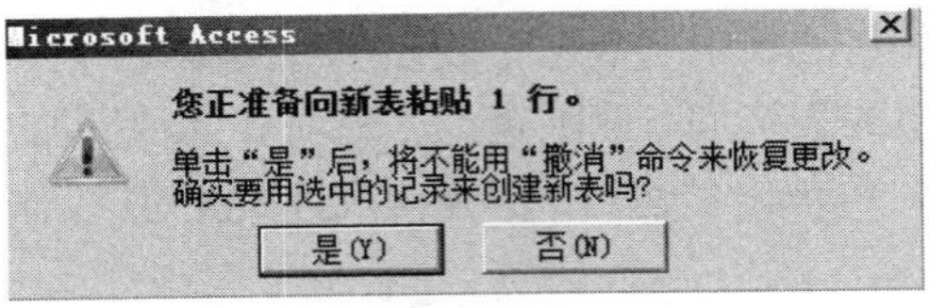

图 7-37　生成表结果

第 5 步：在左侧导航窗格中，选择"表"对象，可以看到生成的"未婚员工表"，选中它，在数据表视图中查看其内容，结果如图 7-38 所示。

未婚员工表					
员工编号 ▾	姓名 ▾	性别 ▾	聘用日期 ▾	E-mail ▾	婚否 ▾
002	周涛	男	2014-08-01		0

图 7-38　通过生成表查询建立的"未婚员工表"

2.删除查询

删除查询用于从一个或多个表中删除一组符合条件的记录。此过程将删除表中整行记录或者可以一次删除大量记录。

注意：删除后的记录不能恢复，因此要做好数据备份。

【例】创建查询，将"员工表"的备份表"员工表副本"中姓"李"的员工记录删除。

操作步骤如下：

第 1 步：在左侧导航窗格中，选择"表"对象下的"员工表"，选择"文件"→"对象另存为"菜单命令，输入新的表名"员工表副本"。

第 2 步：在设计视图中创建查询，并将"员工表副本"表添加到查询设计视图中。

第 3 步：选择"查询工具/设计"选项卡，单击"查询类型"→"删除"命令，设计网格中增加一个"删除"行。

第 4 步：双击字段列表中的"姓名"字段，将它添加到设计网格中"字段"行中，该字段的"删除"行显示"Where"，在该字段的"条件"行中输入条件：Left([姓名],1)= "李"，如图 7-39 所示。

图 7-39　创建删除查询

第 5 步：单击工具栏上的"视图"按钮，预览要删除的一组记录。

第 6 步：保存查询为"删除查询"。

第 7 步：单击"运行"按钮，屏幕上出现一个提示框，如图 7-40 所示，单击"是"按钮，完成删除查询的运行。

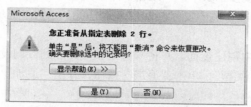

图 7-40 删除查询提示框

第 8 步：打开"员工表副本"表，看到姓"李"的员工记录已被删除，结果如图 7-41 所示。

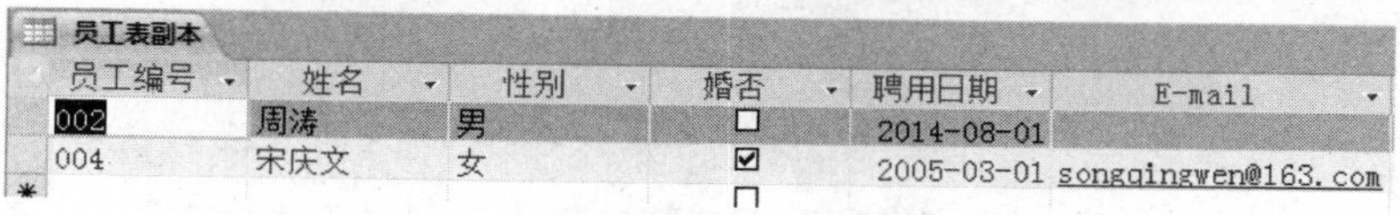

员工编号	姓名	性别	婚否	聘用日期	E-mail
002	周涛	男	☐	2014-08-01	
004	宋庆文	女	☑	2005-03-01	songqingwen@163.com
*			☐		

图 7-41 执行删除查询后的结果

说明：如果两个表之间建立了关系，并实施了参照完整性，同时又允许级联删除，则对主表执行删除查询时，也会级联删除子表中的相关记录。

3. 更新查询

更新查询可以对表中指定的一个或多个字段成批修改字段值。

【例】创建更新查询，将"商品表"中"商品编号"为 A00011 的"价格"增加 200。

操作步骤如下。

第 1 步：在设计视图中创建查询，并将"商品表"添加到查询设计视图中。

第 2 步：双击"商品表"中的"商品编号"、"价格"字段，将它们添加到设计网格中"字段"行中。

第 3 步：选择"查询工具/设计"选项卡，单击"查询类型" → "更新"命令，设计网格中增加一个"更新到"行。

第 4 步：在"商品编号"字段的"条件"行中输入条件："A00011"，在"价格"字段的"更新到"行中输入：[价格]+200，如图 7-42 所示。

图 7-42 创建更新查询

第 5 步：单击"运行"按钮，屏幕上出现一个更新提示框，在提示框中单击"是"按钮，完成更新查询的运行。

4. 追加查询

追加查询可以将一个或多个表中的一组记录添加到其他表的末尾。

【例】 创建追加查询，将"员工表"中 2012 年聘用的员工记录追加到"员工表副本"中。

操作步骤如下。

第 1 步：在设计视图中创建查询，并将"员工表"添加到查询设计视图中。

第 2 步：选择 "查询类型"，单击"追加"按钮，弹出"追加"对话框，如图 7-43 所示。

图 7-43 "追加"对话框

第 3 步：在对话框的"追加到表名称"下拉列表框中选"员工表副本"，并选中"当前数据库"选项，单击"确定"按钮，这时设计网格中增加一个"追加到"行。

第 4 步：双击"员工表"中的所有字段，将它们添加到设计网格中"字段"行中，"追加到"行中会自动填上相应的字段。

第 5 步：在"聘用日期"字段的"条件"行中，输入条件：Year([聘用日期])=2012，如图 7-44 所示。

第 6 步：单击"运行"按钮，屏幕上出现一个追加提示框，如图 7-45 所示，在提示框中单击"是"按钮，完成记录的追加。

第 7 步：打开"员工表副本"，查看追加的记录。

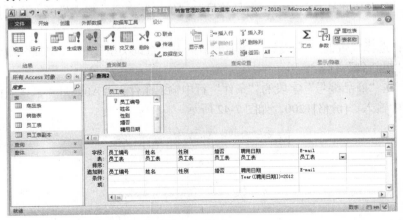

图 7-44 创建追加查询

图 7-45 追加提示框

7.4.6　SQL 查询

结构化查询语言 SQL（Structured Query Language）是关系数据库的标准语言。该语言语法结构简单、使用方便。很多关系数据库产品都支持 SQL 语言，它包括了数据定义、查询、操作和控制 4 种功能。SQL 查询是使用一些特定语句实现的查询，是由查询向导和使用查询设计视图建立的查询，实质是用 SQL 语句编写的查询命令，它是解决无法使用查询设计视图进行创建查询的一种方式，其功能比较强大。

【例】对"商品表"进行查询，显示全部商品信息。

操作步骤如下。

第 1 步：在设计视图中创建查询，不添加任何表，在"显示表"对话框中直接单击"关闭"按钮，进入空白的查询设计视图。

第 2 步：单击"SQL 视图"按钮（也可以右键单击查询 1 选项卡），进入 SQL 视图，如图 7-46 所示。

图 7-46　创建 SQL 查询

第 3 步：在 SQL 视图中输入语句："SELECT * FROM 商品表"。

第 4 步：保存 "SQL 查询"。

第 5 步：单击"运行"按钮，显示查询结果。

7.5　窗体

窗体是用户与数据库之间的接口，是 Access 数据库用来和用户进行交互的主要工具。一个好的数据库系统，不仅数据结构设计要合理，而且要有一个功能完善、对用户友好的界面，这个界面要通过窗体来实现。

窗体的数据源可以是表，也可以是查询。通过窗体，用户可以方便地输入数据、编辑数据、修改数据、显示和查询表中的数据。

7.5.1　窗体概述

1. 窗体的功能

在 Access 数据库中，窗体具有以下功能。

（1）显示、输入和编辑数据

窗体可以显示来自多个数据表中的数据，也可以为数据库中的数据表设计相应的窗体作为输入或编辑数据的界面，实现数据的显示、输入及编辑。

（2）打印数据

Access 中，除了报表可以用来打印数据外，窗体也可以作为打印数据之用。

（3）控制应用程序流程

窗体能够与函数、过程相结合，编写宏或 VBA 代码完成各种复杂的控制功能。

（4）与用户进行交互

通过自定义对话框与用户进行交互，可以为用户的后续操作提供相应的数据和信息。

2. 窗体的组成

在窗体设计视图中，窗体的工作主要包括窗体页眉、页面页眉、主体、页面页脚和窗体页脚等部分，每一部分称为窗体的"节"，除主体节外，其他节可通过"视图"菜单设置有无，但所有窗体必有主体节，其结构如图 7-47 所示。

（1）窗体页眉

出现在运行中的窗体顶部，其内容不因记录内容的变化而改变。

（2）页面页眉

出现在每个窗体打印页上方。运行窗体时，屏幕上不显示页面页眉内容。

（3）主体

在窗体设计视图中必须包含的部分，应用程序主要针对主体来设计用户界面。

（4）页面页脚

出现在每个窗体打印页下方。运行窗体时，屏幕上不显示页面页脚内容。

（5）窗体页脚

出现在运行中的窗体最底部。

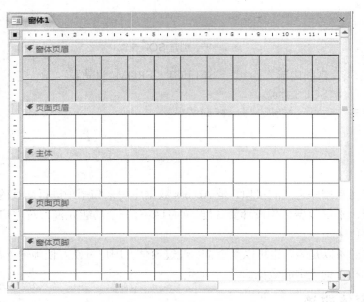

图 7-47　窗体的结构

7.5.2　创建窗体

1. 自动创建窗体

要创建一个基于单个表或查询的窗体，最简单的方法就是使用自动创建窗体方式。Access 提供了两种自动创建窗体的方法：一种是在"表"对象下使用"自动窗体"功能；另一种是在"窗体"对象下使用"自动创建窗体"功能。本文以在"表"对象下使用"自动窗体"为例，创建方法如下。

在左侧导航窗格中的"表"对象下，选择"销售表"，选择"创建"选项卡，单击"窗体"，即可创建一个窗体，如图 7-48 所示。

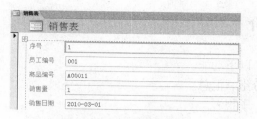

图 7-48 "销售表"窗体

2.使用窗体向导创建窗体

使用自动创建窗体功能创建窗体虽然简单、方便、快捷，但是内容和形式都受到限制，不能满足用户更为复杂的要求。使用窗体向导可以更灵活、全面地控制数据来源和窗体格式。具体方法如下。

在数据库窗口中，选择"创建"选项卡，单击"窗体"→"窗体向导"，弹出"窗体向导"对话框中，在"表/查询"下拉列表框中，选取字段所在的表或查询，并将所需的字段添加到"选定的字段"列表框中。在选取字段时，可以通过选取次序来调整字段在窗体中的排列次序。接着按照向导的提示，做出相应的选择，最终完成窗体的创建。

3.使用设计视图创建窗体

首先，在数据库窗口中，选择"创建"选项卡，单击"窗体"→"窗体设计"按钮，进入窗体的设计视图界面；其次，在该界面单击"窗体设计工具/设计"→"工具"→"添加现有字段"按钮，弹出"字段列表"窗口，在窗口中选择所需的字段拖曳到窗体的主体节中，调整好它们的大小和位置；再次，通过向窗体的主体节中添加各种控件；最后按需要对控件进行设置和更改，从而得到各种需要的功能，完成窗体的创建。各种控件可以从工具箱中获得，如图7-49 所示。

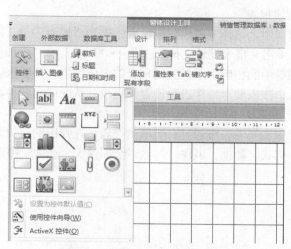

图 7-49 窗体设计工具/设计选项卡

7.6 报表

报表是 Access 数据库中的一个对象，它是以打印格式显示数据的一种有效方式。报表可以将大量数据进行排序和汇总，可以嵌入图片和图像来丰富数据显示，并最终生成数据的打印报表。报表主要用于对数据库中的数据进行分组、计算、汇总和打印输出。

7.6.1 报表简介

1．报表的功能

Access 的报表提供了以下功能。

- 可以对数据进行分组、汇总。
- 可以包含子窗体、子报表。
- 可以按特殊格式设计版面。
- 可以输出图表和图形。
- 可以打印所有表达式。

2．报表的组成

Access 报表通常由报表页眉、报表页脚、页面页眉、页面页脚、组页眉、组页脚和主体 7 部分组成。

7.6.2 创建报表

1．自动创建报表

在左侧导航窗格的"表"对象下，选中数据库中的一个表，选择"创建"选项卡，单击 "报表"按钮，报表立即创建完成，并且自动切换到布局视图，保存报表即可。

2．使用报表向导创建报表

在数据库窗口中，选择"创建"选项卡，单击"报表"→"报表向导"，打开"报表向导"对话框，在"表/查询"中列出了当前数据库中包含的表和查询，通过下拉列表选择相应的表或查询，在"可用字段"列表框中便出现所选表或查询的构成字段，从中为报表选择所需字段，然后单击"下一步"，根据向导提示完成报表数据的分组、字段的排序等步骤，最终完成报表的创建。

3．使用设计视图创建报表

首先，在数据库窗口中，选择"创建"选项卡，单击"报表"→"报表设计"按钮，打开报表设计视图；其次，单击"报表设计工具/设计"→"工具"→"添加现有字段"按钮，选择所需的数据源，将数据源中的相应字段拖曳到报表的主体节中，调整报表布局；再次，向报表中添加各种控件；最后，按需要对控件进行设置和更改，从而得到各种需要的功能，完成报表的创建。

注：如果需要调整报表属性，可通过右键单击报表，在弹出的快捷菜单中选择"属性"命令，在属性对话框中从格式、数据、事件、其他、全部这 5 个选项卡中进行设置。

第 8 章
计算机网络与应用

计算机的微型化使它广泛地应用在各个领域，这是计算机发展历史中的革命性进步。网络化则把一个个分散的计算机连接起来，使它们可以交换数据和信息，从而极大地加快了信息的传递和利用，这更成为计算机发展历史中的革命性进步。

8.1 网络基础知识

计算机网络已经成为现代信息社会的重要标志之一。使用计算机网络可以实现资源的共享，这是任何媒体无法与其媲美的。

8.1.1 计算机网络

1. 计算机网络的定义

计算机网络是现代通信技术与计算技术相结合的产物，是若干个独立计算机的互联集合。也就是说，将分配在不同地理位置上的具有独立功能的数台计算机、终端及其附属设备，用通信设备和通信线路连接起来，再配置相应的网络软件，以实现计算机资源共享和信息交换，这样的系统就是计算机网络。

计算机网络的定义有多种解释，以上的只是一种解释。但这些定义，都有以下的特征：

- 计算机网络建立的目的是实现计算机资源的共享；
- 互联的计算机是分布在不同地理位置的多台独立、自治计算机（Autonoumous Computer）；
- 联网的计算机必须遵守共同的网络协议。

2. 计算机网络的形成

计算机网络技术自诞生之日起，就以惊人的速度和广泛的应用程度在不断发展。计算机网络是随着强烈的社会需求和通信技术的成熟而出现的。虽然计算机网络仅有几十年的发展历史，但它却经历了从简单到复杂、从低级到高级、从地区到全球的发展过程，经历了以下 4 个阶段。

第 1 阶段是 20 世纪五六十年代，面向终端的具有通信功能的单机系统。当时人们将独立的计算机技术与通信技术结合起来，为计算机网络的产生奠定了基础。人们通过数据通信将地理位置分散的多个终端，通过通信线路连接到一台中心计算机上，由一台计算机以集中方式处理不同地理位置用户的数据。

第 2 阶段从美国的 ARPAnet 与分组交换技术开始。ARPAnet 是计算机网络技术发展中的里程碑，它使网络中的用户可以通过本地终端使用本地计算机的软件、硬件与数据资源，也可以使用网络中其他地方的计算机软件、硬件与数据资源，从而达到计算机资源共享的目的。

第 3 阶段从 20 世纪 70 年代开始，国际上各种广域网、局域网与公用分组交换网发展十分迅速。各计算机厂商和研究机构纷纷发展自己的计算机网络系统，随之而来的就是网络体系结构与网络协议的标准化工作。国际标准化组织（International Organization for Standardization，ISO）提出的 ISO/OSI 参考模型，对网络体系的形成与网络技术的发展起到了重要作用。

第 4 阶段从 20 世纪 90 年代开始，迅速发展的 Internet、信息高速公路、无线网络和网络安全，使得信息时代全面到来。互联网作为国际性的网际网与大型信息系统，在当今经济、文化、科学研究、教育与社会生活等方面发挥越来越重要的作用。宽带技术的发展为社会信息化提供了技术基础，网络安全技术为网络应用提供了重要安全保证。

3. 计算机网络的特点

计算机网络的发展经历了具有通信功能的单机系统、具有通信功能的多机系统、计算机网络、Internet 等几个阶段。从 20 世纪 80 年代开始，光纤通信、多媒体技术、综合业务数据网络（ISDN）和人工智能网络的出现，使计算机网络的发展进入了一个新的阶段。尤其是 Internet 的出现，推动了计算机网络的飞速发展。

未来的计算机网络将会有以下几个特点。

- 开放式的网络体系结构，使不同的软硬件环境、不同网络协议的计算机可以互联，真正达到资源共享、数据通信和分布处理的目的。
- 向高性能发展。
- 计算机网络的智能化。

4. 计算机网络的功能

各种网络在数据传输、具体用途及连接方式上都不尽相同，但一般都具有以下的功能。

（1）资源共享

资源包括硬件资源（如大型存储器、外设等）、软件资源（如语言处理程序、服务程序和应用程序）和数据信息（包括数据文件、数据库和数据库软件系统）。资源共享是指在网络上的用户可以部分或全部地享受这些资源，从而大大提高系统资源的利用率。

（2）信息传送与集中处理

信息传送可用来实现计算机与终端或别的计算机之间各种数据信息的传输。利用这一功能，对地理位置分散的生产单位或业务部门，可通过计算机网络连接起来进行集中的控制与管理。

（3）均衡负荷与分布处理

网络中的计算机一旦发生故障，它的任务就可以由其他的计算机代为处理，这样网络中的各台计算机可以通过网络彼此互为后备机，系统的可靠性大大提高。当网络中的某台计算机任务过重时，网络可以将新的任务转交给其他较空闲的计算机去完成，也就是均衡各计算机的负载，提高每台计算机的可用性。对于大型的综合问题，通过一定的算法可以将任务交给不同的计算机来完成，从而达到均衡使用网络资源，实现分布处理的目的。

（4）综合信息服务

计算机网络可以向全社会提供各种经济信息、科研情报和咨询服务。如 Internet 中的 WWW 就是如此，ISDN 就是将电话机、传真机、电视机和复印机等办公设备纳入计算机网络，向用户提供数字、语音、图形和图像等多种信息的传输。

5. 计算机网络的应用

计算机网络除了拥有基本的数据交换功能外，还具有下列方面的功能。

（1）远程登录

从一个地点的计算机上登录到另一个地点的计算机上，作为后者的终端使用，进行交互对话、数据交换等。

（2）电子邮件

通过网络发送和接收电子邮件。邮件中可以包含文字、声音、图形和图像等信息。

（3）电子数据交换

电子数据交换（EDI）是计算机在商业中的应用。在网上进行交易时，它以共同认可的数据格式，在贸易双方的计算机之间传输数据，提高工作效率。

（4）联机会议

会议的人员在各自的计算机上参加会议的讨论与发言，并可以将文本、声音和图像等信息传送到其他的计算机上。

6．计算机网络的分类

计算机网络可按网络覆盖的地理范围、网络的拓扑结构、互连介质、传送速率、网络的通信协议和网络的应用目的等多种方法进行分类。

（1）按网络覆盖的地理范围对网络的分类

按网络覆盖的地理范围，通常将其分为局域网（LAN）、城域网（MAN）和广域网（WAN），Internet可以看作为世界范围内的最大的广域网。

① 局域网（LocalArea Network，LAN）

其规模相对小一些，通信线路不长，距离在几千米以内，采用单一的传输介质，通常安装在一个建筑物内或一群建筑物内（如一个工厂内）。局域网具有高数据传输速率、低误码率、成本低、组网容易、易管理、易维护、使用灵活方便等优点。

② 城域网（MetropolitanArea Network，MAN）

它与局域网相比规模要大一些，通常覆盖一个地区或一个城市，地域范围为几十千米到上百千米。城域网通常采用不同的硬件、软件和通信传输介质来构成。

③ 广域网（Wide AreaNetwork，WAN）

顾名思义，广域网就是非常大的网络，又称远程网。能跨越大陆海洋，甚至形成全球性的网络。

（2）按网络的使用者划分

① 公用网

一般由国家机关或行政部门组建，供大众使用的网络。如电信公司建设的各种公用网，就是为所有用户提供服务的。

② 专用网

由某个单位或公司组建的，专门为自己服务的网络。如银行系统建设的金融专用网络。

（3）按网络的传输距离和速率划分

按网络的传输距离可以分为远程网和局域网。

按传输速率分类，传输速率快的称为高速网，传输速率慢的称为低速网。传输速率的单位是 bit/s（每秒比特数）。一般将传输速率在 kbit/s～Mbit/s 范围的网络称为低速网，传输速率在 Mbit/s～Gbit/s 的网称为高速网。也可以将 kbit/s 传输的网络称为低速网，将 Mbit/s 传输的网络称为中速网，将 Gbit/s 传输的网络称为高速网。网络的传输速率与网络的带宽有直接关系。带宽是指传输信道的宽度，带宽的单位是 Hz（赫兹）。按照传输信道的宽度可分为窄带网和宽带网。一般将 kHz～MHz 带宽的网称为窄带网，将 MHz～GHz 的网称为宽带网，也可以将 kHz 带宽的网称窄带网，将 MHz 带宽的网称中带网，将 GHz 带宽的网称宽带网。通常情况下，高速网就是宽带网，低速网就是窄带网。

（4）按照网络的拓扑结构

按照网络的拓扑结构可以将网络划分为环型网、星型网和总线型网等。

（5）按照通信传输的介质来划分

传输介质是指数据传输系统中发送装置和接收装置间的物理媒体，按其物理形态可以划分为有线和无线两大类。

① 有线网

传输介质采用有线介质连接的网络称为有线网，常用的有线传输介质有双绞线、同轴电缆和光纤。

② 无线网

采用无线介质连接的网络称为无线网。目前无线网主要采用 3 种技术：微波通信、红外线通信和激光通信。这 3 种技术都是以大气为介质的。其中，微波通信用途最广，目前的卫星网就是一种特殊形式的微波通信，它利用地球同步卫星作中继站来转发微波信号，一个同步卫星可以覆盖地球表面的 1/3 以上，3 个同步卫星就可以覆盖地球上全部通信区域。

8.1.2 数据通信

数据通信是通信技术和计算机技术相结合而产生的一种新的通信方式。要在两地间传输信息必须有传输信道，根据传输媒体的不同，有有线数据通信与无线数据通信之分。但它们都是通过传输信道将数据终端与计算机连接起来，而使不同地点的数据终端实现软、硬件和信息资源的共享。这里介绍几个数据通信的相关概念。

1. 信道

信道是信息传输的媒介或渠道，作用是把携带有信息的信号从它的输入端传递到输出端。根据传输媒介的不同，信道可分为有线信道和无线信道两类。常见的有线信道包括双绞线、同轴电缆、光缆等。无线信道有地波传播、短波、超短波、人造卫星中继等。

2. 数字信号与模拟信号

通信的目的是为了传输数据。信号是数据的表现形式。信号可分为数字信号和模拟信号。数字信号是一种离散的脉冲序列，计算机产生的电信号用两种不同的电平表示 0 和 1。模拟信号是一种连续变化的信号，如电话线上传输的按照声音强弱幅度连续变化所产生的信号，就是一种典型的模拟信号，可以用连续的电波表示。

3. 调制与解调

普通电话线是针对语音通话而设计的模拟信道，适用于传输模拟信号。但计算机产生的是数字信号，因此要利用电话交换网实现计算机的数字信号的传输，就必须首先将发送端的数字信号转换成模拟信号（这一过程称为调制 Modulation），在接收端将模拟信号转换成数字信号（这一过程称为解调 Demodulation）。将调制和解调两种功能结合在一起的设备称为调制解调器（Modem），俗称"猫"。

4. 带宽（Bandwidth）与传输速率

在模拟信道中，以带宽表示信道传输信息的能力。带宽是以信号的最高频率和最低频率之差表示，即频率的范围。频率（Frequency）是模拟信号波每秒的周期数，单位为 Hz、kHz、MHz 或 GHz。在某一特定带宽的信道中，同一时间内，数据不仅能以某一种频率传送，而且还可以用其他不同的频率传送。因此，信道的带宽越宽（带宽数值越大），其可用的频率就越多，其传输的数据量就越大。

在数字信道中，用数据传输速率（比特率，bit/s，比特/秒）表示信道的传输能力，单位为

bit/s、kbit/s、Mbit/s、Gbit/s 与 Tbit/s。其关系为 1 Tbit/s = 1×10^3Gbit/s=1×10^6Mbit/s=1×10^9kbit/s=1×10^{12}bit/s。

研究表明，信道的最大传速率与信道带宽之间存在着明确的关系，所以人们常用带宽来表示信道的数据传输速率，带宽与速率几乎成了同义词。

5．误码率

误码率（BER：bit error ratio）是衡量数据在规定时间内数据传输精确性的指标。误码率=传输中的误码/所传输的总码数×100%。如果有误码就有误码率。另外，也有将误码率定义为用来衡量误码出现的频率。在计算机网络系统中，一般要求误码率低于 10^{-6}。

8.1.3　网络的拓扑结构

拓扑学是几何学的一个分支，从图论演变而来，是研究与大小、形状无关的电、线和面构成的图形特征的方法。

网络的拓扑结构就是网络中各个结点相互连接的方法和形式。拓扑是 topology 的音译。

网络拓扑可以进一步分为物理拓扑和逻辑拓扑两种。物理拓扑指介质的连接形状。逻辑拓扑指信号传递路径的形状。

常用的网络拓扑结构有：总线结构、环型结构、星型结构、树型结构等。

1．星型拓扑结构

星型拓扑结构也称集中型结构，如图 8-1（a）所示。它由一个中心节点和分别与它单独连接的其他节点组成，任意两个节点的通信都必须通过这个中心节点。这种拓扑结构通常使用集线器（Hub）作为中心设备。

采用星型结构的优点：采用集中式控制，容易提供服务，容易重组网络；每个节点与中心点都有单独的连线，因此即便中心节点与某一节点的连线断开，也只影响该节点，对其他节点没有影响，即局部的连接失败并不影响全局。

采用星型结构的缺点：电缆总的长度较大，增加了投资；对中心节点的依赖性很强，中心结点故障，则整个网络就会停止工作。

2．总线拓扑结构

总线拓扑结构采用一条公共总线作为传输介质，各个节点都接在总线上，如图 8-1（b）所示。

采用总线结构的优点：总线网的通信电缆投资少，整个网络结构简单、灵活，易于扩充，是一种具有弹性的体系结构。

采用总线结构的缺点：总线故障诊断和隔离困难，网络对总线故障较为敏感。

3．环型拓扑结构

环型结构又称分散型结构。它的每个节点仅有两个邻接结点，这种网络结构中的数据总是按一个方向逐结点沿环传递，即一个结点接收上一个结点传来的数据，由它再发送给下一个结点。IBM 的令牌环网就是采用环型结构的网络。环型拓扑结构如图 8-1（c）所示。

采用环型结构的优点：由于需要的连接少，增加了网络的可靠性。

采用环型结构的缺点：由于本身结构的特点，当一个结点出故障时，整个网络就不能工作；对故障的诊断困难，网络重新配置也比较困难。

4．树型拓扑结构

树型拓扑结构如图 8-1（d）所示，该结构中的任何两个用户都不能形成回路，每条通信线路必须支持双向传输。

采用树型结构的优点：可以较充分地利用计算机的资源。

采用树型结构的缺点：数据要经过多级传输，系统的响应时间较长。

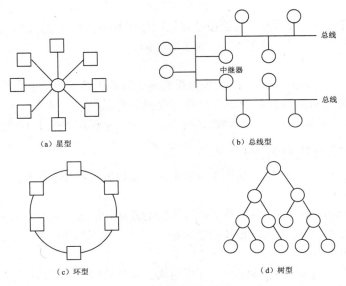

（a）星型　　　　　　　　　　　（b）总线型

（c）环型　　　　　　　　　　　（d）树型

图 8-1　拓扑结构示意图

8.1.4　计算机网络的体系结构

通过通信信道和设备互连起来的多个不同地理位置的计算机系统，要使其能协同工作以实现信息交换和资源共享，它们之间必须具有共同的语言。交流什么、怎样交流及何时交流，都必须遵循某种互相都能接受的规则。

1．网络协议

协议（Protocol）是计算机通过网络通信所使用的语言，是为网络通信中的数据交换制订的共同遵守的规则、标准和约定，是一组形式化的描述，是计算机网络软、硬件开发的依据。只有使用相同协议（不同协议要经过转换），计算机才能彼此通信。网络通信的数据在传送中是一串位（bit）流，位流在网络体系结构的每一层中的任务需要专门制订一些特定的规则，在计算机网络分层结构体系中，通常把每一层在通信中用到的规则与约定称为协议。因此，网络体系结构可以描述为计算机网络各层和层间协议的集合。

协议一般是由网络标准化组织和厂商制订出来的。

一个网络协议通常由语义、语法和变换规则 3 部分组成。语义规定了通信双方彼此之间准备"讲什么"，即规定了协议元素的类型；语法规定了通信双方彼此之间"如何讲"，即确定协议元素的格式；变换规则用来规定通信双方彼此之间的"应答关系"，即确定通信过程中的状态变化，通常可以使用状态变化图来描述。

2．网络的体系结构及其划分所遵循的原则

计算机网络系统是一个十分复杂的系统，将一个复杂系统分解为若干个容易处理的子系统，然后"分而治之"，这种结构化设计方法是工程设计中常见的手段。分层就是系统分解的最好方法之一。

在图 8-2 所示的一般分层结构中，n 层是 $n-1$ 层的用户，又是 $n+1$ 层的服务提供者。$n+1$ 层虽然只直接使用了 n 层提供的

图 8-2　层次模型

服务，但实际上它通过 n 层还间接地使用了 $n-1$ 层及以下所有各层的服务。

层次结构的好处在于使每一层实现一种相对独立的功能。分层结构还有利于交流、理解和标准化。

网络的体系结构（Architecture）就是计算机网络各层次及其协议的集合。层次结构一般以垂直分层模型来表示，如图 8-3 所示。

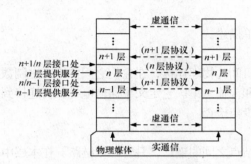

图 8-3　计算机网络的层次模型

层次结构的要点如下。
- 除了在物理媒体上进行的是实通信之外，其余各对等实体间进行的都是虚通信。
- 对等层的虚通信必须遵循该层的协议。
- n 层的虚通信是通过 $n/n-1$ 层间接口处 $n-1$ 层提供的服务及 $n-1$ 层的通信（通常也是虚通信）来实现的。

层次结构划分的原则如下。
- 每层的功能应是明确的，并且是相互独立的。当某一层的具体实现方法更新时，只要保持上、下层的接口不变，便不会对"邻居"产生影响。
- 层间接口必须清晰，跨越接口的信息量应尽可能少。
- 层数应适中。若层数太少，则造成每一层的协议太复杂；若层数太多，则体系结构过于复杂，使描述和实现各层功能变得困难。

网络体系结构的特点如下。
- 以功能作为划分层次的基础。
- 第 n 层的实体在实现自身定义的功能时，只能使用第 $n-1$ 层提供的服务。
- 第 n 层在向第 $n+1$ 层提供服务时，此服务不仅包含第 n 层本身的功能，还包含由下层服务提供的功能。
- 仅在相邻层间有接口，且所提供服务的具体实现细节对上一层完全屏蔽。

3．OSI（开放系统互联参考模型）

由于各种局域网的不断出现，迫切需要将异种网络及不同机种互联，以满足信息交换、资源共享及分布式处理等需求，这就要求计算机网络体系结构的标准化。

1984 年，国际标准化组织（International Organization for Standardization，ISO）公布了一个作为未来网络体系结构的模型，该模型被称为开放系统互联参考模型（OSI）。目前完全遵循 OSI 的网络产品还没有，但 OSI 提供了一个概念上和功能上的框架，可以作为学习网络知识的依据，作为网络实现的参考。这一系统标准将所有互联的开放系统划分为功能上相对独立的 7 层，从最基本的物理连接直到最高层次的应用。

OSI 模型描述了信息流自上而下通过源设备的 7 个结构层次，然后自下而上穿过目标设备的 7 层模型，这 7 个层次从高到低依次为第 7 层应用层；第 6 层表示层；第 5 层会话层；第 4 层传输层；第 3 层网络层；第 2 层数据链路层；第 1 层物理层。

信息交换在低层由硬件实现，而到了高层（4～7 层）则由软件实现。如通信线路及网卡就承担物理层和数据链路层两层协议所规定的功能。

采用层次思想的计算机网络体系结构的标准化，为网络的构成提出了最终的依据，成为各类网络软件的设计基础。

下面是对各个层的简单描述。

（1）物理层

物理层实现两个计算机间的物理连接，在它们之间传输二进制数据。本层描述传输媒介，规定电缆类型、信号电平和传输速率。它定义了通信电缆如何连接到网卡，用何种传输技术传输数据，同时定义了位同步与检查。

（2）数据链路层

数据链路层建立相邻结点之间的链路，并管理该链路。在本层中，把来自物理层的数据组装成帧，然后把这些数据帧在计算机间无差错地传递。换言之，起一个转换的作用，就是把来自物理层的、位流形式的数据加工成为帧，发送到上层，同时也把来自上层的帧拆分为位组，转发到物理层。从这个意义上说，本层像一个铁路上的编码与转运站。因此，本层规定帧的格式并进行差错检查。同时，本层还包括标识网络设备、控制介质访问权、定义网络逻辑拓扑模型及控制数据流。

也可把本层再分为两个子层：介质访问控制（Medium AccessControl，MAC）和逻辑链路控制（LogicalLinkControl，LLC）。

（3）网络层

网络层控制在数据链路层与传输层间的信息转发，建立、维持和终止网络连接。数据链路层主要解决同一网络内设备之间的通信，而本层主要解决不同子网间的通信。因此，就必须涉及路由（不严格地说，路由就是从一个网络中的某一结点到另一个网络中的某一结点的路径）。要在不同网络间通信，必须考虑以下几个方面。

● 寻址：必须对各不同子网络中的每一个网络设备分配唯一的地址，这样才能找到这些设备。

● 交换：规定不同子网的信息交换方式。交换技术有电路交换、报文交换和分组交换，以分组交换最为常用。

● 路由算法：即选择分组交换的路径的算法。

● 连接服务：控制流量（如防止阻塞）、差错检测等。

● 网关：协调不同网络中的、遵循不同规则的网络设备的通信。

（4）传输层

传输层保证信息的可靠传递，即检测传输错误，并处理传输错误。为此，可以对信息重新分组，也可把信息还原。常见的协议有：TCP/IP 中的 TCP，Novell 网中的 SPX 及 MS 的 NetBIOS/NetBEUI。

（5）会话层

会话层组织和协调两个实体之间的对话，并支持它们的数据交换。管理会话的两台机器中由谁发送、何时发送、占用多长时间等。

（6）表示层

表示层对应用层送来的命令和数据加以解释，并对各种语法赋予相应的意义。把应用层的信息格式化以供网络通信之用，即把应用程序数据排列为有意义的格式提供给会话层。该层可以压缩数据，来减少网络数据的传输量，还可以加密数据以保证网络的安全性。

（7）应用层

协调各个应用程序的工作。如电子邮件、数据库等都利用应用层来传送信息。它是直接为用户服务的，提供应用进程能直接接收的服务。

值得注意的是，OSI 模型是一个理想的模型，很少有网络系统能完全遵循它。

8.2　计算机网络的组成

计算机网络是一个非常复杂的系统，计算机硬件及通信设备是它组成的物质基础，而要将这些设备有效地使用和运作还需要配以计算机网络软件。

8.2.1　局域网的硬件

局域网的硬件主要有以下几种。

1．网卡（Network Interface Card，NIC）

网卡又称网络适配器或网络接口卡，是计算机联网的设备。在计算机局域网中，如果有一台计算机没有网卡，那么这台计算机将不能和其他计算机通信。也就是说，这台计算机是孤立于网络的。

网卡插在计算机主板插槽中，负责将用户要传递的数据转换为网络上其他设备能够识别的格式，然后通过网络介质传输。它的主要技术参数为带宽、总线方式、电气接口方式等。它的基本功能为从并行到串行的数据转换、包的装配和拆装、网络存取控制、数据缓存和处理网络信号。

网卡接收数据的方式有有线的或无线的两种，后者称为无线网卡。

网卡按照工作对象的不同，可分为服务器专用网卡、PC 网卡和笔记本网卡（PCMCIA网卡）。

服务器专用网卡是为了尽可能降低服务器芯片的负荷，适应网络服务器的工作特点而设计的网卡，一般带有控制芯片，并提供宽带汇聚技术，具有数据传送速度快、CPU 占用率低、安全性能高等特点，但价格较贵，要构建大型的网络，可以考虑使用这种网卡。

PC 网卡适用于台式机，接口类型有 PCI、ISA、EISA 等，价格便宜、工作稳定。

笔记本网卡（PCMCIA 网卡）是专为笔记本电脑设计的网卡，PCMCIA 是笔记本专用的外接扩展口，可连接硬盘、Modem、网卡等设备。笔记本网卡在性能上与 PC 网卡基本相同。

2．传输介质（Media）

传输介质为数据传输提供信道，网络中使用的传输介质有两类：有线传输介质和无线传输介质。局域网常用的有线传输介质有双绞线、同轴电缆和光缆。无线传输介质（如微波、红外线和激光等）在计算机网络中也逐渐显示出它的优势及广泛用途，从网络发展的趋势来看，网络上使用的传输介质逐渐由有线介质逐渐向无线介质方向发展。

3．服务器

服务器（Server）是为网络上的其他计算机提供信息资源的功能强大的计算机。根据服务器在网络中所起的作用，可进一步划分为文件服务器、打印服务器、通信服务器等。

文件服务器可提供大容量磁盘存储空间为网上各计算机用户共享；打印服务器负责接收来自客户机的打印任务，管理安排打印队列和控制打印机的打印输出；通信服务器负责网络中各客户机对主计算机的联系，以及网与网之间的通信等。

在基于 PC 的局域网中，网络的核心是服务器。服务器可由高档计算机、工作站或专门设计的计算机（即专用服务器）充当。各类服务器的职能主要是提供各种网络上的服务，并实施网络的各种管理。

4．客户机

客户机（Client）是网络中用户使用的计算机，可使用服务器所提供的各类服务，从而提高单机的功能。

5．中继器（Repeater）/集线器（Hub）/交换机（Switch）

中继器（Repeater）用于同一网络中两个相同网络段的连接。对传输中的数字信号进行再生放大，用以扩展局域网中连接设备的传输距离。

集线器（Hub）用于局域网内部多个工作站与服务器之间的连接，可以提供多个计算机连接端口，在工作站集中的地方使用 Hub，便于网络布线，也便于故障的定位与排除。集线器还具有再生放大和管理多路通信的功能。它工作于 OSI（开放系统互联参考模型）的第一层，即物理层。

交换机（Switch）用于网络设备的多路对多路的连接，采用全双工的传输方式，和集线器一对多的连接方式相比，交换机的多对多连接增加了通信的保密性，在两点之间通信时对第三方完全屏蔽。交换机工作在 OSI（开放系统互联参考模型）的第 2 层，即数据链路层。

8.2.2　网络互联设备

网络间的互联分为同种局域网间、异种子网间及局域网与广域网的连接。网络互联的接口设备称为网络互联设备。常用的互联设备有网桥（Bridge）、路由器（Router）和网关（Gateway）等。

1．网桥

网桥适用于同种类型局域网间的连接设备。它将一个网的帧格式转换为另一个网的帧格式并进入另一个网中（典型的帧为几百字节）。

网桥在 OSI（开放系统互联参考模型）的第 2 层，即数据链路层。网桥可以将大范围的网络分成几个相互独立的网段，使得某一网段的传输效率提高，而各网段之间还可以通过网桥进行通信和访问。通过网桥连接局域网，可以提高各子网的性能和安全性。网桥从应用上可分为本地网桥，用于连接两个或两个以上的局域网；远程网桥，用于连接远程局域网。

2．路由器

路由器是在 OSI（开放系统互联参考模型）的第 3 层，即网络层上实现多个网络互联的设备。路由器的功能可以由硬件实现，也可以由软件实现，或者部分功能由软件实现，另一部分功能由硬件实现。路由器具有判断网络地址和选择路径、数据转发和数据过滤的功能。它的作用是在复杂的网络互联环境中建立非常灵活的连接。路由器工作在网络层，它在接收到数据链路层的数据包时都要"拆包"，查看网络层的 IP 地址，确定数据包的路由，然后再对数据链路层信息"打包"，最后将该数据包转发。

由路由器互联的网络经常被用于多个局域网、局域网与广域网及不同类型网络的互联。例如，在校园网同 CERnet（中国教育和科研计算机网）的连接中，一般都要采用路由器。目前，有不同标准的路由器协议，如 IGRP、RID 和 OSPF 等。

路由器包括有线路由器和无线路由器。

3．网关

网关具有路由器的全部功能，它连接两个不兼容的网络。其主要的职能是通过硬件和软件完成由于不同操作系统的差异引起的不同协议之间的转换。它工作在网络传输层或更高层，主要用于不同体系结构的网络或局域网同大型计算机的连接。例如，局域网需要网关将它连接到广域网（Internet 上）。由于网关是针对某一特定的两个不同的网络协议的应用，所以不可能有一种通用网关。局域网通过网关可以使上网用户省去同大型计算机连接的接口设备和电缆，却能共享大型计算机的资源。

4．调制/解调器

通过电话线拨号上网，需要使用调制/解调器。其作用是把计算机输出的数字信号转换为模拟信号，这个过程叫做"调制"，经调制后的信号通过电话线路进行传输；把从电话线路中接收到的模拟信号转换为数字信号输入计算机，这个过程叫做"解调"。

衡量 Modem 性能优劣的主要指标是传输速率。目前常见的 Modem 的速率有 14.4kbit/s、28.8kbit/s、33.6kbit/s、56kbit/s 及更高。一般来说，速率越高，价格越贵。

Modem 通常分为内置式、外置式、主板集成式和笔记本专用等几类。

内置式 Modem 是一个可以插入计算机主板扩展槽的板卡。它不需要专门的外接电源，只要打开计算机主机箱，插入扩展槽中即可。其主要缺点是无法观察 Modem 的工作状况。

外置式 Modem 也叫做台式 Modem。它需要自己外接电源，用通信电缆与计算机的通信口（COM1、COM2 或 USB）相连接。外置式的 Modem 安装简便，工作状态直观，但价格较内置式的高。

外置式 Modem 前面板上有一些指示灯，可指示其工作状态，分别如下。

- RD（Receive Date）：接收数据时，此指示灯亮。
- TD（Transmit Date）：发送数据时，此指示灯亮。
- CD（Carrier Detect）：在线连接时，此指示灯亮。
- OH（Off Hook）：拨号时，此指示灯亮。
- AA（Auto Answer）：设置为自动应答时，此指示灯亮。
- HS（High Speed）：以 9 600bit/s 以上速度工作时，此指示灯亮。
- DTR（Data Terminal Ready）：串口有信号时，此指示灯亮。
- MR（Modem Ready）：准备就绪时，此指示灯亮。
- PW（Power）：电源接通时，此指示灯亮。

PCMCIA 式是供笔记本电脑专用的 Modem。

主板集成式是指在主板上直接集成了 Modem。这样，用户就不需要再另外购买 Modem 了。

5．ADSL Modem

ADSL（AsymmetricalDigital Subscriber Loop）中文名称为非对称数字用户环路技术。现在 ADSL Modem 的接口形式有以太网、USB 和 PCI 3 种。采用 ADSL 技术时，电话线上将产生 3 个信息通道：第 1 个速率是 1.5～9Mbit/s 的高速下行通道，用于下载信息；第 2 个是速率为 16kbit/s～1Mbit/s 的中速双工通道，供用户上传信息；第 3 个通道用于普通电话服务。

这 3 个通道可以同时工作，传输距离达 3～5km。这意味着可以在下载文件的同时在网上观赏点播的大片，并且可以通过电话和朋友对大片进行一番评论。最诱人的是，这一切都是在一根电话线上同时进行的。

6．Cable Modem

通过有线电视电缆接入 Internet 要使用 Cable Modem。

Cable Modem 即电缆调制解调器，又称线缆调制解调器。有了它，就可以利用有线电视网进行数据传输。电缆调制解调器主要面向计算机用户的终端。它是连接有线电视同轴电缆与用户计算机之间的中间设备。目前，有线电视节目传输所占用的带宽一般在 50～550MHz，有很多的频带资源没有得到有效利用。由于大多数新建的 CATV 网都采用光纤同轴混合网络（Hybrid Fiber/Coax Network，HFC 网），使原有的 550MHz CATV 网扩展为 750MHz 的 HFC 双向 CATV 网，其中有 200MHz 的带宽用于数据传输，接入国际互联网。这种模式的带宽上限为 860～1 000MHz。电缆调制解调器技术就是基于 750MHz HFC 双向 CATV 网的网络接入技术。

7. 无线 AP（Access Point）

无线 AP 也称无线桥接器，即当前的有线局域网与无线局域网络之间的桥梁。通过无线 AP，任何一台装有无线网卡的主机都可以去连接有线局域网络。无线 AP 含义较广，不仅提供单纯的无线接入点，也同样是无线路由器等类设备的统称，兼具路由、网管等功能。单纯性的无线 AP 就是一个无线交换机，仅仅提供无线信号的发射功能。不同的无线 AP 型号具有不同的功率，可以实现不同程度、不同范围的网络覆盖。一般的无线 AP 的最大覆盖距离可以达 300m，非常适合于在建筑物之间、楼宇之间等不便于架设有线局域网的地方构建无线局域网。

8.2.3 局域网的软件

网络操作系统（Network Operating System）是网络用户与计算机网络之间的接口，是管理网络软件、硬件的灵魂。网络操作系统除了具有一般操作系统的处理机管理、存储管理、设备管理、作业管理和文件管理的功能外，还应具有网络通信、网络服务（如远程作业、文件传输、电子邮件、远程打印等）的功能。

目前，广泛使用的计算机网络操作系统有 UNIX、NetWare、Windows Server 及 Linux 等。UNIX 网络操作系统可跨越微机、小型机、大型机；Windows Server 是 Microsoft 公司推出的可运行在微机和工作站上的、面向分布式图形应用的网络操作系统；NetWare 是由 Novell 公司提供的、主要面向微机的网络操作系统。

网络应用软件是指为了提供网络服务和网络连接，而在服务器上运行的软件和为了获得网络服务而在客户机上运行的软件，如 QQ、PPTV、迅雷、Office 等。

8.2.4 无线局域网

随着计算机硬件的快速发展，笔记本电脑、掌上电脑等各种便携设备的迅速普及，无线上网的需求越来越高。

局域网络管理的主要工作之一就是负责铺设电缆或是检查电缆是否断线这种耗时的工作，很容易令人烦躁，也不容易在短时间内找出断线所在。再者，由于配合企业及应用环境的不断更新与发展，原有的企业网络必须配合并重新布局，需要重新安装网络线路。虽然电缆本身并不贵，可是请技术人员来配线的成本很高，尤其是老旧的大楼，配线工程费用就更高。因此，架设无线局域网络就成为最佳解决方案。

在无线网络的发展史上，从早期的红外技术，到蓝牙（Bluetooth），都可以无线传输数据，多用于系统互联，但却不能组建局域网。如今新一代的无线网络，不仅仅是简单的两台计算机相连，更是实现了建立无需布线和使用非常自由的无线局域网 WLAN（Wireless LAN）。在 WLAN 中有许多计算机，每台计算机都有一个无线调制/解调器和一个天线，通过该天线，它可以与其他的系统进行通信。通常在室内的墙壁或天花板上也有一个天线，所有机器都与它通信，然后彼此之间就可以相互通信了。

在无线局域网的发展中，WiFi（Wireless Fidelity）由于其较高的传输速度、较大的覆盖范围等优点，发挥了重要的作用。WiFi 不是具体的协议或标准，它是无线局域网联盟（WLANA）为了保障使用 WiFi 标志的商品之间可以相互兼容而推出的，在如今许多的电子产品如笔记本电脑、手机、PDA 等上面都可以看到 WiFi 标志。针对无线局域网，IEEE（Institute of Electrical and Electronics Engineers，美国电气和电子工程师协会）制订了一系列无线局域网标准，即 IEEE802.11 家族，包括 802.11a、802.11b、802.11g 等，802.11 现在已非常普及了。随着协议标准的发展，无线局域网的覆盖范围更广，传输速率更高，安全性、可靠性等也大幅提高。

8.3　Internet 基础

Internet 原来翻译为"互联网"，后来由国家名词委员会正式定名为"因特网"。从"互联网"这个名字就可以看出，它是指把计算机相互连接而成的一种网络。这种连接而成的网络最主要的特点：连入的计算机几乎覆盖了全球 180 个国家和地区，并且存储了最丰富的信息资源。通俗地说，Internet 就是把全球上亿台计算机连接而成的一个超大网络。Internet 是一个全球性的、开放的计算机互联网络。

人们通常把连入 Internet，使用其资源通俗地叫做"上网"或"网上冲浪"。

8.3.1　Internet 简介

1．信息高速公路与 Internet

信息高速公路是指数字化大容量光纤通信网络或无线通信网络、卫星通信网络与各种局域网组成的高速信息传输通道。它的组成包括：高速信息传输通道（如光缆、无线通信网、卫星通信网、电缆通信网）、网络通信协议、通信设备和多媒体软硬件等。Internet 是美国"高速公路"的主干网。信息高速公路实现后，将会大大改进人类的工作方式和生活方式，推动人类社会走向信息文明的时代。

信息高速公路是美国政府于 1993 年 9 月提出的，它是美国政府面对新世纪全球发展而提出的战略计划，其目的是要重振美国经济，改变信息传输的带宽问题，增强美国的国际竞争力。

各国政府对信息高速公路都非常重视，纷纷制订自己的信息高速公路计划，并为此投入了大量的人力、物力和财力。

Internet 开始只是美国的网络。它产生于 1969 年年初，其前身是 ARPA 网，是美国国防部高级研究计划署（ARPA）为了军事目的而建立的网络。1972 年这个系统连接了美国 50 所大学和研究机构的计算机。同时 APRA 制订了 TCP/IP，并把该协议装入了 UNIX 内核（1980 年），使之成为标准的 UNIX 通信模块。这样局域网可以很容易地连接到 ARPA 网上。

在 ARPA 网发展的同时，美国宇航局（NASA）、能源部和美国国会科学基金会（NSF）等政府部门，在 TCP/IP 的基础上相继建立或扩充了自己的全国性网络，如 NSF 的 NSFnet 在向全美的大学和研究机构开放的同时，还对非学术和研究领域的用户开放，因而吸引了大量的用户，终于在 1986 年形成了 Internet。

Internet 由商业组织或政府机构提供资金。Internet 上具有各种数据库，信息媒体包括文字、数据、图像、声音等。信息属性包括软件、图书、报纸、杂志、档案等，内容涉及政治、经济、科学、教育、法律、军事、文艺、体育等社会生活的各个方面，可提供全球性的信息交流和资源共享。

2．Internet 在中国的发展

中国是加入 Internet 的第 71 个国家。1994 年 5 月，中国国家计算机与网络设施（The National Computing and Networking Facility of China，NCFC）与 Internet 接通。目前我国与 Internet 互联的 4 个主干网络如下。

（1） 中国教育和科研网

简称 CERnet，由教育部主管。它由国家网络中心、地区子网和校园网 3 个层次构成。国家网络中心设在清华大学，地区子网中心分别设在上海交通大学、西安交通大学、成都电子科技大学等 6 所学校。

（2） 中国科学技术网

简称 CSTnet，由中国科学院网络中心主管。

（3） 中国公用计算机互联网

简称 CHINAnet，由中国电信主管。它是连接几大网络的骨干网。

（4） 中国国家公用经济信息通信网——金桥网

简称 ChinaGBN，由吉通公司主管。

3．Internet 提供的服务

（1）电子邮件

电子邮件（E-mail）是 Internet 中目前使用最频繁、最广泛的服务之一，利用电子邮件不仅可以传送文本信息，还可以传送声音、图像等。它对网络连接及协议结构要求较低，这往往使它在网络的各种服务功能中成为可以首先开通的业务。用户也可以以较简单的终端方式来实现这一功能。

邮件服务器有两种服务类型：发送邮件服务器（SMTP 服务器）和接收邮件服务器（POP3 服务器）。发送邮件服务器采用 SMTP（Simple Mail Transfer Protocol），其作用是将用户的电子邮件转交到收件人邮件服务器中。接收邮件服务器采用 POP3（Post Office Protocol），用于将发送的电子邮件暂时寄存在接收邮件服务器里，等待接收者从服务器上将邮件取走。E-mail 地址中"@"后的字符串就是一个 POP3 服务器名称。

很多电子邮件服务器既有发送邮件的功能，又有接收邮件的功能，这时 SMTP 服务器和POP3 服务器的名称是相同的。

（2）FTP（文件传输协议）

FTP（File Transfer Protocol）允许用户把自己所用的计算机连接到远程服务器上。这时，用户的计算机就成为远程服务器的一个终端，可以使用服务器的资源，如查看服务器上的文件、运行服务器中的程序等。既可以把服务器上的文件传输到自己的计算机上（这个过程叫作"下载"，英文是"download"），也可把本地计算机上的信息发送到远程服务器上（这个过程叫作"上载"，英文是"upload"）

FTP 服务由 TCP/IP 的文件传输协议支持。FTP 服务采用典型的客户机/服务器工作模式，访问 FTP 服务器，用户需先登录，登录分匿名用户和注册用户两种，匿名登录一般不需要输入用户名和密码，如果需要输入可以用"Anonymous"作为用户名，用"Guest"作为密码登录；FTP 在 URL 的命令行模式是"ftp:"，后跟以 ftp 开头的 IP 地址。

例如：ftp:// ftp.pku.edu.cn。

常用的 FTP 专用工具有：CuteFTP、FlashGET、FlashFXP、LeapFTP 等。

（3）BBS（电子公告板）

BBS（Bulletin Board System）是网络用户交换信息的地方。在这里，网络用户可以自由地发表意见，可以聊天，也可以讨论，这些都是在线和实时的。目前有许多专题讨论区和聊天室，用户可以根据自己的喜好选择参加。如喜欢足球的用户可以参加足球专题的讨论和聊天。另外，通过 BBS，也可以向其他人请教，往往可以得到高手的指点。如果自己创作了一些文学作品，也可在 BBS 中发表。

（4）WWW

万维网 WWW（World Wide Web）是由欧洲粒子物理研究所（CERN）发明的，它使得浏览 Internet 上信息更加容易。使用 WWW 的服务不仅可以提供文本信息，还可以提供包括声音、图像等多媒体信息。在 WWW 中还设置了一个超链接的功能，能够指向别的网址，帮助用户方便地定位并链接网上的服务器。利用浏览器，就可以浏览一个网页（Web Page），网页是由一种称为 HTML 的超文本标记语言编写的界面，在这个界面中，图、文、声信息并存且网页之间都有链接，通过单击链接，WWW 就可以转换到该链接指向的另一个网页。

下面介绍一些相关概念。

① HTML

HTML（Hyper Text Markup Language）中文的意思为超文本标记语言，是国际标准化组织设定的 ISO—8879 标准的通用型标记语言 SGML 的一个应用，用来描述如何将文本界面格式化。使用时通过任何纯文本编辑器将标记命令语言写在 HTML 文件中，任何 WWW 浏览器都能够阅读 HTML 文件并把它构成 Web 页面。

② HTTP

HTTP（Hyper Text Transmission Protocol）中文的意思为超文本传输协议，是标准的万维网传输协议，是用于定义万维网的合法请求与应答的协议。

③ URL

URL（Uniform Resource Locator）中文的意思为统一资源定位器。URL 由 3 部分组成，例如，一个 URL 可表示为 http://www.shnet.edu.cn/index.html。这里分别由协议（http）、服务器的主机（www.shnet.edu.cn）和路径与文件名（index.html）3 部分组成。

当用户通过 URL 发出连接请求时，浏览器在域名服务器的帮助下，获取了该连接方的 IP 地址，远程服务器由连接的地址按照指定的协议发送网页文件。URL 不仅识别 HTTP 的传输，对其他各种不同的常见协议 URL 都能开放识别。如：

文件传输（FTP）　　　　　　　ftp://ftp.pku.edu.cn/pub/document/test.c
Gopher　　　　　　　　　　　gopher://gopher.Cernet.edu.cn
远程登录（Telnet）　　　　　　telnet://bbs.nankai.edu.cn
发送电子邮件　　　　　　　　　mailto:hhc@163.net
本地文件　　　　　　　　　　c:/windows/desktop / user.txt

（5）Telnet（远程登录）

Telnet 允许用户将自己的计算机与远程的服务器进行连接，使本地机就像远程服务器的终端一样，可以执行远程服务器上的命令。之所以称为 Telnet，是因为与它对应的通信协议为 Telnet。这种服务器开放许多资源，如许多大学的图书馆通过 Telnet 对外提供联机检索服务。

（6）Gopher（信息查询服务）

在 Internet 上的查询有 3 代，第一代是 Archie，第二代是 Gopher，第三代是 WWW。

8.3.2　Internet 协议与客户机/服务器体系结构

1．Internet 协议

Internet 采用的是 TCP/IP。实际上，只要所用的计算机遵守 TCP/IP，具备必要的硬件，无论在哪里，都可以连接到 Internet。TCP/IP 是 Internet 的通行证，是 Internet 通信的世界语。

TCP/IP 由 TCP（Transmission Control Protocol，传送控制协议）和 IP（Internet Protocol，网际协议）组合而成，实际是一组工业标准协议。TCP 和 IP 是其中主要的两个协议。TCP/IP 最

初为 ARPAnet 网络设计，现已成为全球性 Internet 所采用的主要协议。TCP/IP 的特点主要有：标准化，几乎任何网络软件或设备都能在该协议上运行；可路由性，这使得用户可以将多个局域网连成一个大型互联网络。

IP 的作用是保证将信息从一个地址传送到另一个地址，但不能保证传送的正确性，它对应于 OSI 7 层协议的网络层；TCP 则用来保证传送的正确性，对应于 OSI 7 层协议的传输层。

在 Internet 运行机制内部，信息的传输不是以恒定的方式进行的，而是把数据分解成较小的数据包。例如，传送一个很长的信息给网上另一端的接收者，TCP 负责把这个信息分解成许多个数据包，每一个数据包用一个序号和接收地址来设定，其中还加入一些纠错信息；IP 则将数据包传给网络，负责把数据传到另一端；在另一端 TCP 接收到一个数据包即检查错误，若检测有误，TCP 会要求重发这个特定的数据包，在所有的属于这个信息的数据包都被正确地接收后，TCP 用序号来重构原始信息，完成整个传输过程。

TCP/IP 把 Internet 网络系统描述成具有 4 层（按从低到高的顺序）功能的网络模型。

第 1 层：主机到网络层（Host-to-Network Layer），其功能是提供网络相邻结点间的信息传输及网络硬件和设备的驱动。

第 2 层：互联层（Internet Layer），遵守 IP，负责计算机之间的通信，处理来自传输层的分组发送请求，首次检查其合法，将数据报文发往适当的网络接口，进行寻址转发、流量控制、拥挤阻塞控制等工作。

第 3 层：传输层（Transport Layer），遵守 TCP，提供应用程序间（即端到端）的通信，其功能是利用网络层传输格式化的信息流，提供连接的服务。它对发送的信息进行数据包分解，保证可靠性传送并按序组合。

第 4 层：应用层（Application Layer），位于 TCP/IP 的最高层，它提供一些常用的应用程序，如 HTTP（超文本传输协议）服务、SMTP（简单邮件传输协议）服务、FTP（文件传输协议）服务、Telnet 服务等。

2．Internet 的客户机/服务器体系结构

计算机网络中的每台计算机都是"自治"的，既要为本地用户提供服务，也要为网络中的其他主机的用户提供服务。因此，每台联网计算机的本地资源可以作为共享资源，提供给其他主机用户使用。而网络上大多数服务是通过服务进程来提供的，这些进程要根据每个获准的网络用户请求执行相应的处理，提供相应的服务，以满足网络资源共享的需要，实质上是进程在网络环境中通信。

在 TCP/IP 环境中，联网计算机之间进程相互通信的模式主要采用客户机/服务器（Client/Server，C/S）模式，在 C/S 中，客户机和服务器分别代表相互通信的两个应用程序进程，所谓的 Client 和 Server 并不是人们常说的硬件概念。在 C/S 结构中，客户机向服务器发送请求，服务器响应客户机的请求，提供客户机所需要的服务。提出请求，发起本次通信的计算机进程称为客户机进程，而响应、处理请求，提供服务的计算机进程称为服务器进程。

Internet 中常见的 C/S 结构的应用有 Telnet、FTP、HTTP、DNS、电子邮件服务等。

8.3.3　Internet 的地址

Internet 中每一结点（主机、路由器、手机等）是靠分配的标识来定位的，Internet 为每一个入网用户单位分配一个识别标识，这样的标识可表示成 IP 地址和域名地址，就像每一步电话都具有一个全球唯一的电话号码一样。

1. IPv4 地址

目前 Internet 使用的地址都是 IPv4 地址。

IP 地址的长度为 32 位（4 个字节）二进制数，分成 4 个 8 位二进制组，由 "." 分隔，为了便于阅读，每个 8 位组用十进制数 0～255 表示，这种格式称为点分十进制（Dotted Decimal Notation）。例如，浙江大学主机的 IP 地址用二进制表示为 11010010.00100000.10000101.10010110，用点分十进制表示为 210.32.133.150。IP 地址由两部分构成，一部分是网络号，它标识一个网络，其中的某些信息还代表网络的种类；另一部分是主机号，它标识这个网络中的一台主机，可以用式子表示为如下形式。

IP 地址 = Network ID + Host ID

可缩写为 IP 地址 = NID + HID

Internet 的网络地址分为 5 类，A、B、C、D 和 E，目前常用的为前 3 类。每类网络中 IP 地址的网络号长度和主机号长度都有所不同，如图 8-4 所示。

位	0 1 2 3 4……7	8……15	16……23	24…… 31
A 类地址：	0 网络号 1～126	主机号		
B 类地址：	1 0 网络号 128.0～191.255		主机号	
C 类地址：	1 1 0 网络号 192.0.0～223.255.255			主机号
D 类地址：	1 1 1 0 多站播送地址			
E 类地址：	1 1 1 1 0 保 留			
	IP 地址的结构			

图 8-4　IPv4 地址的结构

各类 IP 地址的主要区别在于网络号和主机号所占的位数不同，这样就可以照顾到不同的情况。如 A 类地址，由于可供分配的网络号少（1～126，其中 0 和 127 保留），而主机号多（16 387 046 个），因此适用于网络数较少而网内配置大量主机的情况；B 类地址用于中等规模网络配置的情况（第一段取值为 128～191，这类地址共有 16 384 个，每个可连接的主机数为 64 516 个）；而 C 类地址用于主机数较少的地方（这类地址共有 2 097 151 个，每个可连接的主机数为 254 个）。

所有 Internet 的地址都由 Internet 的网络信息中心分配，但网络信息中心只分配 Internet 地址的网络号，地址中的主机号则由申请单位自己负责规划。

IP 地址由 "网络部分" 和 "主机部分" 表示，目的是为了便于寻址，即先找到网络号，再在该网络中找到计算机的地址。

2. IPv6 地址

IPv6 地址的长度为 128 位，也就是说，可以有 2^{128} 的 IP 地址，约为 10^{38} 个 IP 地址，如此庞大的地址空间，足以保证地球上每个人拥有一个或多个 IP 地址。

对于 128 位的 IPv6 地址，考虑到 IPv6 地址的长度是原来的 4 倍，RFC1884 规定的标准语法建议把 IPv6 地址的 128 位（16 个字节）写成 8 个 16 位的无符号整数，每个整数用 4 个十六进制位表示，这些数之间用冒号（:）分开，例如，3ffe:3201:1401:1:280:c8ff:fe4d:db39。

通过手工管理 IPv6 地址的难度太大，DHCP 和 DNS 的必要性在这里显得更加明显。为了简化 IPv6 的地址表示，只要保证数值不变，就可以将前面的 0 省略。

如 1080:0000:0000:0000:0008:0800:200C:417A，可以简写为 1080:0:0:0:8:800:200C:417A。

另外，还规定可以用符号“::”表示一系列的“0”。那么上面的地址又可以简化为 1080::8:800:200C:417A。

IPv6 的地址前缀（Format Prefix，FP）的表示和 IPv4 地址前缀在 CIDR 中的表示方法类似。如 0020:0250:f002::/48 表示一个前缀为 48 位的网络地址空间。

3. 域名系统

Internet 域名系统的设立，使人们能够采用具有直观意义的字符串来表示既不形象、又难记忆的数字地址，如用 zju.edu.cn 表示浙江大学的具体 IP 地址 210.32.133.150。这种英文字母书写的字符串称为域名地址。

域名系统采用层次结构，按地理域或机构域进行分层。字符串的书写采用圆点将各个层次域隔开，分成层次字段。从右到左依次为最高层域名、次高层域名等，最左的一个字段为主机名，如 mail.hz.zj.cn 表示杭州电信局里的一台电子邮件服务器，其中 mail 为服务器名，hz 为市级域名，zj 为省级域名，最高域名 cn 为中国国家域名。又可从右到左依次称为顶级域名、二级域名、三级域名、主机名。

最高层域名分为两大类：机构性域名和地理性域名。目前共有 14 种机构性域名：com（营利性的商业实体）、edu（教育机构或设施）、gov（非军事性政府或组织）、int（国际性机构）、mil（军事机构或设施）、net（网络资源或组织）、org（非营利性组织机构）、firm（商业或公司）、store（商场）、web（和 WWW 有关的实体）、arts（文化娱乐）、arc（消遣性娱乐）、infu（信息服务）和 nom（个人）。

地理性域名指明了该域名的国家或地区，用国家或地区的字母代码表示。如中国（cn）、加拿大（ca）、德国（de）等，美国例外。

4. DNS 原理

在 Internet 中，每个域都有各自的域名服务器，它们管辖着注册到该域的所有主机，是一种树型结构的管理模式，在域名服务器中建立了本域中的主机名与 IP 地址的对照表。当该服务器收到域名请求时，将域名解释为对应的 IP 地址，对于本域内不存在的域名则回复没有找到相应域名项信息；而对于不属于本域的域名则转发给上级域名服务器去查找对应的 IP 地址。从中可看出，在 Internet 中，域名和 IP 地址的关系并非一一对应。注册了域名的主机一定有 IP 地址，但不一定每个 IP 地址都在域名服务器中注册域名。

8.3.4 下一代 Internet

目前，全世界广泛使用的是第一代国际互联网，其基础是 1983 年由两位美国计算机专家罗伯特·卡恩和文顿·瑟夫开发的 TCP/IP。众所周知，如今计算机上网都要做 TCP/IP 设置，显然该协议成了当今地球村“人与人”之间的“牵手协议”。

TCP/IP 协议在被采用之后，进行了多次修改，目前采用的 IP 地址协议是 IPv4，即第 4 版。IPv4 设定的网络地址编码是 32 位，总共提供的 IP 地址为 2^{32}，大约 43 亿个。早期全世界只有几百台计算机接入 Internet，到 1989 年突破 10 万台，而现在全世界接入 Internet 的计算机已经超过 10 亿台，它所提供的网址资源已近枯竭。早在 20 世纪 90 年代初，就有人担心 10 年内 IP 地址空间就会不够用，并由此导致了 IPv6，也就是下一代 Internet 的开发。1996 年 10 月，美国政府宣布启动“下一代互联网”研究计划（简称 NGI），其核心是 IPv6 互联网协议和路由器，有 200 多所大学和 70 多家企业参与该计划。

IPv6 协议的地址是 128 位编码，能产生 2^{128} 个 IP 地址，地址资源极端丰富，是全世界现有网络 IP 地址的 79 万亿倍。有人比喻，世界上的每一粒沙子都会有一个 IP 地址。此外，下一代 Internet 的主要特征如下所述。

- 更大：采用 IPv6 协议，IP 地址资源无限庞大，任何一台电器都可接入 Internet。
- 更快：主干网络传输速度比现在快 1 000 倍，家庭网络速度提高 100 倍以上。
- 更安全：可对所有数据进行监测，具有数据加密和完整性，可以有效防止黑客和病毒攻击。
- 更及时：提供组播服务，进行服务质量控制，可开发大规模实时交互应用。
- 更方便：无处不在的移动和无线通信应用，属于典型的"即插即用"。
- 更可管理：有序的管理、有效的运营、及时的维护。
- 更有效：有营利模式，可创造重大社会效益和经济效益。

8.3.5　Internet 的接入方式

从信息资源的角度，Internet 是一个集各部门、各领域的信息资源为一体的，供网络用户共享的信息资源网。家庭用户或单位用户要接入 Internet，可通过某种通信线路连接到 ISP，由 ISP 提供 Internet 的入网连接和信息服务。Internet 接入是通过特定的信息采集与共享的传输通道，利用一些传输技术完成用户与 IP 广域网的高带宽、高速度的物理连接。

1.　拨号上网

采用拨号方式上网前要先安装内置式或外置式调制解调器。

如安装的是 ADSL 宽带上网或有线通，除了在计算机的 ISA 插槽或 PCI 插槽中（视网卡的种类而定）插入网卡外，还需连接一个 ADSL Modem（ADSL Modem 的一端与电话线相连，另一端与网卡连接，另接电源）或 Cable Modem（Cable Modem 的一端与有线电视相连，另一端与网卡连接，另接电源）。

（1）调制解调器的安装与设置

这里以外置 Modem 为例，说明 Modem 的安装方法。

外置式 Modem 后面有 4 个插座，分别是连接电话线的 Line 插座、连接电话机的 Phone 插座、连接电源的 Power 插座及连接计算机的 DTE 插座。

把电话线的进线插头（水晶头）直接插入 Line 插座内，要插到底，听见"咔嗒"声。如果还要在这条电话线上连接电话机，则把电话机的进线头插到 Phone 插座中。用附带的电缆把 DTE 与计算机的通信口（COM1 或 COM2）连接起来。

Modem 带有一个变压器，把 220V 的交流电变成 Modem 适用的直流电。把变压器的输入头插入 Power 插座（这是唯一的，不会插错），把另一端直接插到交流电源插座上。

对于"即插即用"型的 Modem，则 Windows 会自动检测到 Modem。若没有检测到 Modem，则使用 Modem 厂商提供的驱动程序进行安装。

对于 ADSL Modem 或 Cable Modem，若 Windows 不能自动安装驱动程序，也需要使用厂商提供的驱动程序进行安装。

（2）设置 Windows 的拨号网络

安装了 Modem 后，还要设置网络的连接，即用该调制解调器连接到一个 Internet 的代理服务商 ISP，连接 ISP 的服务器后，才能连入 Internet；连接的操作步骤如下。

第 1 步：单击任务栏上通知区域的网络连接符号，选择"打开网络和共享中心"菜单，弹出"网络和共享中心"窗口。

第 2 步：在"网络和共享中心"窗口右侧窗格的"更改网络设置"中，单击"设置新的连接或网络"，弹出"设置连接或网络"窗口，如图 8-5 所示。

第3步：在"设置连接或网络"窗口的列表框中选择"设置拨号连接"，单击"下一步"按钮，这时的窗口如图8-6所示。

图8-5 "设置连接或网络"窗口

图8-6 "创建拨号连接"窗口

第4步：输入要拨的电话号码，如"96169"，输入 ISP 分配的用户名和密码，并给你的连接取一个名字，单击"下一步"，这时系统开始连接。

连接成功后，在"网络和共享中心"中单击左侧窗格中的"更改适配器"超链接，在出现的"网络连接"窗口中就会看到新建立的拨号网络。

（3）拨号连接到 Internet

要连接上网，可采用下面的操作步骤。

第1步：在"网络连接"窗口中双击要用的拨号网络，弹出"连接××××"对话框，如图8-7所示。

图8-7 "连接 XXXX"对话框

第2步：输入用户名和密码，单击"拨号"按钮，就开始连接。

第3步：连接成功后，在出现的对话框中单击"确定"按钮，关闭该对话框。

连接成功后，任务栏的通知区域会显示连接成功的符号 。

若要中断连接，单击任务栏上的连接图标 ，在弹出的列表中找到拨号连接，单击它，并单击"断开"按钮。

2.宽带上网

目前宽带上网的方式很多，如 ADSL、有线通、局域网等。

（1）硬件安装

若采用 ADSL 或有线通，要安装 ADSL Modem 或 Cable Modem 和网卡及必要的驱动程序；若采用局域网上网，要安装网卡及驱动程序。

（2）建立网络连接

建立网络连接的操作过程如下。

第 1 步：单击任务栏上通知区域的网络连接符号，选择"打开网络和共享中心"菜单，弹出"网络和共享中心"窗口。

第 2 步：在"网络和共享中心"窗口右侧窗格的"更改网络设置"中，单击"设置新的连接或网络"，弹出"设置连接或网络"窗口，如图 8-5 所示。

第 3 步：在"设置连接或网络"窗口的列表框中选择"连接到 Internet"，单击"下一步"按钮，这时的"连接到 Internet"窗口如图 8-8 所示。

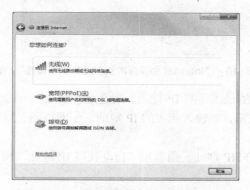

图 8-8　"连接到 Internet"窗口（1）

在"连接到 Internet"窗口中，选择"宽带（PPPoE）"，单击"下一步"按钮。

第 4 步：在"连接到 Internet"窗口中（如图 8-9 所示）输入用户名、密码，给连接取一个名称，单击"连接"按钮。

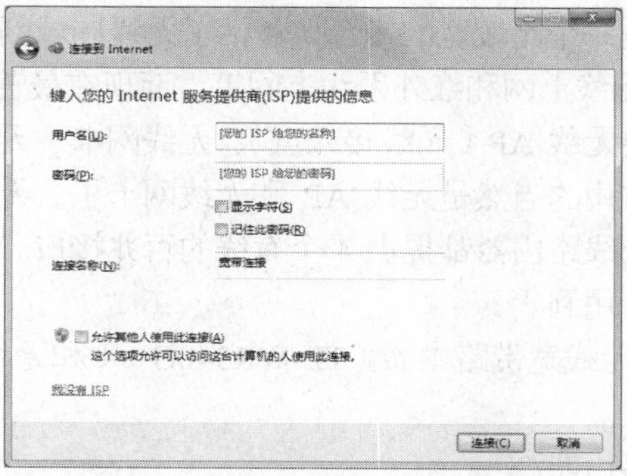

图 8-9　"连接到 Internet"窗口(2)

连接成功后，在"网络和共享中心"中单击左侧窗格中的"更改适配器"超链接，在出现的"网络连接"窗口中就会看到新建立的宽带连接。

（3）设置 TCP/IP 属性

设置 TCP/IP 属性采用下面的操作步骤。

第 1 步：在"网络连接"窗口中找到宽带连接，右键单击选择"属性"命令，弹出"宽带连接属性"对话框。

第 2 步：在该对话框的"网络"选项卡的列表框中选择"Internet 协议版本 4（TCP/IPv4）"，然后单击"属性"按钮，弹出"Internet 协议版本 4（TCP/IPv4）属性"对话框，如图 8-10 所示。

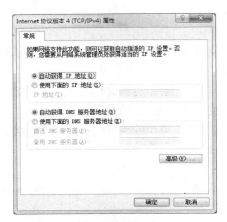

图 8-10   "Internet 协议版本 4（TCP/IP）属性"对话框

第 3 步：若 ISP 提供的是固定的 IP 地址，则选定"使用下面的 IP 地址"和"使用下面的 DNS 服务器地址"单选按钮，并输入相应的 IP 地址、子网掩码、默认网关、首选 DNS 服务器和备用 DNS 服务器。

若 ISP 提供的是动态的 IP 地址，则选定"自动获得 IP 地址"和"自动获得 DNS 服务器地址"单选按钮。

（4）连接到 Internet

若"用一直在线的宽带连接来连接"方式上网，一开机就会自动连接到 Internet 上。

若"用要求用户名和密码的宽带连接来连接"方式上网，启动建立好的网络连接就可以连接到 Internet 上了。

3. 无线上网

现在所说的无线上网是一个比较宽的概念，包括了无线局域网上网、GPRS 上网卡上网、CDMA 上网卡上网、蓝牙无线上网和红外无线上网等，而现在最普遍的则是无线局域网上网。用无线局域网上网，就需要无线 AP（无线接入点）、无线网卡、无线路由器、无线交换机、无线信号放大器等设备，最常用的当然是无线 AP 和无线网卡了。无线路由器的主要作用是提供路由功能，并且大部分的无线路由器都提供 4 个有线的百兆接口。信号放大器主要在室外进行远距离数据传输的时候才会用到。

下面以 TP-LINK 54M 无线宽带路由器（TL-WR340G＋）和无线网卡组建无线局域网为例，说明组建无线局域网的方法。

（1）安装及配置无线路由器

将无线路由器接上外接电源，将其 WAN 端口和局域网上网的端口连接起来，将 LAN 端口和计算机的网卡连接起来。

将网卡的 IP 地址设置为 192.168.1.×××（×××为除 1 以外的数），子网掩码设为 255.255.255.0，默认网关、DNS 服务器设为 192.168.1.1。这样使得计算机和无线路由器组成一个局域网。

打开 IE 浏览器，在地址栏中输入 192.168.1.1，进入无线路由器的设置界面（初始的用户名和密码均为 admin），如图 8-11 所示，然后按下面的步骤进行无线路由器的设置。

图 8-11　无线路由器界面

第 1 步：单击"设置向导"链接，这时的设置向导界面如图 8-12 所示。

图 8-12　无线路由器设置（1）

第 2 步：单击"下一步"按钮，这时的设置向导界面如图 8-13 所示。

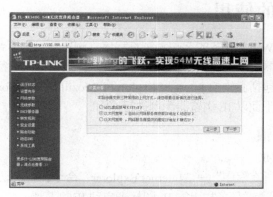

图 8-13　无线路由器设置（2）

第 3 步：根据自己的局域网上网方式进行选择，如虚拟拨号（ISDN、有线电视网上网就采用这种方式）、自动分配 IP、固定 IP。

第 4 步：单击"下一步"按钮，这时根据在第 3 步的选择，执行不同的操作。若选择"ADSL 虚拟拨号（PPPoE）"方式，则要求输入"上网账号"和"上网口令"；若选择"以太网宽带方式，则自动从网络服务商获取 IP 地址（动态 IP）"，无需输入信息，直接进入下一步；若选择"以太网宽带，网络服务商提供的固定 IP 地址（静态 IP）"方式，则要求输入 IP 地址、子网掩码、网关、DNS 服务器和备用 DNS 服务器的地址。

第 5 步：单击"下一步"按钮，这时的设置向导界面如图 8-14 所示。

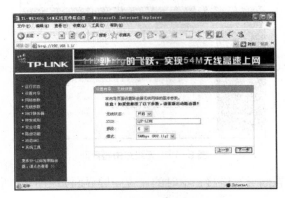

图 8-14　无线路由器设置（3）

第 6 步：这里的设置一般用默认值就可以了。若这里的设置修改了，就要重新启动路由器。

第 7 步：单击"下一步"按钮，就完成了路由器的设置，可以正常上网了。

重新启动路由器的方法为单击设置界面的"系统工具"链接，然后单击"重启路由器"链接就可以重新启动路由器。

（2）连接到 Internet

路由器设置好后，就可以用网卡（就以目前的连接方式）或无线网卡上网。

对于使用无线网卡上网，只要在计算机上接上无线网卡，安装好无线网卡的驱动程序，无线网卡的 IP 地址设置为自动获取 IP 地址或设置为与用户的无线局域网相同的 IP 地址、子网掩码、网关、DNS 服务器地址就可以上网了。

8.4　Internet 的使用

浏览器是万维网（Web）服务的客户端浏览程序。浏览器可向万维网（Web）服务器发送各种请求，并对从服务器发来的超文本信息和各种多媒体数据格式进行解释、显示和播放。

目前常用的浏览器包括微软的 Internet Explorer、Mozilla 的 Firefox、Google Chrome、360 浏览器、世界之窗等。下面以 IE 浏览器为例进行说明。

8.4.1　网上冲浪

1．IE 的启动与关闭

选择"开始"→"所有程序"→"Internet Explorer"命令，就可以启动 IE 浏览器了，也可以双击桌面上的 IE 图标，或任务栏上的 IE 图标来启动 IE 浏览器。

单击浏览器窗口的关闭按钮，就可以关闭 IE 浏览器。

2．IE 窗口

IE 启动后的窗口如图 8-15 所示。该窗口界面十分简洁，窗口内打开一个选项卡，即默认主页。初始安装 Windows 后的 IE 窗口不包含菜单栏，若要包含菜单栏，右键单击标题栏，在弹出的快捷菜单中选择"菜单栏"命令即可。

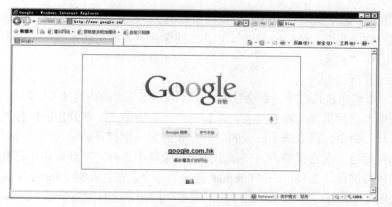

图 8-15　IE 窗口

IE 窗口的标题栏上左侧的前进/后退按钮，可以在浏览记录中前进与后退，方便返回以前访问过的网页；地址栏 将地址栏与搜索栏合二为一。也就是说，不仅可以输入要访问的地址，也可以直接在地址栏输入关键词实现搜索（在默认的搜索引擎中搜索），单击地址栏中的按钮打开下拉菜单时能看到收藏夹、历史记录，便于访问。地址栏中的提供对页面的刷新/停止功能。

选项卡 显示了页面的名称，选项卡自动出现在地址栏的下方，当标题前的鼠标指针显示为旋转时，表示正在打开网页，单击选项卡上的关闭按钮可以关闭当前的页面。单击最右侧选项卡旁的新建选项卡按钮（或按【Ctrl】+【T】快捷键），可以新建选项卡进行浏览。

IE 浏览器窗口标题栏最右侧的 3 个按钮，功能分别如下。

主页：每次打开 IE 或新建选项卡时，选项卡中默认显示的主页。主页的地址可以在 Internet 选项中设置，并且可以设置多个主页，这样打开 IE 时就会打开多个选项卡显示多主页的内容。

收藏夹：IE 将收藏夹、源和历史记录集成在一起了，单击收藏夹就可以展开小窗口。

工具：单击"工具"，可以看到"打印"、"文件"、"Internet 选项"等功能按钮。

3．浏览网页

（1）　输入 Web 地址

浏览网页时，首先要在地址栏中输入地址。IE 为地址的输入提供了很多方便。

● "http://"、"ftp://"这样的协议开始部分，IE 会自动补上。

● 对输入过的地址，IE 会自动记忆，再次输入这个地址时，只要输入开始几个字符，IE 就会检查保存过的地址并把开始几个字符与用户输入的字符符合的地址罗列出来供用户选择，用户可以用鼠标或键盘上下移动选择其一，然后单击或按回车键即可转到相应地址的页面。

● 单击地址栏中的按钮打开下拉菜单时能看到收藏夹、历史记录，用鼠标单击其中一个，相当于输入了这个地址并按回车键。

输入地址，按回车键或单击"转到"按钮→，IE 就会按地址栏中的地址转到相应的网站或页面。

（2）　页面浏览

进入页面后就可以浏览了。一般 Web 站点的第一个页面称为主页或首页，主页上都设有类似目录一样的网站索引，放在页面的上侧或左侧，通常称为导航栏。页面上的超链接，它们或显现不同的颜色，或有下划线，或是图片，不论如何表现，当鼠标指针移动到其上时，鼠标指针变为🖑，单击这个超链接就可以从一个页面跳转到另一个页面，再在新页面如此操作，又能转到其他页面。依此类推，便可沿着链接前进，就像从一个浪尖转到另一个浪尖一样，所以人们将浏览网页比作"冲浪"。

（3）页面的打开方式

在浏览时，有些超链接在单击后会使本窗口（选项卡）页面内容改变，跳转到链接的页面，有的是在新选项卡显示页面。对于前者，在超链接上右键单击，在弹出的快捷菜单中选择"在新选项卡中打开"命令，就变成了后者的打开方式。另一个打开超链接的方式是在新窗口中打开，其操作为在超链接上右键单击，在弹出的快捷菜单中选择"在新窗口中打开"命令。新页面的打开方式也可选择"工具"→"Internet 选项"命令，在打开的"Internet 选项"对话框中的"常规"选项卡中单击"选项卡"组中的"设置"按钮，这时的对话框如图 8-16 所示。在该对话框的"从位于以下设置的其他程序打开链接"选项组中选择即可。

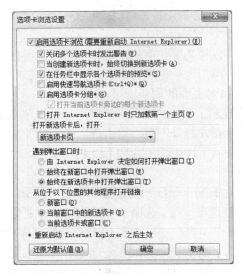

图 8-16　"选项卡浏览设置"对话框

（4）页面浏览时的快速定位

浏览过程中，单击浏览器中的"后退"按钮可以返回到上次访问过的 Web 页，单击"前进"按钮可以返回到单击"后退"按钮前浏览过的 Web 页。在"前进"或"后退"按钮上按住鼠标左键，IE 会打开一个下拉列表，列出最近浏览过的几个页面，单击选定的页面，就可以直接转到该页面。

浏览过程中，单击"主页"按钮打开 IE 设置的 Web 页。

浏览过程中，单击"刷新"按钮或 F5 键，可以重新传送（更新）该页面的内容。

浏览过程中，单击"停止"按钮终止当前的链接下载页面文件。

4．设置主页

主页就是每次启动 IE 时打开的页面，对于使用频繁的网站，可以设置为主页，以节省时间。设置主页的步骤如下。

第 1 步：打开 IE 窗口。

第 2 步：选择"工具"→"Internet 选项"命令，在打开的"Internet 选项"对话框（如图 8-17 所示）中的"常规"选项卡的"主页"组中进行下列操作之一。

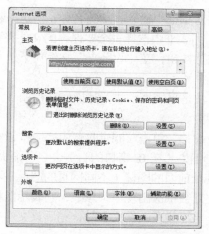

图 8-17 "Internet 选项"对话框

- 单击"使用当前页"按钮，将正在浏览的页面设置为主页。
- 在列表框中输入要设置为主页的地址。
- 单击"使用空白页"按钮，打开 IE 时不显示任何网页，这样打开 IE 的速度会比较快。
- 单击"使用默认值"按钮，将 IE 设置的一个默认主页作为主页。

可以设置多个主页，其方法是在列表框中另起一行，输入地址即可，这样在每次打开 IE 时，同时打开设置的多个主页。

5．收藏夹的使用

若对浏览的网站或网页感兴趣，可以将网站或网页添加到收藏夹（保存起来）中，以便立即找到并进行浏览。IE 提供的收藏夹具有下面的优点。

- 加入收藏夹的网页地址可由浏览者取一个简洁、便于记忆的名字，当鼠标指针指向该名字时，会显示对应的 Web 页地址，单击该名字就会转到相应的 Web 页，省去了在地址栏输入地址的操作。
- 收藏夹就是一个文件夹，管理操作很方便。

（1） 将 Web 页添加到收藏夹中

将 Web 页添加到收藏夹中，有多种操作方法，都比较方便，常用的操作过程如下。

第 1 步：打开要收藏的网页。

第 2 步：单击"收藏夹"按钮★，浏览器右边出现"收藏夹"窗格，如图 8-18 所示。

第 3 步：在"收藏夹"窗格中单击"添加到收藏夹"按钮，出现"添加收藏"对话框，如图 8-19 所示。

图 8-18 收藏夹

图 8-19 "添加收藏"对话框

第 4 步：在"添加收藏"对话框中输入收藏的名称；确定该收藏要存放的文件夹，默认为"收藏夹"文件夹，可在该下拉列表框中选择一个要保存的文件夹；若要对收藏的网页地址进行分类，可以单击"新建文件夹"按钮，在"收藏夹"文件夹下建立新的文件夹，将该网页地址存放在该文件夹下。

添加收藏夹的另外一种方法是采用拖动法，其操作过程如下。

第 1 步：打开要收藏的网页。

第 2 步：打开"收藏夹"窗格，单击"固定收藏中心"按钮 🔲，将"收藏夹"窗格固定到 IE 窗口的左侧，并且不会自动消失（在 IE 窗口的右侧会自动消失）。

第 3 步：将地址栏中的地址前面的图标（不同网页的图标是不一样的）拖曳到收藏夹的某个文件夹中。鼠标指针所过之处会依次出现一条黑线，它表示鼠标的位置，此时放开鼠标，网页地址就会存于黑线所指处。当黑线在文件夹上时，稍后该文件夹就会自动展开，此时选择要放置的位置即可。

（2）使用收藏夹中的地址

单击"收藏夹"按钮 ⭐，出现"收藏夹"窗格，单击"收藏夹"选项卡（如图 8-18 所示），列表中列出了收藏的网站或网页，单击它就可以立即进行访问。

（3）整理收藏夹

收藏夹实际上就是一个文件夹，主要用来保存一些常用站点的地址，若站点越来越多，为了便于查找和使用，就需要对收藏夹进行整理，使收藏夹中的地址存放得有条理。在"收藏夹"窗格中单击"收藏夹"选项卡（如图 8-18 所示），在文件夹或 Web 页地址上右键单击，就可以进行文件的操作：移动、复制、重命名、删除、新建文件夹等，也可用拖曳的方式移动文件夹和 Web 页地址，从而改变收藏夹的组织结构。

6．查看与删除历史记录

使用 IE 浏览时，若忘记保存浏览过的网页，又没有记住网址，可以在历史记录中找到它。

灵活利用历史记录也可以提高浏览效率。历史记录保留期限（天数）的长短可以设置，如磁盘空间充裕，保留天数可以多些。也可以随时删除历史记录。

查看历史记录有两种方式。一种是单击地址栏中的 ▾ 按钮打开下拉菜单时能看到收藏夹、历史记录，找到需要的 Web 网页单击即可访问；另外一种方法是打开"收藏夹"窗格，选择"历史记录"选项卡。历史记录的排列方式包括：按日期查看、按站点查看、按访问次数查看、按今天的访问顺序查看，以及搜索历史记录。选择一种方式后，在其下的列表框中找到需要的 Web 网页单击即可访问。

对历史记录的设置和删除，选择"工具"→"Internet 选项"命令，在弹出的"Internet 选项"对话框中的"常规"选项卡的"浏览历史记录"选项组中进行操作。

7．保存网页或网页中的对象

在浏览网页的过程中可以把感兴趣的网页内容保存到计算机中，以便在脱机状态下浏览网页。保存网页的操作过程为选择浏览器的"工具"→"文件"→"另存为"命令，在弹出的"保存网页"对话框中进行操作。其中的"保存类型"一般选择默认就可以了。

对保存在计算机上的网页，在保存路径下找到它双击即可打开。

对网页上的部分内容保存，首先选定它，然后通过剪贴板复制到要保存的应用程序上，如 Word 等。

对于网页上出现的图片、声音、视频等，要保存的话，首先选定它，在"××另存为"快捷菜单中进行操作。

8.4.2　搜索信息

1．搜索引擎概述

Internet 中的信息，可适合各类用户。如喜欢菊花的用户，可以访问关于菊花的站点。问题在于，用户如何知道哪些站点有自己需要的信息呢？搜索引擎（Search Engine）正是帮助用户解决这一问题的有力工具。

搜索引擎实际上是一个网站，它存储了大量的关于其他网站的信息，并把这些信息分门别类地组织成为一个大型数据库，便于用户查阅。搜索引擎就好比一个网络雷达，专门用来搜索用户所需要的信息。当用户需要查找某种信息时，搜索引擎可以把自己数据库中存储的有这类信息的网站和网页告诉用户，并建立了链接。如果用户想访问其中的某一个，只要用鼠标单击此链接，就可立即访问该网站或网页。

2．搜索引擎的使用方法

不同搜索引擎的使用方法也不完全相同，但很相似。因此，这里介绍"百度"的使用方法，读者可以举一反三地使用其他搜索引擎。

在 IE 的地址栏中输入"百度"的网址 www.baidu.com 即可进入如图 8-20 所示的"百度"主页。

图 8-20　"百度"主页

（1）使用关键字搜索

使用关键字搜索的步骤如下。

第 1 步：在"搜索"文本框中输入要搜索的关键字。例如，输入"2014 澳大利亚网球公开赛"。

第 2 步：输入完成后按回车键，或单击"百度一下"按钮，开始搜索，最后得到搜索结果页面，如图 8-21 所示，搜索结果一般是链接。

第 3 步：在搜索结果页面中，寻找到自己感兴趣的内容后，单击链接就可进入感兴趣的站点或网页了。

如果搜索结果页面超过一页，可单击该窗口下部的"下一页"按钮来浏览，以寻找自己感兴趣的内容。

图 8-21 搜索结果页面

"百度"除支持一般的关键词检索外，还支持组合逻辑条件检索，其组合方式主要有以下几种。

""（双引号）用来搜寻完全匹配关键字串的网站，例如，"热处理技术"。

+（加号）用来限定该关键字必须出现在检索结果中。

–（减号）用来限定该关键字不能出现在检索结果中。

恰当地使用组合逻辑检索，可以有效地缩小检索范围，大大提高检索的命中率。

（2）按类别搜索

在"百度"主页中，除了关键词文本框上方的"网页"外，还有"新闻"、"贴吧"、"知道"、"音乐"、"图片"、"视频"、"地图"等标签，在搜索时根据不同的标签就可以针对不同的目标进行搜索，大大提高搜索的效率。

单击"更多"命令，这时出现的"百度"窗口如图 8-22 所示。

在这里包含了大量的类别，如"搜索"、"导航"、"地图"等，可以根据自己需要的类别进行搜索。其使用方法与一般网页的浏览方法是相同的。

其他搜索引擎的使用方法与百度基本是类似的。

图 8-22 "百度"类别搜索

8.4.3 下载资源

Internet 上有大量的免费软件、共享软件、技术报告等信息资料，十分有用。例如，某个软件在使用中发现问题，厂家往往开发一些"补丁"程序，供用户免费下载。又如，杀毒软件在发现一种新的病毒后，立即更新病毒数据库文件，用户免费下载后就实现了升级。

供下载的文件通常存放在遵循 FTP 的服务器上，也可简称为"FTP 服务器"。

下载文件的方法依据所使用的工具可以分为两大类：用浏览器下载文件和使用专门工具下载文件。

1. 使用 IE 下载文件

使用 IE 直接下载文件的具体步骤如下。

第 1 步：启动 IE。

第 2 步：在 IE 的地址栏中输入要访问的 FTP 服务器地址，如上海交通大学的 FTP 服务器地址 ftp://ftp.shtu.edu.cn。若站点不是匿名站点，则 IE 提示输入用户名和密码；若是匿名站点，IE 会自动匿名登录。登录成功后，屏幕上会显示该服务器的总目录，如图 8-23 所示。

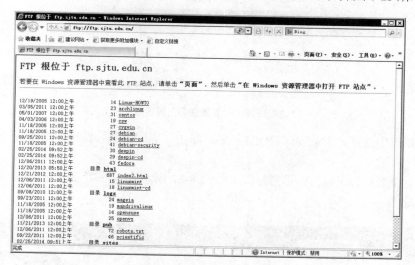

图 8-23　IE 中的 FTP 站点

第 3 步：FTP 站点上的资源以超链接的方式呈现。逐级选择目录，直到出现所需要的文件，单击所需要的文件，在 IE 的底部出现如图 8-24 所示的提示框。

图 8-24 下载提示（1）

第 4 步：单击"保存"按钮，将下载保存在默认位置。单击"保存"→"另存为"命令将下载保存到指定位置。

若文件比较大，或网速较慢，会出现下载的提示，如图 8-25 所示。

图 8-25　下载提示（2）

另外，也可以在 Windows 资源管理器中查看 FTP 站点，其操作步骤如下。

第1步：右键单击"开始"按钮，选择"打开Windows资源管理器"快捷菜单，打开Windows资源管理器。

第2步：在Windows资源管理器的地址栏中输入FTP站点的地址，并按回车键，出现与图8-23所示类似的界面，其余的操作也是类似的。

2．使用专门的下载工具软件

以上讲述的通过浏览器下载文件的方法简单易用，但在实际应用中，有一个致命的缺陷，就是不支持断点续传。也就是说，如果下载文件已经完成了99%，但由于通信线路故障，被迫中断，则前功尽弃，下次还要从头开始（下次也可能还发生这样的问题）。因此，只能用浏览器下载小软件。大软件包必须用支持断点续传的工具。

目前常用的下载工具有：迅雷、网际快车、电驴等。

下面简单说明迅雷的使用方法。

平常从网络上下载文件，最常见的操作就是直接从浏览器中单击相应的链接进行下载，若电脑中安装了迅雷软件就会出现如图8-26所示的对话框。

图8-26 "新建任务"对话框

在该对话框中选择好下载要保存的路径后，单击"立即下载"按钮，迅雷就开始文件的下载了。

下载中、下载后，可以打开迅雷窗口（如图8-27所示），查看下载情况，或对已完成的下载文件进行处理。

图8-27 迅雷窗口

8.4.4　电子邮件

收发电子邮件可以使用网站上提供的免费邮箱，也可以使用一款国产的电子邮件客户端 Foxmail。

1.　电子邮件

电子邮件（Electronic Mail，简称 E-mail，标志：@，也被大家昵称为"伊妹儿"），是一种用电子手段提供信息交换的通信方式，是互联网应用最广的服务。通过网络的电子邮件系统，用户可以以非常低廉的价格（不管发送到哪里，都只需负担网费）、非常快速的方式（几秒钟之内可以发送到世界上任何指定的目的地），与世界上任何一个角落的网络用户联系。

电子邮件可以是文字、图像、声音等多种形式。同时，用户可以得到大量免费的新闻、专题邮件，并实现轻松的信息搜索。

（1）电子邮件在 Internet 上发送和接收的原理

可以很形象地用日常生活中邮寄包裹来形容：当寄一个包裹时，首先要找到任何一个有这项业务的邮局，在填写完收件人姓名、地址等之后，包裹就寄到了收件人所在地的邮局，那么对方取包裹的时候就必须去这个邮局才能取出。同样的，当发送电子邮件时，这封邮件是由邮件发送服务器（任何一个都可以）发出，并根据收信人的地址判断对方的邮件接收服务器而将这封信发送到该服务器上，收信人要收取邮件也只能访问这个服务器才能完成。

（2）电子邮件地址的构成

电子邮件地址的格式由 3 部分组成。<用户标识>@<主机域名>。第 1 部分"用户标识"代表用户信箱的账号，对于同一个邮件接收服务器来说，这个账号必须是唯一的；第 2 部分"@"是分隔符；第 3 部分是用户信箱的邮件接收服务器域名，用以标志其所在的位置。

（3）申请免费邮箱

要使用电子邮件，用户必须有一个自己的邮箱，一般大型网站如新浪、搜狐、网易等都提供免费邮箱。进入相应的网站后，单击"邮件"超链接，若有邮箱，输入用户名、口令登录；若没有邮箱，单击"注册"超链接，按照要求填写一些必要的信息，如用户名、口令等，进行注册。注册成功后，就可以登录此邮箱收发电子邮件了。

2.　使用 Foxmail 收发电子邮件

除了能在 Web 页上进行电子邮件的收发外，还可以使用电子邮件的客户端软件收发。目前的客户端软件有 Foxmail、金山邮件、Outlook 等。虽然软件的界面有所不同，但其操作方式基本都是类似的。下面以 Foxmail 为例进行说明。

（1）　启动 Foxmail

选择"开始"→"所有程序"→"Foxmail"菜单命令就可以启动 Foxmail。

（2）　设置邮件账号

启动 Foxmail，首先要设置 Foxmail 邮件账号。目前使用的邮件账号可以分为以下 3 类：从 ISP 处得到的账号、在局域网（LAN）服务器中的账号及在 Web 站点上申请的基于 HTTP 的邮件账号。

设置邮件账号的步骤如下。

第 1 步：手动配置你的客户端。打开 Foxmail，点击"工具"，然后选"账号管理"，弹出"账号管理"对话框，如图 8-28 所示。

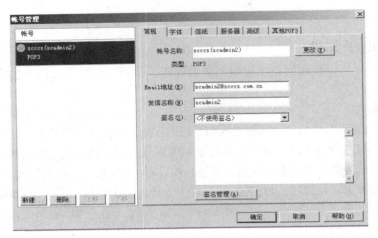

图 8-28　Foxmail 7

第 2 步：单击"新建"按钮，弹出新建账号向导，如图 8-29 所示。

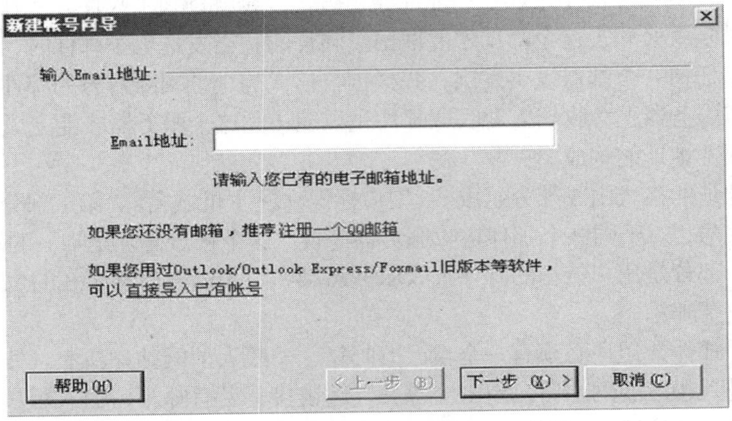

图 8-29　"添加新账户"对话框(1)

第 3 步：在"Email 地址："字段中输入你的完整 OA 免费邮件地址(you@scccs.comc.cn)，例如："scadmin2@scccs.comc.cn"然后单击"下一步"按钮，这时的对话框如图 8-30 所示。

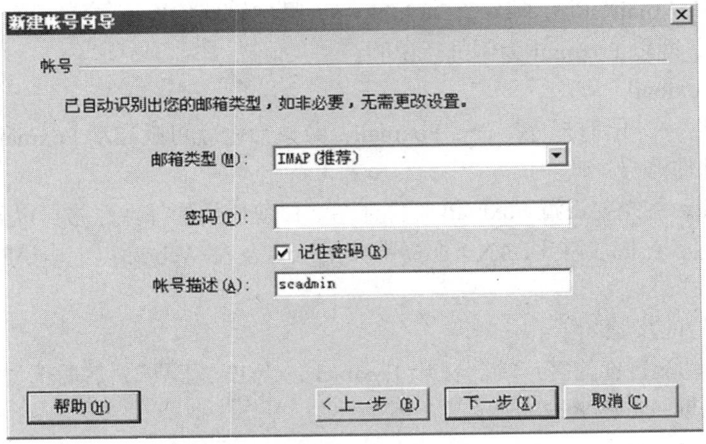

图 8-30　"添加新账户"对话框(2)

第 4 步：在邮箱类型中选择"pop3"，密码输入登录 OA 账号的密码，单击"下一步"按钮。之后会出现配置成功的界面，如图 8-31 所示。

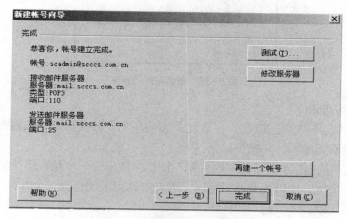

图 8-31　"添加新账户"对话框(3)

完成设置后，在"账户信息"面板中就会看到新设置的账户，这时就可以使用 **Foxmail** 收发电子邮件了。

（3） 撰写与发送邮件

账号设置好后就可以收发电子邮件了，先给自己发送一封实验邮件，其操作如下。

第 1 步：启动 Foxmail。

第 2 步：选择"开始"→"新建电子邮件"命令，出现撰写新邮件窗口，如图 8-32 所示。

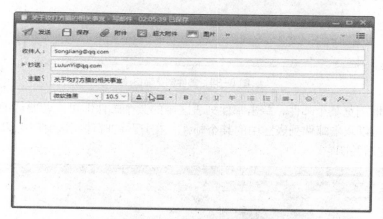

图 8-32　撰写新邮件窗口

第 3 步：窗口的上半部为信头，下半部为信体。在信头输入收件人的地址，主题中输入邮件的主题；在信体输入信的正文。

正文的格式可以使用功能区中的命令按钮进行设置。

第 4 步：若邮件中要包含附件文件，选择"附件"命令，这时弹出"插入文件"对话框，可以选择要插入的附件文件，也可直接将文件拖曳到发送邮件的窗口上，就会自定插入为邮件的附件。

第 5 步：邮件撰写完毕后，单击"发送"按钮，就可以将邮件发送出去（如图 8-33 所示）。发送了的邮件可以在"已发送"文件夹中看到。若要邮件发送给多人，可以在邮件收件人或抄送人地址中输入多个邮件地址，其间用逗号分隔。

图 8-33　发送写好的邮件

（4）接收和阅读邮件

在 Foxmail 中选择"发送/接收"→"发送/接收所有文件夹"命令，接收/发送邮件。当邮件下载后就可以查看阅读了，其操作如下。

在 Foxmail 左侧的窗格中，单击"收件箱"按钮，便出现一个预览邮件窗口，如图 8-34 所示。左侧为邮件列表区，中间为邮件预览区。若在邮件列表区选择一个邮件，则该邮件的内容便出现在邮件预览区中。

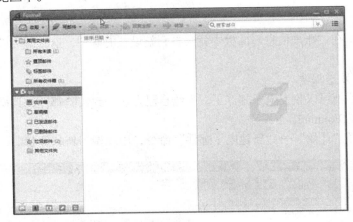

图 8-34　邮件浏览窗口

若要简单地浏览某个邮件，单击邮件列表区中的某个邮件即可。若要详细阅读或对邮件做各种操作，可以双击邮件列表区中的某个邮件，在打开的邮件阅读窗口中阅读（如图 8-35 所示）。阅读完后关闭它。

图 8-35　邮件阅读窗口

（5） 阅读和保存附件

若邮件中包含附件，则在邮件列表区邮件的右侧会出现图标⓪，在邮件预览区，或邮件窗口中会出现附件的名称。

对于附件，若可以阅读的话，单击附件的名称，在 Foxmail 中就可以阅读它。若要将附件保存到另外的文件夹中，右键单击它，选择"另存为"快捷菜单，在打开的"保存附件"窗口中进行保存操作。

（6）答复邮件

如果在阅读完一个邮件后，想马上答复，可以使用回复功能。回复邮件的步骤如下。

第 1 步：在邮件列表中，单击要答复的邮件。

第 2 步：选择"回复"命令。若在邮件阅读窗口，直接选择工具栏上"回复"命令。

第 3 步： 在回复邮件窗口中，输入回信内容。一般情况下，不需要回传原文，应该把原文删除。

第 4 步：单击"发送"按钮，就可以将回信发送。

回复邮件时，不用输入收信人地址。

（7） 转发邮件

如果觉得阅读的邮件有必要让其他人也知道，则可以把此邮件转发给其他人。

转发邮件的步骤如下。

第 1 步：在邮件列表中，单击要转发的邮件。

第 2 步：选择 "转发"命令。

第 3 步：确定收件人。如果收件人名单在通讯录中，可从中选择；如果没有，可以输入。

第 4 步：如果要加上自己的意见，可以添加内容。

第 5 步：单击"发送"按钮，就可以将信件转发。

（8）添加联系人

如果用户通过电子邮件联系的对象很多，仅仅靠自己记忆往往力不从心，难免丢三落四。此时，使用通讯簿可以很好地解决这一问题。

添加联系人是一项基础工作，可以采用直接输入或使用添加功能进行添加。

第 1 种方法：直接输入，其操作过程如下。

第 1 步：单击 Foxmail 窗口左侧面板下部的"通讯录"按钮，进入主界面，出现如图 8-36 所示视图。

图 8-36 联系人管理视图

第 2 步：按视图中的提示，单击左上角的"新建联系人"，如图 8-37 所示。

图 8-37　联系人窗口(1)

第 3 步：在"联系人"窗口中输入联系人的各种信息。为便于电子邮件的使用，联系人的电子邮件不要空白，如图 8-38 所示。

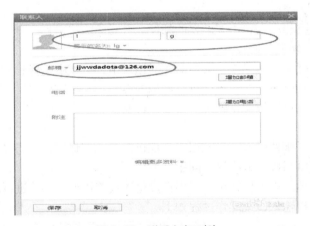

图 8-38　联系人窗口(2)

第 4 步：信息输入完成后，选择"保存"命令，联系人就添加到你的通讯录里了。

第 2 种方法：使用添加功能添加联系人，用于添加有邮件来往的人群（你收到过对方的邮件）。首先，打开对方给你发送的邮件，会有其邮箱地址，然后点击其邮箱地址，会出现 3 个选项，选择最后一个"添加到地址簿"，就可以将其保存到本地文件夹，这样不管哪个账号都可以找到该联系人，如图 8-39 所示。接着会出现联系人信息登记表，按要求填写、保存，如图 8-40 所示。

图 8-39　添加联系人

图 8-40 添加联系人

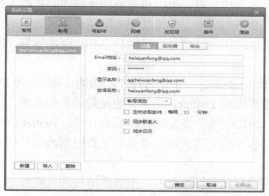

建立了联系人（通讯录），就可以在撰写邮件或转发邮件时，单击"收件人"或"抄送"按钮，在弹出的"联系人"对话框中选择联系人。

（9）Foxmail 属性设置

在右上角菜单中选择"账号管理"，弹出"账号管理"属性，可进行签名档设置、信纸设置等属性设置，如图 8-41 和图 8-42 所示。

图 8-41　"账号管理"窗口

图 8-42　"签名管理"窗口

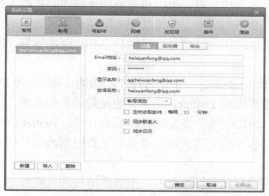

8.5 使用网络信息传播平台

随着网络在人们生活中的普及，以 Internet 为代表的新兴信息传播平台异军突起，使人们接收和发布信息的方式发生了翻天覆地的变化。网络信息已经成为人们获取信息的主要方式。网络传播具有人际传播的交互性、受众性，可以直接、迅速发表意见、反馈信息。现在生活中常用的网络信息传播平台有 QQ、MSN、博客、微博等。

1．博客

博客，又译为网络日志、部落格或部落阁等，是一种通常由个人管理、不定期张贴新的文章的网站。博客上的文章通常根据张贴时间，以倒序方式由新到旧排列。许多博客专注在特定的课题上提供评论或新闻，其他则被作为个人的日记。一个典型的博客结合了文字、图像、其他博客或网站的链接及其他与主题相关的媒体。能够让读者以互动的方式留下意见，是许多博客的重要要素。大部分的博客内容以文字为主，仍有一些博客专注在艺术、摄影、视频、音乐、播客等各种主题。

目前网络上常用的博客网站有：新浪博客、搜狐博客和博客网等。

2．微博

微博是一个基于用户关系的信息分享、传播及获取平台，用户可以通过 Web、WAP 及各种客户端组建个人社区，以 140 字左右的文字更新信息，并实现即时分享。

相比传统博客那种需要考虑文题、组织语言修辞来叙述的长篇大论，以"短、灵、快"为特点的"微博"几乎不需要很高成本，无论是用电脑还是手机，只需三言两语，就可记录下自己某刻的心情、某一瞬间的感悟，或者某条可供分享和收藏的信息，这样的即时表述显然更加迎合快节奏的生活。

微博可分为两大市场，一类是定位于个人用户的微博，另外一类是定位于企业客户的微博。

微博的代表性网站是美国的 Twitter，是最早也是最著名的微博，这个词甚至已经成为了微博的代名词。三言两语，现场记录，发发感慨，晒晒心情，Twitter 网站打通了移动通信网与互联网的界限。相比传统博客中的长篇大论，微博的字数限制恰恰使用户更易于成为一个多产的微博发布者。

目前网络上常用的微博网站有新浪微博、搜狐微博和腾讯微博等。

下面就凤凰网微博的使用进行简单的说明。

3．注册凤凰网微博

在浏览器地址栏中输入凤凰网微博的地址：http://t.ifeng.com/，单击"立即注册微博"，在打开的注册界面（如图 8-43 所示）中注册新用户。注册成功后，页面上会显示注册成功信息，进入微博登录界面。

图 8-43　注册微博窗口

4. 发布微博

登录成功后，在"正在发生的事情"文本框内输入不多于 140 字，单击"发布"按钮即可发布微博，如图 8-44 所示。

图 8-44　发布微博

若要发布图片或视频信息，单击"插入图片"或"插入视频"，选择要发布的图片或视频文件即可。

发布的任意一条微博都会发布到用户的"首页"、"我的微博"及"粉丝"的"首页"中。

5. 转发微博

在每一条微博右下角都有"转发"按钮，单击它即可将需要分享给粉丝的微博进行转发，这样粉丝们都可以看到这条微博。

当对转发的微博产生了新的想法，不想转发了，这样就需要找到页面上转发的那条微博，单击"已转发（取消）"按钮即可。

6. 加关注

加关注，就是关注对方，成为他的粉丝，以后对方更新微博就会在用户主页显示，若不想看到好友的信息，可以取消关注。只要用户人气魅力足够好，可以有很多的"粉丝"。

7. 微博@功能

发微博时，用@字符，在后面加上某用户的昵称，说的内容对方就会知道，如@刘德华（名字后面记得加一个空格，免得内容和名字混淆），这时他就会收到这条信息的提示，相当于打招呼。

8. 如何获得人气粉丝

不可否认，在微博这个交际圈里，有不同风格类型的网友。怎么获得大家的继续支持关注，首先需要用点技巧去经营。微博代表着个人形象，一言一行大家都会看到，所以要发好的、有质量的信息。如果微博尽是发牢骚的，只求数量，估计没几个人理会。分享感受、理解，最重要的是学会和他人的沟通交流。获得人气粉丝有很多方式，如多关注别人、多转发、多回复、多发微博、在热门话题里发微博与他人互动等方式。

第 9 章
信息安全

在现代社会中，计算机被广泛应用于金融、物流、通信、娱乐、生产制造、教育、医疗、电子商务领域等，计算机与人们的工作、学习、生活越来越密不可分。计算机的重要性在于能够完成大量信息的采集、存储、检索、处理等工作，并能够通过计算机网络实现信息的远程传输，因此，保护计算机及信息的安全越来越重要。信息安全本身包括的范围广泛：大到如国家军事政治等机密安全，小到如防范商业企业机密泄露、防范青少年对不良信息的浏览、个人信息的泄露等。网络环境下的信息安全体系是保证信息安全的关键，包括计算机安全操作系统、各种安全协议、安全机制（数字签名、信息认证、数据加密等），直至安全系统，其中任何一个安全漏洞都可以威胁全局安全。

9.1 信息安全案例

9.1.1 莫里斯与蠕虫病毒

1988 年冬天，正在康乃尔大学攻读硕士学位的罗伯特·莫里斯，把一个被称为"蠕虫"的计算机病毒送进了美国最大的计算机网络——Internet。这个程序只有 99 行，利用了 UNIX 系统中的缺点，用 Finger 命令查询联机用户名单，然后破译用户口令，用 Mail 系统复制、传播自身的源程序，再编译生成代码。1988 年 11 月 2 日下午 5 点，因特网的管理人员首次发现网络有不明入侵者。它们仿佛是网络中的超级间谍，狡猾地不断截取用户口令等网络中的"机密文件"，利用这些口令欺骗网络中的"哨兵"，长驱直入 Internet 中的用户电脑。入侵得手，立即反客为主，并闪电般地自我复制，抢占地盘。到 11 月 3 日清晨 5 点，当加州伯克利分校的专家找出阻止病毒蔓延的办法时，短短 12 小时内，已有 6 200 台采用 UNIX 操作系统的 SUN 工作站和 VAX 小型机瘫痪或半瘫痪，不计其数的数据和资料毁于一夜之间，造成一场损失近亿美元的空前大劫难！1990 年 5 月 5 日，纽约地方法庭根据莫里斯设计病毒程序，造成包括美国航空航天局、军事基地和主要大学的计算机停止运行的重大事故，判处莫里斯三年缓刑，罚款一万美金，义务为社区服务 400 小时。莫里斯事件震惊了美国社会乃至整个世界，而比此事件影响更大、更深远的是黑客从此真正变黑，黑客伦理失去约束，黑客传统开始中断，大众对黑客的印象永远不可能恢复。

9.1.2 网络谍影窥探中国机密

《环球时报》2009 年 12 月 14 日报道：中原古都，邙山之阳，一个参与中国海军潜艇科研项目的军工科研所发生了重大泄密事件。多份重要保密资料和文件，甚至一些关键材料的绝密技术资料，都落入境外情报机关之手。谍影憧憧，黑手何在？安全、保密等部门迅速查清了案情，原来又是一起境外间谍机构无孔不入的网络窃密攻击：隐藏在伪装外衣下的网络间谍工具寻隙钻入一台违规上网的计算机，将其中存储的大量涉及军工项目的文件资料搜出、下载、传回。难以估量的军事情报损失就在看似平常的"小疏忽"中酿成了。

"像这样的对华网络间谍攻击可谓无时不在、无处不有"，一位长期从事网络安全保密工作的官员告诉《环球时报》记者，就连很多党政机关的领导部门，还有参与重大国防、科研项目的要害机构和保密单位的计算机，都留下了境外间谍机构网络窃密的痕迹。大量涉密资料在Internet上外泄，某些单位的计算机被网络间谍工具长期控制，个别重要机构的计算机中甚至被植入了十几种境外特种机构的间谍木马。这位安全官员说，利用网络攻击来获取中国情报，已是境外情报机构对中国开展间谍活动的一种常规手段。

9.2 信息安全概述

9.2.1 信息安全的重要性

信息是现代社会和科技发展所需要的重要战略资源。在信息时代的今天，任何一个国家的政治、军事和外交都离不开信息，经济建设、科技进步也同样离不开信息。如果信息安全不能解决，国家安全就会受到威胁，电子政务、电子商务、电子银行、网络办公等都将无法正常进行。"信息战"、"信息武器"也正深刻地影响着军队和国家的安全。因此，信息安全直接制约着国家的发展和稳定，保证信息及信息系统的安全已成为社会信息化的重要组成部分。

9.2.2 信息安全的定义

信息安全涉及计算机硬件与环境安全、操作系统安全、计算机网络安全、数据库系统安全和应用系统安全等多个方面。信息安全是指对于信息或信息系统的安全保障，以防止其在未经授权情况下的使用、泄露或破坏。从内涵来讲，信息安全通常强调所谓 CIA 三元组，即强调信息的机密性（Confidentiality）、完整性（Integrity）和可用性（Availability），本质上这也是信息安全的 3 个最基本的目标。机密性指信息只能为授权者使用而不泄漏给未经授权者的特性。完整性指保证信息在存储和传输过程中未经授权不能被改变的特性。可用性指保证信息和信息系统随时为授权者提供服务的有效特性。密码学是实现信息安全 3 个目标的基础与核心，是用来保证信息安全的必要手段。可以这样说，没有密码就没有信息安全。不同的信息安全问题以及不同的信息安全技术基本都是围绕 CIA 来进行的。

从外延来讲，信息安全的基本任务是保证信息及信息系统的安全。对于信息系统的解释多种多样，但异中有同。从广义上看，凡是提供信息服务、使人们获得信息的系统均可称为信息系统；从狭义上看，信息系统仅指基于计算机的系统，是人、规程、数据库、软件和硬件等各种要素的有机集合，它突出的是计算机、网络通信及信息处理等技术的应用。

信息系统的基本要素为人员、信息和系统。针对这 3 个要素，存在 5 个安全层次与之对应，分别为：系统部分对应物理安全和运行安全，信息部分对应数据安全和内容安全，而人员部分的安全需要通过管理安全来保证。此外，5 个层次存在着一定的顺序关系，每个层次均为上层提供安全保证，没有下层的安全，上层安全无从谈起。同时，各个安全层次均依靠相应的安全技术来提供保障，这些技术从多角度、全方位保证信息系统安全，任何一个层次的安全技术处理不当，信息系统的安全性均会受到严重威胁。

● 物理安全指对网络与信息系统物理装备的保护。涉及的技术包括灾难防范、电磁泄露防范、故障防范以及接入防范。灾难防范包括防火、防盗、防雷击、防静电等；电磁泄露防范主要包括加扰处理、电磁屏蔽等；故障防范涵盖容错、容灾、备份和生存型技术等内容；接入防范则是为了防止通信线路的直接接入或无线信号的插入而采取的相关技术以及物理隔离等。

- 运行安全指对网络与信息系统的运行过程和运行状态的保护。涉及的技术包括身份认证、访问控制、防火墙、入侵检测、恶意代码防治、容侵技术、动态隔离、取证技术、安全审计、预警技术、反制技术以及操作系统安全等，内容繁杂并且不断变化发展。

- 数据安全指对数据收集、处理、存储、检索、传输、交换、显示、扩散等过程中的保护，保障数据在上述过程中依据授权使用，不被非法冒充、窃取、窜改、抵赖。涉及的技术包括密码、认证、鉴别、完整性验证、数字签名、PKI、安全传输协议及 VPN 等。

- 内容安全指依据信息的具体内涵判断其是否违反特定安全策略，并采取相应的安全措施，对信息的机密性、真实性、可控性、可用性进行保护。内容安全主要包含有两方面内容，一方面是指针对合法的信息内容加以安全保护，如对合法的音像制品及软件的版权保护；另一方面是指针对非法的信息内容实施监管，如对网络色情信息的过滤等。内容安全的难点在于如何有效地理解信息内容，并甄别判断信息内容的合法性。涉及的技术包括文本识别、图像识别、音视频识别、隐写术、数字水印以及内容过滤等。

- 管理安全指通过对人的信息行为的规范和约束，提供对信息的机密性、完整性、可用性以及可控性的保护。时至今日，"在信息安全中，人是第一位的"已经成为被普遍接受的理念，对人的信息行为的管理是信息安全的关键所在。涉及的内容包括安全策略、法律法规、技术标准、安全教育等。

信息安全和信息技术的发展与用户需求密不可分，目前，在信息安全领域的流行观点是信息安全的发展大致分为通信安全(COMSEC)、信息安全（Information Security，InfoSec）、信息保障（Information Assurance，IA）3 个阶段，即保密→保护→保障发展阶段。

1．通信安全

20 世纪 90 年代以前，通信技术还不发达，面对电话、电报、传真等信息交换过程中存在的安全问题，人们强调的主要是信息的保密性，对安全理论和技术的研究也只侧重于密码学，这一阶段的信息安全可以简单称为通信安全，主要目的是保障传递的信息安全，防止信源、信宿以外的对象查看信息。

2．信息安全

20 世纪 90 年代以后，计算机软硬件的发展使得计算机和网络技术的应用进入了实用化和规模化阶段，人们对安全的关注已经逐渐扩展为以机密性、完整性和可用性为目标的信息安全阶段，具有代表性的成果就是美国的 TCSEC 和欧洲的 ITSEC 测评标准。同时，出现了防火墙、入侵检测、漏洞扫描及 VPN 等网络安全技术，这一阶段的信息安全可以归纳为对信息系统的保护，主要保证信息的机密性、完整性、可用性、可控性、不可否认性。所谓可控性（Controllability）是指授权实体可以控制信息系统和信息使用的特性。不可否认性（Non – Repudiation）指任何实体均无法否认其实施过的信息行为的特性，也称为抗抵赖性。

3．信息保障

随着互联网的飞速发展，1996 年，美国国防部提出了信息保障的概念，信息安全不再局限于对信息的静态保护，而需要对整个信息和信息系统进行保护和防御，包括保护（Protect）、检测（Detect）、反应（React）、恢复（Restore）4 个方面，其目的是动态地、全方位地保护信息系统，标志着信息安全进入了新的发展阶段。

我国也对信息保障给出了相关解释："信息保障是对信息和信息系统的安全属性及功能、效率进行保障的动态行为过程。它运用源于人、管理、技术等因素所形成的预警能力、保护能力、检测能力、反应能力、恢复能力和反击能力，在信息和系统生命周期全过程的各个状态下，保证信息内容、计算环境、边界与连接、网络基础设施的真实性、可用性、完整性、保密性、可控性、不可否认性等安全属性，从而保障应用服务的效率和效益，促进信息化的可持续健康发展。"由此可见，信息保障是主动的、持续的。

在信息保障的概念中，人、技术和管理被称为信息保障三大要素。人是信息保障的基础，信息系统是人建立的，同时也是为人服务的，受人的行为影响。因此，信息保障依靠专业知识强、安全意识高的专业人员。技术是信息保障的核心，任何信息系统都势必存在一些安全隐患，因此，必须正视威胁和攻击，依靠先进的信息安全技术，综合分析安全风险．实施适当的安全防护措施，达到保护信息系统的目的。管理是信息保障的关键，没有完善的信息安全管理规章制度及法律法规，就无法保障信息安全。每个信息安全专业人员都应该遵守有关的规章制度及法律法规，保证信息系统的安全；每个使用者同样需要遵守相关制度及法律法规，在许可的范围内合理地使用信息系统，这样才能保证信息系统的安全。

总之，信息安全不是一个孤立静止的概念，它具有系统性、相对性和动态性，其内涵随着人类信息技术、计算机技术以及网络技术的发展而不断发展，如何有效地保障信息安全是一个长期的、发展的话题。

9.2.3　信息安全威胁

在信息安全领域中，网络安全占有极其重要的位置。随着 Internet 规模的膨胀，各种基础网络应用、计算机系统、Web 程序的漏洞层出不穷，普通网民安全意识及相关知识的匮乏，都为网络上不法分子提供了入侵和偷窃的机会。从 2000 年开始，病毒制造者逐渐开始贪婪，越来越多地以获取经济利益为目的，通过分工明确的产业化操作，从病毒程序开发、病毒传播到病毒销售，形成了分工明确的链条化操作流程，这条黑色产业链每年的整体利润预计高达数亿元。入侵者窃取的个人资料，如 QQ 密码、网游账号密码甚至银行账号、信用卡账号等，任何可以直接或间接转换成金钱的信息，都成为了不法分子窃取的对象。

另外，由于 Internet 具有虚拟性、隐蔽性、发散性、渗透性和随意性等特点，越来越多的网民愿意通过这种渠道来表达观点、传播思想。一旦 Internet 的这些特点被一些别有用心的人加以利用，不仅影响普通民众的生活工作，而且会全面渗透到国家的政治、经济、军事、社会稳定等各个领域。影响国家安全的网络行为主要包括在 Internet 上散布谣言、发表言论煽动族群纠纷、非法组织通过 Internet 进行各种违法的秘密联络，以及通过网络来遥控指挥恐怖行为等。

一个国家越发达、信息化程度越高，整个国民经济对信息资源和信息基础设施的依赖程度也越高。美国著名未来学家阿尔温·托尔勒说过："谁掌握了信息，控制了网络，谁将拥有整个世界"。然而，随着信息化的发展，计算机病毒、网络攻击、垃圾邮件、系统漏洞、网络窃密、虚假有害信息和网络违法犯罪等问题也日渐突出，如应对不当，就会给国家经济、社会甚至军事安全带来严重的影响。

可见，网络安全严重地影响一个国家的健康发展。如何加强对网络的安全管理已成为当前重要的、刻不容缓的研究课题。

要解决信息安全问题，首先必须了解所有可能的威胁信息安全的因素，分析其产生原因，才能找到解决办法，做到知己知彼、百战百胜。网络信息系统的安全风险可能来自 4 个方面：自然灾害、系统故障、操作失误和蓄意破坏。对于前 3 种风险可通过加强管理等手段加以解决，这里主要分析由于蓄意破坏带来的不安全因素。目前信息系统存在的蓄意破坏（恶意攻击）主要表现在如下几个方面。

1．非法侵入

非法侵入指没有预先经过同意，就擅自闯入有关网络并访问相关计算机资源的行为。2001～2002 年，英国黑客麦金农入侵了包括美国五角大楼、美国航空航天局（NASA）在内的多个敏感部门的计算机网络，并下载了许多敏感资料，包括美海军军舰制造及军火供应等方面的资料。

2．拒绝服务攻击

目前典型的拒绝服务攻击是分布式拒绝服务攻击（DDOS），通常情况下，就是黑客指利用上万甚至数十万台傀儡主机同时对目标系统进行请求服务，该种攻击使得目标服务器系统资源耗尽，使其他正常用户无法正常访问页面，或者访问页面速度极慢。DDOS 攻击是一种很"流氓"的攻击方式，由于傀儡主机可能分布在世界各地，很难对该种攻击进行有效的防范。2009 年 7 月，韩国的主要政府门户网站和各大银行主页，就频繁遭到 DDOS 攻击，造成了恶劣影响。

3．DNS 欺骗

DNS 欺骗是一种相对比较高级的攻击方式。DNS 是域名服务器，它负责实现域名与 IP 地址的转换。2010 年 1 月 12 日，国内最大的搜索引擎百度主页被黑，据查是由于黑客攻陷了在美国的百度的根域名服务器并修改了转向页面。该事件给百度公司造成了数百万人民币的经济损失。

4．网络钓鱼

网络钓鱼指利用欺骗性的电子邮件和伪造的 Web 站点来进行诈骗活动，诈骗者惯用的手法是发送假的中奖信息，并提供假冒网站的链接骗取受害者的银行账户密码等信息，有时也通过聊天软件等冒充好友骗取钱财。例如，2010 年 4 月青海玉树地震后，有人假冒中国红十字基金会网站，通过假冒赈灾账号骗取捐款。

5．传播病毒

计算机病毒是一种在用户不知情或未批准的情况下，能自我复制及运行的计算机程序。目前，全世界已经发现了数万种计算机病毒，并且以 10 种／周的速度递增。计算机病毒通过网络传播，其破坏性大大高于单机系统，而且用户很难防范。

6．逻辑炸弹

逻辑炸弹是软件设计者在编写程序时故意设置的特殊代码，当触发条件满足时，这些代码自动执行，会对系统造成严重破坏。逻辑炸弹不同于计算机病毒。曾经有雇员故意在雇主的计算机系统中埋设逻辑炸弹，当其被解雇除名时逻辑炸弹触发。

9.2.4　信息安全的目标

为保证信息安全必须做到如下几个方面的要求。

- 真实性：对信息的来源进行判断，能对伪造来源的信息予以鉴别。
- 保密性：保证机密信息不被窃听，或窃听者不能了解信息的真实含义。
- 完整性：保证数据的一致性，防止数据被非法用户审改。
- 可用性：保证合法用户对信息和资源的使用不会被不正当地拒绝。
- 不可抵赖性：建立有效的责任机制，防止用户否认其行为（这一点在电子商务中是极其重要的）。
- 可控制性：对信息的传播及内容具有控制能力。
- 可审查性：对出现的网络安全问题提供调查的依据和手段。

9.2.5　信息安全策略

信息安全策略是指为提供一定级别的安全保护所必须遵守的规则。实现信息安全，不但要靠先进的技术，而且也得靠严格的安全管理、法律约束和安全教育。

- 使用先进的信息安全技术。用户对自身面临的威胁进行风险评估，决定其所需要的安全服务种类，选择相应的安全机制，然后集成先进的安全技术，形成一个全方位的安全系统。
- 严格的安全管理。各计算机网络使用机构、企业和单位应建立相应的网络安全管理办法，加强内部管理，建立合适的网络安全管理系统，加强用户管理和授权管理，建立安全审计和跟踪体系，提高整体网络安全意识。
- 制订严格的法律、法规。计算机网络是一种新生事物，它的许多行为无法可依、无章可循，导致网络上计算机犯罪处于无序状态。面对日趋严重的网络犯罪，必须建立与网络安全相关的法律、法规，使非法分子慑于法律，不敢轻举妄动。
- 安全操作系统。给系统中的关键服务器提供安全运行平台，及时安装系统补丁，关闭不需要的服务。

9.3 计算机信息安全技术

计算机信息安全技术分两个层次，第一层次为计算机系统安全，第二层次为计算机数据安全。

9.3.1 系统安全技术

1. 物理安全技术

物理安全针对的是自然灾害、物理灾害和人为破坏所造成的威胁，主要指实体及硬件的安全防护措施和对策。通常采取的措施有：三防措施（防火、防水和防盗）、电磁防护（防止电磁干扰和电磁泄漏）和对媒体进行访问控制（采用身份识别手段，规范媒体设备的管理）。

2. 网络安全技术

计算机网络面临两方面的威胁，一是对信息的威胁，二是对设备的威胁。影响网络安全的因素有很多，如系统本身的漏洞、安全体系的权限、网络使用者安全意识的淡薄等都会给网络安全带来致命的缺陷。设计计算机网络时，必须进行网络安全方面的设计，以达到五项网络安全的目标：① 可靠性；② 可用性；③ 保密性；④ 完整性；⑤ 不可否认性（不可抵赖性）。

任何网络安全都是动态的、相对的。只有不断提升网络基础设施的安全水平、有关人员的网络安全意识和技术，才能使网络安全满足需要。常用的网络安全技术如下。

- 数据加密技术。将被保护的信息通过加密的方法置换为密文，然后在网络上加以传输。
- 防火墙技术。在被保护的网络和外部网络之间设置一组隔离硬件或者软件，从而保护网络资源不受外力的侵入，也能阻止从内到外的信息泄漏。
- 安全扫描技术和入侵检测技术。安全扫描技术指的是对网络中的主机、服务和防火墙等进行扫描，及时发现网络安全漏洞，属于静态的防范。入侵检测技术是指通过对网络上的数据流进行动态地监控和分析，如辨别出入侵特征，一旦发现被攻击便立即做出响应。

系统安全技术在一定程度上能起到防止非法入侵、信息泄漏等作用，但由于系统的脆弱性和技术的局限性，信息被非授权截取的现象难以被杜绝。因此，必须采取适当的数据安全技术，确保计算机信息系统中的信息安全。

9.3.2 数据安全技术

数据安全技术在信息系统中的作用是，即使非授权用户在系统中成功窃取信息和数据，也不能识别、使用其中包含的有用信息，也不能窃取到被保护的系统资源。采用密码技术对数据加密，是数据安全技术最重要的一个环节。

明文转为密文的过程称为"加密"，用于把数据和信息转换为不可识别的"密文"；密文还原成明文的过程称为"解密"，就是恢复数据和信息本来的面貌。为了完成加密和解密，加密者和解密者都必须掌握"密钥"。形象地说，加密可以比作是将物品上锁，解密好比开锁，密钥就好比钥匙。

加密和解密过程组成了加密系统。这两个相反的过程分别由"加密算法"和"解密算法"来完成，如图 9-1 所示。

图 9-1　加密过程和解密过程

9.4　计算机病毒

9.4.1　计算机病毒概述

1984 年 9 月，美国学者弗瑞德·科亨博士在一次科学年会上发表了论文《计算机病毒：原理和实验》，公开提出了计算机病毒(Computer Virus)的概念。

"计算机病毒"这一概念是由生物学、医学上的"病毒"概念引申而来的，而计算机病毒是指一段隐藏在计算机系统中，并可加以繁殖、传染，进而影响计算机系统正常运行的程序。但是两者有本质区别：① 计算机病毒是人为特制的程序，并非天然存在；② 计算机病毒只会感染计算机系统，不会在生物群体中（如人和动植物）流行和传播，不会造成疾病等。

我国于 1994 年正式颁布实施《中华人民共和国信息系统安全保护条例》（以下简称《条例》）。在《条例》第二十八条中明确指出："计算机病毒，是指编制或者在计算机程序中插入的破坏计算机功能或者毁坏数据，影响计算机使用，并能自我复制的一组计算机指令或程序代码。"有意制作和施放计算机病毒的行为，已被国际社会及各国法律认定为计算机犯罪，要受到法律的惩罚。

病毒制造者的动机多种多样，有的源于恶作剧，有的源于故意破坏，也有的源于对软件产品的保护，更有源于为了向他人"露一手"。目前已发现的计算机病毒超过几万种，并仍在不断增加之中，受传染的计算机不计其数。这些病毒中，有的病毒可以破坏磁盘上的文件分配表、改变硬磁盘的分区，有的则破坏文件本身等，从而给计算机系统造成了严重的危害。因此，非常有必要了解计算机病毒的特征与危害，掌握必要的防范知识。

9.4.2　计算机病毒的特征

计算机病毒具有下列几个特征。

（1）破坏性

计算机病毒发作时，首先会破坏计算机系统中的部分或全部数据，也会窜改一些数据而扰乱系统的正常工作，破坏力更强的病毒可以彻底破坏整个计算机系统。病毒设计者的意愿和技术水平，决定了病毒破坏性的程度。计算机病毒的破坏性表现为侵占系统资源，降低运行效率，使系统无法正常运行。破坏性是计算机病毒的最根本特征。

（2）传染性（也称"繁殖性"）

传染性是计算机病毒的基本特性。计算机病毒会把自身复制到其他程序中去，并设法通过各种渠道从被感染的计算机扩散出去，传播速度极快。是否具有繁殖、感染的特性是判断某段程序是否为计算机病毒的首要条件。

（3）非授权性

病毒可以隐藏在合法的正常程序或数据中，当用户运行这些程序时，病毒便可以窃取到系统的控制权，并抢先运行。

（4）隐蔽性

计算机病毒具有依附在别的可执行程序上的能力，并能以各种复杂的方法将自己隐藏起来。病毒程序一般是"短小精悍"的，不易被人察觉，无论是在外存（如磁盘）上还是在内存里。不通过专门的杀毒软件，病毒很难被发现。

（5）潜伏性

病毒感染系统后通常不会立即发作，它们可以长期隐藏在系统中而不表现出任何症状。这段时间被称为"潜伏期"。潜伏期可长达几周或几个月。潜伏期越长，病毒传染性越大，破坏性也越大。

（6）可触发性（也称"可激发性"）

在编写计算机病毒时，一般都会设定一个或多个触发条件。如某个时间或日期、或是用户打开某个特定的文件。一旦满足触发条件，病毒将从潜伏状态中被激活，并开始发作。

9.4.3 计算机病毒的分类

计算机病毒分类的方法有很多，通常有如下几种分类方法。

(1)按照计算机病毒存在的媒体进行分类

根据病毒存在的媒体分类，病毒可以分为网络病毒、文件病毒和引导型病毒。网络病毒通过计算机网络传播并感染网络中的可执行文件，文件病毒感染计算机中的文件（如 COM、EXE、DOC 文件等），引导型病毒感染启动扇区（Boot）和硬盘的系统引导扇区（MBR）。另外，还有这 3 种情况的混合型，如多型病毒（文件和引导型），会感染文件和引导扇区。

（2）按照计算机病毒传染的方法进行分类

根据病毒传染的方法分类，可分为驻留型病毒和非驻留型病毒。驻留型病毒感染计算机后，把自身的内存驻留部分放在内存（RAM）中，这一部分程序挂接系统调用并合并到操作系统中去，处于激活状态，一直到关机或重新启动。非驻留型病毒在得到机会激活时并不感染计算机内存。一些病毒在内存中留有小部分，但是并不通过这一部分进行传播，这类病毒也被划分为非驻留型病毒。

（3）根据病毒破坏的能力进行分类

根据病毒破坏的能力分类，可分为无害型病毒、无危险型病毒、危险型病毒和非常危险型病毒。无害型病毒除了传染时减少磁盘的可用空间外，对系统没有其他影响；无危险型病毒仅仅是减少内存、显示图像、发出声音等；危险型病毒在计算机系统操作中将造成严重的错误；非常危险型病毒会删除程序、破坏数据、清除系统内存区和操作系统中重要的信息。

（4）根据病毒特有的算法分类

根据病毒特有的算法分类，可分为伴随型病毒、"蠕虫"型病毒和寄生型病毒。

伴随型病毒病毒并不改变文件本身，它们根据算法产生 EXE 文件的伴随体，具有同样的名字和不同的扩展名（COM）。例如，XCOPY.EXE 的伴随体是 XCOPY.COM。病毒把自身写入

COM 文件，并不改变 EXE 文件，当 DOS 加载文件时，伴随体优先被执行，再由伴随体加载执行原来的 EXE 文件。

"蠕虫"型病毒通过计算机网络传播，不改变文件和资料信息，利用网络从一台机器的内存传播到其他机器的内存，将自身的病毒通过网络发送。有时它们在系统中存在，一般除了占用内存外不占用其他资源。

除了伴随型和"蠕虫"型病毒外，其他病毒均可称为寄生型病毒，它们依附在系统的引导扇区或文件中，通过系统的功能进行传播。

9.4.4 计算机病毒的防治

1. 计算机病毒的传染渠道

（1）通过移动存储器传染

常见的移动存储器有软盘、移动 U 盘等。当使用被病毒感染的移动存储器时，计算机的硬盘和内存将会感染病毒。随着移动存储器反复交换使用，病毒便随之扩散。

（2）通过硬盘传染

感染病毒的硬盘安装到其他的计算机系统中，用于复制大文件或是维修等，就会造成病毒传染。

（3）通过网络传染

通过网络传染，是病毒传播最快的方式。病毒可以附在正常文件中，作为电子邮件附件被发送出去；病毒也可以通过下载的方式，从网络传染到本地计算机上。

2. 计算机病毒的症状

（1）表面症状

屏幕显示异常，如文字显示不正常；扬声器发出异常声音；硬盘指示灯在没有存取操作时点亮。

（2）运行症状

系统内存空间明显变小，系统启动异常或者无法启动，计算机运行缓慢，经常出现意外死机或自行重启。

（3）内部症状

引导扇区、文件分配表等被破坏，磁盘卷标被改写，硬盘可利用空间无故大量减少，磁盘坏磁道增加，文件的日期/时间和大小发生变化，文件丢失，文件内容被窜改，出现不明来源的隐藏文件。

出现以上症状，意味着计算机系统可能已被病毒感染。但也不能单纯依靠这些症状表现来断定病毒的存在，更不能将所有异常现象都归咎于计算机病毒。要想知道计算机是否感染病毒，应该通过专业的反病毒软件来检测。

3. 预防计算机病毒

目前，对于计算机病毒的防治，提倡以"防"为主，以"治"为辅。预防计算机病毒，可以采取如下的措施。

● 严禁安装使用非法、盗版的程序或软件，谨慎使用公共下载和共享的软件。

● 使用合法来源的正版操作系统，及时安装操作系统补丁。

● 安装合法、正版的杀毒软件和防火墙，定期对系统进行检测和杀毒，及时升级反病毒软件。

● 采用备份还原技术，对操作系统、软件和数据进行及时的备份，以便随时恢复系统，降低损失。

● 不随意复制或是使用他人的移动存储器，如需使用必须先进行病毒检测。尽量不在公共机房或公用计算机使用个人的移动存储器，如需使用必须采取写保护措施。

● 进行计算机维护，不使用移动存储器引导系统，尤其是他人的移动存储器。

● 不在网络上浏览带有非法内容（包括色情、暴力和邪教等）的网页，不下载盗版软件和不合法内容，对陌生人发来的电子邮件要小心谨慎，打开前最好先进行病毒检测。

4. 计算机反病毒技术

计算机反病毒技术分为反病毒硬件技术和反病毒软件技术两类。

反病毒硬件技术，是指利用安装在 PC 主板上的防病毒扩展卡（简称"防病毒卡"）进行病毒检测和清除。由于将检测病毒的程序固化在硬件中，病毒难以攻击，安全性高。但由于采用的是硬件反病毒技术，升级较为困难，难以识别新的病毒。

反病毒软件技术，主要是依靠专门的反病毒软件来实现，不需要安装硬件扩展卡，升级方便，操作简单。普通的计算机使用者也可以快速检测、查杀计算机病毒。反病毒软件作为软件，会受到病毒的攻击，安全性相对防病毒卡来说稍弱。所幸的是，近年来反病毒软件的自我防御能力得到增强，使病毒无法轻松地攻破。

任何一款反病毒软件都不能 100% 地检测并消除所有的病毒，而只能检测出已知的病毒，并消除已检测出的大部分病毒（不能确保所有检测出的病毒都能被查杀）。另外，计算机病毒可以产生变种，新病毒也在不断产生，反病毒软件必须随之升级，这样才能达到最理想的检测和查杀效果。

从理论上来说，彻底地格式化磁盘、重装系统是最彻底的杀毒方式，但这种方法过于被动，容易造成计算机系统损坏和数据的损失，导致严重的后果，因而不能取代反病毒软件的作用。

5. 反病毒软件及其使用

专门的反病毒软件种类繁多，最常用的有金山毒霸、瑞星杀毒软件、360 杀毒软件、卡巴斯基和 NOD32 等。反病毒软件的主要任务是实时监控和扫描磁盘。为了能更好地监控计算机的运行，反病毒软件通过在系统中添加驱动程序的方式进驻系统，并随操作系统启动。

9.5　木马

9.5.1　什么是木马

木马（Trojan），也称木马病毒，它通过特定的程序（木马程序）来控制另一台计算机。木马通常有两个可执行程序：一个是控制端，另一个是被控制端。木马这个名字来源于古希腊传说（荷马史诗中木马计的故事，Trojan 代指特洛伊木马）。金山公司《2008 年中国电脑病毒疫情及互联网安全报告》中指出，木马病毒已经是目前最流行的病毒，不同类型病毒感染比例中，木马占了 50% 以上，如图 9-2 所示。

木马和病毒都是一种人为的程序，都属于电脑病毒，为什么木马要单独提出来说呢？大家都知道以前的计算机病毒的作用，其实完全

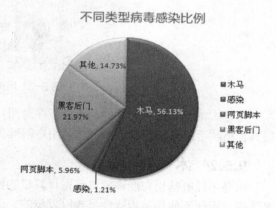

图 9-2　金山公司《2008 年中国电脑病毒疫情及互联网安全报告》

就是为了破坏计算机里的资料数据，除了破坏之外，无非就是有些病毒制造者为了达到某些目的而进行的威慑和敲诈勒索，或为了炫耀自己的技术。"木马"不一样，它不会自我繁殖，也并不"刻意"地去感染其他文件，它通过将自身伪装以吸引用户下载执行，向施种木马者提供打开被种主机的门户，使施种者可以任意毁坏、窃取被种者的文件，甚至远程操控被种主机。木马的作用是赤裸裸地监视和偷窃他人密码、数据等，如盗窃管理员密码搞破坏，或者偷窃上网密码用于别处，偷窃游戏账号、股票账号、甚至网上银行账户等，以达到偷窥别人隐私和得到经济利益为目的的。所以木马比早期的计算机病毒更能够直接达到使用者的目的，导致许多别有用心的程序开发者大量地编写这类带有偷窃和监视别人电脑的侵入性程序，这就是网上大量木马泛滥成灾的原因。鉴于木马的这些巨大危害性和它与早期病毒的作用性质的不同，所以木马虽然属于病毒中的一类，但是要单独地从病毒类型中间剥离出来，独立地称之为"木马"程序。

"木马"与计算机网络中常常要用到的远程控制软件有些相似，但由于远程控制软件是"善意"的控制，因此通常不具有隐蔽性；"木马"则完全相反，木马要达到的是"偷窃"性的远程控制，如果没有很强的隐蔽性的话，那就是"毫无价值"的。

图 9-3 所示是一个网页挂马示意图，木马通常有两个可执行程序：一个是客户端，即控制端；另一个是服务端，即被控制端。植入被种者计算机的是"服务器"部分，而所谓的"黑客"正是利用"控制器"进入并运行了"服务器"的计算机。运行了木马程序的"服务器"以后，被种者的计算机就会有一个或几个端口被打开，使黑客可以利用这些打开的端口进入电脑系统，安全和个人隐私也就全无保障了！木马的设计者为了防止木马被发现，会采用多种手段隐藏木马。木马的服务一旦运行并被控制端连接，其控制端将享有服务端的大部分操作权限，例如，给计算机增加口令，浏览、移动、复制、删除文件，修改注册表，更改计算机配置等。

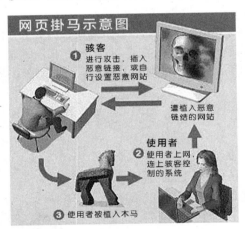

图 9-3　网页挂马示意图

随着病毒编写技术的发展，木马程序对用户的威胁越来越大，尤其是一些木马程序采用了极其狡猾的手段来隐蔽自己，使普通用户很难在中毒后发觉。

9.5.2　木马的特征

木马不经电脑用户准许就可获得计算机的使用权。程序容量十分轻小，运行时不会浪费太多资源，因此不使用杀毒软件是难以发觉的，运行时很难阻止它的行动，计算机运行后，木马会立刻自动登录在系统引导区，之后每次在 Windows 加载时自动运行，或立刻自动变更文件名，甚至隐形，或马上自动复制到其他文件夹中，运行连用户本身都无法运行的动作。

9.5.3　木马的种类

1.网游木马

随着网络在线游戏的普及和升温，中国拥有规模庞大的网游玩家。网络游戏中的金钱、装备等虚拟财富与现实财富之间的界限越来越模糊。与此同时，以盗取网游账号密码为目的的木马病毒也随之发展泛滥起来。

网络游戏木马通常采用记录用户键盘输入、Hook 游戏进程 API 函数等方法获取用户的密码和账号。窃取到的信息一般通过发送电子邮件或向远程脚本程序提交的方式发送给木马制作者。

网络游戏木马的种类和数量在国产木马病毒中首屈一指。流行的网络游戏无一不受网游木马的威胁。一款新游戏正式发布后，往往在一到两个星期内，就会有相应的木马程序被制作出来。大量的木马生成器和黑客网站的公开销售也是网游木马泛滥的原因之一。

2.网银木马

网银木马是针对网上交易系统编写的木马病毒，其目的是盗取用户的卡号、密码，甚至安全证书。此类木马种类数量虽然比不上网游木马，但它的危害更加直接，受害用户的损失更加惨重。

网银木马通常针对性较强，木马作者可能首先对某银行的网上交易系统进行仔细分析，然后针对安全薄弱环节编写病毒程序。2012 年 "3.15" 期间，"网银刺客" 木马开始大规模爆发，该木马恶意利用某截图软件，把正当合法软件作为自身保护伞，从而避开了不少杀毒软件的监控。运行后会暗中劫持网银支付资金，影响十余家主流网上银行。2012 年 12 月 6 日，一款名为 "支付大盗" 的新型网购木马被发现。木马网站利用百度排名机制伪装为 "阿里旺旺官网"，诱骗网友下载运行木马，再暗中劫取受害者网上支付资金，把付款对象篡改为黑客账户。2013年，安全软件电脑管家截获网银木马最新变种 "弱马温"，弱马温病毒能够毫无痕迹地修改支付界面，使用户根本无法察觉。该木马通过不良网站提供假 QVOD 下载地址进行广泛传播，当用户下载这一挂马播放器文件并安装后就会中木马，该病毒运行后即开始监视用户网络交易，屏蔽余额支付和快捷支付，强制用户使用网银，并借机窜改订单，盗取财产。

随着中国网上交易的普及，受到外来网银木马威胁的用户也在不断增加。

3.下载类

这种木马程序的体积一般很小，其功能是从网络上下载其他病毒程序或安装广告软件。由于体积很小，下载类木马更容易传播，传播速度也更快。通常功能强大、体积也很大的后门类病毒，如 "灰鸽子"、"黑洞" 等，传播时都单独编写一个小巧的下载型木马，用户中毒后会把后门主程序下载到本机运行。例如，火遍全球的《江南 Style》很不幸被一种名为 "新鬼影" 的木马盯上了。此木马主要寄生在硬盘 MBR（主引导扇区）中，如果用户电脑没有开启安全软件防护，中招后无论重装系统还是格式化硬盘，都无法将其彻底清除干净。

4.代理类

用户感染代理类木马后，会在本机开启 HTTP、SOCKS 等代理服务功能。黑客把受感染计算机作为跳板，以被感染用户的身份进行黑客活动，达到隐藏自己的目的。

5.FTP 木马

FTP 型木马会打开被控制计算机的 21 号端口（FTP 所使用的默认端口），使每一个人都可以用一个 FTP 客户端程序来不用密码连接到受控制端计算机，并且可以进行最高权限的上传和下载，窃取受害者的机密文件。新 FTP 木马还加上了密码功能，这样，只有攻击者本人才知道正确的密码，从而进入对方计算机。

6. 通信软件类

国内即时通信软件百花齐放。QQ、新浪 UC、网易泡泡、盛大圈圈……网上聊天的用户群十分庞大。常见的即时通信类木马一般有以下 3 种。

（1）发送消息型

通过即时通信软件自动发送含有恶意网址的消息，目的在于让收到消息的用户点击网址中毒，用户中毒后又会向更多好友发送病毒消息。此类病毒常用技术是搜索聊天窗口，进而控制该窗口自动发送文本内容。发送消息型木马常常充当网游木马的广告，如"武汉男生 2005"木马，可以通过 MSN、QQ、UC 等多种聊天软件发送带毒网址，其主要功能是盗取"传奇"游戏的账号和密码。2012 元旦爆发的"Q 币木马"令不少网民深受其害，该木马伪造"元旦五折充值 Q 币"的虚假 QQ 弹窗，诱骗中招用户在 Q 币充值页面上进行支付，充值对象则被木马窜改为黑客的 QQ 号码，相当于掏钱替黑客买 Q 币。

（2）盗号型

盗号型木马的主要目标在于即时通信软件的登录账号和密码，工作原理和网游木马类似。病毒作者盗得他人账号后，可能偷窥聊天记录等隐私内容，在各种通信软件内向好友发送不良信息、广告推销等语句，或将账号卖掉赚取利润。"QQ 黏虫"在 2011 年度就被业界评为十大高危木马之一，2012 年该木马变种卷土重来，伪装成 QQ 登录框窃取用户 QQ 账号及密码。值得警惕的是，不法分子盗窃 QQ 后，除了窃取账号关联的虚拟财产外，还有可能假冒该身份向被害者的亲友骗取钱财。

（3）传播自身型

2005 年初，"MSN 性感鸡"等通过 MSN 传播的蠕虫泛滥了一阵之后，MSN 推出新版本，禁止用户传送可执行文件。2005 年上半年，"QQ 龟"和"QQ 爱虫"这两个国产病毒通过 QQ 聊天软件发送自身进行传播，感染用户数量极大，在江民公司统计的 2005 年上半年十大病毒排行榜上分列第一和第四名。从技术角度分析，发送文件类的 QQ 蠕虫是以前发送消息类 QQ 木马的进化，采用的基本技术都是搜寻到聊天窗口后，对聊天窗口进行控制，来达到发送文件或消息的目的，只不过发送文件的操作比发送消息复杂很多。

7. 网页点击类

网页点击类木马会恶意模拟用户点击广告等动作，在短时间内可以产生数以万计的点击量。病毒作者的编写目的一般是为了赚取高额的广告推广费用。此类病毒的技术简单，一般只是向服务器发送 HTTP GET 请求。

9.5.4 木马的传播方式

木马的传播方式主要有以下 3 种。

1. 邮件传播

通过电子邮件，控制端将木马程序以附件形式夹在邮件中发送出去，收信人只要打开附件系统就会感染木马。

2. 软件下载

一些非正规的网站以提供软件下载为名义，将木马捆绑在软件安装程序上，下载后，只要一运行这些程序，木马就会自动安装。另外，一些正规的软件下载网站，也可能被黑客侵入，其正常的软件会被捆绑了木马的软件所替换。

3. 网页挂马

在一些不规范的网络站点，网页中种植了木马，浏览者一旦打开网页就可能被植入木马。

9.5.5　木马的伪装方式

鉴于木马的危害性，很多人对木马知识还是有一定了解的，这对木马的传播起了一定的抑制作用，这是木马设计者所不愿见到的，因此他们开发了多种功能来伪装木马，以达到降低用户警觉、欺骗用户的目的。

1．修改文件属性

现在通过电子邮件传播的木马，会将附件中木马服务端程序的扩展名改成 HTML、TXT、ZIP 或 JPG 等各种常见格式，这有相当大的迷惑性，这类附件一旦被打开或下载，计算机就被种入木马。

2．捆绑文件

这种伪装手段是将木马捆绑到一个安装程序上，当安装程序运行时，木马在用户毫无察觉的情况下，偷偷地进入了系统。被捆绑的文件一般是可执行文件（即 EXE、COM 一类的文件）。

3．出错显示

有一定木马知识的人都知道，如果打开一个文件，没有任何反应，这很可能就是个木马程序，木马的设计者也意识到了这个缺陷，所以已经有木马提供了一个叫做出错显示的功能。

当用户打开木马程序时，会弹出一个错误提示框（这当然是假的），错误内容可随意定义，大多会定制成一些诸如"文件已破坏，无法打开！"之类的信息，当用户信以为真时，木马却悄悄植入了系统。

9.5.6　防治木马的方法

随着网络的普及和网络游戏装备可以兑换人民币的浪潮，木马的传播越来越快，而且新的变种层出不穷，在检测清除它的同时，更要注意采取措施来预防它，下面列举几种预防木马的方法。

（1）不要下载、接收、执行任何来历不明的软件或文件

很多木马病毒都是通过绑定在其他的软件或文件中来实现传播的，一旦运行了这个被绑定的软件或文件就会被感染，因此在下载的时候需要特别注意，一般推荐去一些信誉比较高的站点。在软件安装之前一定要用反病毒软件检查一下，建议用专门查杀木马的软件来进行检查，确定无毒和无马后再使用。

（2）不要随意打开邮件的附件，也不要点击邮件中的可疑图片

（3）尽量少用共享文件夹

如果因工作等原因必须将电脑设置成共享，则最好单独开一个共享文件夹，把所有需共享的文件都放在这个共享文件夹中，注意千万不要将系统目录设置成共享。

（4）运行反木马实时监控程序

木马防范重要的一点就是在上网时最好运行反木马实时监控程序。360 安全卫士等软件一般都能实时保护系统的正常运行并有详细的描述信息。此外，加上一些专业的最新杀毒软件、个人防火墙等进行监控基本就可以放心了。

（5）经常升级系统

很多木马都是通过系统漏洞来进行攻击的，微软公司发现这些漏洞之后都会在第一时间内发布补丁，及时给系统补丁可以有效防范木马。

9.6 黑客

9.6.1 认识一下真正的黑客

黑客最早始于 20 世纪 50 年代，最早的计算机 1946 年在宾夕法尼亚大学出现，而最早的黑客出现于麻省理工学院和贝尔实验室等科研机构。最初的黑客都是一些高级的技术人员，他们热衷挑战、崇尚自由并主张信息的共享。随着计算机的普及和 Internet 技术的迅速发展，黑客也随之出现了。

黑客一词由英语 Hacker 翻译而来，是指专门研究、发现计算机和网络漏洞的计算机爱好者，他们伴随着计算机和网络的发展而成长。黑客对计算机有着狂热的兴趣和执着的追求，他们不断研究计算机和网络知识，发现计算机和网络中存在的漏洞，喜欢挑战高难度的网络系统并从中找到漏洞，然后向管理员提出解决和修补漏洞的方法。但是到了今天，黑客一词已被用于泛指那些专门利用计算机搞破坏或恶作剧的人，对这些人的正确英文叫法是 Cracker，有人也翻译成"骇客"或是"入侵者"。也正是由于入侵者的出现玷污了黑客的声誉，使人们把黑客和入侵者混为一谈，黑客被人们认为是在网上到处搞破坏的人。

黑客们把自己定义为："狂热编程"和"信息共享至上，编写自由软件，使获取信息和计算机资源更为便利，共享专业技术是其伦理责任"的人。同时，给骇客下了定义："破坏系统安全的人"。黑客的理想是建立一个切实可行的安全系统，他们容不得任何系统缺陷。每当他们发现一个漏洞，都会将之公布于众以求得改进。在某种意义上，可以说黑客等同于创建，而骇客等同于破坏。因此，在讨论"黑客精神"时应明确区分"黑客"与"骇客"之间的区别，真正的黑客应该严格遵守他们自己制定的下列守则。

- 不恶意破坏任何系统，如果那样做会给你带来麻烦。
- 不修改任何系统文件，如果为了进入系统而修改它，请在达到目的后将它还原。
- 不要轻易地将你要 Hack 的站点告诉你不信任的朋友。
- 不要在 BBS 论坛上谈论关于你 Hack 的任何事情。
- 在 Post 文章的时候不要使用真名。
- 入侵期间，不要随意离开你的计算机。
- 不要入侵或攻击电信或政府机关的主机。
- 不在电话中谈论关于你 Hack 的任何事情。
- 将你的笔记放在安全的地方。
- 读遍所有有关系统安全或系统漏洞的文件。
- 已侵入计算机中的账号不得删除或修改。
- 不得修改系统文件，不得因得到系统的控制权而破坏原有的安全性。
- 不将你已破解的账号分享给你的朋友。

发明苹果计算机的黑客伯勒尔·史密斯曾说过："任何职业都可以成为黑客，你可以是一个木匠黑客，不一定是高科技。我认为只要与技能有关，并且倾心专注你正在做的事情，你就可能成为黑客"。黑客精神可被理解为富于职业理想和职业义务的一种职业精神，也可理解为善于独立思考、喜欢自由探索的一种思维方式，甚至可以理解为专注于自己事业、可以牺牲一切、忘我的一种工作理念。从史密斯这段话中，我们已明确地看到，黑客的特质不是处于某个环境中的人所特有的，而是可以发挥在其他任何领域的。

同时，黑客的叛逆性也是其区别于其他信息安全工作者的显著特征。叛逆性并不一定具有破坏性，但势必与"好孩子"的规范截然不同。他们很多行为具有较高的争议性，然而真正的黑客对于信息安全的贡献是不可否认的。国外媒体刊登文章，对著名的黑客进行了盘点，而在这一榜单中，苹果联合创始人乔布斯·史蒂夫和史蒂夫·沃兹尼亚克也榜上有名。让我们认识一下这些有着"光环"的黑客。

21 岁的芬兰大学生李纳斯·托沃兹，在学生宿舍里写了一个操作系统的内核——Linux. 然后公布于众，短短几年就拥有了 1 000 多万的用户，成为地球上成长最快的软件。李纳斯·托沃兹被誉为世界最著名计算机程序员的同时，也是一名真正具有执着精神的黑客。

乔治·霍茨是名年仅 22 岁的黑客，他因将苹果 iPhone 手机越狱和破解索尼 PlayStation 而名声大振，而对 PlayStation 3 的破解，最终也使得霍茨与索尼公司对簿公堂，霍茨此后被社交网站 Facebook 招致麾下。

罗伯特·塔潘·莫里斯在 1988 年还是康奈尔大学的研究生，他在互联网上发布了首个被广泛传播的蠕虫病毒，造成数千台计算机崩溃，然而据他自己说，他只是想做一个关于互联网的实验。罗伯特现在是麻省理工学院的计算机科学教授。

迈克尔·林恩在 2005 年声名鹊起，当时思科公司不遗余力地想要阻止迈克尔关于软件漏洞的演示，该软件漏洞能允许黑客攻击并控制思科路由器。思科威胁提起诉讼，并命令员工销毁了 2 000 张含有演示文档的 CD。迈克尔从网络安全系统公司（ Internet Security Systems ）离职，并最终进行了演示，成为一名黑客英雄。迈克尔现在为思科的竞争对手瞻博网络公司（Juniper Networks ）工作，担任高级工程师一职。

苹果公司的创始人史蒂夫·沃兹尼亚克（Steve Wozniak）和乔布斯·史蒂夫（Steve Jobs）早年曾是电话飞客（Phone Phreakers），他们一起利用电话网络中的漏洞设计并出售了可盗打电话的"蓝色盒子"。乔布斯曾表示黑客经历是创建苹果的必然先导。沃兹尼亚克现在在总部位于盐湖城的计算机存储厂商 Fusion - io 担任首席科学家。

9.6.2　黑客常用的攻击手段

黑客常用的攻击手段有以下几种。

1．放置木马程序

木马程序是让电脑提供"完全服务"的一个服务器程序，利用该服务可以直接控制用户的电脑并进行破坏。木马程序常被伪装成工具程序或游戏等诱使用户打开带有木马程序的邮件附件或直接从网上下载。一旦用户打开并执行邮件的附件程序后，每次启动 Windows 时木马程序将在后台悄悄运行。当连接到 Internet 时，该程序会向对方报告用户的 IP 地址以及预先设定的服务端口，对方收到信息后就可以利用客户端程序直接连接到木马程序所提供的服务端口，完全控制、监视用户的一举一动，而用户却毫不知情，如图 9-4 所示。

2．网络监听

网络监听是主机的一种工作模式。在这种模式下，主机可以接收到本网段在同一条物理通道上传输的所有信息，不管这些信息的发送方和接收方是谁。此时，如果两台主机实行通信的信息没有加密，只要使用某些网络监听工具即可轻而易举地截取包括用户账号及口令在内的信息资料。虽然网络监听获得的用户账号和口令具有一定的局限性，但监听者往往能够获得其所在网段的所有用户账号及口令。

3．寻找系统漏洞

其实，每个系统都有各自的安全漏洞。其中有一些是操作系统自身或系统安装的应用软件本身的漏洞，这些漏洞在补丁未被开发出来之前一般很难防御黑客的破坏，除非将网线拔掉。

还有一些漏洞是由于系统管理员配置错误引起的，如在网络文件系统中，将目录和文件以可写的方式调出、将未加 Shadow 的用户密码文件以明码方式存放在某一目录下。这些都会给黑客以可乘之机，应及时加以修正。

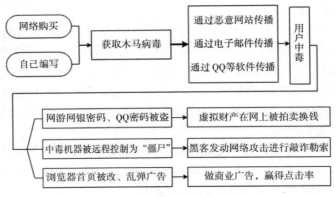

图 9-4　黑客赚钱模式

4．利用系统默认账号进行攻击

黑客会利用操作系统提供的默认账号和密码进行攻击。如 Windows NT/2000/XP 的 Guest 账号，有的甚至没有口令。这是一类只针对系统安全意识薄弱的管理员进行的攻击。

5．暴力获取口令

暴力获取口令有以下两种方式。

● 在知道用户的账号后（如电子邮件@前面的部分），利用一些专门的软件强行破解用户的口令。这种方法不受网段限制，要求黑客有足够的耐心和时间。

● 在使用其他方法获得一个服务器上的用户加密过的口令文件后，在本地用暴力破解程序破解用户口令。对那些安全意识不强的用户，在一两分钟甚至几十秒钟内即可将其口令破解。

6．"WWW"的欺骗技术

网上可以利用 IE 等浏览器访问各种各样的 Web 站点，如阅读新闻组、咨询产品价格、订阅报纸和电子商务等。然而一般的用户不会想到的是，正在访问的网页已经被黑客更改过，网页上的信息是虚假的。

9.6.3　防御常见的黑客攻击

黑客进攻一台机器时，常常使用的是黑客软件。所谓黑客软件，实际上是指专门通过网络对远程计算机设备进行入侵，进而控制对方系统并盗取和破坏信息的程序。对于普通网络用户，防御黑客攻击可以采取以下措施。

● 上网时关闭不必要的服务，如资源共享、Telnet 服务等；不在公共场合（如论坛、QQ 等）留下自己的 E-mail、电话、住址和姓名等信息，防止被人利用。

● 不轻易下载并运行邮件附件中的程序，不在不可靠站点下载程序，在运行或安装软件前先对其进行查毒，及时给系统安装补丁程序，为系统安装防火墙软件等。

● 将网上账号密码设置在 8 位以上，不用自己或朋友的姓名、生日、电话、地址以及相关字符作为密码；如果允许，可以在密码中插入"@、#、￥、&、^"之类的字符；不要在自己的计算机中保存明文密码；不在公共场合输入密码；不在多处使用同一密码；定期更换密码（1个月内换一次）等。

● 经常访问一些网络安全信息网站，关注最新的系统漏洞并到官方网站上下载相应的补丁程序；参考一些系统安全设置方面的资料，更改系统设置中的不安全设置；关闭不需要的系统服务；删除会带来安全隐患的用户账号等。

9.7 防火墙技术

防火墙就像古代城堡设置的吊桥，所有进出都要经过这个关口。网络系统中的防火墙的功能与此类似，它是用于防止网络外部的恶意攻击而设置的安全防护设施。近年来，随着 Internet 的迅速发展，网络安全已经成为人们日益关心的问题。在共享强大的网络资源的同时，网络上的许多敏感信息和保密数据难免受到各种主动的或被动的人为攻击。如信息泄露、信息窃取、数据篡改、数据增删及计算机病毒感染等。网络规模越来越大、越来越开放，其安全性将随之变差并得难以控制。在网络安全中，使用得最广泛的就是防火墙技术。

9.7.1 防火墙概述

防火墙是一种专门用于保护网络内部安全的系统。它的作用是在本地网内部(Intranet)和网络外部(Internet)之间构建网络通信的监控系统，用于监控所有进、出网络的数据流和来访者。根据预设的安全策略，防火墙对所有流通的数据流和来访者进行检查，符合安全标准的予以放行，不符合安全标准的一律拒之门外。

用防火墙技术来保障网络安全的基本思想是无须对网络中的每台设备进行保护，而是只为所需要的重点保护对象（Intranet）设置保护"围墙"，并只开一道"门"，在该门前设置"门卫"。所有要进入 Intranet 的来访者或"信息流"都必须通过这道门，并接受检查。由于这道门是进入网络内部的唯一通道，只要防护检查严格，拒绝任何不合法的来访者或信息流，就能保证网络安全，其示意图如图 9-5 所示。

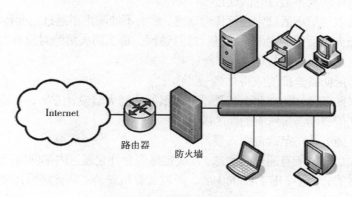

图 9-5　防火墙示意图

9.7.2 防火墙的功能

防火墙的目的是保证网络连通并实现网络的安全。它可实施安全策略要求的访问控制，使用户的操作在其规定的范围内进行，而系统自身对于入侵是免疫的。具体来说，防火墙一般具有以下功能。

- 在保证系统安全的情况下，实行网络通信。
- 所有通过网络的信息都应该通过防火墙。
- 管理进出网络的访问行为。
- 封堵某些禁止的服务。

- 记录通过防火墙的信息内容和活动，动态监控网络。
- 对网络攻击行为进行检测和告警等。
- 有了上述功能，防火墙就可以把不符合安全策略或规则的信息给过滤掉，只有那些安全的信息才可以进出网络。

9.7.3 防火墙的主要类型

按其工作原理，防火墙技术可分为包过滤技术与代理服务器技术。

- 包过滤技术利用某种过滤规则或算法，对进入网络的数据包进行过滤检查，只有符合规定规则的数据包才允许进入，否则不允许进入。其实现技术比较简单。
- 代理服务器技术指在网络内部设置一个代理服务器将内部网和外部网隔离，当外部网络用户请求访问内部网络资源时，系统首先将此请求送到代理服务器上，并对其进行安全检查，安全检查通过后，再由代理服务器建立与内部网的连接，从而实现外部网对内部网的访问。

9.7.4 防火墙的局限性

防火墙一般对来自内部网络系统的安全威胁不具备防范功能，并且常常需要有特殊的、较为封闭的网络拓扑结构来支持。防火墙对网络安全功能的加强往往以牺牲网络服务的灵活性、多样性、开放性及较大的网络管理开销为代价。防火墙的局限性主要表现在以下几个方面。

（1）不能防范恶意的知情者

防火墙可以禁止系统用户经过网络连接发送专有的信息，但用户可以将数据复制到移动存储设备，放在公文包中带出去。如果入侵者已经在防火墙内部，防火墙是无能为力的。如果内部用户偷窃数据，破坏硬件和软件，会巧妙地修改程序而可以不用接近防火墙。对于来自知情者的威胁，只能要求加强内部管理，如主机安全防范和用户教育等。

（2）防火墙不能防范不通过它的连接

防火墙能够有效地防止通过它进行传输信息，然而不能防止不通过它而传输的信息。例如，如果站点允许对防火墙后面的内部系统进行拨号访问，那么防火墙绝对没有办法阻止入侵者的拨号入侵。

（3）防火墙不能防备全部的威胁

防火墙被用来防备已知的威胁，如果是一个很好的防火墙设计方案，可以防备新的威胁，但没有一个防火墙能自动防御所有的新的威胁。

（4）防火墙不能有效防范病毒的入侵

虽然许多防火墙扫描所有通过的信息，以决定是否允许它通过内部网络，但扫描是针对源、目标地址和端口号的，而不扫描数据的内容，所以计算机安装了防火墙后还要安装杀毒软件。

9.8　信息安全法律法规及道德规范

在高度信息化的今天，信息已深入社会生活的各个方面，信息安全不仅是安全管理人员的责任，同时也需要全社会的共同维护，在享受信息化带来的优质服务的同时，也需要遵守相关的法律法规以及道德规范。

9.8.1 信息犯罪

信息资源是当今社会的重要资产，围绕信息资源的犯罪已成为影响社会安定的重要因素。目前信息犯罪还没有权威的定义，总结各界对信息犯罪的理解，可以认为信息犯罪是以信息技术为犯罪手段，故意实施的有社会危害性的，依据法律规定，应当予以刑罚处罚的行为。

信息犯罪涵盖的范围很广，计算机犯罪和网络犯罪都应属于信息犯罪的范畴，而且目前多数的信息犯罪均属于计算机网络犯罪。关于计算机犯罪，公安部给出的定义是"所谓计算机犯罪，就是在信息活动领域中，以计算机信息系统或计算机信息知识作为手段，或者针对计算机信息系统，对国家、团体或个人造成危害，依据法律规定，应当予以刑罚处罚的行为。"由于受到计算机犯罪概念的影响，理论界有学者认为"网络犯罪就是行为主体以计算机或计算机网络为犯罪工具或攻击对象，故意实施的危害计算机网络安全的，触犯有关法律规范的行为。"从计算机犯罪和网络犯罪的概念解释可以看出，它们之间存在着很多相同之处，一般可以认为网络犯罪应包含计算机犯罪。这类犯罪形式五花八门，其中以下几种犯罪行为具有较大的危害性。

（1）妨害国家安全和社会稳定的信息犯罪

犯罪主体利用网络信息造谣、诽谤或者发表、传播有害信息，煽动颠覆国家政权、推翻社会制度、分裂国家以及破坏国家统一等。如反动组织利用网络传播有害信息。

（2）妨害社会秩序和市场秩序的信息犯罪

犯罪主体利用信息网络从事虚假宣传、非法经营及其他非法活动，对社会秩序和正规的市场秩序造成恶劣影响。例如，一些犯罪分子利用网上购物的无纸化和实物不可见的特点，发布虚假商品出售信息，在骗取购物者钱财之后便销声匿迹，致使许多消费者上当受骗。此种行为严重破坏了市场经济秩序和社会秩序。

（3）妨害他人人身、财产权利的信息犯罪

犯罪主体利用信息网络侮辱诽谤他人或者骗取他人财产（包含信息财产）。例如，通过信息网络，以窃取及公布他人隐私、编造各种丑闻以及窃取他人信用卡信息等方法为手段，以达到损害他人的隐私权、名誉权和骗取他人财产的目的。

信息犯罪是社会信息化的必然产物，除了采用信息安全技术手段来防范信息犯罪之外，还必须加强信息安全道德规范的宣传，必要时依靠相关法律予以制裁。

9.8.2　信息安全道德规范

信息安全问题不能完全依靠安全技术来解决，道德规范的约束对于信息安全同样具有重要意义。信息安全道德规范涉及的内容范畴很多，一般来说，信息安全道德规范应该基于三个原则，即整体原则、兼容原则和互惠原则。

整体原则是指一切信息活动必须服从于社会国家等团体的整体利益。个体利益服从整体利益，不得以损害团体整体利益为代价谋取个人利益。兼容原则是指社会的各主体间的信息活动方式应符合某种公认的规范和标准，个人的具体行为应该被他人及整个社会所接受，最终实现信息活动的规范化和信息交流的无障碍化。互惠原则是指任何一个使用者必须认识到，每个个体均是信息资源使用者和享受者，也是信息资源的生产者和提供者，在拥有享用信息资源的权利同时，也应承担信息社会对其成员所要求的责任。信息交流是双向的，主体间的关系是交互式的，权利和义务是相辅相成的。

在信息安全道德规范中，计算机道德和网络道德是当今信息社会最重要的道德规范。计算机道德是用来约束计算机从业人员的言行，指导其思想的一整套道德规范，涉及思想认识、服务态度、业务钻研、安全意识、待遇得失及公共道德等方面。美国计算机伦理学会（Computer Ethics Institute）为计算机伦理学制定了10条戒律，也可以说就是计算机行为规范，这些规范是一个计算机用户在任何环境中都"应该"遵循的最基本的行为准则，具体内容包括：

● 不应用计算机去伤害别人；

- 不应干扰别人的计算机工作；
- 不应窥探别人的文件；
- 不应用计算机进行偷窃；
- 不应用计算机作伪证；
- 不应使用或复制你没有付钱的软件；
- 不应未经许可而使用别人的计算机资源；
- 不应盗用别人的智力成果；
- 应该考虑你所编的程序的社会后果；
- 应该以深思熟虑和慎重的方式来使用计算机。

另外，国外有些机构还明确划定了那些被禁止的网络违规行为，即从反面界定了违反网络规范的行为类型，如南加利福尼亚大学网络伦理声明中指出了 6 种不道德网络行为，具体内容如下：

- 有意地造成网络交通混乱或擅自闯入网络及其相联的系统；
- 商业性地或欺骗性地利用大学计算机资源；
- 偷窃资料、设备或智力成果；
- 未经许可接近他人的文件；
- 在公共用户场合做出引起混乱或造成破坏的行动；
- 伪造电子邮件信息。

我国信息产业，特别是互联网行业发展迅速，目前我国已拥有世界上人数最多的网民群体。在这种情况下，有关互联网的道德规范的建立显得尤为重要。从 2002 年起，中国互联网协会先后颁布了一系列行业自律规范，目前总数达到 11 个。这些自律规范主要包括：《中国互联网行业自律公约》、《互联网新闻信息服务自律公约》、《互联网站禁止传播淫秽、色情等不良信息自律规范》、《中国互联网协会互联网公共电子邮件服务规范》、《搜索引擎服务商抵制违法和不良信息自律规范》、《中国互联网网络版权自律公约》、《文明上网自律公约》、《抵制恶意软件自律公约》、《博客服务自律公约》、《中国互联网协会反垃圾短信息自律公约》和《中国互联网协会短信息服务规范（试行）》。

信息安全道德规范的产生是人类全面进入信息社会的重要标志，自觉遵守信息安全道德规范是信息化教育的重要内容。道德规范不是法律法规，上述给出的一些公约条文只是信息安全道德规范的一些表现形式，与人类社会的其他道德规范一样，深入理解道德规范的基本原则最为重要。当人们对基本原则深思熟虑后，就会清晰地知道"应该做什么，不应该做什么"。

9.8.3　信息安全法律法规

国外的信息安全立法活动是从 20 世纪 60 年代开始的，1973 年瑞典颁布了《国家数据保护法》，1978 年产生了首部直接涉及计算机安全问题的法规。美国的计算机犯罪立法最初是从州开始的 1978 年，佛罗里达州率先制定了《计算机犯罪法》，随后其他各州均纷纷起而效之。

目前世界多数国家均颁布了有关信息安全的法律法规。美国先后颁布了《信息自由法》、《计算机欺诈和滥用法》、《个人隐私法》、《儿童网上保护法》、《爱国者法案》以及《涉密国家安全信息》等法律法规。国外重要的信息安全法律法规还有德国的《信息和通讯服务规范法》、法国的《互联网络宪章》、英国的《三 R 互联网络安全规则》、俄罗斯的《联邦信息、信息化和信息保护法》以及日本的《电讯事业法》等，欧洲理事会也出台了《网络犯罪公约》。

我国的信息安全法律体系建设从 20 世纪 80 年代开始。1994 年 2 月，国务院颁布的《中华人民共和国计算机信息系统安全保护条例》赋予公安机关行使对计算机信息系统的安全保护工作的监督管理职权。1995年2月，全国人大常委会颁布的《中华人民共和国人民警察法》明确了公安机关具有监督管理计算机信息系统安全的职责。我国有关信息安全的立法原则是重点保护、预防为主、责任明确、严格管理和促进社会发展。

我国的信息安全法律法规从性质及适用范围上可分为以下几类。

（1）通用性法律法规

如《中华人民共和国宪法》、《中华人民共和国国家安全法》、《中华人民共和国保守国家秘密法》等，这些法律法规并没有专门针对信息安全进行规定，但它所规范和约束的对象中包括了危害信息安全的行为。

《中华人民共和国宪法》的第四十条规定"中华人民共和国公民的通信自由和通信秘密受法律的保护。除因国家安全或者追查刑事犯罪的需要，由公安机关或者检察机关依照法律规定的程序对通信进行检查外，任何组织或者个人不得以任何理由侵犯公民的通信自由和通信秘密"。《中华人民共和国国家安全法》的第十条规定"国家安全机关因侦察危害国家安全行为的需要，根据国家有关规定，经过严格的批准手续，可以采取技术侦察措施"。《中华人民共和国保守国家秘密法》的第三条规定"一切国家机关、武装力量、政党、社会团体、企业事业单位和公民都有保守国家秘密的义务"。

（2）惩戒信息犯罪的法律

这类法律包括《中华人民共和国刑法》、《全国人大常委会关于维护互联网安全的决定》等。这类法律中的有关法律条文可以作为规范和惩罚网络犯罪的法律规定。

《中华人民共和国刑法》的第二百一十九条规定"有下列侵犯商业秘密行为之一，给商业秘密的权利人造成重大损失的，处三年以下有期徒刑或者拘役，并处或者单处罚金；造成特别严重后果的，处三年以上七年以下有期徒刑，并处罚金"。侵犯商业秘密行为包括：以盗窃、利诱、胁迫或者其他不正当手段获取权利人的商业秘密的；披露、使用或者允许他人使用以前项手段获取的权利人的商业秘密的；违反约定或者违反权利人有关保守商业秘密的要求；披露、使用或者允许他人使用其所掌握的商业秘密的。

（3）针对信息网络安全的特别规定

这类法律规定主要有《中华人民共和国计算机信息系统安全保护条例》、《中华人民共和国计算机信息网络国际联网管理暂行规定》、《中华人民共和国计算机软件保护条例》等。这些法律规定的立法目的是保护信息系统、网络以及软件等信息资源，从法律上明确哪些行为违反法律法规，并可能被追究相关民事或刑事责任。

（4）规范信息安全技术及管理方面的规定

这类法律主要有《商用密码管理条例》、《计算机信息系统安全专用产品检测和销售许可证管理办法》、《计算机病毒防治管理办法》等。

《商用密码管理条例》的第三条规定"商用密码技术属于国家秘密。国家对商用密码产品的科研、生产、销售和使用实行专控管理。"第七条规定"商用密码产品由国家密码管理机构指定的单位生产。未经指定，任何单位或者个人不得生产商用密码产品。"

目前，我国信息安全法律法规体系主要由6个部分组成，分别是法律、行政法规、部门规章和规范性文件、地方性法规、地方政府规章和司法解释。我国信息安全法律法规体系的建立，有效地促进了信息安全工作的有序开展。然而信息安全是一个多层面、极其复杂的问题，不仅涉及技术领域，也深入社会的各个层面，安全技术、安全管理、法律法规以及伦理道德等均与信息安全息息相关。只有信息安全的各个领域、层面不断丰富、完善、发展，才能最大限度地满足人们对信息安全的需求。

参考文献

【1】吕新平，等.大学计算机基础（第5版）.北京：人民邮电出版社，2014.

【2】董卫军，等.计算机导论——以计算思维为导向（第2版）.西安：电子工业出版社，2014.

【3】唐培和.大学计算机基础导论.桂林：广西师范大学出版社，.2010.

【4】周娅.大学计算机基础.桂林：广西师范大学出版社，.2014.

【5】吴雪飞，等.大学计算机基础.北京：中国铁道出版社，.2014.

【6】战德臣等. 大学计算机——计算与信息素养（第2版）. 北京：高等教育出版社. 2013.